中国科学院大学研究生教材系列

人工智能概论

赵亚伟　姚　郑　主编

科学出版社

北　京

内 容 简 介

本书系统地介绍了人工智能的基本概念、主要方法及代表性模型算法。本书根据人工智能的知识体系，在兼顾传统的人工智能方法的基础上，重点突出前沿性内容，并对自动推理、遗传算法、神经网络、启发式优化、机器学习、异常检测、梯度下降、逻辑回归、反向传播、卷积网络、语言模型、词向量等常见技术进行详细阐述和讨论。本书结合应用安排了示例和例题，以加深读者对关键知识点的理解。

本书可作为高等院校非计算机类专业的研究生或高年级本科生人工智能课程的教材，也可作为从事人工智能研究和应用的科技工作者的参考书。

图书在版编目(CIP)数据

人工智能概论 / 赵亚伟，姚郑主编. — 北京：科学出版社，2023.11
中国科学院大学研究生教材系列
ISBN 978-7-03-076956-5

Ⅰ. ①人… Ⅱ. ①赵… ②姚… Ⅲ. ①人工智能－概论－研究生－教材 Ⅳ. ①TP18

中国国家版本馆 CIP 数据核字(2023)第 212459 号

责任编辑：于海云 / 责任校对：王 瑞
责任印制：赵 博 / 封面设计：迷底书装

科学出版社出版
北京东黄城根北街 16 号
邮政编码：100717
http://www.sciencep.com
北京凌奇印刷有限责任公司印刷
科学出版社发行 各地新华书店经销
*
2023 年 11 月第 一 版 开本：787×1092 1/16
2025 年 1 月第二次印刷 印张：19 1/4
字数：492 000

定价：98.00 元

(如有印装质量问题，我社负责调换)

前　言

党的二十大报告指出："推动战略性新兴产业融合集群发展，构建新一代信息技术、人工智能、生物技术、新能源、新材料、高端装备、绿色环保等一批新的增长引擎。"自从1956年达特茅斯会议提出人工智能的概念，经过近70年的发展，人工智能迎来了新一轮的浪潮，在语音识别、图像识别、博弈等诸多领域的应用已经接近或超越人类。进入21世纪，以深度学习为代表的新一代人工智能异军突起，在基础研究方面得到了突破性进展，已经成为新一轮科技革命和产业变革的核心驱动力。人工智能已经成为国家战略并得到了各行业的重视，相关应用也层出不穷。

为了满足我国对人工智能人才的需求，本书在内容组织上突出基础性、系统性、前沿性、实用性等特点。通过教授人工智能概论课程，我们发现目前的资料主要面向的是计算机领域的学生。虽然他们有计算机的专业基础，学习人工智能具有一定的优势，但是人工智能一直是一个跨学科的交叉领域，其应用非常广泛。鉴于各行业对人工智能人才的需求，因此有必要让更多专业的学生掌握人工智能相关概念、原理、方法和技术，为他们提供一本面向更宽专业领域的教材，这也是我们编写本书的出发点。本书是人工智能的入门教材，考虑到非计算机专业的研究生在计算机编程实践基础薄弱的特点，在内容安排上更注重基本概念、基本原理、主要方法和关键技术，加强了关键知识点的背景介绍，力争做到深入浅出、通俗易懂。由于人工智能知识涉及的领域广泛，分散的知识点不适合学生对人工智能框架的掌握，因此，本书力争做到知识体系的完整性。同时，突出理论性与工程应用的结合，通过适当增加例题的方式帮助学生理解基础知识，并简化编程实验，加强课程的实践性，在习题设置上尽量具有启发性。

教材内容主要分为表示与推理、启发式算法、机器学习、深度学习及自然语言处理5个板块，突出人工智能发展的前沿内容，兼顾经典人工智能内容。其中，机器学习部分是本书的重点，深度学习是本书的前沿性内容，自然语言处理则作为知识的综合应用内容。在关键知识点处设置了具有工程应用特点的示例或例题，并给出了图示以强化感性认识，加深对知识点的理解。

全书共分14章：

第1章人工智能概念与发展，重点介绍人工智能的基本概念、主要研究内容、发展历程及其学派。

第2章知识表示，重点探讨知识表示在人工智能中重要地位，介绍状态空间图、问题归约、谓词逻辑、语义网络等知识表示。

第3章确定性与不确定性推理，系统阐述人工智能中的确定性推理方法的基本原理，包括图搜索策略、命题逻辑推理、语义网络推理及产生式系统，以及不确定性推理的代表贝叶斯推理。

第4章神经网络，重点讨论启发式方法——人工神经网络的基本原理、结构和方法，包括神经元结构与激活函数、感知机模型、前馈网络与反馈网络。探讨了神经网络与计算智能的关系，以及神经网络的应用领域。

第 5 章进化算法，介绍进化计算的发展背景，重点讨论了进化算法的 3 个代表性算法，即进化策略、进化规划和遗传算法的基本原理和技术。

第 6 章群体智能，介绍群体智能的概念、发展历程及社会系统的特点，重点讨论了粒子群算法和蚁群算法两种具有代表性的群体智能。

第 7 章机器学习基础，介绍机器学习的基本概念、分类和发展历程，重点讨论了回归模型、分类模型、聚类模型的基本原理和代表性的算法。其中的分类模型是本章的重点内容。

第 8 章模型度量，系统介绍机器学习模型的度量方法，包括评估回归模型的偏差与方差，以及分类模型的准确率、错误率、精确率、召回率、F_1 分数、ROC 曲线及 AUC 值。另外，还对防止模型过拟合的度量方法进行了讨论。

第 9 章异常检测，主要介绍实际工程常见的异常检测方法，包括统计方法、 密度方法及基于距离的方法。本章遴选其中有代表性的一部分方法进行深入讨论。

第 10 章梯度下降，重点讨论梯度下降算法的基本原理和实现技术，同时也介绍了与梯度下降算法相关的模型函数，包括损失函数、代价函数和目标函数等。

第 11 章逻辑回归，系统分析用于解决二分类问题的逻辑回归的基本原理和算法，以及解决多分类问题的 Softmax 回归方法。

第 12 章 BP 神经网络，介绍复合函数、逻辑函数的梯度计算方法，重点讨论了 BP 神经网络的结构、假设函数和代价函数。另外，给出了应用 BP 神经网络的步骤。

第 13 章深度学习，介绍深度学习的发展背景及大数据对深度学习兴起的作用，重点探讨了深度学习的代表卷积神经网络结构和训练方法。

第 14 章自然语言处理，介绍自然语言处理的发展背景，重点讨论了语言模型、词向量、神经网络语言模型及预训练模型。

本书由中国科学院大学赵亚伟和姚郑担任主编。上海交通大学计算机应用技术专业博士生雍耀光对第 4、5、6 章提出了修改建议，中国航天科工集团第二研究院李响对第 12、13、14 章提出了修改建议。

本书是在已有教学资料、研究成果或应用实践基础上整理而成的，参阅了众多同行在人工智能领域的探索和实践，借鉴和吸收了对教学有益的部分。由于涉及内容繁多，无法一一表示谢意，在此一并感谢！

本书得到中国科学院大学教材出版中心的资助，在此表示感谢。

本书是一本入门级人工智能教材，鉴于作者水平有限，不足之处在所难免，敬请读者批评指正！

赵亚伟

2023 年 6 月

目　录

第 1 章　人工智能概念与发展

人工智能(Artificial Intelligence，AI)是研究如何通过人造的方式实现智能的问题。人工智能是一门交叉学科，涉及脑科学、认知科学、心理学、语言学、逻辑学、哲学及计算机科学等，如图 1-1 所示。之所以每个学科都认为人工智能与本领域高度相关，或者很多学者认为自己从事的就是人工智能的工作，其中一个重要原因是，人工智能拟解决的是一个影响面极广的、关键的、共性的科学问题，也是一项战略前沿理论和技术。从目前的发展来看，最有希望作为人工智能系统的载体是计算机系统。因此，很长一段时间，人工智能都是计算机科学的一个分支。从实现的角度看，计算机系统的确是人工智能的最佳候选。但是，并不是说只有计算机系统才可以实现人工智能，无法确保将来是否会出现其他的更适合实现人工智能的工具，因为计算机系统的运行机制与人的大脑的确存在本质的不同。总之，人工智能是一门科学，这门科学让机器做人类需要智能才能完成的事。

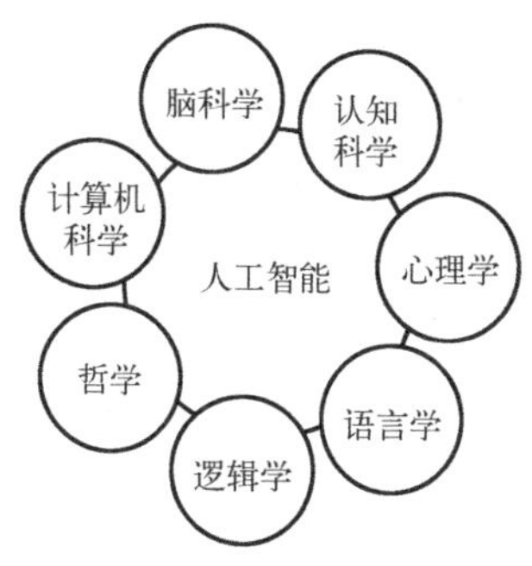

图 1-1　人工智能涉及的学科

人工智能系统研究的对象是智能，目标是试图通过了解智能的实质，生产出一种新的、能以与人类智能相似的方式做出反应的智能机器。人工智能的研究领域包括机器人、图像识别、自然语言处理和专家系统等，其中每个领域都有极富挑战性的工作。

1.1　人工智能概念

1.1.1　定义

人工智能的定义可以分为两部分，即“人工”和“智能”。对于“人工”的理解基本上没有争议。但是，对于什么是“智能”的问题存在很多争议。人唯一了解的智能是人自身的智能，这是普遍认同的观点。但是，人对自身智能的理解非常有限，对构成智能的必要元素的理解就更有限了。

人类对智能的认识是从思考的认识开始的，而对于思考器官的认识还是近一个世纪的事情。在古代，人们认为心脏是思考的器官。中国先贤孟子有句名言：“心之官则思，思则得之，不思则不得也。”从古埃及到古希腊，西方文明也同样将心脏当作人类精神的载体。古代欧洲认为，思维产生于心脏，亚里士多德认为，心脏是思考和感觉的器官，大脑不过是冷却器。而盖伦又将这一思想形成完善体系，影响了后来欧洲 1000 多年的医学发展。

如今，我们知道智能的载体是大脑，这就需要首先了解大脑的运行机制。一直以来，研究人的大脑运行机制采用的是黑盒法，即通过“输入-输出”的方式来猜测其内部的运作机制，如图 1-2 所示。采取这种方法的一个重要原因是，人们无法通过解剖“活体”大脑来了解其运行机制，因为一旦解剖，大脑便会死亡，也就无法获得其运行机制了。另一个重要原因是，

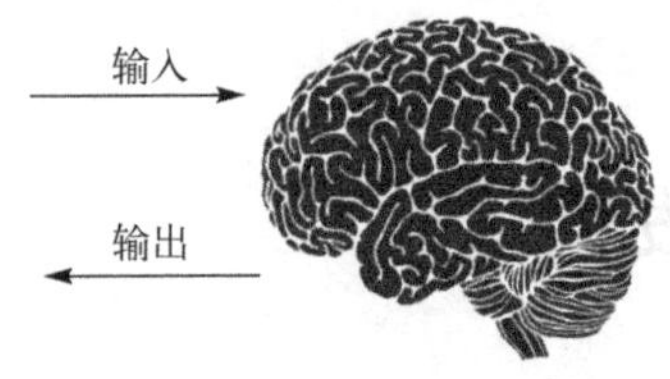

图 1-2　研究大脑的黑盒法

大脑是一个及其复杂的系统，到目前为止，还只能了解其很有限的一部分知识。

黑盒法和白盒法源自软件工程中的黑盒测试和白盒测试。黑盒测试又称为功能测试，主要检测软件的每一个功能是否能够正常使用。在测试过程中，将程序看成不能打开的黑盒子，在不考虑程序内部结构和特性的基础上通过程序接口进行测试，检查程序功能是否能够按照设计需求及说明书的规定正常使用。黑盒法不需要知道内部的运行机制。与之对应的是白盒测试，也称为结构测试，主要用于检测软件编码过程中的错误。程序员的编程经验、对编程软件的掌握程度、工作状态等因素都会影响编程质量，甚至导致代码错误。白盒法需要充分了解内部的运行机制。

应用黑盒法研究人工智能简单易行，但是存在一些缺点，主要包括：

(1) 无法确认大脑内部的运行机制，只能靠猜想和验证的方式进行研究。即使对于一个简单的系统，应用黑盒法有时也无法获得其真实的内部构造。

(2) 研究周期长，以致久拖不决，最终成为一个耗时耗力的工作，甚至以失败告终。

(3) 研究成本高，由于不知道大脑内部的结构，所以需要针对所有可能的结构进行研究，这就需要投入大量的成本。例如，一只波士顿动力网红机器狗价值 53 万元人民币，这还是量产后的价格，而这个价格也间接说明了人工智能研究的巨大成本投入。

有人认为大脑是一种具有涌现性(简称“涌现”)的复杂自组织巨系统。所谓涌现是指当系统作为一个整体运行时才可能出现，而此时个体行为彼此得到加强的情形。例如，蚁群的组织就是一种涌现性。我们知道，单只蚂蚁的能力是相当有限的，难以完成复杂的任务。但是，当蚁群作为一个整体出现时，则能完成许多惊人的任务，比如可以建筑山丘，甚至可以毁掉一座大坝。因此，当蚂蚁协同工作时，其行为就发生了质的变化。单只蚂蚁的行为是不定的、随机的，但是成千上万只蚂蚁的随机行为所表现出的总体效果则是确定的。虽然个体分别完成特定的任务，但同时也协同其他蚂蚁共同完成一个总任务，此时，智能就会涌现。

人脑中没有任何一个单一神经元拥有复杂的功能，如产生自我意识、恐惧、快乐、希望或骄傲等情绪。但是，神经系统中各神经元的组合则会产生复杂的人类情绪，而其中没有任何一个方面可归因于某个单一神经元。虽然目前对人类大脑涌现性所产生的机制还并不十分清楚，但大多数神经生物学家认为，大脑各部件之间的复杂关联会产生一个只属于总体的特质。

在人工智能系统中，很多方法都体现了这种涌现性，例如粒子群算法、蚁群算法及神经网络算法等。这些方法都有“靠量取胜”的特点，而量达到一定的规模后，智能就会体现出来。但是每个单一的个体的结构却十分简单。在很多情况下，这些个体是相互连接的，或者通过某种方式进行交流和沟通，或者通过某种方式产生了关联，即个体之间具有通信能力。这样就形成了网络，而网络恰恰是描述复杂系统的一种工具，例如知识图谱就是描述复杂系统的一个很好的工具。

人脑的重量不超过 1.6 千克，只占体重的 2%～3%，但它的重要性怎么强调都不为过。大脑几乎监督着人们的一举一动，造就了人们现在的样子。当大脑退化时，人们不仅无法完成简单的任务，甚至还会失去自身的独特性和个性。今天，探索大脑的运转机制依然是当代科学研究中最伟大的挑战之一，因为还有诸多关于大脑的秘密正等待被破解。

人类在认识智能的过程中提出了许多不同的观点，其中最具有代表性的观点有以下 3 种。

1)智能来源于思维活动

这种观点被称为思维理论。思维理论强调思维的重要性，认为智能的核心是思维，人的一切智慧或智力都来源于大脑的思维活动，人的一切知识都是思维的产物。因而该理论试图通过对思维规律与思维方法的研究揭示智能的本质。这种观点需要进行思维建模，即找到思维的模式，并通过建立模型的方式将其描述出来。但是，思维的模式至今还没有搞清楚，建模更有挑战性。

2)智能取决于可运用的知识

这种观点被称为知识阈值理论。知识阈值理论把智能定义为在巨大的搜索空间中迅速找到一个满意解的能力。该理论着重强调知识对智能的重要意义和作用，认为智能行为取决于知识的数量及其可运用的程度，一个系统所具有的可运用的知识越多，其智能程度就越高。例如，在确定性推理过程中，采用的就是这种方法，假设问题的解就在一个空间中，通过搜索的方式找到它，这一个过程体现出来的就是智能。

3)智能可由逐步进化来实现

这种观点被称为进化理论。进化理论是美国麻省理工学院(MIT)的布鲁克斯(R A Brooks)教授在研究人造机器虫的基础上提出的。他认为，智能取决于感知和行为，取决于对外界复杂环境的适应，智能不需要知识、不需要表示、不需要推理，智能可以通过逐步进化来实现。例如，人工智能中有很多进化算法就是对这个过程的模拟。

正是因为对大脑运行机制还有待深入研究，所以关于什么是“智能”目前尚无统一的定义。一种通俗的说法是，智能是一种认识客观事物和运用知识解决问题的综合能力。至于其确切定义，还有待于对大脑奥秘被彻底揭示之后才能给定。由于对智能认识的缺失，目前，对人工智能也没有统一的定义，一个比较流行的定义，也是该领域较早的定义，是由约翰·麦卡锡(John McCarthy)在 1956 年的达特茅斯会议(Dartmouth Conference)上提出的：“人工智能就是要让机器的行为看起来就像是人所表现出的智能行为一样。”

约翰·麦卡锡给出的定义实质上也是目前对人工智能在一个发展阶段的认识，即目前还处于“弱人工智能”时代，只要一个系统看起来具有智能就符合这个定义。例如，虽然机器人索菲亚已获得了沙特阿拉伯的公民身份，但是，大家都知道她不是人，还不具备人的智能，只是看起来像具有了人的一部分智能。

总之，目前还没有一个关于人工智能的统一定义，其中一个重要原因是人们对大脑的原理还没有充分的认识。人类对于智能的认识还处于一个初级阶段，目前还无法充分认识智能。大脑是智能的载体，研究智能就需要研究其载体，而对大脑的研究充满挑战性，目前只能通过黑盒法开展研究。正因如此，目前我们还处于一个弱人工智能的时代，而对于真正达到或接近人类智能水平的研究工作而言，还有很长的路要走。

1.1.2 判断方法

1. 图灵测试

英国数学家阿兰·图灵(Alan Turing)是20世纪最著名的早期从事计算机研究的科学家之一。1936年，图灵提出了著名的“图灵机”的设想，奠定了现代计算机的基础。更值得一提的是，他率领的英国情报组在第二次世界大战期间成功破译了纳粹德国的密码，加速了第三帝国的灭亡。图灵去世12年后，美国计算机协会(Association for Computing Machinery，ACM)用他的名字命名了计算机领域的最高奖——图灵奖，图灵奖被誉为计算机领域的诺贝尔奖。

针对一台机器或一个系统是否具备了智能，图灵提出了被称为“图灵测试”(Turing Test)的方法。简单来讲，图灵测试的做法如图1-3所示。具体流程如下：

(1)让一位测试者C分别与一台计算机A和一个人B在隔离状态下使用电传打字机交谈，测试者事先并不知道哪一个是人，哪一个是计算机。

(2)如果交谈后测试者C分不出哪一个被测者是人B，哪一个是计算机A，则可以认为这台被测的计算机A具有智能。

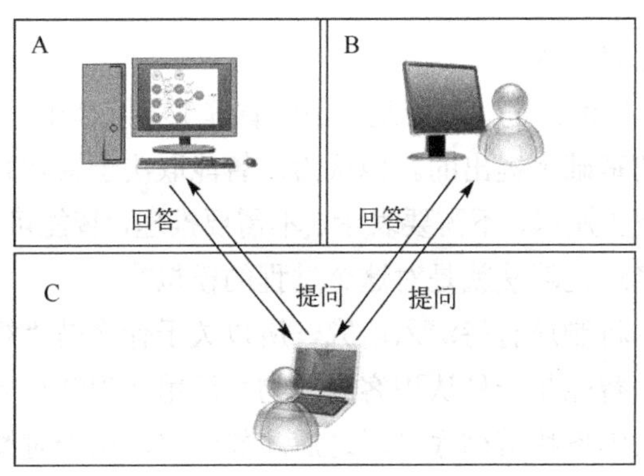

图1-3　图灵测试

这个测试实验是黑盒测试，简单易行、显而易见，即测试者并不知道被测试对象的内部结构，甚至连其外貌都不知道，仅仅通过媒介进行交流从而进行判断。注意，这里的交流不是采用语音交流，而是通过文字交流，这样就避免了语音仿真的次要因素对测试过程带来的干扰。

但是，图灵测试也存在一些问题，具体包括：

(1)没有规定问题的范围和提问的标准。这里强调的是，一些简单的问题很有可能通过图灵测试，但是并不能说明被测试的计算机具有了智能。因此，需要规定问题的范围和提问的标准，有了标准才能够客观地评价计算机的智能化水平。

(2)测试环境不可构造。这个问题在早期是存在的，在互联网没有出现或者应用不广泛的时代，构造一个测试三方都不接触的实验环境的确比较困难。但是，目前这样的环境是很容易构造出来的，例如，用聊天程序就可以构造出这样的环境。

(3)测试不可重现。这里强调的是图灵测试具有一定的主观性，一旦“谜底”被揭开，就不可以重现。另外，这也是信息的一个特征所导致的，即信息的共享性。信息可以被多个参与者接受，而且不会消失。重现时，因为测试者已经知道有一个是计算机，测试结果的客观性就会受到质疑。

(4) 图灵测试是一种操作式测试，缺少形式化描述，无法进行数学分析。到目前为止，还没有一个数学模型能够描述或解释图灵测试，缺少数学支持的测试结果往往不被认可。

正因为图灵测试存在上述问题，因此人们一直对图灵测试有争论，即通过了图灵测试的计算机就具备思维能力了吗？这的确是一个值得思考的问题，现实中也存在大量号称通过图灵测试的系统，但最终被证明并不是被大家所认可的智能。

2014 年，俄罗斯人开发的聊天机器人软件“尤金·古斯特曼”，号称是史上第一个通过图灵测试的人工智能。根据英国皇家学会制定的比赛规则，在 5 分钟的人机对话时间里，有超过 30% 的评委误以为它是真人，所以得出结论：测试通过。然而，只要看一下与尤金的实际对话就会发现，其实它的设计思路并不是真的为了“在智力行为上表现得和人类无法区分”，而是尽可能地利用规则漏洞，在 5 分钟的时长内骗过评委。使用的方法诸如，充分使用人类语言中顾左右而言他的谈话技巧、习惯性地转移话题或者不让人刨根问底等。另外，一旦涉及人情世故、文化背景和地方特色等问题，机器也很难模仿真人的境界。

2. 反驳：中文屋子问题

对图灵测试产生质疑的观点中还包括对智能过程的忽略，并通过一个称为“中文屋子问题”的场景进行反驳。中文屋子问题是由美国哲学家约翰·西尔勒 (John Searle) 于 20 世纪 80 年代初提出的，如图 1-4 所示。

图 1-4　中文屋子问题

约翰·西尔勒的中文屋子假设：

(1) 有一台计算机阅读了一段故事并且能正确回答相关问题，这样这台计算机就通过了图灵测试。

(2) 西尔勒设想将这段故事和问题改用中文描述，因为他本人不懂中文，然后将自己封闭在一个屋子里，代替计算机阅读这段故事并且回答相关问题。描述这段故事和问题的一连串中文符号只能通过一个很小的缝隙被送到屋子里。

(3) 西尔勒完全按照原先计算机程序的处理方式和过程(如符号匹配、查找、照抄等)对这些符号串进行操作，然后把得到的结果，即问题的答案，通过小缝隙送出去。

这样，西尔勒得到了问题的正确答案。西尔勒认为，尽管计算机用这种符号处理方式也能正确回答问题，并且也可通过图灵测试，但是仍然不能说计算机就有了智能。

中文屋子是一个典型的思想实验。思想实验是指使用想象力去进行的实验，所做的都是在现实中无法做到或现实未做到的实验，例如，爱因斯坦有关相对运动的著名思想实验，再如“薛定谔的猫”是量子力学领域中的一个悖论的思想实验。西尔勒主要研究语言的目的性，中文屋子实验使他不同意计算机具有智能的提法，他认为感知出现于生物的整体物理特性，人的意识是有目的性的，而计算机没有目的性，因此计算机没有意识。中文屋子实验是对“强人工智能”的否定，如果能够通过实验中的测试，显然就通过了图灵测试，但是，计算机只是看起来有智能，仅支持“弱人工智能”的观点。

1.1.3 模型

模型是所有研究的基础和目标。模型能够让我们理解过去、理解知识并掌控未来。同样，模型也是人工智能的根本。关于思维的模型，可以使用数学的方法，如微积分、概率论等方法来建模，也可以使用物理和数值模拟的方法来建模，还可以使用概念描述的方式建模。总之，建模的方法多种多样。

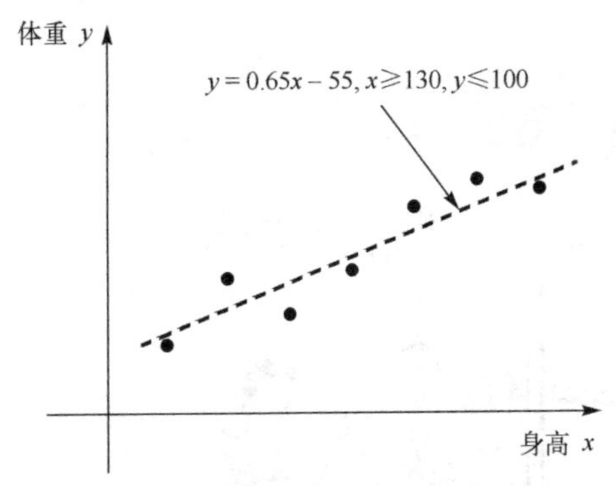

图 1-5 身高和体重的关系模型

如图 1-5 所示的模型结构为 $y = ax + b$ 。具体到身高和体重的模型可能为

$$y = 0.65x - 55, x \geqslant 130, y \leqslant 100$$

模型并没有一个统一的定义。有时模型的概念会被复杂化，例如，数学模型往往会把问题复杂化，但是，这并不是数学的初衷，用数学工具构建模型的目的是使问题简单化，而且逻辑上严谨。在研究一个城市的成年人的身高和体重的关系时，一般先采集数据，然后绘制出二者之间的关系，这些散点图准确地描述了这种关系，但是，这样的描述不够简洁。如果把这个问题用数学模型表示出来，即用一个表达式概括，如 $y = 0.65x - 55$，这个描述立刻变得简单起来。可见，数学模型是为了简化问题。

从广义上理解，数学模型包括数学中的各种概念、公式和理论。由于数学模型是从现实世界的原型抽象出来的，因此从这个意义上讲，数学也可以说是一门关于数学模型的科学。从狭义上理解，数学模型是指那些反映了特定问题或特定具体事物的数学关系结构，这个意义上的模型也可理解为一个系统中各变量之间的关系的数学表达。

一般来说，模型具有结构、功能和约束 3 个要素。结构是模型的静态表示，描述的是模型的静态特性；功能是建立结构之上的动态特性；而约束则描述了模型的边界。例如，在上面的例子中，模型的结构用数学表达式 $y = ax + b$ 来表示，它描述了输入 x 和输出 y 的关系。而 $y = 0.65x - 55$ 则是模型结构的一个实例，即一个具体的模型，它的功能是根据身高 x 可以计算出体重 y。而约束 $x \geqslant 130$ 和 $y \leqslant 100$ 则说明了这个城市的成年人的身高不低于 130cm，体重不超过 100kg。有了结构、功能和约束的模型才是完整的，实际中往往也是从这 3 个角度来讨论一个模型的。

除了用数学的方式描述模型外，还可以用其他的方法描述。文学作品中的人物形象也是模型的一种形式，人物形象是现实中具有某类特征的人物的抽象，因此就有了“人物原型”的说法。显然，这些人物形象是通过文字刻画的，而贯穿人物之间的故事情节则是功能的一种体现，约束则是人物的设定。在人工智能领域，一般用数学公式、图表及定义等方式描述模型。因此，人工智能除了涉及思维、感知和行动的问题之外，还涉及模型，即思维、感知和行为如何建模。从目前来看，思维建模的难度尤其大。

1.1.4　表示

在汉语里，“表示”作为动词时，是指用言语行为显出某种思想、感情、态度等。例如，“大家一起鼓掌表示欢迎”，其中鼓掌是欢迎的一种表示。在人工智能领域，解决一个问题时，首先需要对问题进行表示，对解决的过程进行表示，对解决问题所用到的知识或事实进行表示。由于目前人工智能的载体是计算机系统，因此，需要一种能够被计算机所支持的表示方式。上述模型的结构也是一种表示，在身高和体重关系的例子中，可以用数学公式的方式表示。除了用数学公式外，还包括图、树、表、堆栈等数据结构，这些都是计算机能够处理的表示方式。由于有些表示方法足够复杂，已经能够形成一个体系，因此，将这种表示体系称为表示系统。例如，定义一系列的符号以方便表示，或者定义一系列的概念以避免出现歧义等，均属于表示系统。一旦问题被表示出来，就可以通过算法解决。

下面通过一个农夫过河的例子说明表示系统。一个农夫带着狐狸、谷物和鹅过河。如果农夫不在时，狐狸和鹅不能单独在一起，因为狐狸会在没有农夫看护下将鹅吃掉。同样，鹅和谷物也不能单独在一起，因为鹅会趁机将谷物吃掉。但是狐狸是肉食动物，因此可以和谷物单独在一起。由于船的载重限制，农夫每次至多能带狐狸、谷物和鹅中的一个过河，并且可以往返多次。拟解决的问题是农夫如何带狐狸、谷物和鹅过河而不会出现其中一方被吃掉的情况。

(1) 定义一个符号表示系统，如表 1-1 所示。

表 1-1　符号表示系统

序号	名称	符号表示	序号	名称	符号表示
1	农夫	F	3	谷物	G_N
2	狐狸	F_Y	4	鹅	G

(2) 将过河的过程用图表示出来，如图 1-6 所示。

(3) 根据图示得到过河方法。

方法 1：

①农夫带鹅 (G) 过河，将鹅 (G) 放至对岸，空船返回；

②农夫带狐狸 (F_Y) 过河，将狐狸 (F_Y) 放至对岸，然后带鹅 (G) 返回放至此岸；

③农夫带谷物 (G_N) 过河，将谷物 (G_N) 放至对岸，空船返回；

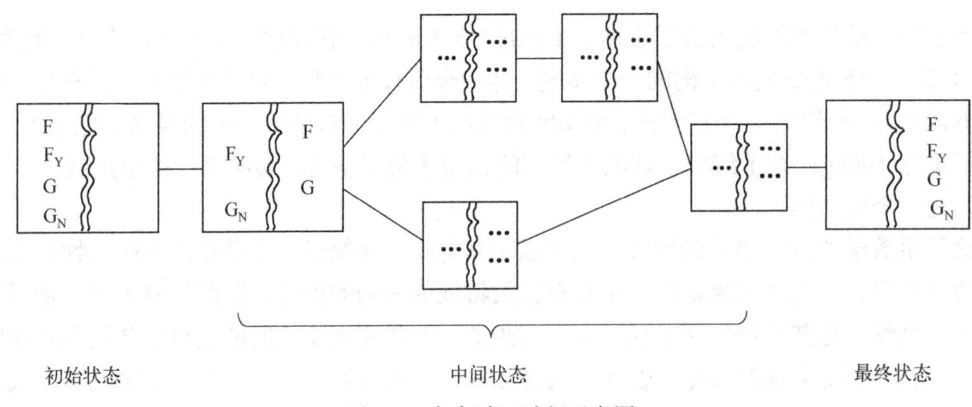

图 1-6　农夫过河过程示意图

④农夫带鹅(G)过河，将鹅(G)送至对岸。至此，全部运送任务完成。

方法 2：

①农夫带鹅(G)过河，将鹅(G)放至对岸，空船返回；

②农夫带谷物(G_N)过河，将谷物(G_N)放至对岸，然后带鹅(G)返回放至此岸；

③农夫带狐狸(F_Y)过河，将狐狸(F_Y)放至对岸，空船返回；

④农夫带鹅(G)过河，将鹅(G)送至对岸。至此，全部运送任务完成。

可见，问题一旦表示出来后，约束条件就会呈现出来，这就是建立表示系统的原因。数学符号即是一种表示，能让约束条件得以呈现。这个例子中的约束如下。

$F_Y \Leftrightarrow G$：表示狐狸和鹅互斥，即不可以单独放在一起。

$G \Leftrightarrow G_N$：表示鹅与谷物互斥，即不可以单独放在一起。

由于鹅(G)与狐狸(F_Y)、谷物(G_N)都互斥，因此，首先要带鹅(G)过河且只有这一个选项，返回时也只有空船一个选项。第 2 次到对岸，有两种选项，带狐狸(F_Y)或谷物(G_N)，以此类推，就可以得到

$$过河的方法 = 1\times1\times2\times1\times1\times1\times1 = 2(种)$$

在求解过程中，会将多个可能的过河路线生成出来，然后删除不正确的过河路线，即不满足约束条件的，剩下的就是可行的过河路线。这种“先生成后测试”（简称“生成测试”）的思想非常重要，在人工智能领域，这种思想的应用非常普遍。

总之，人工智能中的模型结构、算法功能和约束条件与模型的 3 个要素保持一致。在建模中，思维、感知和行为的模型表示最终还需要用计算机程序加以实现。通过表示得以呈现的约束条件是人工智能领域常用的方法，约束的实现方法是算法。

1.1.5　推理

“如果天上有太阳，那么一定是白天”是一个简单的推理。思考一下我们是如何推理的呢？首先，在我们的大脑里一定有“太阳”、“白天”和“黑夜”的概念，这些概念是通过日常学习积累的。在有太阳的前提下，大脑会搜索到“白天”和“黑夜”两种情况，那么长年积累的经验告诉我们，是白天的可能性远远大于黑夜。“日常学习积累的概念”及“常年积累的经验”其实是一种先验知识，也是贝叶斯模型中的重要概念。所以，可以说每个人的大脑里都有一个贝叶斯模型。

另外一个具体例子是拼图游戏，最简单的方法是每一步我们都会将剩余的卡片试一遍，形成了多种可能的状态，然后找到那个最适合的拼法。至于如何确定“最合适的拼法”也是根据我们积累的经验，比如要严丝合缝地吻合、图案要对应上等。

上面的例子都有两个非常重要的过程，即搜索和推理。生成可能的答案并在众多答案中搜索，直至找到最终答案的求解过程可以认为是一种推理行为，或者说表现出来的结果会给人一种经过推理的直观印象。

1. 搜索

搜索是实现推理的重要形式。推理是人工智能领域的一个重要问题，也是衡量一些人工智能系统智能化程度的一个重要指标。人们对于推理的研究曾经十分活跃，至今仍然是人工智能领域的重要课题。推理是智能的重要表现形式，但由于对智能理解的局限性，人们对大脑的推理过程还没有充分的理解，因此，目前对推理的实现主要采取模拟的方式。其中，搜索是一种重要的推理仿真方式。

实现搜索的前提是需要形成解空间，表示和生成是构造解空间的重要方法。如前所述，表示是解决问题的开始，合理的表示可以有效提升搜索的效率和求解的效果。如果解空间用图的方式表示则可以通过图搜索策略完成求解过程。例如“八数码问题”的求解，就是采用树的形式表示，树中的节点表示一个状态，叶子节点表示一个可能的解，那么沿着树的根节点搜索到叶子节点就形成了一个状态序列，即为一个求解路径。

不借助其他信息的搜索称为盲目搜索。盲目搜索方法十分简单，即从某一状态出发直至搜索到解的过程。盲目搜索包括宽度优先搜索、深度优先搜索和等代价搜索等。盲目搜索简单且有效，但只适用于简单问题的求解，对于复杂问题的求解则效率比较低。

如果在搜索过程中能够利用指导性信息提升效率，这种搜索方式称为启发式搜索，指导性信息称为启发式信息。启发式信息是指能够减少求解过程快速获得答案的冗余信息，用好启发式信息可以获得四两拨千斤的效果，用不好则会恰得其反。例如，在《三国演义》中的“赤壁之战”故事中，曹操兵败赤壁后，向南郡溃逃，遇到岔路，一条为华容道，路险，但近50余里；另一条为大路，却远50余里。曹操令人上山观察敌情虚实，回报说：“小路山边有数处起烟，大路并无动静。”究竟走哪条路安全？根据这条启发式信息，曹操进行了推测：“诸葛亮多谋，故使人于山僻烧烟，使我军不敢从这条山路走，他却伏兵于大路等着。吾料已定，偏不中他计！”诸葛亮送上的这条信息料定了曹操熟读兵书，其疑心重，故燃炊烟，致使曹操败走华容道。这里诸葛亮送给曹操的是一条引导其走入华容道的启发式信息，而曹操应用了这一信息，差点送了性命。

总之，搜索是推理的一种基本形态，完成一项搜索任务本质上也完成了一项推理工作。同时，在搜索过程中可以借鉴一些启发式信息提升搜索的效率。

2. 规则

推理是指从已知事实出发，运用相关知识(或规则)逐步推出结论或者证明某个假设成立或不成立的思维过程，而最能体现直观印象中的推理模式的是基于规则的方式。当判断某个人是否说谎时，在不借助任何测谎设备的情况下，仅通过聊天也可以有效地做出判断，这种方法在警察对嫌疑人审讯过程中经常采用。具体做法是，让被测试的嫌疑人尽可能多地回答问题，然后根据回答分析其中是否存在前后矛盾的地方，如果存在前后矛盾的情况则说明嫌疑人在说谎，否则，说明嫌疑人没有说谎。

经典的反演式推理采用了上述思想，即根据某一个陈述，通过子句公式推导出所有子句，然后判断子句之间是否存在显然的矛盾。如推导出 $M(b)$ 和 $\sim M(b)$ 同时存在于子句集合中，$M(b)$ 表示 b 是钱，$\sim M(b)$ 表示 b 不是钱，那么就说明这个陈述存在逻辑上的错误。如果这个陈述是某个嫌疑人讲出来的，则说明存在说谎的嫌疑。当然，也可以针对陈述的否定进行同样的计算过程。有了这个方法，就可以证明一句话是否正确。

推理分为确定性推理和不确定性推理。确定性推理指的是推理所用的知识都是精确的，推出的结论也是精确的。比如一个事件是否为真，其推理的结果只能是真或者假，没有第 3 种情况。确定性推理方法除了上述的搜索推理等方法外，还包括匹配、继承及产生式系统等。不确定性推理则是指在证据不确定、推理知识不确定的情况下，最终推理出具有一定程度的不确定性，但又合理或者似乎合理的结论的思维过程。

对于许多复杂的系统和问题，如果采用上述推理方法，仍然很难甚至无法使问题得到解决，这就需要运用一些高级求解技术，如启发式优化算法、专家系统、机器学习等。

1.1.6　学习

让计算机能够像人一样学习是人工智能的梦想，目前这一梦想正在逐步实现。机器学习(Machine Learning)是研究计算机怎样模拟或实现人类的学习行为，以获取新的知识或技能，重新组织已有的知识结构使之不断改善自身性能的人工智能方法。机器学习也是人工智能的核心领域之一。

要研究计算机的学习能力，首先需要了解大脑的学习机制。我们知道，大脑能够学习，但是，大脑的学习过程却十分复杂。人的大脑是由神经元构成的，一个神经元的结构简单且学习能力有限，但是，当繁多的神经元连接起来形成网络后就具备了较强的学习能力，这是一种智能涌现的现象。人类中枢神经系统中包含约 1000 亿个神经元，仅大脑皮层中就有约 140 亿个神经元。学习的一个重要特征是记忆，除了一些简单的复制外，这里的记忆还包括记住输入和输出的对应关系。

根据神经科学的研究，大脑记忆的机制是两个神经元在信号传输过程中的长时程增强(Long-term Potentiation，LTP)。简单地说，在记忆形成前，给上游神经元一个刺激，下游神经元会响应一个相同大小的刺激。记忆形成后，给上游神经元一个刺激，下游神经元会响应一个高几倍的刺激，并且这个效应能持续相当长一段时间。这个效应的形成是通过强直刺激或重复刺激达到某个阈值，使得神经元间信号传递效率变得增强，这个过程就是学习。换个角度来理解，如果把上下游神经元之间的关系用一个简单的线性函数描述为

$$f(x) = kx \tag{1-1}$$

其中，x 是上游神经元的刺激值；$f(x)$ 是下游神经元刺激值；k 是强直刺激的参数，表示放大的倍数。那么，k 的值越大，记忆就越为深刻，记忆的时间就足够长。

因此，从数学的角度看，学习可以理解为一个函数的参数的确定过程。一个复杂任务的学习需要确定更多的参数，而学习的过程也变得十分的复杂。需要注意的是，记忆的形成可能不是一个线性的过程，因此，会衍生出很多相对复杂的记忆描述函数。

根据上述的讨论，我们是否可以设计一个函数来描述记忆的过程，通过参数的确定来让这个函数记住某种“输入-输出”的对应关系呢？显然是可行的，目前很多机器学习算法的基本思路就是这样的。然而，还有一个问题没有解决，即如何确定 k 值？这就需要两个重要的前提：

(1) 需要有足够多的带有标签的样本。样本用变量和标签表示，如序列 $X = < x_1, x_2, \cdots, x_n >$ 表示变量，对应的 y 表示标签。

(2) 选定确定 k 值的方法。例如，在一元线性回归方法中用最小二乘法，在神经网络或逻辑回归等模型中采用梯度下降算法等，这些算法均为优化方法，都可以优化参数 k 的值。

大脑的记忆还有一个重要特点是遗忘。现实中，我们更需要一个泛化的记忆而不是一个精确记忆。精确的记忆其实和录音机无异，也代表着低下的抽象能力。遗忘是记忆的一种重要功能，是泛化或概念化的产物，也是一个智慧大脑必不可少的组成部分。泛化的本质是抽象或者是特征的提取能力，而泛化付出的代价是遗忘一些非本质的信息。如图 1-7 所示，折线部分是拟合的精确结果，虚线部分是拟合出来的泛化结果，一个泛化的结果更能体现出特征，但是在完成“输入-输出”的过程中，损失了一部分精确的对应关系。

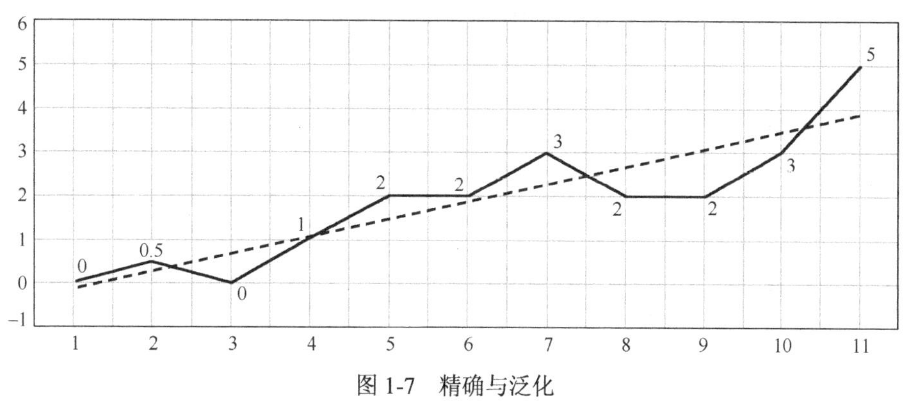

图 1-7　精确与泛化

泛化后的模型具有举一反三的能力，而没有泛化的模型，即精确的模型，则可能犯常识性的错误。如当 $x = 12$ 时，采用图 1-7 中的折线部分预测 y 值，则可能出现 y 值大幅偏离的现象，即“数据飞起来了”的现象。

在机器学习中，仿真“遗忘”过程的方法有很多，例如上述回归算法就是拟合出一条直线，而不是折线或曲线；在深层网络中，模型训练的后期阶段会通过删除某些连接（即 Dropout）的方式提升泛化的效果。

机器学习是目前人工智能领域中最为活跃的研究方向。机器学习主要分为有监督学习（Supervised Learning，SL）和无监督学习（Unsupervised Learning，USL）两种主要类型。其中有监督学习需要带有标签的样本来指导学习过程，而无监督学习则不需要带有标签的样本，让机器自行学习。常见的有监督学习包括决策树、逻辑回归、贝叶斯、k-NN、集成学习、神经网络及支持向量机等算法。常见的无监督学习包括 k-means、密度聚类法及层次聚类法等算法。另外，异常分析属于一种特殊的聚类算法或分类算法。

一个有效的表示有时比建模更为重要，而获得有效表示的方式有很多种，还可以采用变换维度的方式来改善表示。例如，在分类任务中，一个重要任务是找到决策边界（Decision Boundary），有时也称划分边界，一旦找到了决策边界就可以完成划分任务。一般情况下，为简单起见，我们希望决策边界是线性的，即可以用一个线性方程将对象区别开。如图 1-8 所示，中间的直线将圆形和三角形的对象划分开了。

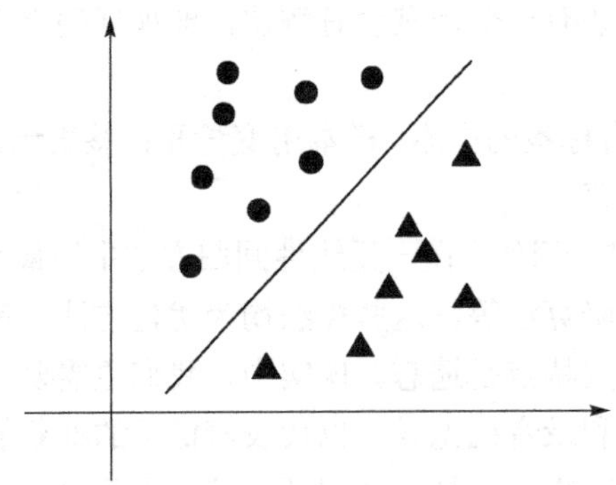

图 1-8　线性决策边界

但是，有时可能无法直接找到决策边界。例如，在如图 1-9 所示的例子中，图 1-9(a)所示的两个类别显然无法找到类似图 1-8 中的线性的划分边界。那么，是否有办法将两种对象划分开呢？可以通过坐标变换的方式实现，坐标的变换本质就是维度的变换。

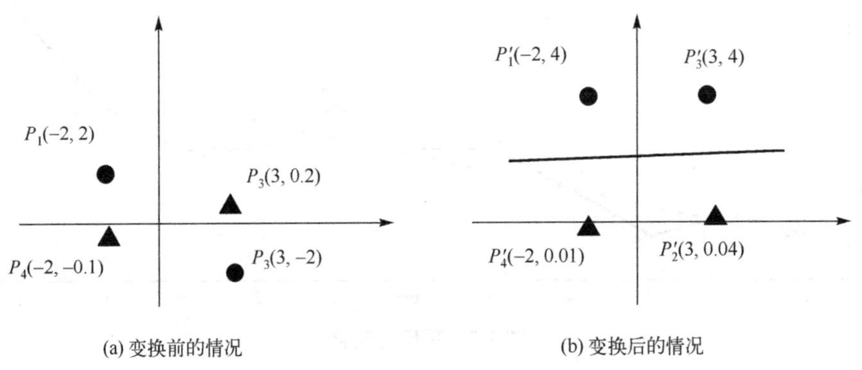

(a) 变换前的情况　(b) 变换后的情况

图 1-9　维度变换

假设每个点的坐标是已知的，如图 1-9(a)中所示。为了说明问题方便，给每个点打上标签。在图 1-9(a)中用 $P_i(x, y)$ 的方式表示各点的坐标，而图 1-9(b)中的各点坐标 $P_i'(x', y')$ 则是由图 1-9(a)变换来的，变换的公式为

$$x' = x \tag{1-2}$$

$$y' = y^2 \tag{1-3}$$

则图 1-9(b)中的各点坐标 $P_i'(x', y')$ 变换成 $P_i'(x, y^2)$。通过变换后发现，可以找到决策边界了。这是一个典型的维度变换的例子。可见，通过维度变换可将原来不可解的问题变成可解的问题。

那么，是否有一种自动化的方法找到合适的表示呢？这就是表示学习的任务了，即根据历史数据(或其他可用的数据)通过机器学习的方法找到合适的表示。例如，在上述线性拟合某城市成年人身高和体重关系的例子中，可通过最小二乘法找到线性方程的参数 a 和 b，这就是利用统计数据的一个学习过程。当将这种历史数据的学习方法用于找到合适表示时，就称之为表示学习。简单地说，表示学习是利用机器学习的方法自动地找到合适的知识表示方法。

在深度学习领域中大量采用了表示学习的方法。2020 年图灵奖获得者本希奥(Bengio)等作者于 2013 年发表的论文 *Representation Learning: A Review and New Perspectives* 及古德菲勒(Ian Goodfellow)于 2016 年出版的《深度学习》一书均对表示学习进行了深入探讨。

1.1.7 优化

1. 启发式方法

“八月十五云遮月，正月十五雪打灯”是一句中国农谚，意思是如果当年农历八月十五中秋节这一天是阴天或下雨，看不到中秋圆月，那么第 2 年的正月十五这一天就会阴天或下雪。这句农谚听起来很不可思议，两个日子相隔近半年之久，如何会有此种微妙的联系呢？但是，这句农谚的正确性在中国几千年悠久历史的实践中得到了反复验证。根据现代的气象学知识可知，中国区域的冷空气存在 5 个月左右韵律活动，这条农谚反映的正是这个规律。不少气象台站参考这条谚语进行长期天气预报，取得了良好结果。事实上，其他日子间的天气也存在这种韵律关系，只是未被普遍注意罢了。这句农谚不见得总是正确的，但在大多数情况下是正确的。

显然，根据农谚可以快速预测天气，而不必进行气象的烦琐计算，尽管有时不够准确，这种方法被称为启发式方法。启发式(Heuristic)与 eureka 一词来自同一个希腊语词根，意思是“寻找”。启发式方法作为经验法则或指南，在有限的搜索空间内，可以减少尝试的次数，迅速解决问题。而穷举搜索方法则需要在更大的解空间内，把所有可能的答案一一尝试，最终才能找到问题的答案，相比于启发式方法要花费更多资源。启发式并不是总能达到预期的结果，但对解决问题的过程非常有价值。良好的启发式可消除不太可能的或无关的状态，可以极大地减少解决问题所需的时间。在不可能或不可行的情况下，可以使用启发式方法加快找到满意解决方案的过程。因此，启发式方法是解决难题或者加快解决复杂问题的一种方案，虽然它不总是有效的，但大部分情况下是有效的。

在人工智能中，常用启发式方法设计算法来模拟人类解决问题的思维活动，事实已经证明，这是一条行之有效的途径。启发式算法(Heuristic Algorithm)是相对于最优化算法提出的，其定义为：一个基于直观或经验构造的算法，在可接受的花费(指计算时间和空间)下给出待解决优化问题每一个实例的一个可行解，该可行解与最优解的偏离程度一般不能被预计。

现阶段的启发式算法以仿自然体算法为主，主要有遗传算法、蚁群算法、模拟退火法及神经网络等。其难点在于如何建立符合实际问题的一系列启发式规则，有趣的是这些算法也是受自然现象的“启发”而提出的。启发式算法具有能够解决难题和快速迭代的特点，同时并不保证能够找到最优解，但是在实践中的确很有效，所以应用非常广泛。

2. 机器学习中的优化

在上述线性回归的拟合过程中，为了获得最好的结果，需要计算每个精确值与拟合直线的误差之和，并使得这个和值最小，如图 1-7 所示。这个过程可以表示为

$$\min\frac{1}{n}\sum_{i=1}^{n}\left|y_i-\hat{y}_i\right| \quad 或 \quad \min\frac{1}{n}\sum_{i=1}^{n}(y_i-\hat{y}_i)^2 \tag{1-4}$$

其中，$\hat{y}_i$ 表示拟合直线上的取值；y_i 表示与 $\hat{y}_i$ 对应的点的真实取值，即样本的标签取值。这个式子表示拟合值与真实值的差的平均值最小，由于误差有正负之分，所以通过绝对值或平方差表示，可以避免正负对冲的问题。

把这个式子称为目标函数，将每一次的取值 $|y_i - \hat{y}_i|$ 或 $(y_i - \hat{y}_i)^2$ 称为损失函数，只要保证目标函数值最小，就可以获得最好的拟合直线。在这个过程中，实际上需要确定的是拟合直线上的参数 a 和 b，即

$$\hat{y}_i = ax_i + b \tag{1-5}$$

其中，x_i 是样本的特征向量。

将这个式子带入上面的式(1-4)就可以进行 a 和 b 的求解了。具体求解方法有很多，最小二乘法是解决回归问题的常用方法。

对比一下最优化问题求解的一般表示

$$\min f(X), \quad X \in D \tag{1-6}$$

其中，D 是问题的解空间；X 是 D 中的一个合法解。一般可将 X 表示为 $X = (x_1, x_2, \cdots, x_n)$，表示一组决策变量。

最优化是在解空间中寻找一个合法的解或一组最佳的决策变量 X，使得 X 对应的函数映射值 $f(X)$ 最小(或最大)的过程。上述回归问题中的 $f(X)$ 为

$$f(X) = \frac{1}{n}\sum_{i=1}^{n}|y_i - \hat{y}_i| \quad 或 \quad f(X) = \frac{1}{n}\sum_{i=1}^{n}(y_i - \hat{y}_i)^2 \tag{1-7}$$

绝大部分机器学习算法最后都可以归结为一个目标函数的极值求解问题，即最优化问题。例如，上述归回问题可以采用有监督学习的方法解决，我们要找到一个最佳的映射函数，使得对训练样本的损失最小化，即目标函数最小化

$$\min_w \frac{1}{N}\sum_{i=1}^{n} L(w, x_i, y_i) + \lambda \|w\|_2^2 \tag{1-8}$$

其中，N 是训练样本的数量；L 是对单个样本的损失函数；w 是要求解的模型参数，如上述例子中的参数 a 和 b；x_i 为样本的特征向量(输入值)；y_i 为样本的标签值；w_2^2 为正则项，用于防止过拟合。

1.1.8 深度学习

深度学习(Deep Learning，DL)是机器学习领域中的一个前沿方向，是一套复杂的机器学习算法，在图像识别、自然语言处理等应用中取得了很好的效果，远超过同类技术。因此，深度学习是人工智能发展的一个里程碑。但是，深度学习并没有超出机器学习的范畴，只是对机器学习中的神经网络算法进行了深化和拓展，尤其是在数据的预处理环节。深度学习中的“深度”体现在其结构——神经网络的多层次，而这种多层次的结构与大脑的深层次结构类似，通过层层抽象来提取输入信息的特征。因此，从目前的研究进展来看，深度学习的结构更接近大脑的结构。

1981 年的诺贝尔医学奖颁发给了大卫·休贝尔(David Hubel)、托斯滕·威瑟尔(Torsten Wiesel)和罗杰·斯佩利(Roger Sperry)，前两位的主要贡献是发现了人的视觉系统的信息处

理是分级的，即视网膜获取图像的方式是从初级的提取边缘特征、基本形状或目标的局部，到高层的整个目标(如判定为一张人脸)，以及到更高层的分类判断等。也就是说高层的特征是低层特征的组合，从低层到高层的特征表达越来越抽象和概念化，即越来越能表现语义或者意图。这个发现激发了人们对于神经系统的进一步思考，大脑的工作机制或许是一个不断迭代、不断抽象或概念化的过程。由此可见，大脑是一个深度架构，认知过程也是深层级的。深度学习恰恰就是通过多层次的结构从组合底层特征形成更加抽象的高层特征的过程。

深度学习本质是一个机器学习模型，其结构决定了其所具备的功能。之所以需要一个更深的结构，是因为层次越深则表达能力越强，特征提取越充分，识别效果也就越好。虽然深度学习在某些应用中取得了令人惊叹的效果，但是，它与早期神经网络模型一样具有类似的缺点，其中一个比较突出的缺点是可解释性差。当一个模型是可解释的，则用起来会让人放心；但是，当一个模型是不可解释的，尽管效果很好，仍然会令人担忧。

目前，有代表性的深度学习模型包括全连接(Fully Connected，FC)网络、卷积神经网络(Convolutional Neural Networks，CNN)和循环神经网络(Recurrent Neural Network，RNN)等。这些模型均有自身的特点，在不同的场景中发挥着重要作用。

由于深度学习的层次多，所包含的节点数量也随之大幅增加。在神经网络中，节点是通过类似上述拟合函数的方式表示的，所以需要训练的参数也随之显著增加，这就给训练过程带来了压力。因此，需要采取一些技术方法减少训练的压力，例如，在 CNN 中，通过卷积操作提取特征，通过池化操作降维，以及通过参数共享方式使得优化参数数量大幅度减少等。这些技术有效提高了深度模型的训练效率。

一个大型的人工智能程序需要工程师与科学家相互配合，工程师会创建一些程序包用于建立表示和方法，使程序更加聪明；科学家则从计算的角度理解和解释智能，促进更聪明的算法产生，供工程师使用。如今，工程师已经创建了很多有用的工具包以便快速创建深度学习程序，比较有代表性的工具包如下。

(1) TensorFlow：TensorFlow 是一个基于数据流编程(Dataflow Programming)的符号数学系统，被广泛应用于各类机器学习算法的编程实现。其前身是谷歌的神经网络算法库——DistBelief。

(2) PyTorch：PyTorch 是神经网络框架的新秀，由 Facebook AI 研究团队研发，在图形处理器(Graphics Processing Unit，GPU)加速的基础上，可实现张量计算和动态神经网络构建。

(3) 飞桨：飞桨(PaddlePaddle)是一个集深度学习核心框架、工具组件和服务平台为一体的开源深度学习平台，由百度团队研发，已被广泛应用。它具有深度契合企业应用需求、拥有活跃的开发者社区生态及可提供丰富的模型集合等特点。

(4) MindSpore：MindSpore 是一种适用于端边云场景的新型开源深度学习训练和推理框架，由华为团队研发，具有界面友好、执行效率高等特点。MindSpore 旨在提升数据科学家和算法工程师的开发体验，并为 Ascend AI 处理器提供原生支持，以及软硬件协同优化。

1.2　人工智能的发展简史

中国三国时期的“木牛流马”及古希腊蒸汽驱动的“会唱歌”的乌鸦，都是对智能机器的一种想象或具体实践，算是人工智能的萌芽时期。亚里士多德的“三段论”实现了从一般前提到具体的论断，为后来的自动推理提供了理论支持。

比较有代表性的工作是 1819 年英国科学家巴贝奇设计的“差分机”，并于 1822 年制造出原型，建立了计算思维。差分又名差分函数或差分运算，差分的结果反映了离散量之间的一种变化，常用函数差近似导数。

19 世纪诗人拜伦的女儿阿达・奥古斯塔(Augusta Ada)实现了穿孔机程序，并于 1842 年建立了循环和子程序的概念，为计算程序拟定了“算法”，创作了第一张程序设计流程图，被视为“第一个给计算机写程序的人”。阿达・奥古斯塔的名言“它只能完成我们告诉它如何做的事情”是对计算程序的一个客观评价，至今仍然是有效的。在 20 世纪 70 年代，美国国防部花了近 10 年的时间把所需软件的全部功能混合在一种计算机语言中，并希望它能成为军方数千种计算机的标准。1981 年，这种语言被正式命名为 Ada 语言，以纪念阿达这位“世界上第一位软件工程师”。

1.2.1 人工智能的提出

“人工智能”一词的起源于达特茅斯学院夏季的人工智能研究项目的一个提案，约翰・麦卡锡等在 1956 年撰写了这个提案，标志着人工智能领域的诞生。

1956 年夏季，人工智能会议在美国达特茅斯学院发起，目的是使计算机变得更“聪明”，或者说使计算机具有智能。发起人有以下几位。

(1) 约翰・麦卡锡：达特茅斯学院的数学家、计算机专家，也是 Lisp 语言的发明者，并于 1971 年获图灵奖，被誉为人工智能之父。

(2) 马文・明斯基：哈佛大学数学家、神经学家，于 1969 年获图灵奖，是首个获图灵奖的人工智能学者。

(3) 克劳德・香农：美国数学家、信息论的创始人，被誉为信息论之父。

(4) 纳撒尼尔・罗切斯特：IBM 700 系列计算机首席工程师，发明了首个汇编语言。

达特茅斯会议取得了一系列的成就，根据约翰・麦卡锡的提议，正式采用了 Artificial Intelligence 这一术语，标志着人工智能领域的诞生。会议中有三大亮点或三个代表性的成果：

(1) 明斯基的神经网络模拟器 Snare。

(2) 约翰・麦卡锡的 α-β 搜索法。

(3) 西蒙和纽厄尔的可用于机器证明的启发式程序——“逻辑理论家”。

约翰・麦卡锡在其颇具影响力的论文 *Programs with Common Sense*（《有常识的程序》）中提出了一个名为“咨询者”的程序，该程序能够从一组前提中得出结论。麦卡锡指出，如果一个计划能够自动推断出它所说的任何事情及它已经知道的任何事情的足够广泛的直接后果，那么它就具有常识。关于常识的研究，一直是人工智能领域的一个重点。

1.2.2 推理与证明

达特茅斯会议之后，迎来了人工智能研究的热潮，同时也取得了一些开创性成果。主要包括：

(1) 1958 年，美籍华人数理逻辑学家王浩在 IBM-740 计算机上仅用了 3～5 分钟就证明了《数学原理》命题演算全部 220 条定理。

(2) 1965 年，费根鲍姆(E. A. Feigenbaum)开始研究化学专家系统 Dendral，用于质谱仪分析有机化合物的分子结构。

(3) 1969 年，召开的第一届国际人工智能联合会议(International Joint Conference on AI，IJCAI)，标志着人工智能作为一门独立学科登上了国际学术舞台。此后 IJCAI 每两年召开一次，延续至今。

(4) 1970 年，*International Journal of AI* 创刊。

当时，由于对人工智能充满信心，因此在 1965 年人工智能领域有一个著名的预言：20 年内，机器将能做人所能做的一切。

早期人工智能的成功归功于实践者们相信很快就会开发出模仿人类智能的机器。同时，他们说服了许多机构和军方提供研究资助，并在机器翻译、模式识别和自动推理等方面取得了一些初步成功，所以对真正的人工智能很快就会实现充满自信。然而，人工智能是一个长期项目，也是一个多学科的交叉领域，包括计算技术、逻辑学、哲学、心理学、语言学、神经科学、神经网络、机器视觉、机器人技术、专家系统、机器翻译、认识论和知识表示等领域，研发一个真正意义上的人工智能系统是一个浩大的工程。

1.2.3　危机

20 世纪 70 年代初，人工智能的发展遭遇了瓶颈，即使当时最杰出的人工智能程序也只能解决它们尝试解决的问题中最简单的一部分，也就是说所有的人工智能程序都只是“玩具”。由于缺乏实质性进展，为人工智能提供资助的机构对无方向的研究逐渐失去了耐性并停止了资助。至此，研究者认为 20 年内机器不仅不能解决所有问题，即便在人工智能有优势的问题上也不能很好地解决，甚至一些基本的常识都无法处理。失败的案例接二连三地发生，具体体现如下。

(1) 在博弈方面：塞缪尔的下棋程序在与世界冠军对弈时，5 局败了 4 局。

(2) 在定理证明方面：发现鲁宾逊归结法的能力有限，用归结原理证明两个连续函数之和还是连续函数时，推导了 10 万步也没证出结果。

(3) 在机器翻译方面：发现并不那么简单，甚至会闹出笑话。例如，把“心有余而力不足”的英语句子翻译成俄语，再翻译回来时竟变成了“酒是好的，肉变质了”。

(4) 在问题求解方面：对于不良结构会产生组合爆炸问题。

(5) 在神经生理学方面：研究发现人脑有超过 10^{11}～10^{12} 个神经元，在当时的技术条件下用机器从结构上模拟人脑是根本不可能的。

因此，剑桥大学的詹姆教授指责道：“人工智能研究即使不是骗局，也是庸人自扰。”从此，形势急转直下，在全世界范围内人工智能的研究陷入了困境。

1.2.4　专家系统

在 20 世纪 80 年代，一类名为“专家系统”的人工智能程序开始被很多公司采纳，“知识处理”成为了当时主流人工智能研究的一个焦点。专家系统能够为用户赢得巨大的经济效益，因此再度获得政府及工业界的支持，例如，日本政府开始积极投资人工智能以促进其第五代计算机工程的建设。

在开发专家系统过程中，许多研究人员获得了共识：人工智能系统是一个知识处理系统，而知识获取、知识表示和知识利用则是人工智能系统的三大基本问题，即知识工程。专家系统是符号主义学派的代表作，作为连接主义的代表——神经网络在20世纪80年代早期就取得了一个令人振奋的进展，1982年约翰·霍普菲尔德(John Hopfield)和大卫·鲁梅哈特(David Rumelhart)发明了联想神经网络，即霍普菲尔德网络，它可以解决一大类模式识别问题，还可以给出一类组合优化问题的最优解。当时，美国国防部、海军和能源部等也加大了对神经网络研究的资助力度。

但是，这个时期专家系统本身所存在的应用领域狭窄、缺乏常识性知识、知识获取困难、推理方法单一、没有分布式功能、不能访问现存数据库等新的问题也逐渐暴露出来。

“AI之冬(AI winter)”一词是由经历过1974年经费削减的研究者们创造出来的，他们注意到了对专家系统的狂热追捧，也预计到不久后人们将转向失望。事实被不幸言中，从20世纪80年代末到90年代初，人工智能再次遭遇了一系列财政问题。专家系统的实用性仅仅局限于某些特定情景，即使是最初大获成功的专家系统也不例外。到了20世纪80年代晚期，各国政府及资本大幅削减了对人工智能的资助，人工智能迎来第二个“AI之冬”，这种梦魇般的影响甚至持续到21世纪初。

1.2.5 重生

与其他信息系统不同的是，由于人工智能在产业中的价值体现不够明显，也使得人工智能系统无法实现持续的发展而处于尴尬的境地。从人工智能诞生至20世纪末期，人工智能终于实现了它最初的一些目标，已经逐步在产业应用中取得成功。例如，1997年5月11日，由IBM研制的超级计算机“深蓝”首次击败了国际象棋特级大师卡斯帕洛夫。2000年，中国科学院计算所开发的一种多策略知识发现平台——MSMiner，能够提供快捷有效的数据挖掘解决方案，并提供多种知识发现方法。

在产业应用方面，2006年，杰弗里·辛顿(Geoffrey Hinton)等人提出的深度学习概念具有划时代的意义，深度学习模型在图像识别方面取得惊人的效果，发展至今其识别能力已经超越人类，这也使得无人驾驶汽车、智能机器人等技术逐步成为现实。同时，采用深度学习技术的机器翻译也取得了长足进展，其翻译水平已经接近人类。

在算法技术方面，2011年，IBM超级电脑“沃森”亮相美国最受欢迎的智力竞赛节目《危险边缘》，并战胜该节目两位最成功的选手。2016年3月，由谷歌(Google)旗下DeepMind公司戴密斯·哈萨比斯领衔的团队开发的“阿尔法”围棋机器人与围棋世界冠军、职业九段棋手李世石进行围棋人机大战，以4∶1的总比分获胜。2017年5月，在中国乌镇围棋峰会上，阿尔法与排名世界第一的世界围棋冠军柯洁对战，以3∶0的总比分获胜。围棋界公认阿尔法围棋机器人的棋力已经超过人类职业围棋顶尖水平。

正是由于深度学习技术取得了突破性的进展，在美国东部时间2018年3月27日，美国计算机协会(ACM)宣布，深度学习的3位重要推动者约书亚·本吉奥(Yoshua Bengio)、杰弗里·辛顿和杨立昆(Yann LeCun)获得图灵奖。

总之，目前普遍认为人工智能涉及算法(如深度学习)、数据(视觉、语音、文本、行为、金融、医疗、棋谱等大数据)、算力(边缘端、云端和离线训练人工智能芯片或加速器等)和应用场景，4个维度缺一不可。对场景的重视是人工智能认识上转变的一个重要标志，只有面向场景才能够解决实际问题，才会逐步与工程应用相结合，最后走向良性发展。至今，包括中国在内的世界上很多国家已将人工智能列为国家战略前沿技术，人工智能开始走向实质竞争阶段。由于体量规模巨大，应用逐渐被民众广泛接受，管理层面高度重视，尤其在数据和场景方面，中国人工智能领域具有潜在的巨大优势。

1.3　人工智能学派

与其他新兴学科一样，人工智能在发展过程中逐渐形成了不同的学派。在人工智能领域，按照目前主流的方式将其划分为 3 个学派，即符号主义学派、连接主义学派和行为主义学派。其中，符号主义（Symbolicism）学派用符号表达的方式来研究人工智能，其代表是符号推理与机器推理，奠基人是美国卡内基梅隆大学的西蒙。连接主义（Connectionism）学派的核心是神经元网络与深度学习，其目标是仿造人的神经系统，把人的神经系统的模型用计算的方式呈现，并用它来模拟智能。目前，人工智能的浪潮实际上是连接主义的胜利，其奠基人是美国麻省理工学院的明斯基。行为主义（Actionism）学派的奠基人是美国麻省理工学院的维纳，推崇控制、自适应与进化计算。这个学派在早期被寄予厚望，近些年发展缓慢。行为主义与目前的机器人、物联网及车联网的关系非常密切，所以，不排除将来成为人工智能的又一个浪潮的可能。

虽然 3 个学派早期的观点存在一定的冲突，但是，目前已经逐步走向融合。例如，知识图谱的理论基础是语义网，属于知识工程领域，是符号学派的一种工具。但是，知识图谱的构建可以通过机器学习的方法实现。再如，神经网络不仅是连接主义学派的核心方向，行为主义学派也将其视为重点研究对象，该学派认为神经网络是生物长期进化出来的一种重要结构。另外，诸如人工智能的一个重要分支——机器学习融合了各个学派的方法而独立发展。总之，各学派的观点可以理解为对人工智能在不同维度的认识，而不受学派观点的限制以便实现理论或技术的突破是一种可取的方法。

1.3.1　符号主义

符号主义又称逻辑主义、心理学派或计算机学派，它认为人工智能源于数理逻辑。符号主义的实现基础是物理符号系统假设和有限合理性原理。数理逻辑从 19 世纪末开始迅速发展，到 20 世纪 30 年代开始用于描述智能行为。计算机出现后，实现了逻辑演绎系统。符号主义学派的代表性成果是一个计算机程序——逻辑理论家，该程序写于 1955 年和 1956 年，由赫伯特 · 西蒙（Herbert Alexander Simon）、艾伦 · 纽厄尔（Allen Newell）和柯利弗 · 肖（Cliff Shaw）编写。这是第一个刻意模仿人类解决问题技能的程序，被称为“第一个人工智能程序”。逻辑理论家证明了怀特海德（Alfred North Whitehead）和柏特兰 · 罗素（Bertrand Russell）所著的《数学原理》中前 52 个定理中的 38 个，其他的一些定理也相继被证明。

逻辑理论家在推理中引入了一种搜索树，推理证明的过程是基于搜索树完成的。由于搜索树很可能呈指数增长，因此，需要“修剪”一些分支。启发式方法是人工智能领域的一个重要方向，也是克服指数组合爆炸问题的重要方法。另外，上述 3 位研究人员开发了一种指令式编程语言（Imperative Programming Language，IPL），IPL 是后来的 Lisp 编程语言的基础，Lisp 是人工智能领域的一种重要编程语言。逻辑理论家的一些方法直至目前仍然对人工智能的研究具有指导意义。

符号主义学派的巅峰是20世纪70年代中期流行起来的专家系统(Expert System)，专家系统的出现也使得人工智能进入了一个黄金时代。专家系统其实是一套计算机软件，通过事先定义好的规则和事实的输入来模拟人类专家解决问题的过程。它曾经给人们带来无限的遐想，例如，当时认为未来的专家系统必将取代医生、律师和教师等专业性强的职业，似乎相关职业的从业人员将面临大面积失业风险。但是，我们现在知道这一现象并没有发生。因此，专家系统的智能仅局限在一个很窄的专业领域，不能解决人们希望解决而仍然没有解决的一小部分关键问题。

符号主义学派认为思维的基本单元是符号，而认知过程就是在符号表示上的一种运算。恰巧，计算机也是一个物理符号系统，因此，很自然地能够用计算机来模拟认知过程，即智能行为。这种方法的本质是模拟大脑的抽象逻辑思维，并将其符号化。一旦思维被符号化后就可以用计算机对符号系统进行计算，从而实现大脑思维过程模拟，也就实现了人工的智能。因此，这种方法也经常被称为“认知计算”。

1.3.2　连接主义

连接主义学派又称为仿生学派或生理学派。之所以称之为连接、仿生或生理，主要原因是该学派将神经网络作为主要的结构，而神经网络则是模拟大脑。连接主义的研究对象是神经网络及神经元之间的连接机制，目标是实现大脑的神经网络模型。

连接主义学派的代表性成果是1943年由美国神经学家沃伦·麦卡洛克(Warren McCulloch)和数学家沃尔特·皮茨(Walter Pitts)创立的脑模型，简称MP(McCulloch-Pitts Model)模型，这个模型可以通过计算机模仿人脑的结构和功能。MP模型的基本单元是神经元，神经元是一种非常简单的结构，可以用一个简单的逻辑函数来模拟，而计算机非常容易实现简单的逻辑计算，因此，MP模型又称为逻辑神经元模型。

感知机(Perceptron)是连接主义学派的代表性模型，是基于MP模型的神经元构成的网络，即人工神经网络(Artificial Neural Network，ANN)。因此，感知机可以理解为由简单的逻辑函数构成的计算网络，用来模拟大脑神经网络。由于可解释性不好，同时感知机的效果与其他同类的人工智能模型相比并不占有绝对的优势，因此，在20世纪70年代后期至80年代初期陷入低潮。直到霍普菲尔德在20世纪80年代初提出用硬件模拟神经网络以后，连接主义才又重新兴起。1986年，鲁梅尔哈特等人提出用多层网络中的反向传播(Back Propagation，BP)算法实现神经元的参数计算和优化后，连接主义实现了从理论分析到工程应用的飞跃。

直至目前，人工神经网络仍然是深度学习的基础结构，而深度学习的出现使得这一学派成为目前人工智能研究的主流。

1.3.3　行为主义

行为主义是一个最为年轻的人工智能学派，直至20世纪末才出现，又称为进化主义学派或控制论学派，其原理为控制论及感知—动作型控制系统，具有代表性的成果是机器人。从生物学的角度来看，人的智能并不是凭空产生的，而是经历了长期与外界接触过程不断进化而来的。换句话说，行为主义学派认为智能源于进化，智能行为只能在现实世界中与周围环境的交互中表现出来。

行为主义学派认为人工智能源于控制论。控制论是研究生物(包括人类)和机器中的操纵、控制和信息传递的一般规律的基础理论，重点研究三者的数学关系，而不涉及过程内在的物理、化学、生物、经济或其他方面的现象。控制论思想早在 20 世纪四五十年代就已经成为时代思潮的重要部分，对早期的人工智能研究产生了重大的影响。由于控制论是关于系统与外界沟通的基础理论，而人工智能研究的对象是智能，智能通过与外界交互得以体现，因此，控制论是很好的研究工具。

诺伯特·维纳(Norbert Wiener)和麦卡洛克等人提出的控制论和自组织系统，以及钱学森等人提出的工程控制论和生物控制论影响了包括人工智能在内的许多领域。1948 年，维纳出版了著名的《控制论——或关于在动物和机器中控制和通信的科学》一书，维纳把控制论看作一门研究机器、生命社会中控制和通信的一般规律的科学，更具体地讲，是研究动态系统在变化的环境条件下如何保持平衡状态或稳定状态的一门科学。目前控制论的思想和方法已经渗透到了几乎所有的自然科学和社会科学领域。

控制论把神经系统的工作原理与信息理论、控制理论、逻辑及计算机联系起来，早期的研究重点是模拟人在控制过程中的智能行为和作用，如对自寻优、自适应、自镇定、自组织和自学习等控制论系统的研究，并进行“控制论动物”的研制。到 20 世纪六七十年代，上述这些控制论系统的研究取得了一定的进展，为智能控制和智能机器人的研究提供了理论基础，并在 20 世纪 80 年代诞生了智能控制和智能机器人系统。

行为主义学派的代表性成果是机器人，例如，布鲁克斯的六足行走机器人。六足行走机器人是一个基于感知-动作模式的模拟昆虫行为的控制系统，被称为第一个火星机器人，是新一代的“控制论动物”。直至目前，波士顿动力的机器人系列，尤其是机器狗开门、机器人翻跟头等令人瞠目结舌的动作都体现了行为主义学派与实际应用的紧密结合，展现了巨大的发展潜力。

1.3.4　另一种分类

依据能力强弱将人工智能分为强人工智能和弱人工智能，但是，强和弱之间并没有严格的界限。所谓强人工智能是指机器真正具备了人的智能，从某种意义上说，可以取代人的大脑的机器就具备了强人工智能的特点。如果仅仅在表现上具有智能，而实际上不具备人的大脑的智能，这样的人工智能则称为弱人工智能。

针对强、弱人工智能的讨论有时会上升到哲学层面，尤其是强人工智能一旦出现后，对人类的伦理、道德、认知甚至情感等哲学层面产生的重大影响被广泛关注。

控制论创始人诺伯特·维纳曾谈到，在智能机器出现之后，“这些机器的趋势是要在所有层面上取代人类，而非只是用机器能源和力量取代人类的能源和力量。很显然，这种新的取代将对我们的生活产生深远影响。”其中“在所有层面上取代人类”这句话极具震撼力，如果真的成为现实，即将意味着整个人类或一部分人类将沦为机器的奴仆。原因很简单，主人一直以来都是人，既然机器可以在所有层面取代人，当然也可以当主人，那么奴仆是谁呢？可以是机器也可以是人。

当机器能够在所有层面上取代人时，这个机器就具备了强人工智能，这样的机器将变得不可控。显然，目前我们现在还处于弱人工智能时代，同时也对强人工智能时代充满矛盾的心态，还没有准备好如何迎接强人工智能时代的到来。

1. 弱人工智能

弱人工智能(Artificial Narrow Intelligence，ANI)仅擅长单一方面或狭窄领域的智能，所以又称为狭义人工智能。例如，AlphaGo(阿尔法狗，也译作阿尔法围棋)是第一个击败人类职业围棋选手、第一个战胜围棋世界冠军的人工智能系统，但它是弱人工智能，因为阿尔法狗仅会下围棋，而不能完成其他的任务。如果问他“清晨的太阳是什么颜色？”这样的常识问题，它的回答一定会让人大失所望，让人觉得它的智力连个孩童都不如。但是，不能否定它具备了一定的智能，或者起码在围棋方面它的智能看起来非常突出。

这是典型的弱人工智能，在某一方面的智能超越了人类，而在其他方面则类似于白痴。弱人工智能不会对人类产生实质性的威胁，它仅仅是人类的一个工具。

2. 强人工智能

文学家喜欢将人工智能描述为强人工智能(Artificial General Intelligence，AGI)，强人工智能是指一般意义上的智能，又称通用人工智能，即达到了人类级别的智能。在科幻作品中的人工智能大多属于强人工智能。例如，美国电影《阿丽塔：战斗天使》讲述了身处末世、幸运重生的机器人女孩阿丽塔为了改变世界而勇敢奋斗、踏上探索真相旅程的故事，片中的阿丽塔具备了人类的所有智慧。在具有金刚不坏之身的机器人面前，人类变得不堪一击，显得十分的多余。美国电影《机械公敌》则描述了人类制造机器人时，通常会遵循所谓“机器人三大安全法则”来设计并控制它们。但是，当机器人已经学会了自我思考后，曲解了“机器人三大安全法则”，于是，人与机器人的冲突开始了。所以，人类必须开始重新思考如何面对机器人，但是，机器人或者人类自身是否都值得信赖却是一个令人深思的问题。由于这些影视作品中的机器人比人的能力要强得多，因此，甚至出现了“超人工智能(Artificial Super Intelligence，ASI)”的概念。强人工智能强调的是达到人的智力水平，而超人工智能则强调超越人的智能。

目前，强人工智能或者超人工智能仅仅存在于文艺作品中，而现实世界中并不存在。在“中文屋子问题”的思想实验中，挑战的不仅仅是图灵测试，也包括了对强人工智能的质疑。其中，一个传统而关键问题是：我们了解我们的大脑吗？我们知道结构决定功能，结构的问题没有解决，强人工智能就很难实现。

当深入了解目前人工智能的基本原理和方法后，人们可能会产生一些疑问：

(1)机器真的会具有自我意识吗？

(2)受物理法则严格支配的思想会是自由的吗？

(3)人类真的能制造出比自身聪明的机器吗？

也有可能会得到一个初步的结论：强人工智能或许离我们还很遥远，或许永远仅仅存在于我们的想象之中。

1.4 小　　结

概念是科学研究的起点，如果概念清晰了，那么问题及相关要素就清晰了。由于人类对自身智能的认识还存在很多瓶颈，因此关于智能还没有统一的定义，这也导致人工智能的定义不统一。尽管如此，不同领域从不同角度对人工智能进行了描述，对人工智能概念的探讨也将随着发展而不断深入。

人工智能研究的重点是思维建模，由于思维的广泛性和复杂性使得人工智能成为一个多学科交叉的研究领域。目前，人工智能的主要研究方法是“黑盒法”，甚至测试也采用了这种方法。图灵测试虽然不严谨，但却是人工智能系统的主要测试方法。在人工智能领域，模型是描述智能的主要手段，诸如知识表示、推理、机器学习、优化等均以建模作为重点。因此，直至目前，作为人工智能发展前沿的代表——深度学习中有很多非常有效且巧妙的模型。

人工智能的发展历程可以说是充满曲折，其中一个重要原因可能是由于应用场景不明确而导致的。从诞生时开始，人工智能不像数据库、文字处理、多媒体等领域可以有许多重要的应用场景，并快速产生商业价值，这直接限制了人工智能的发展。如今，应用场景已经被列入人工智能的 4 个要素之一，相信随着人工智能的不断发展，应用场景也将越来越多，“AI 赋能”将成为传统和新兴行业的重要驱动力量。

习　　题

1-1　结合即时通信 App 设计一个图灵测试的场景。

1-2　图灵测试存在哪些缺陷？给出你的优化方案。

1-3　为什么说“中文屋子问题”否定了机器具有智能这一论断？

1-4　尝试给人工智能一个新的定义。

1-5　如何区分强人工智能和弱人工智能？给出自己的见解。

1-6　为什么说知识表示是用人工智能解决问题时的一个重要环节？

1-7　给出自己对模型的理解和定义，并举例说明现实中的模型。

1-8　结合实际举例说明什么是推理，结合自身理解解释推理的过程。

1-9　下面是计算标准体重的公式：

$$W = H - 105$$

其中，W 表示体重，kg；H 表示身高，cm。

试说明如何增加约束才能使得这个公式有意义。

1-10　举例说明优化是找到函数最小值或最大值的过程。

1-11　启发式中的“启发”是什么含义？在什么情况下才会应用启发式方法？

1-12　思考一下自己头脑中是否有启发式信息。假设一个场景，请你为邻居寻找宠物狗提供一条启发式信息。

1-13　你是如何理解深度学习概念中的“深度”的？查阅资料并证明你的理解是否正确。

1-14　搜索是推理吗？为什么？

1-15　针对一项隐藏很深的项目问题，你是倾向于聘请一个高水平的工程师，还是聘请多位水平一般的工程师解决这个问题？假设两种方案的成本是相等的。

1-16　你认为类似 ChatGPT 这样的模型有智能吗？说出你的理由。

1-17　人类的常识是如何获得的？人工智能模型能获得常识吗？

1-18　目前人工智能领域的研究热点是什么？

1-19　举例说明什么是生成测试法。

第2章 知识表示

知识是指人们在社会实践中所获得的认识和经验的总和，指学术、文化或学问。在汉语中，知识是由“知”和“识”两个字构成的，各自有其特殊的含义。“知”的本义是指说得很准，“不知”或“未知”就是指话没有说准，就好像射箭没有击中靶心。例如，18 世纪英国天文学家哈雷声称知道哈雷彗星的行为规律，并预报这颗彗星于 1759 年会重新出现。后来在 1759 年 1 月 21 日，人们果然又一次看到这颗彗星。哈雷说得很准，这就是“知”。“识”的本义是指用语言描述图案的形状和细节，引申义是指区别、辨别。

综合起来，知识是指说得准、分得清。知识只有表示出来，才可以运用它。知识表示是人工智能中最为基础的工作，它有很多种形式，如公式、规则、定理、定律、图表等。人工智能中的知识表示需要考虑便于计算机的实现，即将其用计算机能处理的形式表示出来，才可以在计算机中很好地运用这些知识。

2.1 基本概念

与知识相关的两个概念是数据和信息。知识与数据是不同的，与信息也有区别。数据是信息的载体，知识则反映了信息之间的内在关系或必然联系，具有规律性的特点。

2.1.1 数据

数据是指对客观事件进行记录并可以鉴别的符号，是对客观事物的性质、状态及相互关系等进行记载的物理符号或这些物理符号的组合，是可识别的、抽象的符号。数据不仅指狭义上的数字，还可以是具有一定意义的文字、字母、数字、符号、图形、图像、视频、音频等，也是客观事物的属性、数量、位置及其相互关系的抽象表示。例如，“0、1、2”“阴、雨、下降、气温”“学生的档案记录、货物的运输情况”等都是数据。

在计算机科学中，数据是指所有能输入计算机并被计算机程序处理的符号的介质的总称。计算机存储和处理的对象十分广泛，表示这些对象的数据也随之变得越来越复杂，界限也越来越模糊。

数据经过加工后可以成为信息，数据是信息的载体，人们用一组数据及其组合表示信息。信息是具有一定意义的数字、字母、符号和模拟量等的通称，如 1.75 是一个数据，但不是信息，因为不确定是什么含义。因此，数据是信息的基础。

2.1.2 信息

作为科学术语，信息一词最早出现在 R V Hartley 于 1928 年撰写的《信息传输》一文中。20 世纪 40 年代，信息论的奠基人香农给出了信息的明确定义，此后许多学者从研究领域出发，给出了不同的定义。经济管理学家认为信息是提供决策的有效数据，而电子学家、计算机科学家大多认为信息是电子线路中传输的、以信号作为载体的内容。截至目前，具有代表性的表述仍然是香农给出的定义，即“信息是用来消除随机不确定性的东西”，这一定义被人们视为信息的经典定义并加以引用。

信息最显著的特点是它不能独立存在，信息的存在必须依托载体。数据是一种常见的信息载体，信息表达了数据的语义，即数据的含义。如 1.75 是数据，语义是不确定的，可以是长度，也可以是重量，或者是温度等。如果说“身高是 1.75 米”就是信息了，它表达了 1.75 米是身体的高度，从而消除了歧义。

2.1.3 知识

知识是哲学认识论领域最为重要的一个概念。“什么是知识”这个问题激发了世界上众多伟大思想家的兴趣，但是，时至今日还没有一个统一而明确的定义。从类型上看，知识可分为简单知识和复杂知识、独有知识和共有知识、具体知识和抽象知识、显性知识和隐性知识等。

简单地理解，知识在信息的基础上增加了上下文信息，提供了更多的意义，因此也就更加有价值。知识反映了信息之间内在的关系或必然的联系，知识是信息关联后所形成的信息结构，是经加工、整理、解释、挑选、改造后的信息，如事实或规则。知识是随着时间变化的，新的知识可以根据规则和已有的知识推导出来。

表 2-1 给出了数据、信息和知识的几个例子，从中可以看出三者之间的关系和不同，同时也标明了知识的类型。

表 2-1 数据、信息和知识示例

示例	数据	信息	知识	知识类型
游泳条件	21	温度是 21℃	目前室外温度是 21℃	事实
服兵役	18	年龄是 18 岁	如果年龄是 18 岁，那么就有资格服兵役	规则
找教室	232	主楼 232 教室	大门 主楼232教室	图
算面积	2	半径是 2cm	面积 $S=\pi r^2=3.14\times 2^2=12.56(\text{cm}^2)$	公式

知识“目前室外温度是 21℃”描述了一个客观事实，这个客观事实是不随人的意志为转移的。知识适用于决策分析支持，这条事实对于决策有时非常有用，比如“现在是否可以去游泳？”如果有了“目前室外温度是 21℃”这个事实，就可以得出“适合去游泳”的结论。

在信息“年龄是 18 岁”上增加上下文后就形成知识“如果年龄是 18 岁，那么就有资格服兵役”，这条知识的表示形式是规则，即可以用 if-then 的方式进行描述，这种规则被称为“产生式规则”。规则对于决策非常有用，通过规则往往可以推出新的事实。

在“找教室”的例子中，知识是通过图表示的，尽管表中用文字描述，但描述的是一张图中的路线，即可以用图来取代。

在“算面积”的例子中，采用公式表示知识。数学公式是常见的知识表示形式，由于计算机擅长进行科学计算，因此在计算机中实现数学公式的计算也很方便。在人工智能中，公式也包括谓词逻辑中的合式公式，这是一种更广泛意义上的公式，可以表达逻辑。公式是规则的另一种体现形式，由于通过数学方式表达，因此更为严谨。

在人工智能中，知识主要包括事实、规则、元知识和常识。事实是关于对象和物体的客观描述。在人工智能中，事实也是知识的一种。例如“John 是 Bill 的祖父”就是一个事实，而“X 是 Z 的祖父，如果 X 是 Y 的父亲，Y 是 Z 的父亲”则是一条规则。注意，事实与规则是不同的。可见，人工智能中的事实与信息是对应的。

规则是有关问题中与事物的行动、动作相联系的因果关系的知识，是运行、运作规律所遵循的法则。规则可以独立存在，一般需要与事实联合使用才能推导出新的事实。例如，“John 是 Tom 的父亲”“Tom 是 Bill 的父亲”是两个事实，则根据上述规则“X 是 Z 的祖父，如果 X 是 Y 的父亲，Y 是 Z 的父亲”可以推导出新的事实“John 是 Bill 的祖父”。

元知识是有关知识的知识，是知识库中的高层知识。例如，“如果你在考试前一天晚上死记硬背，那么关于这个主题的知识你的记忆不会持续太久”。这句话没有讲死记硬背的知识是什么，而是强调这样做，对知识的记忆不会长久，实际上是讨论对知识的控制方法，即关于知识的知识。

常识泛指普遍存在而且被普遍认识了的客观事实，也是人工智能领域的一类重要知识，具有获取方式多、范围广、难度高等特点。

2.1.4 人工智能中的知识表示

人工智能中的知识表示是研究用计算机表示上述知识的可行性、有效性的一般方法，可以看作将知识符号化并输入计算机的处理过程和方法，即

知识表示 = 数据结构 + 处理机制

数据结构是知识表示的静态特性，也是知识表示的直观体现。处理机制是指数据结构的构建机制，例如，图的构建就是一种处理机制，但是处理机制不包括在图上的搜索和推理。

符合人工智能要求的知识表示是计算机能够存储、处理的知识表示。数据结构(如数组、表、树、图等)就是符合上述要求的一种结构表示。而类似赋值、交换、排序等是符合上述要求的处理机制。

举个例子，在八数码问题中，有 8 个连续整数标识的棋子 1, 2,⋯, 8，每个棋子在九宫格中占一个格子，还有一个空格。8 个棋子的初始状态及移动空格后的状态如图 2-1 所示。由于九宫格不便于被计算机处理，而数组是计算机能够处理的数据结构，而且数组适合表示九宫格数据，因此用二维数组表示如图 2-1 左侧九宫格中的数据部分(如右侧所示)。通过交换 1 与 0 就可以得到左下角的数组，通过交换 8 与 0 就可以得到右下角的数组，分别对应左侧的九宫格的两个状态。这里“交换 1 与 0”和“交换 8 与 0”是处理机制，也是计算机可以处理的方式。

另一个例子，判断下面的 4 个句子中哪些句子是相关的。

S1：昨天的天气不错

S2：人工智能概论课程有趣

S3：今天的天气不错

S4：人工智能中的表示

显然，句子 1 与句子 3 相关度高，都是说天气；句子 2 和句子 4 的相关度高，都是说人

工智能课程。那么，如何让计算机知道这些相似性呢？由于计算机擅长计算，无法直接理解句子的语义，所以，为了使计算机能够算出来句子的相关性，就需要将4个句子换一种描述，即表示出来。数字的形式便于计算机进行计算，那么，如何将上述的4个句子转换成数字呢？

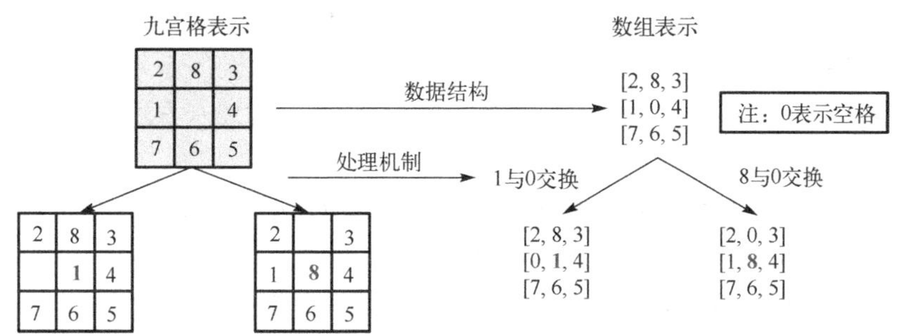

图2-1 八数码问题的数组表示与处理机制

一个简单的思路是先把每个句子分词并去重，然后形成词表。每个词在词表中存在的置为1，否则置为0，这样就形成了二进制的数组形式。

4个句子分词结果如下。

S1：‘昨天’、‘的’、‘天气’、‘不错’

S2：‘人工智能’、‘概论’、‘课程’、‘有趣’

S3：‘今天’、‘的’、‘天气’、‘不错’

S4：‘人工智能’、‘中’、‘的’、‘表示’

数组表示形式如下。

S1：[00100110100]

S2：[10001001010]

S3：[01000110100]

S4：[10010100001]

这里，处理机制是指将句子S1～S4表示为数组形式，而相似度计算不是处理机制。

在人工智能领域有多种知识表示的方法，根据表示特性可归纳为说明型表示和过程型表示两类。

1. 说明型表示

说明型表示是指将与事实相关的知识与利用这些知识的过程区分开来，重点表示与事实相关的知识，即表示事实。例如，谓词逻辑将知识表示成一个静态的事实集合，这些事实是关于专业领域的元素或实体的知识，是一种说明型表示。

这种方法的优点是透明性好，知识以显式的、准确的方法存储，且容易修改；每个事实存储一次，但可以复用；具有很好的灵活性，因为知识表示是独立的。但是，这种方法的缺点是不能直接执行，需要其他程序解释它的含义，因此执行速度较慢。

2. 过程型表示

过程型表示是指不区分事实型知识的表示和利用方法，而使二者融为一体。过程型表示常用于描述系统状态变化、问题求解过程的操作、演算和行为等知识。这种方法的优点是符合人的习惯、易于表达不适合用说明型方法表达的知识，例如有关缺省推理和概率推理的知识。过程型表示非常适合启发式知识的表示，同时，将知识与控制相结合使得对知识的相互作用性有较好的描述。但是，这种方法的缺点也比较明显，例如，知识多了后容易导致冲突，即出现前后不一致的问题，因此不适合表达大量的知识。另外，其表示的知识难于修改和理解。

在实际中，大多数知识系统综合运用说明型和过程型两类表示方法。人工智能系统对知识表示方法的主要要求如下。

(1) 表示能力：要求能够正确、有效地将问题求解所需要的各类知识都表示出来。

(2) 可理解性：所表示的知识应逻辑清晰、易懂、易读。

(3) 便于获取：使得智能系统能够渐进地增加知识，并能够不断优化。

(4) 便于搜索：表示知识的符号结构和推理机制应支持对知识的高效搜索，使得智能系统能够迅速地感知事物之间的关系和变化，同时支持相关知识的搜索。

(5) 便于推理：要能够从已有的知识中推出需要的答案和结论。

常用的知识表示方法包括状态空间图、问题归约法、谓词逻辑法、语义网络、框架表示法、面向对象法、本体、Agent 表示法等。知识表示方法的发展使得人工智能系统的效果不断提升。近年来，随着深度学习的发展，涌现出很多新的表示方法，如自然语言处理领域的词嵌入表示、分布式表示等，并且将表示方法与机器学习相融合，形成了一个很有特色的方向——表示学习。

2.2 状态空间图

解决问题的过程就是在探索问题空间。一个问题空间表示了问题的一个可能状态，如果其中一个状态是问题的解或者是逼近解，那么问题就解决了。在人工智能领域，许多问题的求解采用的是试探搜索方法，也就是说，这些方法是在某个可能的解空间内寻找一个解来求解问题的。这种基于解空间的问题表示和求解方法称为状态空间图，其中，状态和算符是该方法的基础。

状态空间图表示法包括 3 个要点。

(1) 状态：表示问题解法中每一步状态的数据结构。

(2) 算符：把问题从一种状态变换为另一种状态的方法。

(3) 表示与求解：基于解空间的问题表示和求解方法，以状态和算符为基础来表示和求解问题。

状态是指为了描述某类不同事物间的差别而引入的一组最小变量 $q_0, q_1, \cdots, q_n$ 的有序集合，其向量形式为

$$Q = [q_0, q_1, \cdots, q_n]^{\mathrm{T}} \tag{2-1}$$

其中，每个元素 $q_i (i = 0, 1, \cdots, n)$ 为集合 Q 的分量，称为状态变量，表示问题的某一个状态。

给定每个状态变量一组值就得到一个具体的状态，如

$$Q_k = [q_{0k}, q_{1k}, \cdots, q_{nk}]^{\mathrm{T}} \tag{2-2}$$

这只是问题所有可能状态的罗列，还必须描述这些状态之间的可能变化。操作(或称为

算子、操作符、算符)是引起状态中的某分量发生改变，从而使问题由一个状态变化为另一状态的一套方法，因此，算子属于知识的处理机制。操作可为走步、过程、规则、数学算子、运算符号或逻辑符号等。

问题的状态空间是一个表示该问题全部可能状态及其关系的图,它包含了 3 种说明集合，即所有可能的问题状态集合 S、操作符集合 F 及目标状态集合 G。可把状态空间记为三元状态 (S, F, G)。

状态空间图可用有向图来表示。基于状态空间法求得的一个解是从初始状态到目标状态的一个操作序列，因此，状态的变化是有方向的。应用一个有限的操作算子序列，可以使初始状态转化为目标状态，即

$$S_0 - f_0 \to S_1 - f_1 \to \cdots \to S_k - f_k \to G \tag{2-3}$$

其中，S_0 为初始状态，$S_0 \subset S$；$f_0, f_1, f_2, \cdots, f_k$ 为算子；G 为目标状态，$G \subset$ S。

例 2.1　十五数码问题的表示。

十五数码问题是：有 15 个标有 1～15 整数数字的棋子放在 4 × 4 的方格棋盘上，棋盘上有一格是空的，相邻的棋子可以垂直或水平地移动到空格内，但是有数字的棋子不可以移动到其他有数字的棋子所在的格子内，或者可以理解为只有空格可移动。如图 2-2 所示为一个初始状态的棋局和目标状态的棋局。

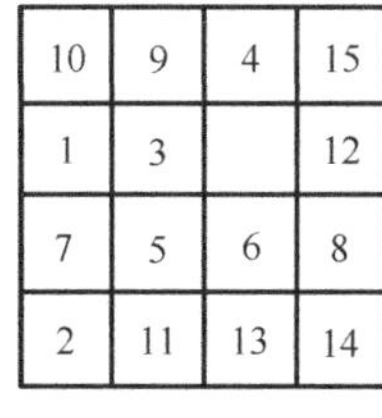

初始状态

1	2	3	4
5	6	7	8
9	10	11	12
13	14	15	

目标状态

图 2-2　十五数码问题的初始状态和目标状态

通过空格移动的方式可改变棋局的状态，如空格上移、空格下移、空格左移、空格右移操作，不断重复这个操作，就可以得到不同状态的棋局，进而形成一棵描述各个状态的树形结构。由于树是图的一种特殊结构，因此也称树为图。如图 2-3 所示，不断重复算子操作，状态空间图会不断膨胀，目标棋局一定是这张图中的节点，这样就完成了表示。

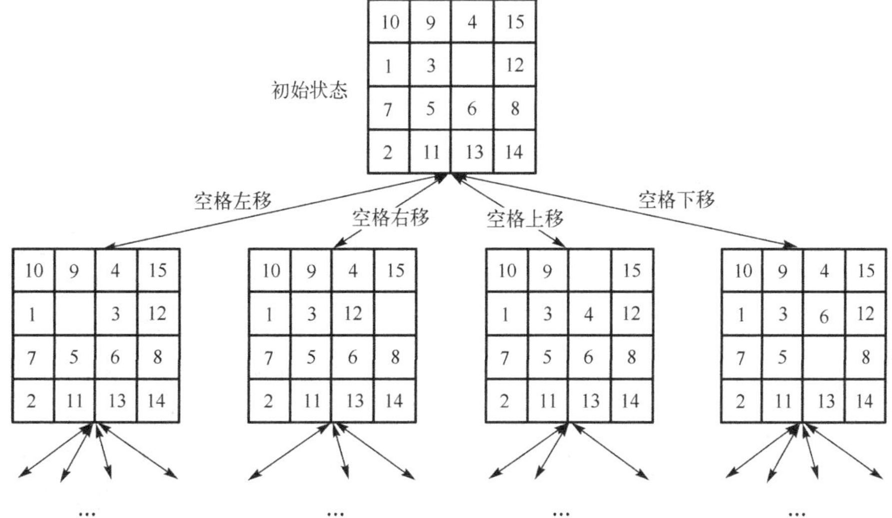

图 2-3　十五数码问题的空间状态图表示

可见，十五数码问题的求解方法是尝试穷举各种不同的走步，直到偶然得到该目标棋局为止。从初始棋局开始，由每一合法走步试探得到的各种新棋局，然后计算再走一步而得到的下一组棋局。这样继续下去，直至达到目标棋局为止，所以本质上是试探搜索，也是生成测试方法的一个实例。

2.3　问题归约

计算机是一个复杂系统，但是其最底层的计算是简单的二进制计算，无论计算机系统所解决的问题有多么复杂，最终都会转化为简单的二进制计算。可见，很多问题都可以转化为更精细的形式，复杂的问题往往可以分解为子问题，这样简化下去，直到子问题是显而易见的问题时，这个复杂的问题就解决了。可见，这符合人类解决问题的思维模式。

问题归约法的基本思路是先把问题分解为子问题、子-子问题及子-子-子问题等，然后解决较小的问题，对该问题的某个具体的显而易见的子集问题的解答就意味着对原始问题的一个解答。

问题归约表示有以下组成部分。

(1)一个初始问题描述。

(2)一套把问题变换为子问题的操作符。

(3)一套本原问题描述。

其中，本原问题是指不需证明的、自然成立的，即上述提及的显而易见的子问题，如公理、已知的事实等。本原问题构成了本原问题集。

问题归约法的实质是从拟解决的问题出发，建立子问题及子问题的子问题，直至最后把初始问题归约为一个平凡的本原问题集合。平凡是指显而易见。

与状态空间图类似，问题归约法也用图表示。一般地，用一个图表示问题归约为后继问题的替换集合，这种结构图称为问题归约图，或叫作与或图。与或图是由与节点及或节点组成的图结构。

与或图的主要概念如下。

(1)根节点：对应于目标问题或原问题。

(2)叶节点：对应于原问题的本原问题。

(3)或节点：是指多个同级的且只要解决其中某一个子问题就可解决其父辈问题的节点，各节点之间不需要标记。

(4)与节点：是指多个同级的且只有解决所有子问题才能解决其父辈问题的节点，各个节点之间用小圆弧连接标记。

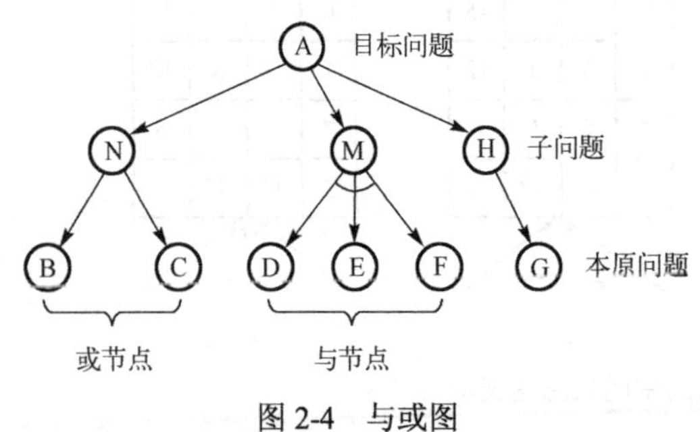

图 2-4　与或图

如图 2-4 所示的与或图中，根节点 A 为目标问题，节点 N、M、H 为同级子问题，进一步分解后得到叶节点 B、C、D、E、F、G，这些叶节点对应本原问题，其中节点(N, M, H)为同级或节点，(B, C)为同级本原问题的或节点，节点之间无标记，而(D, E, F)

为同级本原问题的与节点，节点之间用小圆弧标记。G节点为孤立的叶节点，不存在与和或的表示问题。

与或图中的可解节点共有以下3种。

(1)叶节点是本原问题，因此是可解节点。

(2)如果某个非叶节点含有“或”后继节点，那么当其后继节点中至少有一个是可解的时，这个非叶节点就是可解的。

(3)如果某个非叶节点含有“与”后继节点，那么只有当其后继节点全部为可解时，这个非叶节点才是可解的。

对应的，不可解节点是指。

(1)没有后裔的非叶节点为不可解节点。

(2)如果某个非叶节点含有“或”后继节点，那么只有当其全部后继节点为不可解时，此非叶节点才是不可解的。

(3)如果某个非叶节点含有“与”后继节点，那么当其后继节点中至少有一个为不可解时，此非叶节点才是不可解的。

例 2.2 用与或图表示三层汉诺塔问题。

三层汉诺塔有3根柱子(用1、2和3表示)和3个不同尺寸的圆盘(用A、B和C表示)。在每个圆盘的中心有一个孔，圆盘可以堆叠在柱子上。最初，3个圆盘都堆叠在柱子1上，最大的圆盘C在底部，最小的圆盘A在顶部。

要求把所有圆盘都移到柱子3上，每次只许移动一个，而且只能先搬动柱子顶部的圆盘，不允许把尺寸较大的圆盘堆放在尺寸较小的圆盘上。问题的初始状态和目标状态如图2-5所示。

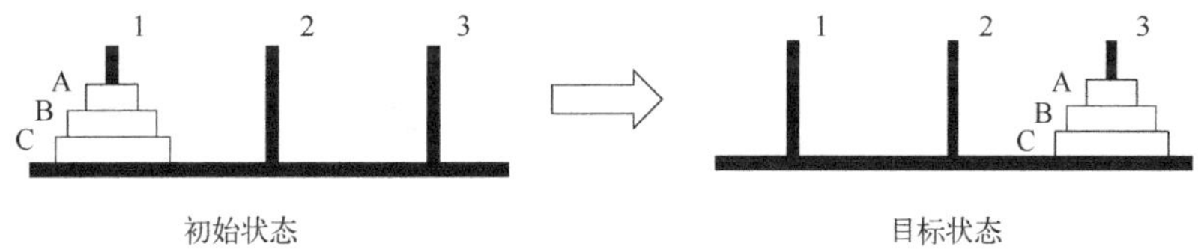

图2-5 三层汉诺塔的初始状态和目标状态

求解过程如下。

按照问题归约法的思路，需要将原始问题归约为一个较简单的问题集合。具体思路为：要把所有圆盘都移至柱子3，首先必须把圆盘C移至柱子3。在移动圆盘C至柱子3之前，要求柱子3必须是空的。只有在移开圆盘A和B之后，才能移动圆盘C。圆盘A和B不能移至柱子3，否则就不能把圆盘C移至柱子3。因此，首先应该把圆盘A和B移到柱子2上。然后才能够把圆盘C从柱子1移至柱子3，并继续解决问题的其余部分。

将原始问题归约为下列子问题：移动圆盘A和B至柱子2的双圆盘问题。如图2-6所示，子问题1的(111)→(122)、子问题2的(122)→(322)和子问题3的(322)→(333)。显然，子问题(122)→(322)是显而易见的，只需将圆盘C移到空的柱子3上即可，所以是一个本原问题。可见，在分解过程中本原问题会逐渐显现出来。

如图2-7所示为三层汉诺塔问题的与或图。如上所述，子问题2可作为本原问题考虑，因为它的解只包含一步移动。应用一系列相似的推理，子问题1可以归约为(111)→(113)、

(113)→(123) 和 (123)→(122) 三个本原问题，子问题 3 也可归约为 (322)→(321)、(321)→(331)和(331)→(333)三个本原问题。注意，这里的与或图节点均为与节点，即必须解决所有本原问题。

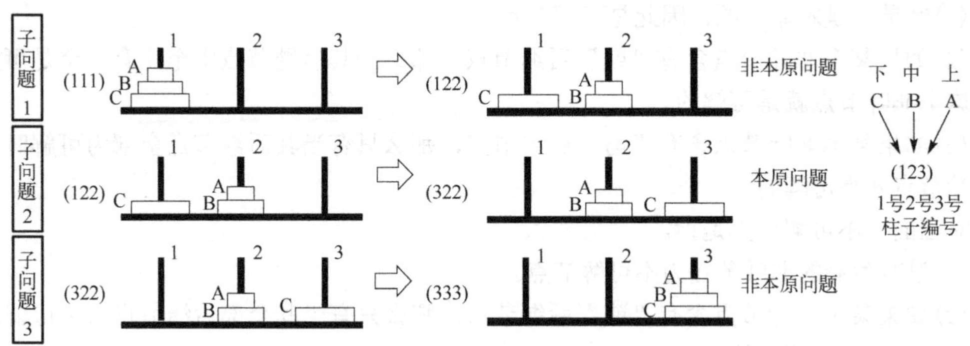

图 2-6　三层汉诺塔求解过程

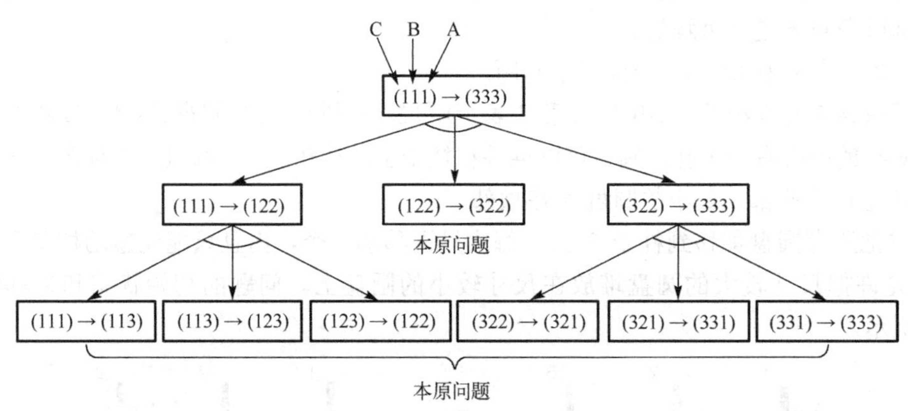

图 2-7　三层汉诺塔求解与或图

相比于问题归约法，状态空间法中只含有或节点，因此可以将状态空间法视为问题归约法的一个特例。问题归约求解过程本质上是生成解树，优点是符合人的求解习惯，可解释性好，并且易于实现；缺点是无法解决不完备信息的问题，以及本原问题分解困难的复杂问题。

2.4　谓词逻辑

命题逻辑与谓词逻辑是最早用于人工智能的两种逻辑，可用于知识的形式化表示，特别是在自动推理和定理证明等领域发挥了重要作用。虽然能够将客观世界的各种事实表示为命题，但是命题逻辑具有较大的局限性。命题逻辑只能进行命题间关系的推理，无法解决与命题结构和成分有关的推理问题，不适合表示复杂的问题。谓词逻辑是在命题逻辑的基础上发展而来的，命题逻辑可以看作谓词逻辑的一种特殊形式。

2.4.1　命题

命题是具有真假意义的语句，可以用来描述知识。命题代表人们思考时的一种判断，若命题的意义为真，称它的真值为“真”，记作“T”；若命题的意义为假，称它的真值为“假”，记作“F”。例如：

(1)“西安是陕西省省会”“10大于6”是真值为“T”的命题。

(2)“月亮是方的”“煤炭是白的”是真值为“F”的命题。

一个命题不能即为真又为假，但可以在一定条件下为真，另一种条件下为假。例如“1 + 1 = 10”是命题，在二进制条件下为真，而在十进制条件下为假，它是有条件为真或为假的命题。没有真假意义的语句，如感叹句、疑问句和祈使句等不是命题。陈述句有真假意义，因此可以描述命题。

通常用大写英文字母表示一个命题。

P：西安是座古老的城市

命题逻辑把简单命题作为最基本的单元，不再往下分解。例如以下两个命题。

P：π是无理数

Q：无理数是实数

命题这种表示方法无法把它所描述的客观事物之间的关系、结构及逻辑特征反映出来，也不能把不同事物间的共同特征表述出来。例如，上述命题P和Q在命题逻辑的范畴内找不到联系，即无法表示π和实数之间的关系。又如，用P表示“小张是老张的儿子”这一命题，则无法表示出老张与小张是父子关系，即无法表示客观事物的结构和逻辑特征。再如，“张三是学生”“李四是学生”这两个命题，用命题逻辑表示时，无法把两者的共同特征“都是学生”表示出来。

2.4.2 谓词逻辑表示

在谓词逻辑中，目标仍然是表示命题，但是表示方法改变了，命题是用形如$P(x_1, x_2,\cdots, x_n)$的谓词来表示的。因此，谓词逻辑是命题的另一种表示形式。

1. 定义

一个谓词可分为谓词名与个体两个部分。

(1)个体：是命题的主语，表示独立存在的事物或某个抽象的概念，一般用小写字母表示，如“$x_1, x_2,\cdots, x_n$”表示的是个体。个体可以是个体常量、变量或函数。

(2)谓词名：表示个体的性质、状态或个体之间的关系。谓词名一般用大写字母或首字母大写的单词表示，如$P(x_1, x_2,\cdots, x_n)$中的P是谓词名，由于表达式中有n个个体，因此称P是一个n元谓词。谓词名一般用大写的字母或首字母大写的单词表示。

对于命题“张三是学生”，用谓词可以表示为：Student(“张三”)。其中，Student是谓词名，“张三”是个体常量，Student刻画了“张三”是学生这一特征，表达了一个简单的命题。

例如，对于命题“$x > 10$”可以表示为More$(x, 10)$，其中x是变量。又如，命题“小张的父亲是老师”，可以表示为Teacher(father(Zhang))，这是一个稍复杂的表示，其中，father(Zhang)是一个函数，表示的是一个个体，而不是一个命题，因此没有真值，函数一般用小写字母的单词表示。当谓词中的变量都用特定的个体取代时，谓词就具有一个确定的真值“T”或“F”，否则，就没有确定的真值。

在 n 元谓词 $P(x_1, x_2,\cdots, x_n)$ 中，若每个个体均为常量、变量或函数，则称它为一阶谓词。如果某个个体本身又是一个一阶谓词，这种嵌套的谓词称为二阶谓词，以此类推。

个体变量的取值范围称为个体域。个体域可以是有限的，也可以是无限的。例如，用 I(x) 表示“x 是整数”，则个体域为所有整数，显然是无限的；而 Gender(x) 表示“x 是性别”，则个体域是有限的，只有“男”或“女”两个取值。

2. 谓词演算

谓词演算是一个可以回答真假命题的运算系统，其基本符号包括谓词符号、常量符号、变量符号、函数符号、括号和逗号。

(1) 谓词符号规定定义域内的一个相应关系。

(2) 常量符号是最简单的项，表示论域内的物体或实体。

(3) 变量符号也是项，代表个体但不明确是哪一个实体。

(4) 函数符号表示论域内的函数，是从论域内的一个实体到另外一个实体的映射。

(5) 括号用于使表示更为清晰明了。

(6) 逗号用于分隔个体，有时也表示“或”运算。

谓词演算的最基本的表达式为原子公式，或称为原语。原子公式是由若干谓词符号和项组成的，是一种不能再分解的谓词表达式。例如，原子公式 Married[father(Li), mother(Li)] 表示“Li 的父亲和他的母亲结婚”这个命题，是一个不能分解的原子公式，其中，father(x)、mother(x) 是函数，表示两个个体。可见，一个原子公式表示了一个最基本的命题。

1) 连词

连词是通过原子公式构造复杂命题的连接符，谓词演算的连词及含义如表 2-2 所示。通过连词形成的表达式的值可由真值表确定，所谓真值表是指命题 P 和 Q 的取值为“T”或“F”时，P∧Q 或 P∨Q 等式子的取值。真值表是一个非常重要且实用的工具，当直观上无法判断一个公式的取值时，往往会采用真值表判断。

表 2-2　连词

符号	名称	含义	示例
∧	合取	与、并且	P∧Q，P 并且 Q
∨	析取	或	P∨Q，P 或者 Q
～	非	否定	～P，非 P
→	蕴含	如果…那么…	P→Q，如果 P，那么 Q
↔	双条件	当且仅当	P↔Q，P 成立当且仅当 Q 成立，即 P 相当于 Q

如表 2-3 所示为通过连词构造的命题的真值表。

表 2-3　真值表

P	Q	～P	P∨Q	P∧Q	P→Q	～P∨Q
T	T	F	T	T	T	T
T	F	F	T	F	F	F

续表

P	Q	～P	P∨Q	P∧Q	P→Q	～P∨Q
F	T	T	T	F	T	T
F	F	T	F	F	T	T

这里要注意，当且仅当命题P为真而命题Q为假时，蕴含式P→Q为假，其中，P称为前提或前件，Q称为结论或后件。这个复合命题称为假言命题或条件命题。当P为假时，实际上的情况是未知的。为了让蕴含式有一个明确的定义，本着不轻易否定的思想，定义P→Q为真。另外，根据真值表可知，蕴含式P→Q等价于～P∨Q。

2) 量词

谓词逻辑中有两个重要的量词用于约束变量，其中一个为全称量词，另一个为存在量词。引入的量词仅约束个体的谓词逻辑称为一阶谓词逻辑，简称一阶逻辑，是一种常见的谓词逻辑类型。

全称量词用符号“∀”表示，意思是“所有的”“任一个”。$\forall x$ 读作“对一切 x”，或“对每一个 x”，或“对任一个 x”。命题 $(\forall x)P(x)$ 为真，表示当且仅当对论域中的所有 x 都有 $P(x)$ 为真。同样，命题 $(\forall x)P(x)$ 为假，表示当且仅当论域中有一个 x 使得 $P(x)$ 为假。

存在量词用符号“∃”表示，意思是“至少有”“存在”。$\exists x$ 读作“存在一个 x”，或“对某些 x”，或“至少有一个 x”。命题 $(\exists x)P(x)$ 为真，表示当且仅当论域中至少存在一个 x 使得 $P(x)$ 为真。同理，命题 $(\exists x)P(x)$ 为假，表示当且仅当对论域中的所有 x 都有 $P(x)$ 为假，因为只要有一个 x 使得 $P(x)$ 为真就为真。

3) 合式公式

原子公式通过连词和量词操作后可表示复杂的命题，这种公式称为合式公式。通常合式公式也称为谓词公式。

合式公式递归定义如下：

(1) 原子谓词公式是合式公式。

(2) 若A为合式公式，则～A也是一个合式公式。

(3) 若A和B是合式公式，则A∨B，A∧B，A→B，A↔B也都是合式公式。

(4) 若A是合式公式，x 为A中的自由变量，则 $(\forall x)A$ 和 $(\exists x)A$ 都是合式公式。

(5) 只有按上述规则(1)至(4)求得的那些公式，才是合式公式。

如果两个合式公式的真值表总是相同的，则称二者是等价的，而不必关注现实中是如何解释的。这种等价关系称为重言式或定理，即值恒为真，具有永真性。值恒为假的表达式称为矛盾式，如P∧～P≡F。根据真值表可以得到合式公式的部分定理，如表2-4所示。

表2-4 合式公式的部分定理

定理	名称	定理	名称
P∨Q≡Q∨P	交换律	P∧T≡P	支配律
P∧Q≡Q∧P	交换律	P∧F≡F	支配律
P∨P≡P	幂等律	P∨F≡P	支配律
P∧P≡P	幂等律	(P≡Q)≡(P→Q)∧(Q→P)	吸收律

续表

定理	名称	定理	名称
$\sim\ \sim P \equiv P$	否定之否定	$(P \equiv Q) \equiv (P \wedge Q) \vee (\sim Q \wedge \sim P)$	吸收律
$(P \vee Q) \vee R \equiv P \vee (Q \vee R)$	结合律	$P \vee \sim P \equiv T$	排中律
$(P \wedge Q) \wedge R \equiv P \wedge (Q \wedge R)$	结合律	$P \wedge \sim P \equiv F$	矛盾式
$P \wedge (Q \vee R) \equiv (P \wedge Q) \vee (P \wedge R)$	分配律	$\sim (P \vee Q) \equiv\ \sim P \wedge \sim Q$	德摩根定律
$P \vee (Q \wedge R) \equiv (P \vee Q) \wedge (P \vee R)$	分配律	$\sim (P \wedge Q) \equiv\ \sim P \vee \sim Q$	德摩根定律
$P \vee T \equiv T$	支配律	$(P \rightarrow Q) \equiv\ \sim P \vee Q$	蕴含的另一种定义

表 2-4 中定理描述的是命题逻辑，由于谓词逻辑是命题的一种表示形式，因此适用于命题逻辑的定理同样适用于谓词逻辑。在谓词逻辑中还包括其他的定理，如：

(1) $\sim (\exists x) P(x) \equiv (\forall x)(\sim P(x))$

(2) $\sim (\forall x) P(x) \equiv (\exists x)(\sim P(x))$

(3) $(\forall x)(P(x) \wedge Q(x)) \equiv (\forall x) P(x) \wedge (\forall x) Q(x)$

(4) $(\forall x)(P(x) \vee Q(x)) \equiv (\forall x) P(x) \vee (\forall x) Q(x)$

(5) $(\forall x) P(x) \equiv (\forall y) P(y)$

(6) $(\exists x) P(x) \equiv (\exists y) P(y)$

……

例 2.3 试证明$[\sim Q \wedge (\sim P \vee Q)] \rightarrow\ \sim P$是一个重言式。

先处理左式：

$\sim Q \wedge (\sim P \vee Q) \equiv (\sim Q \wedge \sim P) \vee (\sim Q \wedge Q)$ 分配律

$(\sim Q \wedge \sim P) \vee (\sim Q \wedge Q) \equiv (\sim Q \wedge \sim P) \vee F$ 矛盾式

$(\sim Q \wedge \sim P) \vee F \equiv (\sim Q \wedge \sim P)$ 支配律

这样，待证明的表达式$[\sim Q \wedge (\sim P \vee Q)] \rightarrow\ \sim P$转化为$(\sim Q \wedge \sim P) \rightarrow\ \sim P$。

$(\sim Q \wedge \sim P) \rightarrow\ \sim P \equiv\ \sim (\sim Q \wedge \sim P) \vee \sim P$ 蕴含的另一种定义

$\sim (\sim Q \wedge \sim P) \vee \sim P \equiv (\sim\ \sim Q \vee \sim\ \sim P) \vee \sim P$ 德摩根定律

$(\sim\ \sim Q \vee \sim\ \sim P) \vee \sim P \equiv (Q \vee P) \vee \sim P$ 否定之否定

$(Q \vee P) \vee \sim P \equiv Q \vee (P \vee \sim P)$ 结合律

$Q \vee (P \vee \sim P) \equiv Q \vee T$ 排中律

$Q \vee T \equiv T$ 支配律

证毕。

可见，重言式或矛盾式的证明是一个反复应用定理的过程，这与数学证明保持一致。

3. 合一

谓词公式的一个重要特点是有参数，因此，匹配过程中不仅要考虑谓词名还要考虑参数。例如，公式 Student(“张三”)和~Student(“张三”)的谓词名和参数都能匹配上，因此是一对矛盾式。而 Student(“张三”)和~Student(“李四”)的谓词名能匹配上，但是参数不匹配，因此不是一对矛盾式。

两个谓词公式的匹配过程是先匹配谓词名，如果匹配成功，则匹配第 1 对参数，如果匹配成功则继续匹配第2对参数，以此类推，直到所有参数匹配完成。如果都匹配成功则说明两个公式等价，否则不等价。

如果谓词公式的参数为变量时，判断两个公式是否等价则需要进行置换，如 Student(x)和 Student(y)，由于x、y是变量，因此可以通过将变量x置换为变量y的方式使得两个式子相等。检测是否存在一组置换，使得两个谓词公式相等，这一过程称为合一。合一与数学上的变量置换是一致的，例如，三角函数 sin$x$ 与 sin$y$ 是等价的，因为x与y都是变量。但是常量不可以置换，例如 sin30°与 sin60°是不相等的。

置换是指用变量、常量、函数来替换变量，使该变量不在公式中出现。置换是形如$\{t_1/x_1, t_2/x_2,\cdots, t_n/x_n\}$的有限集合，其中，$t_1, t_2,\cdots, t_n$是项，$x_1, x_2,\cdots, x_n$是互不相同的变量。$t_i/x_i$表示用$t_i$项替换变量$x_i$，不允许$t_i$与$x_i$相同，也不允许变量$x_i$循环地出现在另一个$t_j$中。

例如，$\{a/x, f(b)/y, w/z\}$是一个置换，把x置换为a，y置换为$f(b)$，z置换为w，x、y不出现了。$\{g(y)/x, f(x)/y\}$不是一个置换，变量y、x循环地出现在了$g(y)$、$f(x)$中。$\{g(a)/x, f(x)/y\}$不是一个置换，变量x循环地出现在了$f(x)$中。

例 2.4 给出命题 Coffee(x, x)与 Coffee(y, z)合一的置换。

先检测谓词，两个命题均为 Coffee，因此谓词匹配成功。

接下来检测第1对参数x和y，由于置换规定一个变量可以由另一个变量替换，因此，可用置换y/x，当然也可以用置换x/y，这样得到了 Coffee(y, y)与 Coffee(y, z)。

检测第2对参数y与z，同样可用置换z/y。这样得到了 Coffee(z, z)与 Coffee(z, z)，显然，二者是完全相同的。

因此，命题 Coffee(x, x)与 Coffee(y, z)的一个正确置换为$\{y/x, z/y\}$。

谓词逻辑是一种接近于自然语言的形式语言系统，接近于人对问题的直观理解。谓词公式的真值只有“真”与“假”，因此，表示和推理都是精确的。由于知识的表示和处理过程是分开的，无须考虑处理知识的细节，这也增加了其灵活性，使得添加、删除、修改知识比较容易进行。

但是，谓词逻辑只能表示确定性知识，而不能表示非确定性知识、过程性知识和启发式知识。谓词逻辑中的规则采用了罗列的方式，缺乏知识的组织原则。由于不使用启发式知识，因此只能遍历定理规则，当规则的规模较大时，容易发生组合爆炸，使得推理过程冗长而导致效率低下。

2.5 语义网络

1968年，美国心理学家 J R Quillian 提出语义网络的思想，把它作为人类联想记忆的一个显式心理学模型，并在他设计的可教式语言理解器 TLC(Teachable Language Comprehender)中用作知识表示方法。因此，语义网络又称为联想网络。

语义网络是知识的一种结构化的图表示。在语义网络中，用“节点”代替概念，表示各种事物、概念、情况、属性、动作、状态等，一般用框架或元组表示。此外，节点还可以是一个语义子网络，形成一个多层次的嵌套结构。用节点间的“连接弧”(称为联想弧)代替概念之间的关系，表示各种语义联系，指明所连接的节点之间的某种语义关系。节点和弧必须带有标识，以便区分各种不同对象及对象间不同的语义联系。

近年来，很多搜索引擎引入了知识图谱，用于提升搜索范围。知识图谱是知识工程的一个重要分支，它以图的形式描述了现实世界中的概念及其相互关系。可见，知识图谱本质上是一种揭示实体之间关系的语义网络。

2.5.1　语义基元

语义基元是语义网络中最基本的语义单元，也是最简单的语义网络，可用三元组表示为

(节点1, 弧, 节点2)

语义基元的有向图形式如图 2-8 所示。其中节点之间的弧的方向代表实体间的主从关系，即节点 1 为主，节点 2 为从，弧上的标注说明了二者之间的语义关系。

多个语义基元通过语义联系关联在一起，便形成了语义网络。例如，“研发组的员工坐车去团建”，构成的语义网络如图 2-9 所示，是由 3 个基元组合而成的。

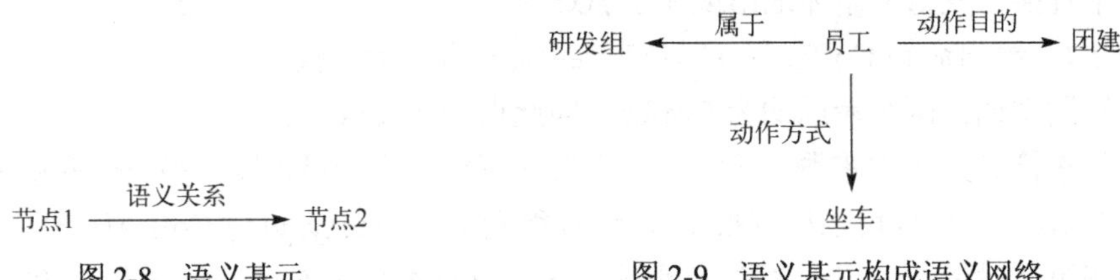

图 2-8　语义基元　　　　图 2-9　语义基元构成语义网络

更为复杂的语义网络可以表示复杂的知识结构。图 2-10 表示了动物、哺乳动物、熊等实体之间的关系，而这样复杂的语义网络也是由语义基元构成的。

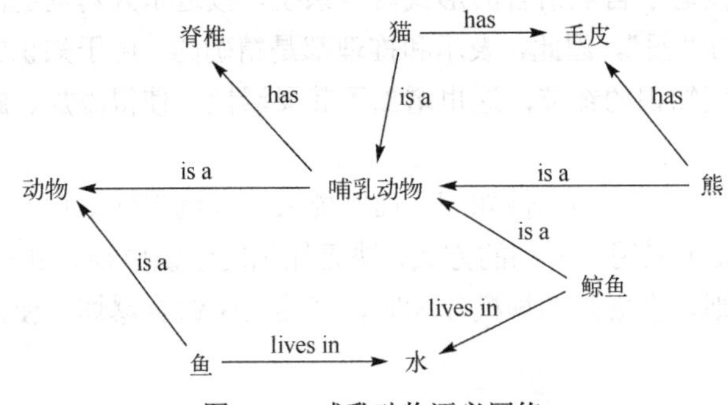

图 2-10　哺乳动物语义网络

2.5.2　常见的语义联系

节点之间的弧上的标识表达了语义联系，在应用中，可以根据情况来定义语义联系。常见的语义联系包括“is”“is-a”“have”等，如表 2-5 所示。

表 2-5　常见语义联系

标识	含义	语义网络表示示例
is-a	表示一个事物是另一个事物的实例	灵长类 $\xrightarrow{\text{is-a}}$ 动物
part-of	表示一个事物是另一个事物的一部分	轮胎 $\xrightarrow{\text{part-of}}$ 汽车
is	一个事物是另一个事物的属性	中国的陆地面积 $\xrightarrow{\text{is}}$ 960 万平方公里

续表

标识	含义	语义网络表示示例
have	事物与属性的拥有关系	鸟 $\xrightarrow{\text{have}}$ 翅膀
A-Kind-of(简写为 AKO)	表示一个事物是另一个事物的一种类型	鸭嘴兽 $\xrightarrow{\text{A-Kind-of}}$ 哺乳动物
can	表示一个节点能对另一个节点做某种事情	草鱼 $\xrightarrow{\text{can}}$ 水草
has-part	表示部分关系	教学主楼 $\xrightarrow{\text{has-part}}$ 教室
before	表示某事件时间之前	地震 $\xrightarrow{\text{before}}$ 大雨
after	表示某事件时间之后	大雨 $\xrightarrow{\text{after}}$ 地震
located-inside	表示在…内	钢笔 $\xrightarrow{\text{located-inside}}$ 文具盒
similar-to	表示与…相似	行李箱 1 $\xrightarrow{\text{similar-to}}$ 行李箱 2
near-to	表示与…相近	行李箱 1 $\xrightarrow{\text{near-to}}$ 行李箱 2
event	表示事件	施动者 $\xrightarrow{\text{Agent}}$ event $\xrightarrow{\text{Object}}$ 受动者 is ↓ 事件

语义网络属于非逻辑表示，但可以转化为一阶谓词逻辑表示。例如，“小李和小王是朋友”用语义网络表示为(Li, Friend, Wang)，用二元一阶谓词逻辑表示为 Friend(Li, Wang)，二者是等价的。语义网络的表达能力强，一阶谓词逻辑表达的知识都可以用语义网络表达。

一元谓词转化为语义网络，例如“所有的苹果都是水果”，用谓词逻辑表示为

$$\forall x(\text{Apple}(x) \wedge \text{Fruit}(x))$$

用语义网络表示为

$$\text{Apple} \xrightarrow{\text{is}} \text{Fruit}$$

对于多元谓词逻辑，可通过附加节点等方式转化为语义网络表示。例如，“在 22 赛季意甲足球赛上，AC 米兰队主场以 0∶1 负于国际米兰队客场”，用谓词逻辑表示为

Score (AC 米兰, 国际米兰, 0:1) ∧ Host (AC 米兰) ∧ Guest (国际米兰)

对应的语义网络表示如图 2-11 所示。其中，增加了节点“G22”，即 22 赛季，多元谓词逻辑转为多个二元关系的语义网络。显然，通过语义网络可以表示出更多的信息，也更为直观、易懂。

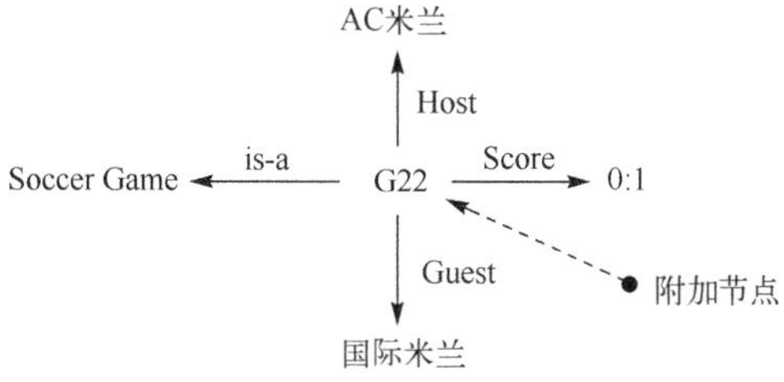

图 2-11 22 赛季意甲 AC 米兰-国际米兰队语义网络

语义网络仍然是一种结构化的知识表示形式。由于节点之间通过弧连接，因此信息查询不必遍历所有节点，而只需要沿着弧检索相关的节点即可，这样可以有效提升效率。另外，语义网络表示直观，从自然语言到语义网络的映射比较容易。但是，由于没有严格的形式化

定义，基于语义网络的推理规则不够严谨和明了。同时，语义网络在表示复杂知识时，可读性会迅速下降，推理过程也变得非常困难。

2.6　不确定知识表示

不精确来自人类的主观认识与客观实际之间存在的差异，是一种客观现象，不精确导致不确定。现实中，有很多原因导致同一结果，可能是原因不完备，或者是推理所需的信息不完备，又或是背景信息不足、描述模糊、含有噪声等原因。在人类的知识或思维中，精确性只是相对的，不精确性才是绝对的。不确定性是指一个命题(即所表示的事实)的真实性不能完全肯定，而只能对其为真的可能性给出某种估计。

例如：

(1)“如果乌云密布、电闪雷鸣，则可能要下暴雨”描述了结论的一种可能性，如 80%的可能性要下暴雨，不能保证 100%下暴雨。

(2)“如果头痛发烧，则大概是患了感冒”描述了结论的一种可能性，如 60%的可能性是患了感冒。

(3)“小王是个高个子”描述了事实或证据的可能性，如超过 1.8m 的可能性是 70%。

(4)“张三和李四是好朋友”描述了事实或证据的可能性，如两人是好友的程度是 85%。

(5)“由于结果偏小，所以要统一上浮”描述了规则的不精确性，如统一将结果上浮 1%。

总之，主要存在以下 3 种不确定性。

(1)证据或事实的不确定性：在求解问题时提供的初始证据具有不确定性，在推理中用前面推出的结论作为当前推理的证据也不确定。

(2)知识的不确定性：知识一般是由领域专家给出的，如规则。由于存在人为因素，因此知识具有不确定性。

(3)结论的不确定性：由证据的不确定性和规则的不确定性推导出来的结论一定也具有不确定性，即不确定性是传递的。

例如，有人偷摘小区里树上的桃子，疑似东方朔，并且他从东门逃脱。由于监控视频模糊，因此属于证据不确定。如果不是东方朔，则不是从东门逃脱的，推理将被推翻。

现实中，产生不确定性的原因主要包括：

(1)随机性，是指客观上无规律。

(2)模糊性，是指主观认识上不清晰。

(3)不完全性，是指对事物认识不足。

(4)不一致性，是指随着推理的进行，原来成立的规则，可能变为不成立了。

表示不确定的主要方法是概率和泛化，概率用于表示可能性，泛化则是通过近似的表示方式。

在实际应用中，知识的不确定性往往是领域专家给出的。例如，如果一个房间的窗户破了，那么 80%的可能性会有人从窗户进入房间，这个 80%是专家通过研究给定的。知识的不确定性通常用一个数值表示，也称为知识的静态强度，本质上是证据对结论的影响程度。如果用知识在应用中成功的概率来表示静态强度，则其取值范围为[0, 1]，该值越接近于 1，说明这个知识越接近于“真”；该值越接近于 0，说明越接近于“假”。

证据的不确定性可以用概率来表示，也可以用泛化等方式来表示。例如，召集管理室全员开会，有人缺席，那么缺席人员有62.5%的可能性是女士，原因是管理室共有8人，其中有5名是女性。又如，有如图2-12所示的年龄列表，可以泛化到3个年龄段，如Age_Gen列的3个范围。泛化后的结果显然是不精确的，但是对于推理来说可能更为有利。

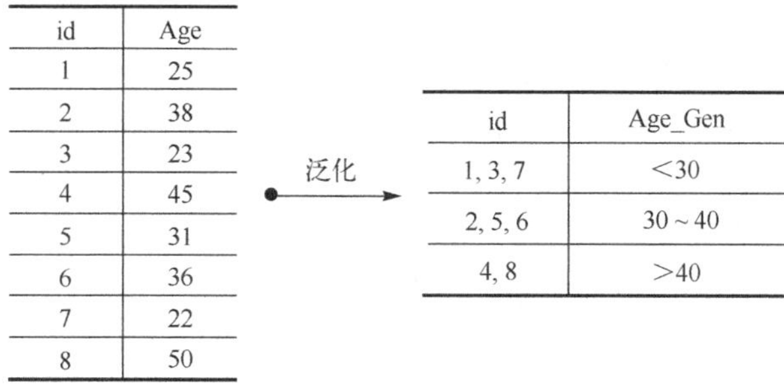

id	Age
1	25
2	38
3	23
4	45
5	31
6	36
7	22
8	50

id	Age_Gen
1, 3, 7	＜30
2, 5, 6	30～40
4, 8	＞40

图2-12 年龄的泛化表示

结论的不确定性可以通过给出边界或概率的方式表示。当结论是数值时，给定其最大可能值和最小可能值，即给定一个取值的区间，标记上下边界。如果判断结论是性别，其中是“男”的概率为60%，是“女”的概率为40%，那么结论最终取“男：60%”，这种方式即为概率方法。概率方法在推理中应用较为广泛，很多情况给出的最终的结果都是通过概率的方式给定的，即取概率最大的那个结果作为结论。

2.7 其他表示方法

2.7.1 规则表示

从本质上看，人工智能往往与决策相关。人工智能系统的结果通常是一种智能决策方案，这种决策方案一般需要前置条件，即以规则的形式表现。如“如果下周能够完成最后批次产品的生产，那么就可以按期交货”就是一个决策规则。

通过规则表示知识，又称为产生式表示，是一种“条件-结果”的表示形式，也是一种简单的知识表示方法。条件(Condition)也称为前件，结果也称为后件或操作(Action)，所以产生式规则又被称为C-A规则。根据A Newell和H A Simon的观点，人或计算机之所以具有智能，是因为存储了一系列的产生式规则。

产生式表示法的基本形式为

$$\text{if } C \text{ then } A$$

其中，C为前件，表示条件；A为后件，表示结论或操作。

产生式的含义是，如果前提C被满足，则可以推出结论A或执行A所规定的操作。

以下是一些项目经营管理知识的规则表示：

(1) if [项目部编制人员] then [归属于项目经理管理]

(2) if [项目出现延期风险] then [增加人力资源]

(3) if [不能按月完成经营目标] then [无绩效工资]

(4) if [材料采购价格超过预算] then [上报主管总经理审批]

可见，产生式规则非常适合用计算机编程实现。在计算机语言中，条件语句即可以实现产生式规则，分支语句可以实现复杂的产生式规则。在实际应用中，往往将规则存储在规则库中，结合输入的条件(有时也称事实)，通过规则引擎读取并执行其中的规则。这种做法可以使得规则具有很好的独立性，只要不断完善规则库，就可以实现不同的决策，因此，具有很好的可扩展性。

产生式可以看作蕴含式的一种扩展或推广，但二者有所不同。蕴含式只能表示确定性的知识，要求规则为精确匹配。而产生式不仅能够表示确定性的知识，还可以表示不确定知识，规则的匹配也可以不精确。

用规则表示知识符合人类的思维模式具有清晰明了、简单有效的特点，并且支持模块化表示。但是，也存在不能表达结构性知识、推理效率低等缺点。在工程中，产生式规则适合表示领域知识间关系不密切、不存在结构关系的知识。

2.7.2　框架表示

框架表示法是在框架理论的基础上发展起来的一种结构化知识表示方法。框架理论是马文·明斯基(Marvin Lee Minsky)于 1975 年作为理解视觉、自然语言对话及其他复杂行为的一种基础提出的。框架理论认为，人对现实世界中各种事物的认识都是以一种类似于框架的结构存储在记忆中的。当遇到一个新事物时，就从记忆中找出一个合适的框架，并根据新的情况对其细节加以修改、补充，从而形成对这个新事物的认识。

框架是由若干节点和关系构成的网络，是语义网络的一种一般化的形式结构，其中，关系称为 slot，中文为“槽”。框架与语义网络无本质区别，如将语义网络节点间的弧上的标注作为槽则转化为框架表示。

每个框架都有框架名，代表某一类对象。一个框架由若干个槽组成，用于表示对象的某个方面的属性，每个槽可具有一个或多个值。如表 2-6 所示为一个研发小组早会人员的框架表示，通过框架表示可以看出成员的相互关系。

表 2-6　研发小组早会人员框架表示

框架名	槽	值	框架名	槽	值
张名	is-a	组长	王晓析	seniority	2
	age	32		location	研发
	seniority	5	李央央	is-a	员工
	location	研发		manager	张名
王晓析	is-a	员工		age	27
	manager	张名		seniority	3
	age	25		location	研发

框架表示法最突出的特点是善于表示结构性知识，能够把知识的内部关系及知识间的特殊联系表示出来。它不仅可以从多个方面、多重属性表示知识，而且还可以通过 is-a、AKO 等槽的嵌套结构分层地表示知识，因此具有表达事物间复杂的深层次关系的能力。在框架网络中，下层框架可以继承上层框架的槽值，也可以进行补充和修改，这样既减少了知识冗余，又较好地保证了知识的一致性。总之，框架能把与某个实体或实体集的相关特

性都集中在一起，从而高度模拟了人脑对实体多方面、多层次的存储结构。这种方式直观自然，易于理解。

框架表示还没有建立形式理论，其推理和一致性检查机制并非基于良好定义的语义。框架不便于表示过程性知识，缺乏运用框架中知识的描述能力。框架推理过程需要用到一些与领域无关的推理规则，而这些规则在框架网络中又很难表达。另外，由于各框架本身的数据结构不一定相同，从而很难保证框架网络的清晰性。

2.7.3 脚本表示

脚本表示法又称剧本表示法，是 R C Schank 于 1975 年依据他提出的概念依赖理论而给出的一种知识表示方法。概念依赖理论的基本思路是把生活中各类故事情节的基本概念抽取出来，构成一组原子概念，确定这些原子概念的相互依赖关系，然后把所有故事情节用这组原子概念及其依赖关系表示出来。从另一个角度看，脚本是框架的一种特殊形式，用一组槽来描述某些事件的发生序列，如同演出脚本中的事件序列一样，故称为脚本表示法。

脚本由以下 5 个部分构成。

(1) 开场条件：描述脚本中的事件发生的前提条件。

(2) 角色：表示脚本描述的事件中可能出现的有关人物的一些槽。

(3) 道具：表示脚本描述的事件中可能出现的有关物体的一些槽。

(4) 场景：描述事件发生的真实顺序，可以由多个场景组成，每个场景又可以是其他的脚本。

(5) 结果：给出在脚本所描述的事件发生以后通常所产生的结果。

例如，餐厅就餐脚本如图 2-13 所示。

<table>
<tr><td>(1) 开场条件</td><td>(a) 顾客饿了，需要进餐
(b) 顾客有足够的钱</td><td></td></tr>
<tr><td>(2) 角色</td><td>顾客、服务员、厨师、老板</td><td></td></tr>
<tr><td>(3) 道具</td><td>食品、桌子、菜单、钱</td><td></td></tr>
<tr><td rowspan="5">(4) 场景</td><td>场景 1：进入餐厅</td><td>(a) 顾客走入餐厅
(b) 寻找桌子
(c) 在桌子旁坐下</td></tr>
<tr><td>场景 2：点菜</td><td>(a) 服务员给顾客菜单
(b) 顾客点菜
(c) 顾客把菜单还给服务员
(d) 顾客等待服务员送菜</td></tr>
<tr><td>场景 3：等待</td><td>(a) 服务员把顾客所点的菜告诉厨师
(b) 厨师做菜</td></tr>
<tr><td>场景 4：吃菜</td><td>(a) 厨师把做好的菜给服务员
(b) 服务员给顾客送菜
(c) 顾客吃菜</td></tr>
<tr><td>场景 5：离开</td><td>(a) 服务员拿来账单
(b) 顾客付钱给服务员
(c) 顾客离开餐厅</td></tr>
<tr><td>(5) 结果</td><td>(a) 顾客吃了饭，不饿了
(b) 顾客花了钱
(c) 老板挣了钱
(d) 餐厅食品少了</td><td></td></tr>
</table>

图 2-13　餐厅就餐脚本

相比框架表示法，脚本表示法比较呆板，知识表达的范围也很窄。人类日常的行为有各种各样，很难用一个脚本表示多种情节。但是，对于表达预先构思好的特定知识，如理解故事情节等，脚本表示法是非常有效的。

2.7.4 面向对象表示

面向对象是一种软件开发方法，也是一种编程范式。面向对象的概念和应用已超越了程序设计和开发，扩展到如数据库、中间件及人工智能等领域。相比于面向过程的编程范式，面向对象是一种对现实世界理解和抽象的方法，更加符合人类的思维模式。“万物都是有类型的”，这符合人类对事物的认识。Simula 被视为第一个面向对象的编程语言，它的设计理念影响了后来许多面向对象编程语言，如 C++、Java 和 Python 等。面向对象的语言适合大规模的系统研发，例如 Ada 语言采用大量的复用技术，使其成为一种大型通用的面向对象的程序设计语言。

类和对象是面向对象中最为重要的两个基础概念。对象的含义是指具体的某一个事物，对应现实生活中能够看得见摸得着的事物。类是具有相同特性和行为的对象的抽象。因此，对象的抽象是类，类的具体化或实例化是对象。

类比一阶谓词逻辑，Basketball(x)表示变量 x 是一个篮球，Basketball 相当于类，而 x 一旦给定一个值后，如 x = “李宁牌”，则 Basketball(“李宁牌”)就表示 Basketball 的一个具体的对象。

类不但有特征还有方法，特征在类中称为属性，用于描述类的静态性质，方法以函数形式描述类所具有的功能。如图 2-14 所示为一段用 Java 语言定义的“Person”类，其中包括属性“name”“age”，以及方法“getName()”“getAge()”。

```
// Person 类定义
public class Person
// 属性定义
    private String name;
    private int age;
    // 方法定义
    public Person(String name, int age) {
        this.name = name;
        this.age = age;
    }
    public String getName() {
        return name;
    }
    private int getAge() {
        return age;
    }
}
// 定义一个 Person 类的对象
Person person = new Person("Alice", 25);
```

图 2-14 Java 语言的类和对象

面向对象方法中的类具有以下 3 个主要特性。

1) 继承性

继承性是面向对象方法所特有的一个特点，描述的是父类和子类之间的关系，即子类自动共享父类的属性和方法。如果子类只继承一个父类的数据结构和方法，则称为单重继承；如果子类继承了多个父类的数据结构和方法，则称为多重继承。类的继承性可以有效增加重用性。

2) 封装性

类的封装性是指可以隐藏其内部的信息。如图 2-14 中私有化(Private)特征 name、age 和方法 getAge()，只对外公开简单的接口，只能通过 get、set 方法调用，从而规避复杂性和外部干扰。类的封装体现了类内部的高内聚以及类间的低耦合特征，可以有效提高系统的可扩展性、可维护性。

3) 多态性

多态性是指相同的类方法可作用于多种类型的对象上，不同的对象可以产生不同的结果。多态性允许每个对象以适合自身的方式去响应共同的消息，增强了对象应用的灵活性和重用性。

虽然面向对象符合人类认识事物的思维模式，但它并不是为知识表示而设计的方法。面向对象方法具有归纳性，能封装复杂的行为，从而降低事物描述的复杂性，提升了复用性。对象具有良好的兼容性和灵活性，可以是数据，也可以是方法，甚至是一个语义子网络。类的层次性也使得实现从简单堆叠形成复杂系统具有了可能性。但是，由于面向对象方法的高度抽象，使得底层的交互减少从而导致效率低下。另外，它对于一些过程性的知识的描述过于复杂。

2.7.5 智能体 Agent

Agent 的概念最早由经济学家约瑟夫·蒂格利茨(Joseph E Stiglitz)和迈克尔·斯皮夫(Michael E Spence)在 1976 年提出。他们把经济的所有参与者都看作一个个拥有信息处理能力、自主性和适应性的代理(Agent)。由此，这个概念被逐渐引入了计算机科学中，并成为人工智能领域的一个重要概念。在人工智能中，Agent 的中文译为“智能体”。面向对象描述的是现实世界中的实物，Agent 描述的是有智能的物体。因此，可以将 Agent 理解为智能物体的一种抽象，定义 Agent 本身也是知识表示的一种方法。

Agent 具有下列基本特性。

(1) 自治性：根据外界环境的变化自动调整行为和状态，具有自我管理、自我调节的能力。

(2) 反应性：能对外界的刺激做出反应。

(3) 主动性：对于外界环境的改变，能主动采取活动。

(4) 社会性：具有与其他 Agent 合作的能力，不同的 Agent 可根据各自的意图与其他智能体进行交互，以达到解决问题的目的。

(5) 进化性：具备积累或学习经验和知识的能力，并修改自己的行为以适应新环境。

如图 2-15 所示是一个与环境交互的 Agent 机器人，通过传感器感知外部环境，对感知结果处理后对外部环境采取行动。

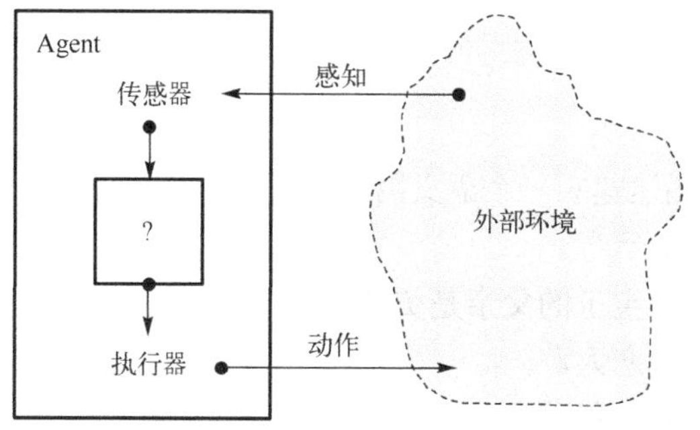

图 2-15 Agent 与环境的交互

Agent 能够表示更为复杂的世界，以显式描述目标的形式接受新任务，主动学习环境的新知识从而快速获得能力，并能够更新知识以适应环境的变化。由于 Agent 过于抽象且涵盖范围广泛，因此，在实现层面上并不像面向对象方法那样明确和具体。

2.8 小　结

知识表示是人工智能领域的核心问题之一。在解决一个问题之前，首先需要将问题及相关的方法表示出来，这也是人类解决问题时的一般化的思维模式。知识表示方法很多，包括树、图、表、规则、公式等。知识表示方法需要针对不同问题而确定，目前还没有一个通用的知识表示方法，但是有一些常见的知识表示方法可以为解决具体问题提供参考和借鉴。

状态空间图和问题归约采用树结构表示知识，从任意一个状态出发都可以形成一棵求解树。谓词逻辑以公式的方式表示知识，可以进行精确的推理。语义网络通过图表示语义知识，形式直观而且符合人类的认知。其他方法如框架、脚本方式具有很好的灵活性，借鉴面向对象的编程范式描述知识，以及进一步抽象为 Agent 均是对知识表示的探索。

随着人工智能的不断发展，知识表示的内涵和外延不断拓展，如在机器学习领域，关于知识的表示本身也可以作为模型而寻求最佳的表示方案，即表示学习。在自然语言处理领域，需要将文本表示为数值，衍生出词嵌入等表示技术。在深度学习领域，编码和解码过程也是对知识表示的一种拓展。总之，随着对智能的理解不断深入，新的知识表示方法将会不断涌现。

习　题

2-1　简述数据、信息和知识的区别和联系。

2-2　在人工智能中，为什么将事实也作为一种知识？

2-3　人工智能对知识表示有哪些要求？常见的知识表示有哪些？

2-4　根据表示特性，人工智能中的知识表示分为哪两类？各有何特点？

2-5　举例说明状态空间图如何表示知识。尝试用表示后的状态空间图手工求解。

2-6　问题归约表示知识的基本思路是什么？举例说明生活中的问题归约。

2-7　判断以下表述哪个是命题：

(1) 今天的天气真好！

(2) 春天是多彩的。

(3) 水是一种固体。

(4) 啊，摇篮！

2-8　根据以下事实描述建立一个语义网络：

(1) 贾政的母亲是贾母。

(2) 元春、探春、宝玉的父亲是贾政。

(3) 宝玉和黛玉是恋人。

(4) 贾母的丈夫是贾代善。

(5) 宝玉和宝钗是夫妻。

(6) 贾政的妻子是王夫人。

2-9　假设你所在的班级有 40 名学生，其中男生 25 名，女生 15 名。上课前有学生陆续进入教室，现在有一个学生即将进入教室，但是你只听到这个学生在走廊里的脚步声，如果让你判断这个学生是男生的可能性，以下几个数据哪个是合理的？

(a) $\frac{25}{40}$ (b) $\frac{15}{25}$ (c) $\frac{25}{15}$ (d) $\frac{15}{40}$

如果这时你得到了一个信息：这个学生是短发，这时是男生的可能性是否会增加？试着设计本题的后面的内容，并求解它。

2-10 如图2-16所示是数学家欧拉在解决哥尼斯堡七桥问题时的手稿，其中①、②、……、⑦为连接A、B、C、D四块陆地的桥。试用图的方式表示这个问题。

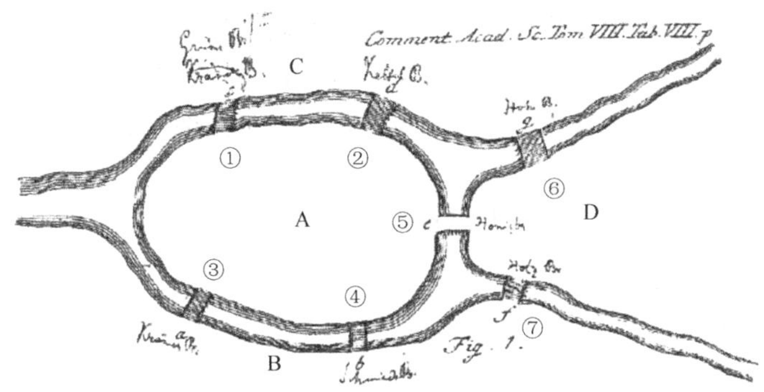

图2-16 欧拉手稿：哥尼斯堡七桥问题

2-11 试写几条工程或生活中的产生式规则。

2-12 类和对象是如何描述知识的？举例说明。

2-13 对象、Agent之间有哪些共性和区别？

2-14 试着设计一个到超市采购商品的脚本。

2-15 四皇后问题：在4×4的方格棋盘上放置了4个皇后，使得没有任意两个皇后在同一行、同一列、同一条45°的斜线上。一个正确的布局如图2-17所示。问有多少种可能的布局？把它表示出来。

图2-17 四皇后问题的一个正确布局

第 3 章　确定性与不确定性推理

推理是思维的基本形式之一，是由一个或几个已知的判断(前提)推出新判断(结论)的过程。在人工智能中，推理是指从已知事实出发，运用相关知识(或规则)逐步推出结论或者证明某个假设成立或不成立的思维过程。推理有时又称为问题求解，是人工智能早期的研究工作。根据结果的精确性，推理可分为确定性推理和不确定性推理两类，确定性推理的结果总是正确的，不确定性推理的结果则不保证总是正确的。人工智能中的确定性推理主要包括图搜索、逻辑推理、语义网络推理及产生式系统等，不确定性推理的代表是贝叶斯推理。

3.1　图搜索策略

图搜索策略是指一种在图中寻找问题解路径的方法，将图搜索作为推理的一种形式，是因为图搜索满足推理的定义。图中每个节点对应一个状态，每条连线对应一个操作符，初始节点存储于初始数据库，目标节点存储于目标数据库，状态图的一条路径是将一个数据库变换为另一数据库的规则序列。图搜索生成的结果是搜索图或搜索树。

常见的图搜索策略包括盲目搜索和启发式搜索。当搜索树规模不大时，可以采用盲目搜索方法。所谓盲目搜索就是无信息搜索，即对图进行遍历，直到找到解为止。当搜索树的规模很大时，如果采用盲目搜索，会占用过多资源，且效率低下，此时一般会采用启发式搜索。由于采用了额外的信息，因此启发式搜索的效率高，但不保证总能找到最好的解。

3.1.1　盲目搜索

盲目搜索又称为无信息搜索，一般只适用于求解比较简单的问题。盲目搜索的基础搜索算法有宽度优先搜索(Breadth-first Search，BFS)算法和深度优先搜索(Depth-first Search，DFS)算法两类，衍生算法包括等代价搜索等。主要特点是不需要重排搜索表，按顺序搜索，所以搜索代价高。但是，若有解存在，则一定可以找到正确解，这也体现了确定性推理的特征。

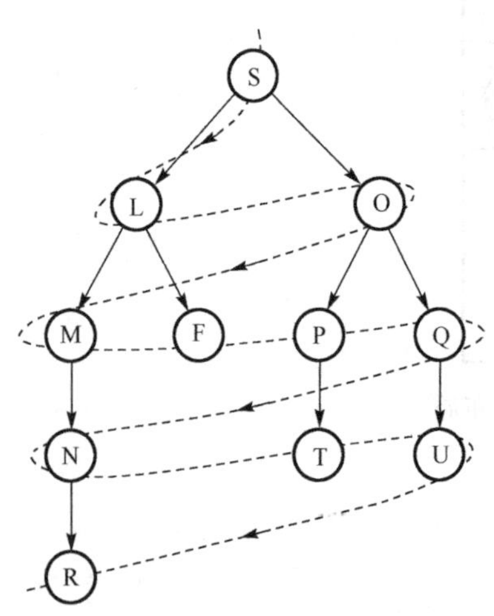

图 3-1　宽度优先搜索算法的搜索顺序

1. *宽度优先搜索*

宽度优先搜索是指以接近起始节点的程度逐层扩展节点的搜索方法，又称广度优先搜索。如图 3-1 所示，搜索过程从起始节点 S 开始，然后搜索第 2 层的 L、O 节点，第 2 层搜索完毕后搜索第 3 层的 M、F、P 和 Q 节点，以此类推，直到搜索到最后一个节点 R，这样就不重复地遍历了树中所有的节点。在搜索过程中，没有借助其他信息，而是逐节点搜索。

如图 3-2 所示，宽度优先搜索算法需要准备两张表：OPEN 表和 CLOSED 表。OPEN 表是一种未扩展的队列结构，用于存储读取的节点。队列是一种“先进先出”的数据结构，日常生活中的排队购物就是一种队列结构，排在前面的先结束。CLOSED 表用于存储扩展节点，是一种已扩展的表。

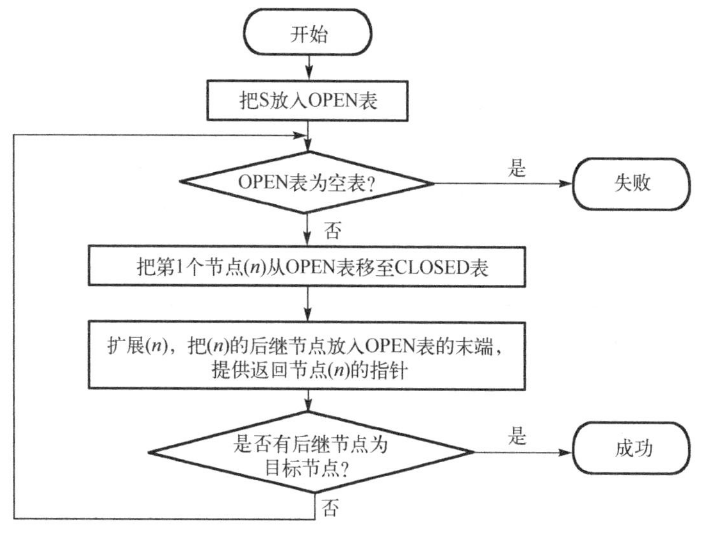

图 3-2　宽度优先搜索算法流程图

宽度优先搜索算法的基本流程如下。

输入：一棵树结构，起始节点 S

输出：目标节点

(1) 将起始节点 S 读取到 OPEN 表。

(2) 判断 OPEN 表是否为空，如果为空则不存在这样一棵树，无法找到目标节点，算法结束。

(3) 否则，将 OPEN 表中的第 1 个节点 (n) 移至 CLOSED 表。

(4) 扩展 CLOSED 表中的节点 (n)，得到 (n) 的后继节点移至 OPEN 表的末端。

(5) 判断是否有后继节点为目标节点，如果是，则找到目标节点；否则重复步骤 (2) ～ (5) 直至找到目标节点。

例 3.1　以图 3-1 为例，起始节点为 S，用宽度优先搜索算法检索目标节点 T。

求解过程如表 3-1 所示。先将起始节点 S 读入 OPEN 表，然后将 OPEN 表中第 1 个节点 S 移至 CLOSED 表，扩展 CLOSED 表中的第 1 个节点 S 得到节点 L、O，接着将 L、O 移至 OPEN 表末端，以此类推。总之，CLOSED 表中的节点每次扩展的结果是子节点序列，将这个子节点序列移至 OPEN 表中的序列末端。注意：找到目标节点 T 后，算法将 T 节点前的节点 Q、N 继续展开后得到完整的搜索路径：S → L → O → M → F → P → Q → N → T。

例 3.2　用宽度优先搜索算法求解八数码问题。其中，初始状态及目标状态如图 3-3 所示。

2	8	3
1		4
7	6	5

(a) 初始状态

1	2	3
8		4
7	6	5

(b) 目标状态

图 3-3　八数码问题的初始状态和目标状态

表 3-1　宽度优先搜索目标节点 T 的过程

OPEN 表	CLOSED 表	扩展
[S]		
[L, O]	S	[L, O]
[O, M, F]	L	[M, F]
[M, F, P, Q]	O	[P, Q]
[F, P, Q, N]	M	[N]
[P, Q, N]	F	无后继节点
[Q, N, T]	P	[T]→目标节点
[N, T, U]	Q	U
[T, U, R]	N	R
	T→目标节点	

首先要构建八数码问题的状态空间图，有以下两个策略可选：

(1) 一次生成所有可能状态，然后搜索直至找到目标状态节点。

(2) 生成状态空间图的一部分，然后搜索此部分，如果这部分已经包含目标状态节点，则搜索结束。

每个格子有 9 种状态，即 1～8 数字和空格，那么策略(1)需要生成 9! = 362 880 个状态节点。由于图的对称性，实际需要 181 440 个节点，由这些节点构成的是一棵庞大的树，采用遍历搜索方式将消耗大量的资源。只要目标状态不是最后一个节点，显然策略(2)消耗的资源更少些。本题选择策略(2)，假设八数码问题的状态空间图如图 3-4 所示，这里已经出现了目标节点，但是状态空间图并没有完全展开。

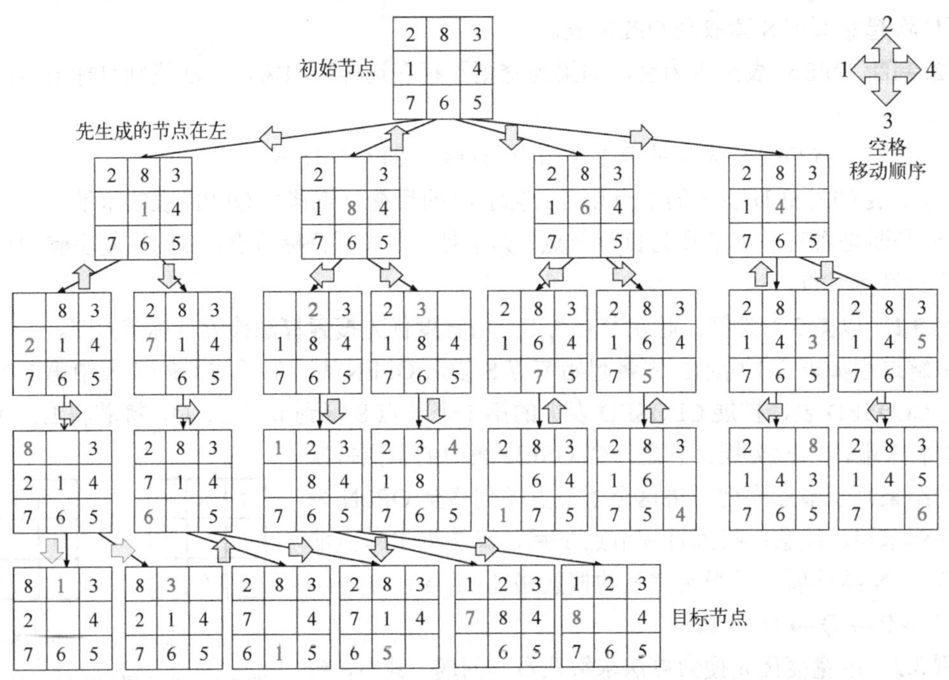

图 3-4　八数码问题的宽度优先搜索状态空间图

状态空间图的生成采用空格移动方法，即对每个节点中的空格向左移动时优先级最高，生成的状态作为第 1 个子节点，放在树的最左侧，上移优先级次之，作为第 2 个子节点，放在第 1 个子节点右侧，而由子节点返回父节点的操作与之相反，以此类推。如图 3-4 所示为从初始状态节点按上述空格移动方法得到的状态空间图。

搜索过程从初始节点出发，按空格移动方法先生成 4 个子节点。由于 4 个子节点在一个层次上，根据宽度优先算法从左至右遍历子节点，如果找到了目标状态节点，则搜索结束；否则，继续从左至右展开，然后继续搜索。以此类推，直至找到满足目标状态的节点。按上述方法，由图 3-4 可知，共搜索了 26 个节点就找到了目标状态。该问题的解为从根节点到目标节点的最短路径。通过观察不难发现，从这棵树的任意一个节点出发，按宽度优先搜索算法都可以得到目标状态节点的解路径。

2. 深度优先搜索

深度优先搜索是从初始节点出发，按顺序扩展到下一个节点，然后从下一节点出发继续扩展新的节点，不断递归执行这个过程，直到搜索到满足条件的节点为止。如图 3-5 所示，搜索过程从起始节点 S 开始，然后搜索 S 的子节点 L、O，扩展左侧分支 L 节点得到 M、F 节点，继续扩展左分支 M 节点得到子节点 N，扩展 N 到叶子节点 R。其次，继续扩展 S 的右分支 O 节点得到 P、Q 子节点，以此类推，最终找到满足条件的节点。为了防止搜索过程沿着无益的路径扩展下去，一般会给出一个节点扩展的最大深度作为扩展边界，称为深度界限。

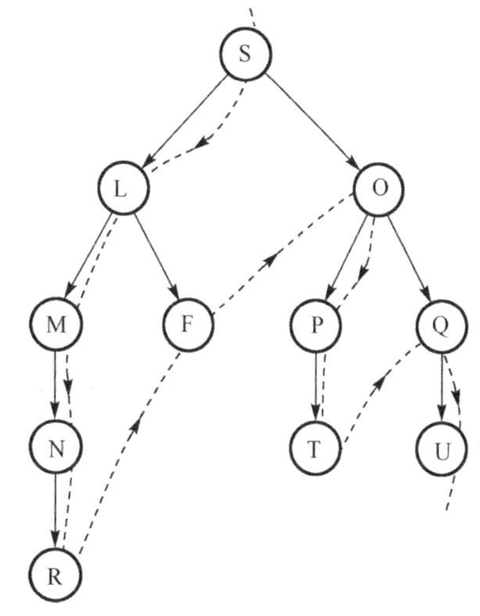

图 3-5　深度优先搜索算法的搜索顺序

与宽度优先搜索算法最根本的不同在于，深度优先搜索算法将扩展的后继节点放在 OPEN 表的前端，形成一个栈结构。栈是一种常见的数据结构，具有“后进先出”的特点，现实中乘电梯就具有栈的特点，先进去的乘客往往站在电梯靠里的位置，而后进去的乘客站在电梯靠门的位置，因此出电梯时，后进电梯的乘客先出，而先进电梯的乘客则后出。

深度优先搜索算法流程图如图 3-6 所示。与宽度优先搜索相同，深度优先搜索算法也需要准备 OPEN 表和 CLOSED 表。区别在于 OPEN 表在深度优先搜索算法中不是队列结构，而是栈结构。

深度优先搜索算法的基本流程如下。

输入：一棵树结构，起始节点 S，深度界限 d

输出：目标节点

(1) 将起始节点 S 读取到 OPEN 表。

(2) 判断 OPEN 表是否为空，如果为空则不存在这样一棵树，无法找到目标节点，算法结束。

(3) 否则，将 OPEN 表中的第 1 个节点 (n) 移至 CLOSED 表。

(4) 如果节点 (n) 的深度 $=d$ 则返回步骤 (2)。

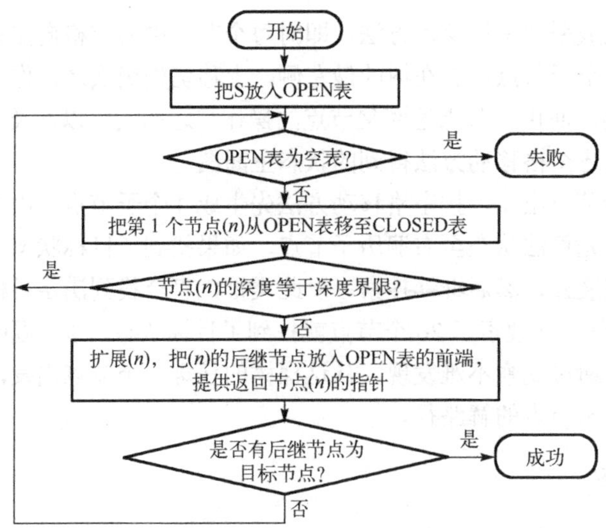

图 3-6 深度优先搜索算法流程图

(5)否则，扩展 CLOSED 表中的节点(*n*)，得到(*n*)的后继节点移至 OPEN 表的前端。

(6)判断是否有后继节点为目标节点，如果是，则找到目标节点，否则重复步骤(2)～(6)直至找到目标节点。

例 3.3 以图 3-5 为例，起始节点为 S，用深度优先搜索算法检索目标节点 T，深度界限为无限大。

求解过程如表 3-2 所示，CLOSED 表中的节点每次扩展的结果是子节点序列，将这个子节点序列移至 OPEN 表中的序列前端。继续将 OPEN 表中的第 1 个节点移至 CLOSED 表中，并扩展 CLOSED 表中的节点，得到的子节点序列继续移至 OPEN 表前端。以此类推，扩展 CLOSED 表中的节点，直至找到目标节点 T 为止。最终，得到目标节点 T 的完整的搜索路径为 S→L→M→N→R→F→O→P→T。

表 3-2 深度优先搜索目标节点 T 的过程

OPEN 表	CLOSED 表	扩展
[S]		
[L, O]	S	[L, O]
[M, F, O]	L	[M, F]
[N, F, O]	M	[N]
[R, F, O]	N	[R]
[F, O]	R	无后继节点
[O]	F	无后继节点
[P, Q]	O	[P, Q]
[T, Q]	P	[T]→目标节点
	T→目标节点	

例 3.4 用深度优先搜索算法求解八数码问题。其中，初始状态及目标状态如图 3-3 所示，深度界限 $d=4$。

参考例 3.2，仍然选用策略(2)构建八数码问题的状态空间图。在扩展过程中需要判断树

的深度是否达到 d，如果达到则不再向大于 d 的层次扩展。注意，这里 S 节点处于第 0 层，树的总高度为 5。

状态空间图生成仍然采用与例 3.2 相同的空格移动法，按深度优先搜索算法从初始状态节点 S 按空格移动方法纵向扩展节点，每扩展一次判断是否大于 d 及是否为目标节点，满足一个条件即刻停止搜索，最终得到如图 3-7 所示的状态空间图。可知，深度优先搜索算法过程搜索到目标节点 T 共遍历了 29 个节点，这里包括了初始状态节点 S 和目标状态节点 T。

同样，从状态空间图的任意一个节点出发，按深度优先搜索算法都可以得到目标状态节点的解路径。

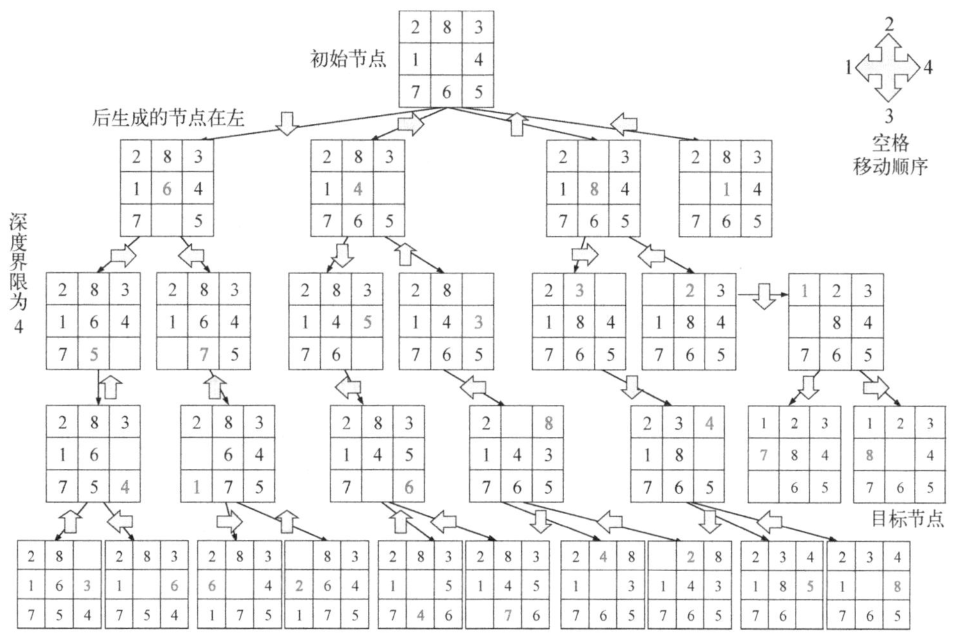

图 3-7　八数码问题的深度优先搜索状态空间图

3. 等代价搜索

等代价搜索(Uniform-cost Search，UCS)是宽度优先搜索的一种推广。它不是沿着等长度路径断层扩展，而是沿着等代价路径断层扩展，搜索树中每条连接弧线上的代价表示时间、距离等花费，又称“一致代价搜索”。将宽度优先搜索中的队列修改为优先队列即可实现一致代价搜索。因此，等代价搜索等价于最小代价的宽度优先搜索。如果边的代价不相等，找到代价最小路径的搜索，则为等代价搜索；如果边的代价都相等，则为宽度优先搜索。

等代价搜索是一种基于代价的搜索算法，优先扩展代价最小的节点，这种做法更符合现实情况。如从 A 地到 B 地、C 地，两条路线的代价在绝大多数情况下是不同的，如 A → B 是狭窄的山路且距离远，A → C 则为宽阔的马路且路程短，因此，从 A 地到 C 地要比从 A 地到 B 地用的时间短，即 A → C 的代价要小于 A → B。

图 3-8 是在图 3-1 基础上做了一个改动，将图 3-1 中的所有叶子节点修改为 F，同时每条连边都赋上权重，用权重表示路径代价，权重越大表示通过这条路径的代价也越大，如 S → O 边上的权重为 1，而 S → L 边上的权重为 2，即路径 S → L 的代价要大于路径 S → O 的代价。

由图 3-8 可知，如果目标节点为 F，则从初始状态 S 节点到 F 节点会有多条路径，等代价搜索的目标是找到最小代价的路径。由于路径代价 S → O → P → F = 1 + 2 + 1 = 4，而其他 3 条路径的代价分别为 S → L → F = 2 + 4 = 6、S → L → M → N → F = 2 + 3 + 2 + 4 = 11、S → O → Q → F = 1 + 2 + 2 = 5，均大于路径 S → O → P → F，因此，最小代价路径为 S → O → P → F。

等代价搜索算法如图 3-9 所示，将从节点 i 到其后续节点 j 的连接弧线记为 $c(i, j)$，从起始节点 S 到任一节点 i 的路径代价记为 $g(i)$。在搜索树上，假设 $g(i)$ 也是从起始节点 S 到节点 i 的最小代价路径上的代价，那么这条路径就是最小代价路径。

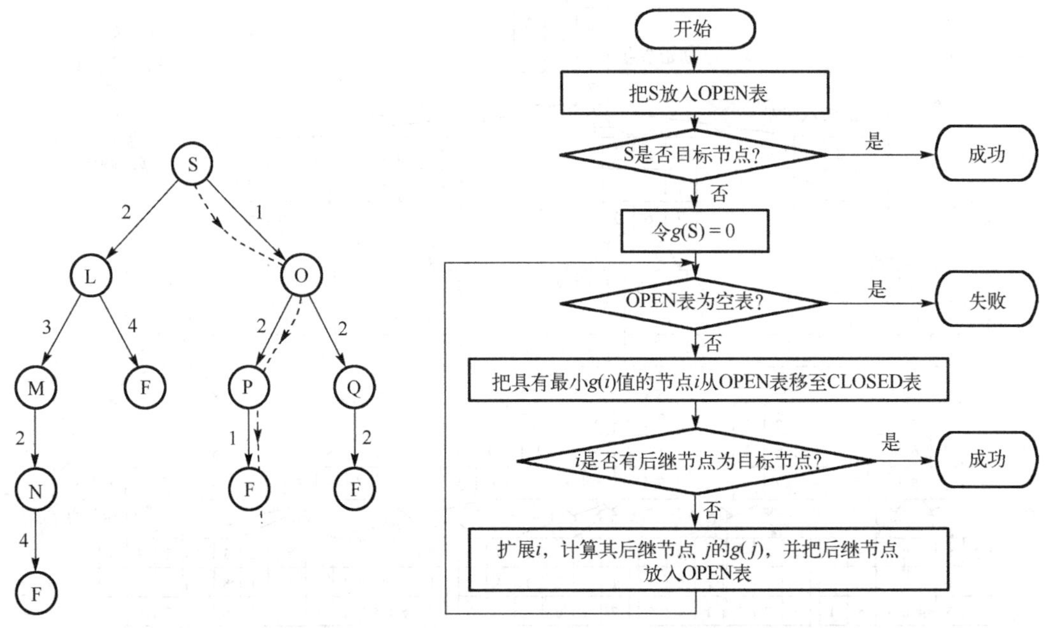

图 3-8　等代价搜索算法的搜索顺序

图 3-9　等代价搜索算法流程图

在等代价搜索算法中，仍然用 OPEN 表存储读取数据，只是存储的是从起始节点 S 到节点 i 的代价 $g(i)$，并且是经过对路径代价从小到大排序的队列。CLOSED 表用于存储扩展节点，是一种已扩展的表。在等代价搜索算法中，CLOSED 表总是保存 $g(i)$ 最小的节点，并对节点 i 扩展。

例 3.5　以图 3-8 为例，起始节点为 S，用等代价搜索算法检索目标节点 F。

起始节点 S 到任一节点 i 的路径代价记为 $g(i)$，求解过程如表 3-3 所示。为直观起见，这里用 $g(S\cdots i):k$ 代替节点 i，如 $g(SOP):3$ 代替节点 P，表示路径 S → O → P 的代价为 3。

(1) 将初始节点的代价 $g(S):0$ 读入 OPEN 表。

(2) 将 $g(S)$ 移至 CLOSED 表，扩展 S 得到[$g(SL):2, g(SO):1$]两个路径的代价，将[$g(SL):2, g(SO):1$]移至 OPEN 表，由于 $g(SO):1 < g(SL):2$，因此，将 OPEN 表中的路径按代价从小到大排列，即[$g(SO):1, g(SL):2$]。

(3) 将 $g(SO):1$ 移至 CLOSED 表，扩展得到[$g(SOP):3, g(SOQ):3$]，将[$g(SOP):3, g(SOQ):3$]移至 OPEN 表，继续按路径按代价从小到大排列，即[$g(SL):2, g(SOP):3, g(SOQ):3$]。

(4) 将 g(SL) : 2 移至 CLOSED 表，然后扩展得到[g(SLM) : 5, g(SLF) : 6]，将[g(SLM) : 5, g(SLF) : 6]移至 OPEN 表，按路径按代价从小到大排列，即[g(SOP) : 3, g(SOQ) : 3, g(SLM) : 5, g(SLF) : 6]。

(5) 继续将 g(SOP) : 3 移至 CLOSED 表，扩展得到[g(SOPF) : 4]，将[g(SOPF) : 4]移至 OPEN 表后，继续按路径代价从小到大排序得到[g(SOQ) : 3, g(SOPF) : 4, g(SLM) : 5, g(SLF) : 6]。

(6) 同样将 g(SOQ) : 3 移至 CLOSED 表，扩展得到[g(SOQF) : 5]并移至 OPEN 表后，按路径代价从小到大排序得到[g(SOPF) : 4, g(SOQF) : 5, g(SLM) : 5, g(SLF) : 6]，此时 g(SOPF) : 4 已经是最小代价路径了，因为 g(SOPF) : 4 最后节点即为目标节点，所以它是目前代价最小且无后继节点的路径。

表 3-3 等代价搜索目标节点 F 的过程

OPEN 表	CLOSED 表	扩展
[g(S) : 0]		
[g(SO) : 1, g(SL) : 2]	g(S) : 0	[g(SL) : 2, g(SO) : 1]
[g(SL) : 2, g(SOP) : 3, g(SOQ) : 3]	g(SO) : 1	[g(SOP) : 3, g(SOQ) : 3]
[g(SOP) : 3, g(SOQ) : 3, g(SLM) : 5, g(SLF) : 6]	g(SL) : 2	[g(SLM) : 5, g(SLF) : 6]
[g(SOQ) : 3, g(SOPF) : 4, g(SLM) : 5, g(SLF) : 6]	g(SOP) : 3	[g(SOPF) : 4]
[g(SOPF) : 4, g(SOQF) : 5, g(SLM) : 5, g(SLF) : 6]	g(SOQ) : 3	[g(SOQF) : 5]
[g(SOQF) : 5, g(SLM) : 5, g(SLF) : 6]	g(SOPF) : 4	无后继节点

总之，盲目搜索具有通用性，宽度优先搜索具备完备性，而深度优先搜索可能遇到“死循环”，是不完备搜索，因此加入深度限制以保证到达某深度强制进行回溯。由于不借助外部信息，因此，盲目搜索效率较低，存在组合爆炸的风险。

3.1.2 启发式搜索

启发式信息是指用来加速搜索过程的问题领域信息，一般与有关问题的具体领域背景有关，不一定具有通用性。启发式搜索是利用启发式信息的搜索方法，基本思路是重排 OPEN 表，根据启发式信息选择最有希望的节点加以扩展，以此提升搜索效率。常见的启发式搜索包括有序搜索、A^*算法等。

1. 有序搜索

有序搜索总是选择“最有希望”的节点作为下一个被扩展节点，这里的“最有希望”就是启发式信息，度量这一信息一般采用估价函数。估价函数提供了一个评定候选扩展节点的方法，以便确定哪个节点最有可能在通向目标的最佳路径上，节点 n 的估价函数用 $f(n)$ 表示。有了估价函数 f，就可以根据节点的“希望”程度重排 OPEN 表。估价函数需要根据具体的问题确定，如棋局的得分、距离目标状态的距离量度、TSP 问题中的路径代价等。

估价函数一般采用 Nilsson 方法，即一个节点 n 的“希望”越大，则其 $f(n)$ 值越小，被选择的节点是估价函数最小的节点。有序搜索算法流程图如图 3-10 所示。例如，等代价搜索中就是选择 OPEN 表中具有最小 f 值的节点作为下一个要扩展的节点。由于宽度优先、深度优先和等代价搜索方法均按某种顺序搜索，因此都属于有序搜索。

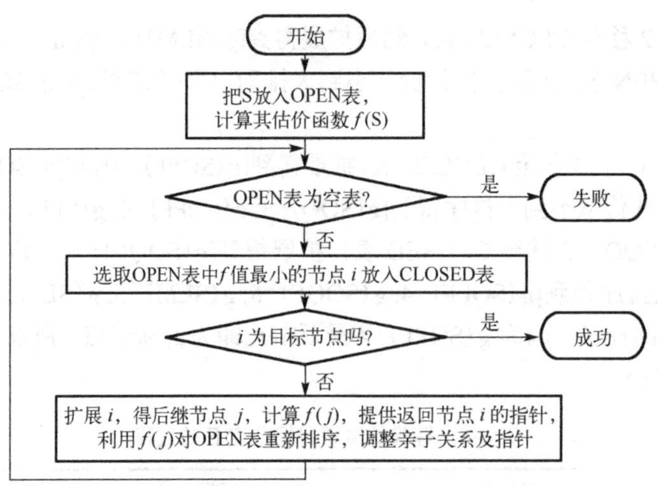

图 3-10　有序搜索算法流程图

估价函数 f 的重要性主要体现在两个方面：一是有序搜索的有效性直接取决于 f，f 是提高搜索效率的关键；二是如果 f 不准确，可能会失去最佳解，也可能会失去全部解。

f 函数的一般选择策略是搜索时间与空间的折中，同时要保证有解或有最佳解。f 选择的 3 种典型情况如下。

(1)最优解答：状态空间中有多条解答路径，求解最优解答，如 A^* 算法。

(2)搜索代价与解答质量的综合：问题类似于上述(1)，但搜索过程可能超出时间与空间的界限。在适当的搜索试验中找到满意解答，并限制满意解答与最优解答的差异程度，例如 TSP 问题能找到次优解就可以。

(3)最小搜索次数：不考虑解答的最优化，只有一个解答或无差异的多个解答，尽量使搜索次数最小，不求最快最好，只要能得到解即可，如定理证明。

例 3.6　用有序搜索算法求解八数码问题。其中，初始状态及目标状态如图 3-3 所示。

估价函数设置为

$$f(n)=W(n)+d(n) \tag{3-1}$$

其中，

$W(n)$：表示启发式函数，与目标函数相比错放的棋子数；

$d(n)$：表示节点 n 的深度。

如图 3-11 所示，初始状态节点 S_0 的估价函数 $f(0)=W(0)+d(0)=3+0=3$。图中③表示 $f(S_0)=3$，即起始节点 S_0 有 3 个棋子 2、8、1 与目标节点不一致，所以 $W(S_0)=3$；深度为 0，所以 $d(S_0)=0$。同样的方法，通过空格移动后得到节点 1、2、3、4，分别计算各自的估计函数：

$f(1)=W(1)+d(1)=3+1=4$

$f(2)=W(2)+d(2)=3+1=4$

$f(3)=W(3)+d(3)=4+1=5$

$f(4)=W(4)+d(4)=4+1=5$

由于 $f(3)=f(4)>f(1)=f(2)$，因此放弃节点 3、节点 4 的搜索。以此类推，最终的搜索路径为 $S_0\to1\to2\to7\to9\to10$，节点 10 为目标节点。

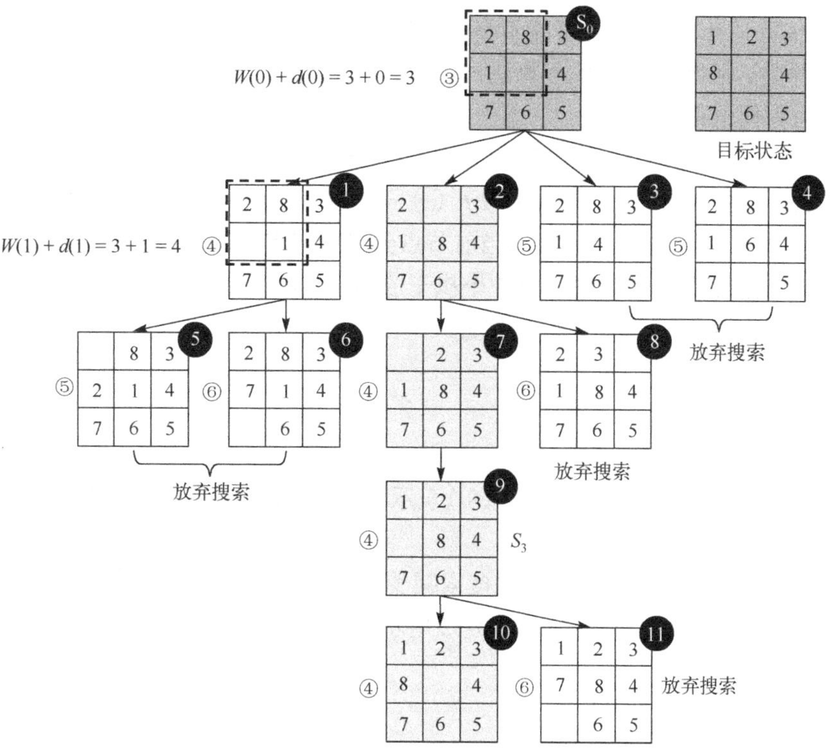

图 3-11　八数码问题有序搜索树

由此可见，利用启发信息的有序搜索采取先排序后搜索的策略，可以有效提升搜索效率。由于启发式信息不能保证总是正确的，因此启发式搜索的结果有时不是最优解，但是大部分情况下可以得到理想的结果。

2. A*算法

有序搜索的估价函数的一般表示为

$$f:f(n)=g(n)+h(n) \tag{3-2}$$

其中，

$g(n)$：表示搜索树中从起始节点 S 到节点 n 的这段路径的代价；

$h(n)$：启发式函数，依赖领域启发信息，比如八数码问题中的 $W(n)$。

这里，为区别起见，称最优的估价函数为代价函数 f^*，f^*表示从起始节点 S 到节点 n 的一条最佳路径的代价。f^*的一般式为

$$f^*:f^*(n)=g^*(n)+h^*(n) \tag{3-3}$$

其中，

$g^*(n)$：从起始节点 S 到节点 n 的最佳路径代价；

$h^*(n)$：从节点 n 到某目标节点的最佳路径代价。

$g(n)$是$g^*(n)$的估计，$h(n)$是$h^*(n)$的估计，显然，$g(n)\geqslant g^*(n)$，$h(n)\geqslant h^*(n)$。

在搜索过程中，如果 OPEN 表是依据$f(n)=g(n)+h(n)$进行重排的，则称该过程为 A 算

法。A 算法是依据估计代价重排，可能不会得到最优结果。如果 OPEN 表是依据 $f^*(n)=g^*(n)+h^*(n)$ 进行重排的，则称该过程为 A^* 算法，A^* 算法是 A 算法集中最优的算法。当 $h^*(n)=0$ 时，A^* 算法退化为等代价搜索算法。

例 3.7 用 A^* 算法求解八数码问题。其中，初始状态 S_0 及目标状态如图 3-12 所示。

修改例 3.6 中的估价函数为代价函数 $f^*(n)=g^*(n)+h^*(n)$，其中，$f^*(n)$ 表示总步数；$g^*(n)$ 表示 S_0 到当前节点的步数；$h^*(n)$ 表示当前节点到目标节点的步数。

例如，对于起始节点 S_0 来说，有 3 个棋子放错，各棋子距离自己位置的距离如下。

(1) 棋子 3～7：0 步，都在正确的位置。

(2) 棋子 1：1 步。

(3) 棋子 2：1 步。

(4) 棋子 8：2 步。

所以，$h^*(S_0)=1+1+2=4$，而 $g^*(S_0)$ 表示 S_0 到当前节点 S_0 的步数为 0，因此，$f^*(S_0)=4$。

通过修正估价函数，A^* 算法比有序搜索减少了节点 5、6 两个节点的扩展和节点 1 的搜索，因此，搜索效率得到了提升，如图 3-12 所示。

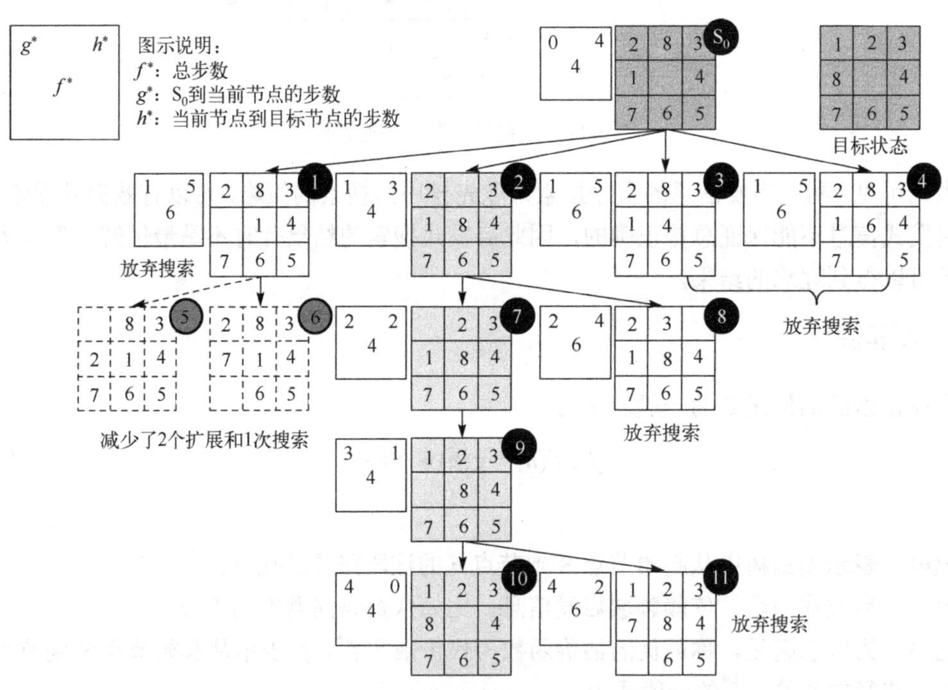

图 3-12　用 A^* 算法求解八数码问题

3.2　命题逻辑推理

命题逻辑推理主要包括两种方法，完全归纳法和反演法。完全归纳法是一种正向证明方法，反演法则是反证法。

3.2.1　完全归纳法

通过定理证明一个逻辑表达式是重言式，这是一种完全归纳法。定理证明的方法适用于简单的推理，如例 2.3。对于复杂的推理，用真值表证明逻辑表达式是重言式则是另一种常见的完全归纳法，在建立真值表过程中仍然需要依据定理。

例 3.8　试用真值表证明$[(P \to Q) \wedge (Q \to \sim R) \wedge (\sim P \to \sim R)] \to \sim R$是一个重言式。

从最基本的命题 P、Q、R 的取值列举，并在此过程中应用命题逻辑的定理，得到如表 3-4 所示的真值表。

表 3-4　$[(P \to Q) \wedge (Q \to \sim R) \wedge (\sim P \to \sim R)] \to \sim R$ 真值表

1	2	3	4	5	6	7	8	9	10
P	Q	R	～R	～P	P→Q	Q→～R	～P→～R	6∧7∧8	9→～R
F	F	F	T	T	T	T	T	T	T
F	F	T	F	T	T	T	F	F	T
F	T	F	T	T	T	T	T	T	T
F	T	T	F	T	T	F	F	F	T
T	F	F	T	F	F	T	T	F	T
T	F	T	F	F	F	T	T	F	T
T	T	F	T	F	T	T	T	T	T
T	T	T	F	F	T	F	T	F	T

第 9 列包含了表达式左侧的 3 个前提的合取，最后一列“9→～R”真值全为真，由此证明了$[(P \to Q) \wedge (Q \to \sim R) \wedge (\sim P \to \sim R)] \to \sim R$为重言式。可见，完全归纳法总是从条件出发正向证明结论是否正确。

3.2.2　反演法

反演法也称为归纳反驳法，是一种反证法。具体思路为假设前提为真，而结论为假，如果原结论成立，则必然推出矛盾式；否则，原结论不成立。

反演法要求命题的前提和结论是一种子句形式，没有蕴含式、合取式和双重否定。一个原子公式和原子公式的否定称为文字，子句是由文字的析取组成的公式。例如 E1、$\sim P(x)$是文字，$E1 \vee E3$、$\sim P(x) \vee \sim P(y) \vee P(f(x,y))$是文字的析取，所以是子句。又如$E1 \to E2$、$\sim(\exists x)I(x)$不是文字，$(E1 \to E2) \vee (\sim(\exists x)I(x))$不是文字的析取，所以不是子句。

例 3.9　试用反演法证明$[(P \to Q) \wedge (Q \to \sim R) \wedge (\sim P \to \sim R)] \to \sim R$是重言式。

(1) 将前提转化为子句形式，首先要移除蕴含式，根据定理可知：

$$P \to Q \equiv \sim P \vee Q$$

$$Q \to \sim R \equiv \sim Q \vee \sim R$$

$$\sim P \to \sim R \equiv \sim\sim P \vee \sim R \equiv P \vee \sim R$$

(2) 否定结论：

$$\sim\sim R$$

(3)将结论的否定转化为子句形式：

$\sim\sim R \equiv R$

(4)子句列表：

①$\sim P \vee Q$

②$\sim Q \vee \sim R$

③$P \vee \sim R$

④R

(5)判断子句列表中是否存在矛盾：

结合子句③与④，如果 R = T，则$\sim R = F$，$P \vee \sim R \equiv P \vee F \equiv P$，得到子句⑤P。同样的方法，将子句⑤与①结合，得到子句⑥Q。将子句⑥与②结合，得到子句⑦$\sim R$。这时得到子句列表为：

①$\sim P \vee Q$

②$\sim Q \vee \sim R$

③$P \vee \sim R$

④R

⑤P

⑥Q

⑦$\sim R$

显然，子句④与子句⑦是一对矛盾式，即如果否定结论$\sim R$就会得到矛盾的结果，因此，$[(P \to Q) \wedge (Q \to \sim R) \wedge (\sim P \to \sim R)] \to \sim R$ 是一个重言式。

例 3.10 试用反演法证明下述论断：庄子是人，人都会死，因此，庄子会死。

(1)这句论断的前提是命题：庄子是人，人都会死。结论是命题：庄子会死。

(2)用谓词逻辑表示上述 3 个命题：

Person(庄子)

$(\forall x)(\text{Person}(x) \to \text{Die}(x))$

Die(庄子)

(3)否定结论：

~Die(庄子)

(4)将命题转化为子句形式：

①Person(庄子)

②$\sim \text{Person}(x) \vee \text{Die}(x)$

③~Die(庄子)

用置换“庄子/x”处理子句②得到新的子句②~Person(庄子)∨Die(庄子)。

(5)子句列表：

①Person(庄子)

②~Person(庄子)∨Die(庄子)

③~Die(庄子)

(6)判断子句列表中是否存在矛盾：

结合子句①与子句②，得到子句④Die(庄子)，子句④与子句③是矛盾式。可见，只要否定结论 Die(庄子)就会导致矛盾出现，因此原论断是永真的。

通过命题逻辑推理得到的结果是精确的，推理过程严谨，多用于机器证明领域。但是，对于复杂的命题证明推理过程将会变得过于复杂。

3.3　语义网络推理

采用语义网络表示知识时，主要通过继承和匹配实现推理。对于大型的语义网络，可通过网络分块来降低推理过程的复杂度。

继承是指事物的描述(即属性)从抽象(概念、类)节点传递到具体(实例)节点的过程，具有继承关系的语义联系有 is-a、AKO、member-of 等。匹配是指根据给定节点或子图在语义网络中检索语义相同的节点或子图的过程。

语义网络推理的一般过程如下：

(1)建立节点表，开始只包含待求节点 X。

(2)在语义网络中匹配节点表中第 1 个节点。如果匹配上，则

①若有继承弧，将弧所指的节点放入节点表(末尾)，并记录这些节点的属性值添加到属性表中；

②删除第 1 个节点。

否则，转步骤(3)。

(3)如果节点表为空，则记录的属性值就是 X 节点的所有属性，结束推理；否则，转步骤(2)。

例 3.11　假设有如图 3-13 所示的语义网络，求布谷鸟有哪些属性？

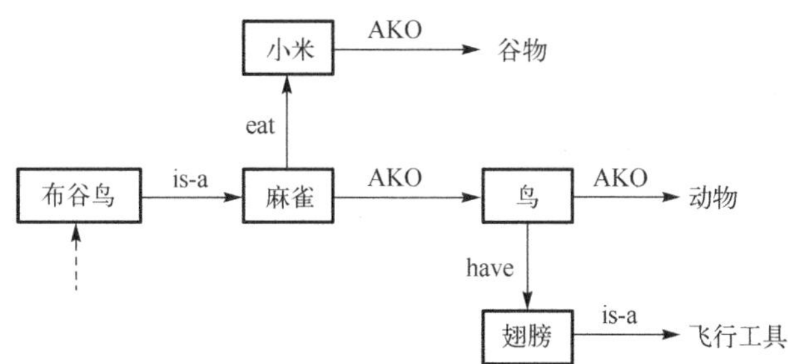

图 3-13　布谷鸟属性求解语义网络

建立一个节点表，将已知条件“布谷鸟”添加到节点表中，如表 3-5 所示。

表 3-5　布谷鸟属性求解节点表和属性表

节点表	属性表	节点表	属性表
{布谷鸟}	{ }	{动物}	{吃小米，有翅膀}
{麻雀}	{吃小米}	{ }	{吃小米，有翅膀}
{鸟}	{吃小米，有翅膀}		

从节点表读取“布谷鸟”并匹配语义网络的节点，匹配成功，判断连边标识，如果是“is-a”或“AKO”继承弧则继续检索下一层节点，如图 3-13 所示找到“麻雀”。将“麻雀”添加到节点表末尾，读取“麻雀”节点的连边，如果标识是继承弧则继续检索下一层节点，否则将下层节点值添加到属性表中，这里添加了{吃小米}，删除上一层节点。以此类推，直至节点表为空。这样就根据语义网络找到了布谷鸟的所有属性：{吃小米，有翅膀}。

3.4 产生式系统

产生式系统具有较为悠久的历史，甚至早于人工智能的概念。1943 年，美籍波兰数学家艾米尔 · 波斯特(Emil Post)在研究组合决策中提出了产生式系统。1972 年，艾伦 · 纽厄尔和赫伯特 · 西蒙将产生式系统视为大脑处理信息的范式，即在特定环境中触发某种行为或决策。因此，产生式系统又称为情境-行为系统。产生式系统主要依赖一组“if-then 规则”工作，当 if 规定的条件匹配上后，就会产生 then 规定的动作，这一过程本质上是推理。因此，产生式系统又称为基于规则的系统和推理系统，是设计和实现专家系统的基础。

波斯特产生式系统的基本思想：给定一个符号序列，读取第 1 个符号并删除固定数量 n 个符号，根据规则替换读取的第 1 个符号为一个字符串并将其附加到符号队列尾部。波斯特产生式系统可以根据规则生成符号序列，这个序列可能是动作指令，也可能是语言序列。

假设给定如下。

(1)字母表为：{x, y, z, H}

(2)产生式规则集合为

r1：x → zzyxH

r2：y → zzx

r3：z → zz

r4：H→ 暂停

(3)初始符号序列为：yxx

如表 3-6 所示为一个 $n=2$ 的标签系统(称为“2-标签系统”)根据上述假设生成符号序列的过程。

表 3-6 波斯特 2-标签系统符号序列生成过程

初始符号序列：yxx	
符号序列	产生程序 P
yxx	① 读取第 1 个字符 y，根据规则 r2 得到序列 zzx ② 删除序列 yxx 的前 2 个字符得到序列 x，并将 zzx 拼接到 x 尾部，得到新序列 xzzx
→ xzzx	① 读取第 1 个字符 x，根据规则 r1 得到序列 zzyxH ② 删除序列 xzzx 的前 2 个字符得到序列 zx，并将 zzyxH 拼接到 zx 尾部，得到新序列 zxzzyxH
→ zxzzyxH	① 读取第 1 个字符 z，根据规则 r3 得到序列 zz ② 删除序列 zxzzyxH 的前 2 个字符得到序列 zzyxH，并将 zz 拼接到 zzyxH 尾部，得到新序列 zzyxHzz
→ zzyxHzz	① 读取第 1 个字符 z，根据规则 r3 得到序列 zz ② 删除序列 zzyxHzz 的前 2 个字符得到序列 yxHzz，并将 zz 拼接到 yxHzz 尾部，得到新序列 yxHzzzz
→ yxHzzzz	① 读取第 1 个字符 y，根据规则 r2 得到序列 zzx ② 删除序列 yxHzzzz 的前 2 个字符得到序列 Hzzzz，并将 zzx 拼接到 Hzzzz 尾部，得到新序列 Hzzzzzzx
→ Hzzzzzzx	① 读取第 1 个字符 H，根据规则 r4，暂停程序

产生式系统主要由控制策略、数据库和知识库 3 部分构成，如图 3-14 所示。其中，控制策略是推理引擎，主要完成规则解释和推理过程，如波斯特系统中的产生程序 P；数据库用于存储推理过程中产生的结果，即事实，如波斯特系统中的序列 yxx 等；知识库用于存储产生式规则，也是一个规则库，如波斯特系统中的规则集就存储于知识库中。产生式规则需要数据库提供的事实，然后通过推理引擎产生结果，这个结果又存储于数据库中。

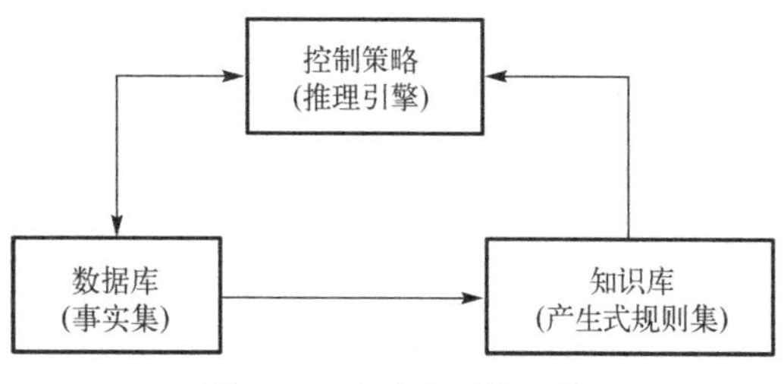

图 3-14　产生式系统结构

在第 2 章知识表示的规则表示部分给出了产生式规则的简单形式，在产生式系统中，可能会面临一些更复杂的规则，复杂的规则往往是由简单的规则叠加而成的。例如，企业经营管理系统的产生式规则可能为

r1：if [项目出现延期] then [检查进度计划]

r2：if [公司账上有余额 or 银行贷款申请已批复] then [启动采购流程]

r3：if [公司账上有余额] then [组织团建]

控制策略的主要任务是选择适合的规则执行相应的操作，但是在一个复杂的产生式系统中，有时规则可能存在冲突问题。如上述的规则 r2 和 r3，当事实是“公司账上有余额”时，就涉及规则选择的问题。针对冲突问题，主要通过消解策略解决。所谓消解策略是指按某种方式排序后确定执行的规则，如下所示。

(1) 专一性排序：触发规则库中第一个符合要求的规则。

(2) 时间排序：触发规则库中最新增加的符合要求的规则。

(3) 就近排序：触发最近使用的符合要求的规则。

(4) 规则排序：触发符合要求的优先级最高的规则。

……

显然，规则冲突的消解仍然采用启发式规则的方法，随着不断积累，这些规则会不断完善，最终解决绝大部分冲突问题。

除了冲突消解外，控制策略还有两项功能，即事实匹配和操作执行。匹配是将当前数据库与规则的条件部分相匹配。若完全匹配，则启用该规则，否则不执行任何操作。操作是规则的执行部分，经过规则执行后，数据库将被修改，记录所有事实，包括所应用的规则序列、中间结果、解答路径等。若满足结束条件，则推理停止。对于不确定性知识，在执行每一条规则时还要按一定的算法计算结论的不确定性。

产生式系统的推理过程分为正向推理、逆向推理和双向推理。

(1) 正向推理是从一组初始状态的事实出发，使用一组产生式规则，直到产生目标状态为止，又称 F (Forward) 推理或 F 规则。

(2) 逆向推理是从目标状态出发，反向应用一组产生式规则，直到产生与初始状态相同的子目标为止。即首先提出一批假设目标，然后逐一验证这些假设，又称 B (Backward) 推理或 B 规则。

(3) 双向推理的推理策略是同时从目标向事实推理和从事实向目标推理，并在推理过程中的某个步骤，实现事实与目标的匹配。

英国数学家 John H Conway 利用 3 条产生式规则开发了一款名为“生命游戏”(Game of Life)的系统，该游戏是一种在二维正方形网格上定义的元胞自动机，如图 3-15 所示。这是产生式系统与人工生命的一次结合。生命游戏系统仅用了 3 条规则就描述了生命的出生、繁衍和死亡过程，体现了一个重要的基本思想：自然界中许多复杂结构和过程，归根结底是由大量基本单元相互作用引起的。

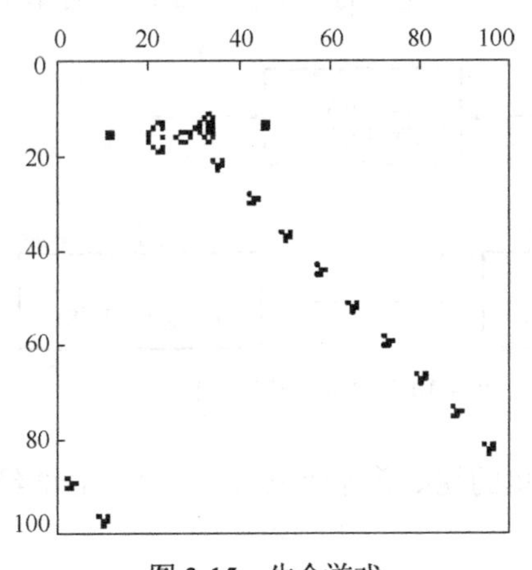

图 3-15　生命游戏

下面是生命游戏的产生式规则集。

r1：if [$n = 2$] then [元胞维持现状]

r2：if [$n = 3$] then [下一代元胞出生]

r3：if [$n = 0$ or $n = 1$ or $n = 4$ or $n = 5$ or $n = 6$ or $n = 7$ or $n = 8$] then [元胞死亡]

其中，n 表示元胞的邻居数量，假设元胞生活在一个 3 × 3 环境中，周围最多有 8 个邻居。当邻居的数量 $n = 0$ 或 1 时，它会死于“孤独”；如果 $n = 2$，则它处于一个舒适的环境，能够正常生存；当 $n = 3$～8 时，它会死于“拥挤”。

例 3.12　现有知识库和数据库如表 3-7 所示。其中，数据库中只存储了一条数据，是某种动物的一组初始状态的事实。请用产生式系统的方法推导，判断该动物的名字。

表 3-7　动物识别产生式系统的知识库和数据库

规则库	数据库
r1：if 毛发 then 哺乳动物 r2：if 奶 then 哺乳动物 r3：if 羽毛 then 鸟 r4：if 哺乳动物 and 蹄 then 有蹄类动物 r5：if 有蹄类动物 and 长脖子 and 长腿 and 暗斑点 then 长颈鹿 r6：if 鸟 and 善飞 then 信天翁	暗斑点，长脖子，长腿，奶，蹄

推理过程如下：

(1) 从数据库中取出事实与知识库中的规则 r1 开始匹配，规则 r2 能够匹配上，将结论“哺乳动物”添加到数据库中。此时，事实集合为

A1：{暗斑点, 长脖子, 长腿, 奶, 蹄, 哺乳动物}

(2) 用 A1 继续与知识库中的规则 r3 开始匹配，规则 r4 匹配成功，将结论“有蹄类动物”添加到数据库中。此时，事实集合为

A2：{暗斑点, 长脖子, 长腿, 奶, 蹄, 哺乳动物, 有蹄类动物}

(3) 用 A2 继续与知识库中的规则 r5 开始匹配，规则 r5 匹配成功，将结论“长颈鹿”添加到数据库中，此时，事实集合为

A3：{暗斑点, 长脖子, 长腿, 奶, 蹄, 哺乳动物, 有蹄类动物, 长颈鹿}

(4) 至此，推导出该动物为长颈鹿。

组成产生式系统的数据库、知识库和推理引擎各部分具有很好的独立性，只要修改规则就可以使系统适应不同情境，因此，产生式系统具有很好的可扩展性。产生式规则与人类推

理的逻辑形式接近，获取产生式规则更为自然。产生式系统的缺点是执行效率低，规则独立性导致控制不便，不宜用来求解理论性强的问题。

3.5　不确定性推理

现实中不确定问题要远多于确定性问题，针对不确定问题的推理是常见的推理形式。有很多不确定性推理的方法，常见的是基于概率的方法，包括贝叶斯(Bayes)方法、主观贝叶斯方法、可信度方法、证据理论方法及模糊推理方法等。由于贝叶斯方法是一种最为常见的推理方法，因此这里重点介绍贝叶斯方法。贝叶斯方法的基础是概率，主要依据先验概率、条件概率和后验概率计算最可能的结果。

3.5.1　事件概率

1. 基本概念

在一定条件下，可能发生也可能不发生的试验结果叫作随机事件，简称事件。事件发生的可能性大小是事件本身固有的一种客观属性，这种事件发生的可能性大小称为事件的概率。

令 A 表示一个事件，概率记为 $P(A)$。$P(A)$ 具有一些基本性质，如：

(1) $0 \leqslant P(A) \leqslant 1$。

(2) 必然事件 D 的 $P(D)=1$，不可能事件 Φ 的 $P(\Phi)=0$。

(3) 事件 $A_1, A_1, \cdots, A_k$ 是两两互斥事件，则 $P(\bigcup_{i=1}^{k} A_i)=P(A_1)+P(A_2)+\cdots+P(A_k)$。

(4) $P(\overline{A})=1-P(A)$。

……

2. 常用概率

下面结合如图 3-16 所示的文氏图说明常用概率。

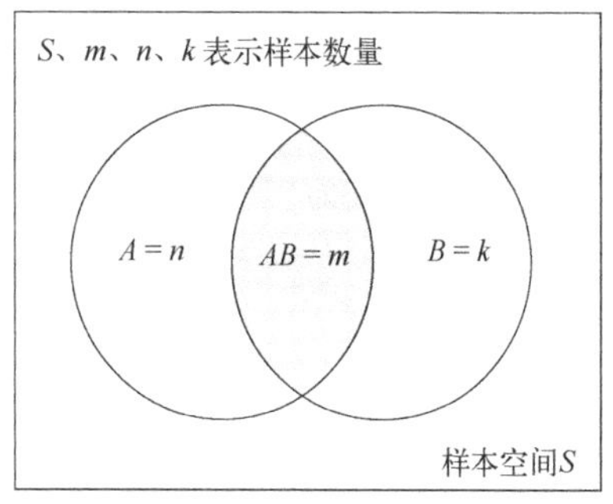

图 3-16　常用概率的文氏图

1) 边缘概率

边缘概率是指仅与单个随机变量有关的概率，记作 $P(X=A)$ 或 $P(Y=B)$，习惯记作

$$P(A)=\frac{n}{S},\ P(B)=\frac{k}{S} \tag{3-4}$$

2) 联合概率

联合概率是与边缘概率对应的，指的是包含多个条件且所有条件同时成立的概率，记作 $P(X=A, Y=B)$ 或 $P(A, B)$、$P(A \cap B)$，习惯记作 $P(AB)$。

$$P(AB)=P(A \cap B)=\frac{m}{S} \tag{3-5}$$

3) 条件概率

条件概率表示在条件 $Y=B$ 成立的情况下，$X=A$ 发生的概率，记作 $P(X=A|Y=B)$ 或 $P(A|B)$。

$$P(A|B)=\frac{m}{k}=\frac{\frac{m}{S}}{\frac{k}{S}}=\frac{P(AB)}{P(B)}\Rightarrow P(AB)=P(A|B)P(B) \tag{3-6}$$

$$P(B|A)=\frac{m}{n}=\frac{\frac{m}{S}}{\frac{n}{S}}=\frac{P(AB)}{P(A)}\Rightarrow P(AB)=P(B|A)P(A) \tag{3-7}$$

4) 全概率公式

全概率的文氏图如图 3-17 所示。根据条件概率公式可知

$$P(A|B)=\frac{P(AB)}{P(B)}\Rightarrow P(AB)=P(A|B)P(B)\Rightarrow P(BA)=P(B|A)P(A) \tag{3-8}$$

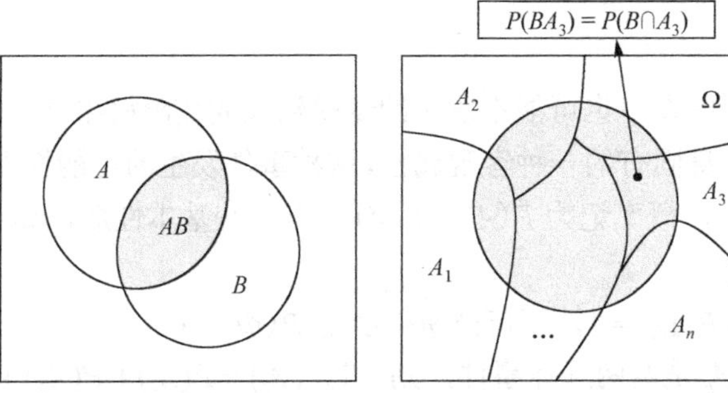

图 3-17 全概率的文氏图

由于 $P(AB)=P(BA)$，所以有

$$P(A|B)=\frac{P(B|A)P(A)}{P(B)} \tag{3-9}$$

全概率公式为

$$P(B)=\sum_{i=1}^{n}P(B|A_i)P(A_i)=\sum_{i=1}^{n}P(B\cap A_i) \tag{3-10}$$

代入式 (3-9) 则有

$$P(A|B)=\frac{P(B|A)P(A)}{P(B)}=\frac{P(B|A)P(A)}{\sum_{i=1}^{n}P(B|A_i)P(A_i)} \tag{3-11}$$

3. 互独与互斥

互独是指两事件相互独立，表示两个事件发生互不影响。互斥表示两个事件不能同时发生，即两个事件没有交集，说明两个事件没有关系。互斥事件一定不独立，因为一件事的发生导致了另一件事不能发生；独立事件一定不互斥，如果独立事件互斥，那么根据互斥事件一定不独立，就会出现矛盾。

反映到概率上为

$$\begin{cases} P(AB) = P(A)P(B) & \text{互独} \\ P(AB) = 0 & \text{互斥} \end{cases} \tag{3-12}$$

互独情况下，事件 A 的发生与 B 无关，此时条件概率与边缘概率相等，即

$$P(A \mid B) = \frac{m}{k} = \frac{\frac{m}{S}}{\frac{k}{S}} = \frac{P(AB)}{P(B)} = \frac{P(A)P(B)}{P(B)} = P(A) \tag{3-13}$$

互斥情况说明，事件 B 发生，但事件 A 不会发生；或者事件 A 发生，但事件 B 不会发生，即

$$P(A \mid B) = P(B \mid A) = 0 \tag{3-14}$$

如果事件 A 和 B 既不独立也不互斥，则有

$$P(A \mid B) = \frac{P(AB)}{P(B)} \tag{3-15}$$

3.5.2　贝叶斯推理

1. 单证据情况

现在将式(3-11)中的事件 A 和 B 赋予含义：A 是结论，用符号 H 替换；B 为证据，用符号 E 替换。则得到单证据情况下的贝叶斯公式如下：

$$P(H_i \mid E) = \frac{P(E \mid H_i)P(H_i)}{\sum_{j=1}^{n} P(E \mid H_j)P(H_j)}, i = 1, 2, \cdots, n \tag{3-16}$$

其中，$P(H_i|E)$是后验概率，表示在证据 E 的情况下获得 H_i 结论的概率。例如，E 表示咳嗽，则根据 E 可能得到：

$$P(\text{新冠病毒感染}|\text{咳嗽}) = 0.01$$

$$P(\text{感冒}|\text{咳嗽}) = 0.7$$

$$P(\text{肺结核}|\text{咳嗽}) = 0.02$$

……

证据和事实 E 只有一个“咳嗽”，而结论可能会有多个。

$P(E \mid H_j)$是条件概率，表示在历史经验中支持结论证 H_j 的证据 E 的概率。例如，历史上患感冒的人中有多少是咳嗽的，有多少是得了新冠病毒感染的，等等。

$P(H_i)$表示历史上支持结论 H_i 的概率，称为先验概率。如，历史上患感冒的概率是 0.95，则 $P(\text{感冒}) = 0.95$。

单证据的贝叶斯推理的思路是，根据历史经验判断一个证据出现而得到某个结论的概率，即根据条件概率 $P(E \mid H_j)$和先验概率 $P(H_i)$计算后验概率 $P(H_i \mid E)$。例如，一个人如果咳嗽，那么可以根据历史经验判断他患新冠病毒感染、感冒、肺结核等疾病的概率，哪个疾病的概率大就判定为患了这种病。

例 3.13　已知：$P(H_1)=0.3$，$P(H_2)=0.4$，$P(H_3)=0.5$，且 $P(E|H_1)=0.5$，$P(E|H_2)=0.3$，$P(E|H_3)=0.4$。求：$P(H_1|E)$，$P(H_2|E)$和 $P(H_3|E)$。

根据单证据的贝叶斯公式计算可得

$$P(H_1|E)=\frac{P(E|H_1)P(H_1)}{P(E|H_1)P(H_1)+P(E|H_2)P(H_2)+P(E|H_3)P(H_3)}$$

$$=\frac{0.5\times0.3}{0.5\times0.3+0.3\times0.4+0.4\times0.5}=0.32$$

同理可得

$$P(H_2|E)=0.26，P(H_3|E)=0.43$$

2. 多证据情况

多个证据 $E_1, E_2,\cdots, E_m$，多个结论 $H_1, H_2,\cdots, H_n$，且每个证据都以一定程度支持结论。将单证据的贝叶斯公式扩充后得

$$P(H_i|E_1E_2\cdots E_m)=\frac{P(E_1|H_i)P(E_2|H_i)\cdots P(E_m|H_i)P(H_i)}{\sum_{j=1}^{n}\{P(E_1|H_j)P(E_2|H_j)\cdots P(E_m|H_j)\}P(H_j)},i=1,2,\cdots,n \quad (3\text{-}17)$$

例 3.14　在已知历史数据集中，经计算得先验概率为

$$P(H_1)=0.4，P(H_2)=0.3，P(H_3)=0.3$$

条件概率为

$$P(E_1|H_1)=0.5，P(E_1|H_2)=0.6，P(E_1|H_3)=0.3，$$

$$P(E_2|H_1)=0.7，P(E_2|H_2)=0.9，P(E_2|H_3)=0.1$$

试求：$P(H_1|E_1E_2)$，$P(H_2|E_1E_2)$，$P(H_3|E_1E_2)$。

代入多证据贝叶斯公式可得

$$P(H_1|E_1E_2)=\frac{P(E_1|H_1)P(E_2|H_1)P(H_1)}{\sum_{j=1}^{3}\{P(E_1|H_j)P(E_2|H_j)\}P(H_j)}$$

$$=\frac{0.5\times0.7\times0.4}{0.5\times0.7\times0.4+0.6\times0.9\times0.3+0.3\times0.1\times0.3}=0.45$$

同理可得

$$P(H_2|E_1E_2)=0.52，P(H_3|E_1E_2)=0.03$$

可见，在有证据 E_1、E_2 的情况下，结论 H_2 成立的概率最大。

上述贝叶斯推理过程中，隐含了独立性假设，即各证据之间是相互独立的，结论也是相互独立的，不会出现一个证据影响另一个证据，或者结论之间相互影响的情况，满足这个条件的贝叶斯模型称为朴素贝叶斯模型。朴素贝叶斯推理在实际中应用广泛，一般情况下会假设证据之间相互独立。

3.6 小　结

知识表示是一种静态的描述，推理则是建立在知识表示之上的操作，是一种动态描述。知识表示描述了问题及要素，推理则给出了求解过程。由于搜索是智能的一种表现形式，因此经典推理主要采用搜索技术。图搜索策略是基于状态空间图等图表示的搜索技术，包括盲目搜索和启发式搜索，前者不需要额外信息支持且总能得到最优结果，但效率较低；后者需要启发式信息支持且不保证总能找到最优解，但效率高。因此，在实际中应根据具体情况选用相应搜索技术。

命题逻辑的推理主要用于自动推理或机器证明，主要方法有正向归纳法和反演法，其中反演法具有鲜明的精确的特点，其本质是数学中反证法。语义网络推理也具有精确的特点，采用匹配和继承的方式实现推理，具有推理过程解释性好等优点。产生式系统是专家系统的基础，通过产生式规则完成推理，其生成式的思想很有价值，直至目前还影响着人工智能领域的发展。

不确定性推理的主要工具是概率，具有代表性的是贝叶斯推理。其中朴素贝叶斯推理在实际中应用广泛，尤其是在多证据情况下的推理经过简单调整可作为机器学习中的一个重要分类模型，即贝叶斯分类器。

随着人工智能的发展，经典的推理方法与现代方法不断融合，很多重要的思想、方法和技术具有延续性，并在新的发展时期被不断丰富和完善。

习　题

3-1　什么是搜索？有哪两大类不同的搜索方法？两者有什么区别？

3-2　试举例比较盲目搜索和启发式搜索的效率。

3-3　给出反演法求解问题的步骤。

3-4　下列语句是一些几何定理，把这些语句表示为产生式规则：

(1) 三角形的内角和等于 180°。

(2) 经过直线外一点，有且只有一条直线与已知直线平行。

(3) 各对应边相等的三角形是全等三角形。

(4) 如果一个角的两边和另一个角的两边分别平行，那么这两个角相等或互补。

3-5　现有 4 个数字按以下顺序排列：

$$6, 4, 5, 3$$

要求：

(1) 目标状态是这 4 个数字按升序排列。

(2) 每次重新排序可以交换位置 i 和位置 j 的数字。

(3) 假定每一次交换的代价 $\text{cost} = |j - i| + 1$。

(4) 启发式函数 $h(n)$ 表示相对于目标状态，位置错误的数字的数量。

问：

(1) $h(n)$ 是否为可采纳启发式函数？

(2) 试画出搜索树。

3-6　结合一个具体的例子说明语义网络推理的一般过程。

3-7　某地区居民的肝癌发病率为 0.0004，现用甲胎蛋白法进行普查。医学研究表明，化验结果是有错检的可能的。已知患有肝癌的人其化验结果 99%呈阳性，而没患肝癌的人其化验结果 99.9%呈阴性。现某人的检查结果呈阳性，问他真的患有肝癌的概率是多少？

3-8　如果一个事实满足规则库中的多个产生式规则，应该如何选择？

3-9　试结合实际整理规则，并写一个简单的产生式系统。

3-10　试用反演法证明以下问题：

每个储蓄钱的人都获得利息，如果没有利息，那么就没有人去储蓄钱。

3-11　野人和传教士问题是人工智能的经典问题。问题描述为：有 3 个传教士和 3 个野人来到河边，打算乘一只船从右岸渡到左岸去。该船的负载能力为两人。在任何时候，如果野人人数超过传教士人数，那么野人就会把传教士吃掉。怎样才能用这条船安全地把所有人都渡过河去？请用所学知识解决这个问题。

第4章 神经网络

在理想世界里，人们拥有无限的时间和无穷的知识，并通过严谨的推理进行决策。但是，在现实中，人们只能基于有限的知识和资源对未来将发生的未知事件进行推论和判断。试验表明，在95%的情况下，人是依靠直觉做出正确决策的。人脑是个超级计算机，在不知不觉中处理、省略、精练了大量信息，只凭少量的信息就能在瞬间做出反应。反之，考虑的变量越多，越难做出正确的决策。总之，在绝大多数情况下，想得越多错得越多。

启发式最早于20世纪50年代由诺贝尔奖获得者赫伯特·西蒙提出。他认为人类的理性永远受认知的限制，为了节省认知资源，发展出了一套高效率的认知结构——启发式。简单地说，启发式是一种借助外在的少量信息的有限理性的方法，得到的不一定是最优解，但却是最有效率的求解方式。

在人工智能领域，人们受自然界的启发开发出很多人工智能算法，这类算法统称为启发式算法。从生物学里寻找模型一直是人工智能的主要研究方法之一，这一方法大致有两条路径：一条是麦卡洛克和皮茨的神经元模型演化到目前的深度学习网络，另一条是约翰·冯·诺依曼(John von Neumann)的元胞自动机，历经进化计算最后演化为目前的强化学习。启发式的思想影响深远，例如，在推理部分讨论的启发式搜索也是采用了这一思想，甚至包括目前的深度学习等前沿技术仍然是启发式算法。启发式算法是以仿自然体算法为主，神经网络的研究受到大脑的结构及工作原理的启发而开发的一种启发式算法。除此之外，还包括遗传算法、粒子群算法、模拟退火算法等。

在连接主义的方法中，计算智能是典型的代表，广泛采用了启发式的方法，在不能求得最优解的情况下同样接受近似解。计算智能将常见的启发式算法涵盖进来，并扩展到搜索和推理。

本章重点讨论人工神经网络。神经网络包括两种：一种是生物神经网络，另一种是人工神经网络。除特殊说明，本书中提到的神经网络是指人工神经网络。

4.1 计算智能

计算智能是人工智能的一个分支，也称仿生学派或生理学派，是连接主义的典型代表。计算智能方法采用启发式的随机搜索策略，在问题的全局空间中搜索寻优，能在可接受的时间内找到全局最优解或可接受解。詹姆斯·贝兹德克(James C Bezdek)于1992年提出了计算智能概念，讨论了生物智能、人工智能和计算智能的关系。他认为计算智能取决于制造者提供的数值数据，而不依赖于知识。因此，贝兹德克认为人工神经网络称为计算神经网络更为合适，将神经网络归类于人工智能(AI)可能并不十分准确，更恰当的分类方式应该是计算智能(CI)。除此之外，进化计算、人工生命和模糊逻辑系统等课题也被归类为计算智能。贝兹德克对这些相关术语进行符号化和简要说明或定义，并提出了ABC关系：

A－Artificial，表示人工的(非生物的)，即人造的。

B—Biological，表示物理的+化学的+(??)=生物的。

C—Computational，表示数学+计算机。

ABC 及其与神经网络(NN)、模式识别(PR)和智能(I)之间的关系如图 4-1 所示。

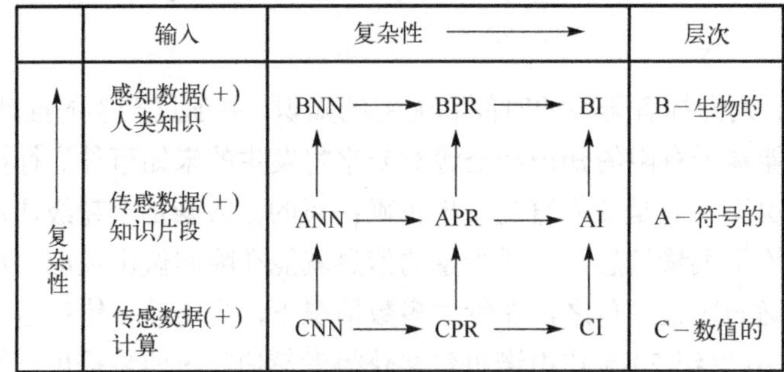

图 4-1 ABC：神经网络、模式识别和智能

贝兹德克认为，计算智能是一种智力方式的低层认知，它与人工智能的区别只是认知层次从中层下降至低层而已。中层系统含有知识片段，低层系统则没有。若一个系统只涉及低层的数值数据，并含有模式识别部分，但不应用人工智能意义上的知识，而且能够呈现出以下特性：

(1) 计算适应性。

(2) 计算容错性。

(3) 接近人的速度。

(4) 误差率与人相近。

则该系统就是计算智能系统。当一个智能计算系统以非数值方式加上知识时，即成为人工智能系统。

计算智能主要包括以下三大部分。

(1) 神经计算：如人工神经网络算法。

(2) 模糊计算：如模糊逻辑。

(3) 进化计算：如遗传算法、进化策略、进化规划、蚁群优化算法、粒子群优化算法和免疫算法等。

4.2 人工神经网络相关概念

1943 年，美国神经学家沃伦·麦卡洛克和数学家沃尔特·皮茨提出了 MP 模型，MP 模型也称为神经元模型。由于神经元是构成神经网络的基础，所以 MP 模型即为人工神经网络模型。简单的神经网络通过阈值控制可以实现一些逻辑运算的功能，这种网络也称为阈值逻辑(Threshold Logic)网络。神经网络具有并行分布处理、非线性映射、训练学习、适应集成等特征。

自此以后，神经网络的研究分化为两个主要的方向：

(1) 专注于生物信息处理的过程，称为生物神经网络。

(2)专注于工程应用，称为人工神经网络。

20世纪60年代，威德罗(Widrow)和霍夫(Hoff)提出的自适应线性元件是人工智能发展的一个节点。20世纪60年代末期至80年代中期，神经网络研究处于低潮，但是这一时期产生了一些基础性的工作，如1982年，著名物理学家约翰·霍普菲尔德发明了Hopfield神经网络；1989年，加拿大多伦多大学杨立昆和他的同事提出了卷积神经网络。20世纪80年代后期以来，神经网络的研究得到复苏和发展，在模式识别、图像处理、自动控制等领域得到广泛应用。2006年，杰弗里·辛顿和他的学生鲁斯兰·萨拉赫丁诺夫(Ruslan Salakhutdinov)正式提出了深度学习的概念，从此神经网络的发展进入快车道，掀起了神经网络研究和应用的新高潮。

4.2.1 并行分布处理

人工神经网络是由节点及其连边构成的网络，但由于计算复杂而导致效率低下且容易出错，因此，需要借助并行计算和分布式计算的技术提升计算效率和容错性能。并行处理(Parallel Processing)是计算机系统中能同时执行两个或多个处理的一种计算方法，其主要目的是节省大型和复杂问题的求解时间，并行处理可同时工作于同一程序的不同方面。为了应用并行处理技术，首先需要对程序进行并行化处理，也就是说将工作各部分分配到不同处理进程中。由于存在相互关联的问题，因此并行处理不能自动实现。从理论上讲，n个并行处理的执行速度应该是在单一处理机上执行速度的n倍，但是当某个处理机成为瓶颈时，总的执行速度也会受到影响，因此，并行不能保证永远加速。分布式处理(Distributed Processing)是将不同地点的，或具有不同功能的，或拥有不同数据的多台计算机通过通信网络连接起来，在控制系统的统一管理下，协同完成大规模信息处理任务的计算机系统。

并行处理是为了获取高性能，目标是提升效率，对于任务划分有较高的要求。分布式处理则是为了获得高可用性，或者高鲁棒性，目标是提升系统的健壮性，一般通过冗余的方式实现。需要强调的是，分布式处理也有并行的工作。由此可见，将并行处理和分布式处理结合起来，既可以获得高性能又可以增强抗故障的能力。

4.2.2 非线性映射

非线性映射是将一个向量空间的元素映射到另一个向量空间的过程，映射保留了加法和标量乘法运算。在线性代数中，一般来说线性是指线性映射或线性函数，而不是线性方程。线性函数需要满足两个条件：齐次性和可加性。而任一个条件不满足则为非线性函数。

齐次性是指函数的自变量扩大a倍，其响应函数值也相应地扩大a倍，即

$$f(ax)=af(x) \tag{4-1}$$

可加性是指自变量的和的函数等于相应函数的和，即

$$f(x+y)=f(x)+f(y) \tag{4-2}$$

例如，$f(x)=ax$是线性函数。需要注意的是，这里的x、a、$f(x)$不一定是标量，可以是向量或者矩阵形成任意维度的线性空间。如果x、$f(x)$为n维向量，当a为常数时，等价满足齐次性；当a为矩阵时，则等价满足可加性。

相对而言，函数图形为直线的不一定符合上述线性映射的两个条件，比如$f(x)=ax+b$，

既不满足齐次性也不满足可加性，因此属于非线性映射。这种映射由线性映射和平移两种函数复合而成，称为仿射映射或者仿射变换。

人工神经网络是由神经元构成的网络，其中神经元的输入和输出的映射函数多为类似上述 $f(x) = ax + b$ 的非线性的形式，因此，人工神经网络大多是非线性映射。

4.2.3 训练学习

神经网络本质上是一组函数组成的输入和输出之间的映射，函数的参数需要通过网络训练的方式确定，优化参数的目的是满足输入与输出的映射要求，这个过程称为参数学习，简称学习。神经网络通过训练的学习方式具有归纳全部数据的能力，因此，神经网络能够解决那些由数学模型或规则难以求解的问题。作为一种模型，神经网络的参数可以适应数据的变化，同时，通过自组织的方式进行信息融合，通过输入大量的训练数据，解决数据间的互补和冗余，进而实现信息的集成。因此，神经网络非常适合大型的、复杂的和多变量的求解问题。

由于神经网络是由神经元构成的，训练学习的过程可以通过并行的方式完成，因此，适合通过硬件的方式实现。在计算机领域，软件与硬件的界限往往是模糊的，软件的功能可以通过硬件实现，同样，硬件也可以通过软件模拟。在 20 世纪 90 年代，硬件非常昂贵，为了节约成本，一些多媒体爱好者用软件模拟声卡或显卡的功能，这个过程中的所有的计算都是由 CPU 完成的，效率可想而知。如今，高性能显卡 GPU 的出现，大幅度提升了人工神经网络的训练效率，在工程中得以广泛应用。

4.3 人工神经元结构与激活函数

4.3.1 生物神经元结构

生物神经细胞又称生物神经元，其结构如图 4-2 所示。它由以下 4 部分构成。

(1) 树突：输入结构。

(2) 细胞体：处理结构。

(3) 轴突：传输结构。

(4) 突触：连接(其他神经元)结构。

生物的神经元细胞是神经系统最基本的结构和功能单位，分为细胞体和突起两部分。细胞体由细胞核、细胞膜、细胞质组成，具有联络和整合输入信息并传出信息的作用。突起有树突和轴突两种。树突短而分支多，直接由细胞体扩张突出，形成树枝状，其作用是接受其他神经元轴突传来的冲动并传给细胞体。轴突长而分支少，为粗细均匀的细长突起，其作用是接受外来刺激，再由细胞体传出。轴突除分出侧枝外，其末端形成树枝样的神经末梢。末梢分布于某些组织器官内，形成各种神经末梢装置。感觉神经末梢形成各种感受器，而运动神经末梢则分布于骨骼肌肉中，形成神经-肌肉接头的结构。

可见，生物神经元结构的一个特点是对信息的感知和处理。离子是神经信号的物质载体，而离子通道是控制细胞内外信息交换的门。因此，离子通道是神经元的输入和输出端子，有了离子通道神经元才能够感知外界的变化，然后发出信号，实现与其他神经元的通信。

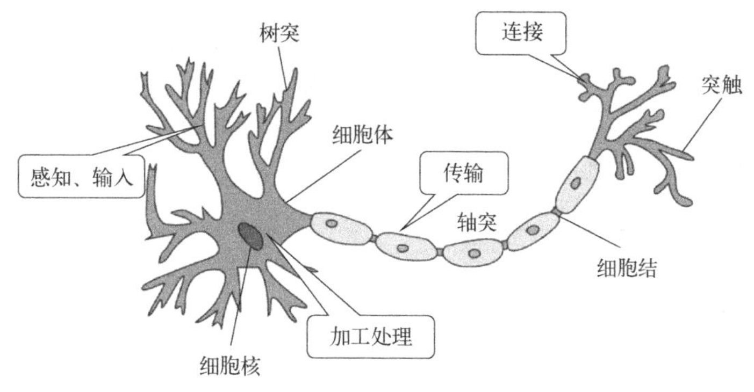

图 4-2 生物神经元结构

4.3.2 人工神经元结构

基于生物神经元的启发，人工的神经元模型如图 4-3 所示。人工神经元由多个输入 x_i，$i=1,2,\cdots,n$ 和一个输出 y 组成。中间状态由输入信号的加权和表示，t 时刻的神经元输出为

$$y_j(t)=f\left(\sum_{i=1}^{n}w_{ji}x_i-\theta_j\right) \tag{4-3}$$

其中，

θ_j：神经元单元的偏置(阈值)；

w_{ji}：连接权系数，表示每一路信息的强弱；

n：输入信号数目；

y_j：神经元输出；

t：表示时刻；

$f(\bullet)$：表示输出变换函数，即映射函数。

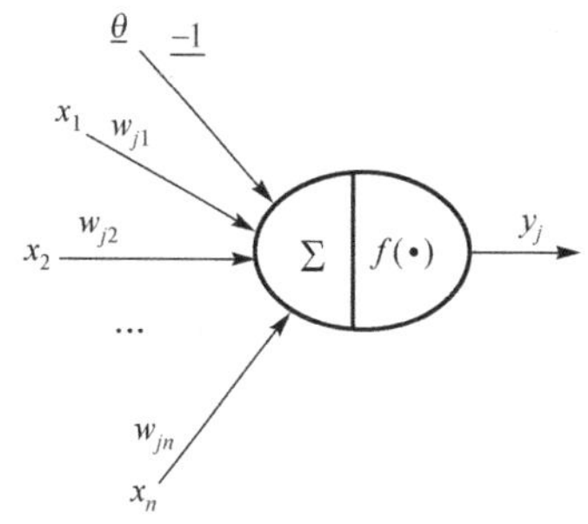

图 4-3 人工神经元模型

人工神经元的输入可以是多维的，即可以有多个输入。这些输入有强有弱，可以通过权值来控制，加权并求和后作为映射函数 $f(\bullet)$ 的输入，最后得到输出。在这个过程中，权重 w_{ji} 是控制输入信号强弱的关键，如同眼睛接收图像时，有些信息加强了，而有些则弱化了。例如，感兴趣部分的信号会加强，相反，不感兴趣的部分则会出现“视而不见”的情况。感兴趣的部分的权值 w_{ji} 大，“视而不见”部分的权值 w_{ji} 小。那么，确定权值 w_{ji} 就是训练学习的任务了。总之，神经网络训练的目的就是优化权值 w_{ji}。

上述人工神经元模型是在 MP 模型的基础上增加了权重。MP 模型是最早的神经元模型之一，是大多数神经网络模型的基础。有时将带有权重的人工神经元模型也称为 MP 模型。

4.3.3 神经元中的激发函数

神经元的激发函数又称为激活函数，反映了神经元的输入和输出之间的映射关系，所以也称映射函数。常见的激活函数包括二值函数、S 形函数、双曲正切函数等。几种激活函数的曲线如图 4-4 所示。

引入激活函数是为了增加神经网络模型的非线性映射能力。没有激活函数的神经网络的每层都相当于矩阵相乘，就算叠加了若干层之后，无非还是矩阵相乘，显然不符合生物神经

元的特征。之所以用非线性映射，其目的是模拟实际情况，因为现实中的神经元是非线性的。线性映射大多用于感知，感知的特点是尽量接收更多的信息，例如早期的感知机。激活函数为神经元引入了非线性因素，使得神经网络可以逼近任何非线性函数，这样神经网络就可以应用到众多的非线性模型中了。

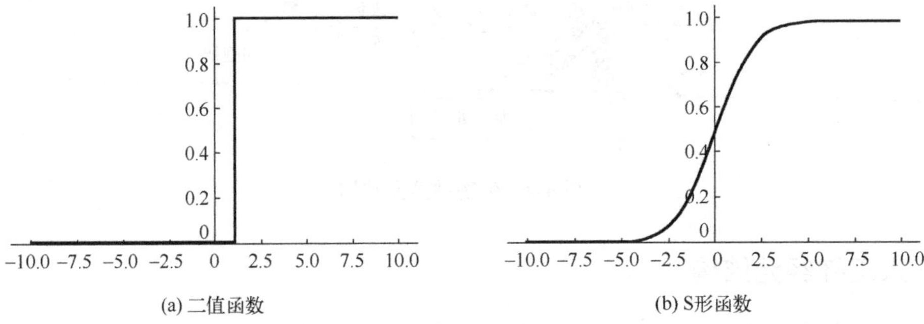

(a) 二值函数　　(b) S形函数

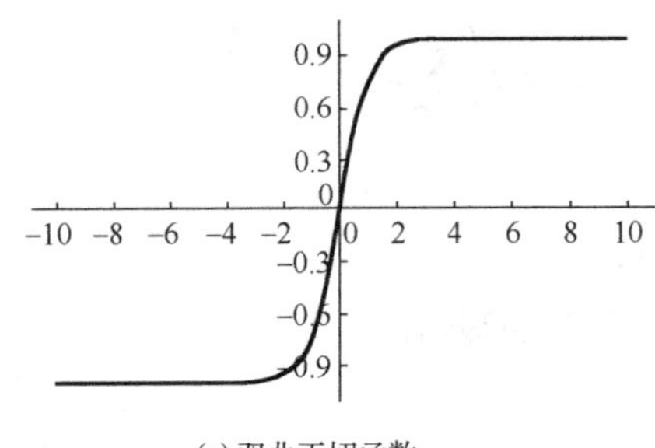

(c) 双曲正切函数

图 4-4　人工神经元的激活函数

4.4　人工神经网络结构

4.4.1　人工神经网络的一般结构

人工神经网络是由神经元按照一定的连接方式构成的网络结构，常见的神经网络由以下 3 部分构成。

(1) 输入层：用于接收数据，仅作为输入，没有其他实际功能。

(2) 隐藏层：处于输入层和输出层之间，用于增强处理能力。

(3) 输出层：仅用于输出结果，无其他实际功能。

感知机是神经网络中的一个重要概念，在 20 世纪 50 年代由心理学家弗兰克 · 罗森布拉特 (Frank Rosenblatt) 第一次引入。单层感知机 (Single Layer Perceptron，SLP) 是最简单的神经网络，包含输入层和输出层，输入层和输出层是直接相连的，没有隐藏层。多层感知机 (Multi-Layer Perceptron，MLP) 在单层感知机的基础上增加了隐藏层，输入层与隐藏层连接，隐藏层与输出层连接。两种感知机模型中都有输入层和输出层，显而易见，区别在于是否有隐藏层，如图 4-5 所示。

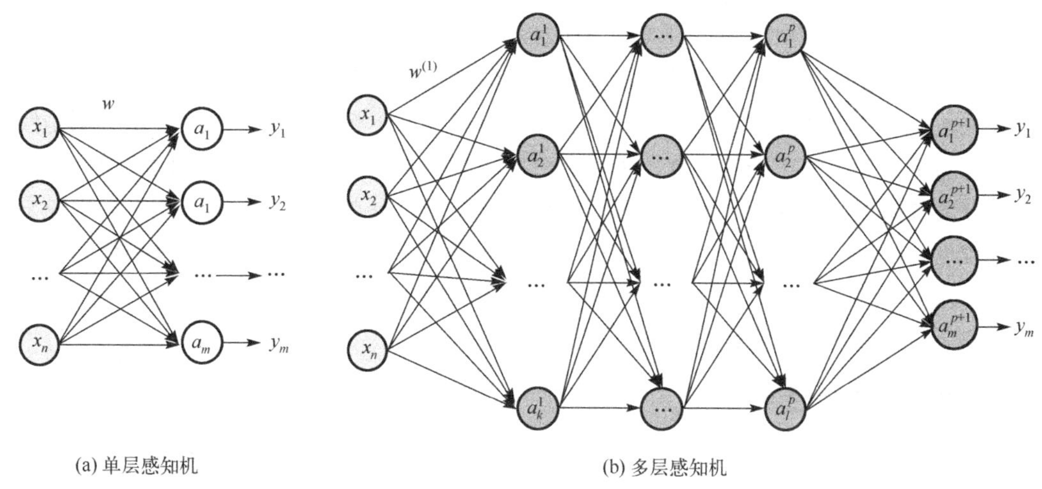

(a) 单层感知机　　(b) 多层感知机

图 4-5　感知机模型

单层感知机是二分类的线性分类模型，输入是被感知数据集的特征向量，输出为数据集的类别{+1, −1}。可以简单地理解为：将变量 x_0, x_1,⋯, x_n 输入，经过组合器的整合，输出 1 或者−1，也就是说通过组合器对输入变量判断其正确与否。单层感知机模型和多层感知机模型都是神经网络模型，前者没有隐层，即无隐层感知机，多层感知机又分为单隐层和多隐层，分别称为单隐层感知机和多隐层感知机。

如表 4-1 所示，根据划分区域的类型，感知机可以分为以下 3 种类型。

(1) 无隐层网络：只有输入层和输出层，即单层感知机，可用一个超平面将对象划分开。

(2) 单隐层网络：只有一个隐藏层，适用于分出开凸区域和闭凸区域，在表 4-1 中第 2 行第 4 列的图中，A 所在的区域是一个开凸区域，第 3 行 A 所在的区域则为闭凸区域。

(3) 多隐层网络：有多个隐藏层，可以分出任意形状的区域。

表 4-1　按划分区域分类的感知机类型

类型	结构示例	区域特点	形状	例子
无隐层		超平面一分为二		
单隐层		复杂的开凸区域或闭凸区域		
多隐层		任意形状		

凸区域是指区域内任意两点的连线仍在该区域内，开凸区域是指区域是开放的凸区域，闭凸区域是指区域是封闭的凸区域。无隐层感知机划分的区域也是开凸区域，只是区域的形状简单。关于凸区域或凸集的相关内容参见 7.4 节。

单层感知机结构简单，但仅对线性问题具有分类能力。线性问题是指可用一条直线划分的分类问题，例如逻辑“与”和逻辑“或”就是线性问题，可以用一条直线来分隔 0 和 1。单层感知机的函数近似能力非常有限，其决策边界必须是一个超平面，严格要求数据是线性可分的。对于不是线性可分的问题，可以通过将特征向量映射到更高维的空间使得样本成为线性可分的数据集。理论上，双隐层感知机可以解决任意分类问题。但是，由于网络越复杂求解过程也会越复杂，所以，实际应用中，能够选择单层感知机解决问题尽量不选择多层感知机，如果必须选择多层感知机也尽量选择隐层少的感知机，如单隐层感知机，即使效果稍差一些，仍然会做这样的选择。

4.4.2　对比生物神经网络

与生物神经元比较，人工神经元模型的某一个神经元 j 可同时接受多个输入信号，用 x_i 表示。由于生物神经元具有不同的突触性质和强度，所以对神经元的影响不同，人工神经网络用权值 w_{ij} 仿真这一特征，其正负模拟了生物神经元中突出的兴奋和抑制，其大小则模拟了突触的不同连接强度。人工神经元模型对全部输入信号进行累加，相当于生物神经元中的膜电位，即水的变化总量。神经元激活与否取决于阈值，即只有当其输入总和超过设定的阈值 θ_j 时，神经元 j 才会被激活。

总之，人工神经元模型是对生物神经元的模拟，或者受到生物神经元运行原理的启发开发了人工神经元模型，这也体现了人工神经网络是一种启发式的方法。

4.5　前馈网络与反馈网络

“馈”是汉语通用规范一级字，最早见于战国时期。本义是赠送粮食或饭食，引申为进献、输送粮食，还引申为食物及饮食之事，由进献义之又引申为祭祀。总之，“馈”表示送的意思，前馈表示往前送的意思，反馈则表示往回送的意思。

由于单一的神经元功能有限，将人工神经元连接成网络后，拟合能力会有大幅度提升。感知机模型将神经元连接成网络，这种连接称为前馈神经网络。除此之外，还有反馈神经网络，两种类型网络的区别在于网络的连接方式。

4.5.1　前馈神经网络

前馈神经网络（Feedforward Neural Network，FNN）最早是由美国心理学家弗兰克·罗森布拉特在 1958 年讨论感知机时提出的，简称前馈网络，也是神经网络中最为常见的一种类型。

前馈网络采用一种单向多层结构，每一层包含若干个神经元，同一层的神经元之间没有互相连接，层间信息的传送只沿一个方向进行。在前馈网络中，各神经元从输入层开始，接收上一级输入，并输出到下一级，直至输出层。整个网络中无反馈，可用一个有向无环图表示。网络的第 1 层为输入层，最后一层为输出层，中间为隐含层，简称隐层。隐层可以是一层，也可以是多层。显然，多层感知机就是一种典型的前馈神经网络。

前馈网络训练的重点是求得最优的权重参数，求解过程是根据网络输出值与真实值之间的误差，通过误差的反向传播算法逐步确定权重梯度及梯度下降算法优化网络参数，这个过程称为训练或学习。相关内容参见本书的第 7 章和第 12 章。

前馈神经网络结构简单、应用广泛，能够以任意精度逼近任意连续函数及平方可积函数，而且可以精确拟合任意有限训练样本集。从系统的观点看，前馈网络是一种静态非线性映射，通过简单非线性处理单元的复合映射，可获得复杂的非线性处理能力。从计算的观点看，大部分前馈网络都是学习网络，其分类能力和模式识别能力一般都强于反馈网络。

4.5.2 反馈神经网络

由于反馈是一种循环的形式，所以反馈神经网络又称为循环神经网络，简称反馈网络或循环网络。在反馈网络中，每个神经元同时将自身的输出信号作为输入信号反馈给其他神经元，需要工作一段时间才能达到稳定。反馈神经网络是一种动态反馈系统，比前馈网络具有更强的计算能力。

反馈网络输出不仅与当前输入、网络权值有关，还与网络之前的输入有关。反馈网络具有很强的联想记忆和优化计算能力，最重要的研究是反馈网络的稳定性，即吸引子。设计反馈网络的目的是找到一组平衡点，平衡点体现了网络的稳定性。当给定一组初始值时，网络自行运行最终收敛到平衡点上，这个过程即为反馈网络的训练或学习。反馈网络有很多类型，包括 Hopfield(CHNN、DHNN)、Elman、CG、BSB 等。Hopfield 神经网络是反馈网络中最简单且应用广泛的模型，具有联想记忆的功能，可以用来解决快速寻优问题。

1. Hopfield 网络结构

Hopfield 网络是一种具有正反相输出的带反馈的人工神经网络，分为两大类：离散型和连续型。诺贝尔物理学奖得主霍普菲尔德于 1982 提出了 Hopfield 离散随机网络，并于 1984 年提出了连续时间模型。一般在计算机仿真时采用离散型，而在硬件实现时采用连续型。

霍普菲尔德最早提出的网络是二值神经网络，各神经元的激励函数为阶跃函数或双极值函数，神经元的输入、输出只取{0, 1}或者{−1, 1}，所以也称为离散型 Hopfield 神经网络(Discrete Hopfield Neural Network，DHNN)，有时也称为 Hopfield 离散网络。DHNN 是一种单层结构且循环地从输入到输出有反馈的联想记忆网络，通过寻找一种被称为能量函数的最小值进行网络优化，在组合优化及 NP 完全问题上能够求得近似解。

如图 4-6 所示，Hopfield 离散网络是一个全连接的网络结构，所采用的是二值神经元。因此，所输出的离散值 1 和 0 或者 1 和−1 分别表示神经元处于激活状态和抑制状态。结构上，DHNN 有 n 个神经元节点，每个神经元的输出均作为其他神经元的输入，一般情况下，各节点没有自反馈。每个节点都可能处于一种可能的状态，即当该神经元所受的刺激超过其阈值时，神经元就处于其中一种状态(比如 1)，否则神经元就始终处于另一状态(比如−1)。

图 4-6 中，DHNN 的神经元函数为符号函数，即

$$f(\cdot)=\text{sign}(\cdot) \tag{4-4}$$

那么，输出则为

$$V_j=\text{sign}\left(\sum_{i,j\neq i} w_{ij}V_i+I_j\right) \tag{4-5}$$

Hopfield 证明了当 $w_{ij}=w_{ji}$ 时，网络是收敛的。对于中间层的任意两个神经元连接权值为 w_{ij}，当 $w_{ij}=w_{ji}$ 时，神经元的连接是对称的。如果 w_{ii} 等于 0，即神经元自身无连接，则称为

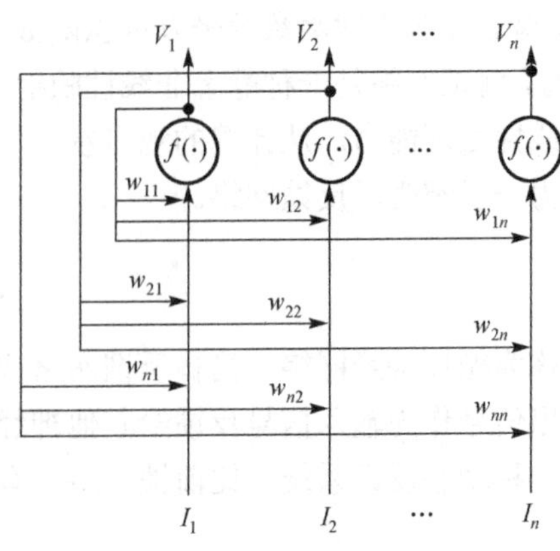

图 4-6 Hopfield 离散网络

无自反馈的 Hopfield 网络；如果 w_{ii} 不为 0，则为有自反馈的 Hopfield 网络。但是，出于稳定性考虑，应尽量避免使用有自反馈的网络。与多层感知机类似，第 1 层 I_i 仅仅作为网络输入，没有实际功能。第 3 层为输出神经元，其功能是使用阈值函数对计算结果进行二值化。

2. Hopfield 算法

Hopfield 网络求解系统稳定状态的方式有以下两种：

(1) 通过规则计算得出。

(2) 通过一定的学习算法，自动得到所需要的权重和参数，例如通过 Hebb 学习规则或误差学习规则等。

下面是 Hopfield 网络求解算法的步骤。

(1) 设置互联权值：

$$w_{ij}=\begin{cases}\sum_{s=0}^{m-1} I_i^{(s)} I_j^{(s)}, & i\neq j\\ 0, & i=j,1\leqslant i、j\leqslant n\end{cases} \tag{4-6}$$

其中，m 表示样本数量；I 为输入样本变量，为 1 或–1 的 n 维向量。

(2) 对未知类别的采样初始化：

$$V_i(0)=I_i,1\leqslant i\leqslant n \tag{4-7}$$

(3) 迭代计算输出：

$$V_j(t+1)=f\left(\sum_{i=1}^{n} w_{ij}V_i(t)\right),\quad 1\leqslant j\leqslant n \tag{4-8}$$

(4) 网络收敛，则结束；否则转 (2)。

例 4.1 如图 4-7 所示为 4 个节点的 Hopfield 网络。其中，一条输入样本：$I_1=1$，$I_2=-1$，$I_3=-1$，$I_4=1$，激活函数选用符号函数 sign。试计算经过 1 次迭代后当输入为 $I_1=1$，$I_2=-1$，$I_3=-1$，$I_4=-1$ 时的输出值 V_1，V_2，V_3，V_4。

根据式 (4-6) 计算权值：

由于只有一条样本，则 $m=1$，所以有

$$w_{11}=0,i=1,j=1$$

$$w_{12}=\sum_{s=0}^{0} I_1^{(0)} I_2^{(0)}=I_1\cdot I_2=1\times(-1)=-1$$

$$w_{13}=\sum_{s=0}^{0} I_1^{(0)} I_3^{(0)}=I_1\cdot I_3=1\times(-1)=-1$$

$$w_{14}=\sum_{s=0}^{0} I_1^{(0)} I_4^{(0)}=I_1\cdot I_4=1\times 1=1$$

同样方法计算其他权重，得到权重矩阵 W 为

$$W=\begin{bmatrix} w_{11} & w_{12} & w_{13} & w_{14} \\ w_{21} & w_{22} & w_{23} & w_{24} \\ w_{31} & w_{32} & w_{33} & w_{34} \\ w_{41} & w_{42} & w_{43} & w_{44} \end{bmatrix}=\begin{bmatrix} 0 & -1 & -1 & 1 \\ -1 & 0 & 1 & -1 \\ -1 & 1 & 0 & -1 \\ 1 & -1 & -1 & 0 \end{bmatrix}$$

根据 Hopfield 公式计算如下：

$$\begin{aligned} V_1 &= \operatorname{sign}(w_{21}I_2 + w_{31}I_3 + w_{41}I_4) \\ &= \operatorname{sign}((-1)\times(-1)+(-1)\times(-1)+1\times(-1)) \\ &= \operatorname{sign}(1) \\ &= 1 \end{aligned}$$

同理可得：$V_2=-1$，$V_3=-1$，$V_4=1$。

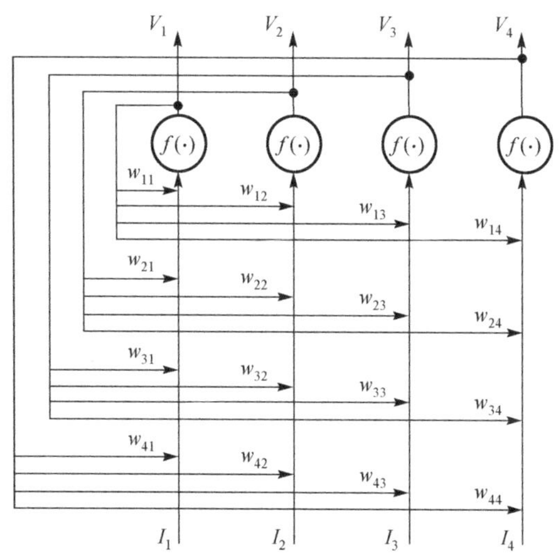

图 4-7 4 个节点的 Hopfield 网络

这个例子表明，节点 V_4 受节点 V_1 吸引而发生了变化。尽管 I_2 和 I_3 都是−1，但是 $w_{12}I_2$ 和 $w_{13}I_3$ 对输入 I 的贡献均为正值，这使得输出 V_1 为+1。可见，根据目前的权重矩阵 W，如果节点的状态与原来的状态相反，将迫使其转变到相反的状态；如果节点的状态与原本的状态一致，则停留在原来的状态。不同的状态互相排斥，相同的状态互相吸引，这是 Hebb 学习规则的一种表述。

Hopfield 定义了网络的能量函数，也称为李雅普诺夫(Lyaponov)函数，其计算公式为

$$E=-\frac{1}{2}\sum_{j}\sum_{i} w_{ij}V_iV_j \tag{4-9}$$

能量变化为

$$\Delta E_i=-\Delta V_i\sum_{j\neq i} w_{ij}V_j \tag{4-10}$$

其中，

$$\Delta V_i = V_i' - V_i \tag{4-11}$$

V_i' 表示下一次迭代的结果。

Hopfield 网络将ΔE_i作为收敛条件，当节点 i 的下一个状态与上一个状态相同时，即 $V_i = V_i'$ 时，ΔE_i 等于 0，表明该节点不再变化，此时处于稳定状态。可见，Hopfield 网络的收敛过程本质上是寻找网络的稳定状态。

例如，例 4.1 中的节点 4 的初始状态为输入 I_4，这里统一到式(4-9)～式(4-11)，令 $V_4 = I_4$，即 $V_4 = -1$，输出用 V_4' 表示，即 $V_4' = 1$，根据式(4-9)和式(4-10)，则

$$\begin{aligned}\Delta E_4 &= E_4' - E_4 \\ &= -\frac{1}{2}\sum_j\sum_4 w_{4j}V_4'V_j - \left(-\frac{1}{2}\sum_j\sum_4 w_{4j}V_4V_j\right) \\ &= -\frac{1}{2}(V_4' - V_4)\sum_{j\neq i} w_{4j}V_j \\ &= \sum_{j\neq i} w_{4j}V_j\end{aligned}$$

在例 4.1 中，节点输出 V_4 的值得到了修正，在继续迭代后发现 4 个节点的输出值 V 均不再发生变化，即每个节点的 Lyaponov 函数值$\Delta E \equiv 0$，此时网络处于稳定状态。当然，也可以根据 Lyaponov 函数修正权重矩阵 W，这个过程就是训练网络。

综上所述，由于反馈操作使得上一次信息得以保留，因此，Hopfield 网络可以用于记忆和联想，每个 Hopfield 反馈网络都有特定的稳定状态，相当于该网络对这些状态具有了记忆。这非常类似于人类的记忆和联想过程，即从一些相关的、不完整的记忆，触发类似联想过程，最终稳定到某个状态。

4.6　表示与推理

4.6.1　基于神经网络的知识表示与推理

人工神经网络中的知识表示是一种隐式的表示方法。神经网络的训练或学习是一个不断优化权重参数的过程，得到的神经网络模型本质上是确定了参数的神经网络结构。本质上，神经网络的训练是一个拟合过程，使得输出与输入对应起来，表达了二者之间的内在联系，是一种函数式的映射。然而，在这个过程中，神经网络中的知识并不像在产生式系统中那样独立地表示为规则，而是将某一问题的若干知识融合在网络中表示，是隐性的表示。例如，在有些神经网络系统中，知识是用神经网络所对应的有向权图的邻接矩阵及阈值向量表示的。

一经确定权重参数，就可以基于神经网络进行推理，推理在人工智能领域具有更广泛的含义。如前所述，搜索也作为人工智能中一种重要的推理形式，在确定性推理中占有重要位置。神经网络模型的推理表现的是一种计算，即根据输入的数据，在神经网络中进行逐层计算，将最终的计算结果作为输出，即前馈计算。这个过程可以将神经网络视为一个规则集合，输入的数据是事实，事实通过这个规则集合推导出一个输出结果。很显然这个过程与一般意义上的推理是吻合的。

4.6.2 与逻辑

下面通过一个简单的例子观察人工神经网络是如何进行工作的，是如何进行知识的表示和推理的。逻辑运算最能体现推理的特征，所以，下面的例子使用一个两层的神经网络实现与逻辑(and)运算。

如图 4-8 所示为一个神经网路结构。其中，

(1) x_1、x_2 为网络输入。

(2) w_1、w_2 为连接边的权值。

(3) y 为网络的输出。

定义一个描述输入输出关系的激活函数

$$f(a)=\begin{cases}0 & a<\theta \\ 1 & a\geqslant\theta\end{cases}$$

其中，令$\theta=0.5$。

这里，x_1、x_2、y 的取值如表 4-2 所示，输出 y 为输入 x_1、x_2 的逻辑与运算结果。

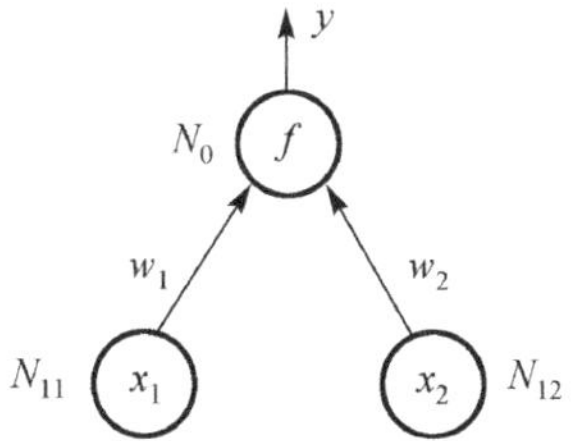

图 4-8 人工神经网络实现逻辑与运算

表 4-2 逻辑与运算的人工神经网络输入与输出

x_1	x_2	y
0	0	0
0	1	0
1	0	0
1	1	1

根据网络的结构可知，输出 $y=f(x_1w_1+x_2w_2)$，只要有一组合适的权值 w_1、w_2，就可以使输入数据 x_1、x_2 和输出 y 之间符合与逻辑。

根据实验得到几组 w_1、w_2 的权值数据，如表 4-3 所示。

表 4-3 逻辑与运算的人工神经网络权重结果

w_1	w_2
0.20	0.35
0.20	0.40
0.25	0.30
0.40	0.20

下面验证第 1 组权重：

$$y=f(x_1w_1+x_2w_2)=f(0\times0.20+0\times0.35)=0$$
$$y=f(x_1w_1+x_2w_2)=f(0\times0.20+1\times0.35)=0$$
$$y=f(x_1w_1+x_2w_2)=f(1\times0.20+0\times0.35)=0$$
$$y=f(x_1w_1+x_2w_2)=f(1\times0.20+1\times0.35)=1$$

可见，这组权重可以得到逻辑与运算的正确结果。用同样的方式可以验证其他 3 组权重，也可以正确实现逻辑与运算。

这里有一个问题：权重 w_1、w_2 的值是如何获得的？由于本例子是一个非常简单的神经网络，通过试错法就可以确定 w_1、w_2 的权值。但如果是一个非常复杂的神经网络，这种方法显然是不可行的。在结构复杂的神经网络中，一般会采用梯度下降优化算法完成权重的

计算，这种算法应用很广泛，在神经网络的训练中经常会看到它的影子，相关内容参阅本书第 10 章。

4.6.3 异或逻辑

下面用人工神经网络实现异或逻辑(⊕)，即异或运算。异或运算是一种相对复杂的逻辑运算，口诀是“相同为假”，即如果 a、b 两个值不相同，则 $a⊕b$ 的结果为 1；如果 a、b 两个值相同，则 $a⊕b$ 的结果为 0。

异或也称为半加运算，运算法则与二进制加法是相同的，只是不带进位，即异或运算法则相当于不带进位的二进制加法。这里，用二进制的 1 表示真，0 表示假。如表 4-4 所示，异或的运算法则如下：

(1) $0⊕0 = 0$。

(2) $1⊕0 = 1$。

(3) $0⊕1 = 1$。

(4) $1⊕1 = 0$。

有了上述概念，现在设计一个神经网络实现异或运算，仍然采用上述逻辑与运算的激活函数，网络结构如图 4-9 所示。

表 4-4 逻辑异或运算的人工神经网络输入与输出

x_1	x_2	y
0	0	0
0	1	1
1	0	1
1	1	0

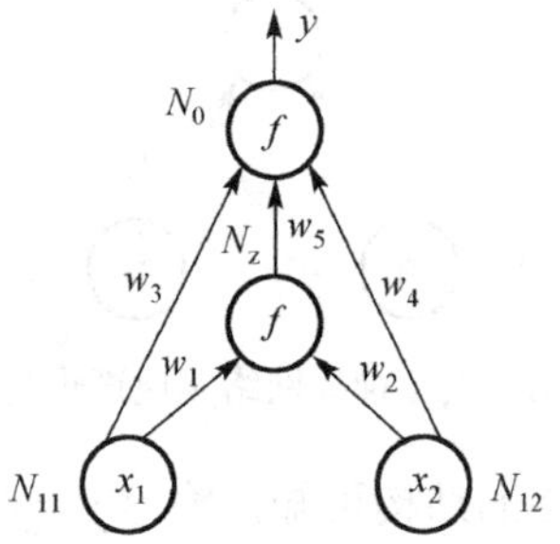

图 4-9 人工神经网络实现逻辑异或运算

经过实验得到一组权值为

$$(0.3, 0.3, 1, 1, -2)$$

下面验证一下：

$$x_1 = 1, \quad x_2 = 1$$

$$z = f(x_1 w_1 + x_2 w_2) = f(1 \times 0.3 + 1 \times 0.3) = 1$$

$$y = f(x_1 w_3 + x_2 w_4 + z w_5)$$

$$= f(1 \times 1 + 1 \times 1 + 1 \times (-2)) = f(0) = 0$$

同样的方式可以验证其他 3 组 x_1 和 x_2 取值时，这组权重也可以正确实现逻辑异或运算。

需要说明的是，实现与、异或等运算的网络不是唯一的，如图 4-10 所示的两层感知机网络也可以实现异或运算。

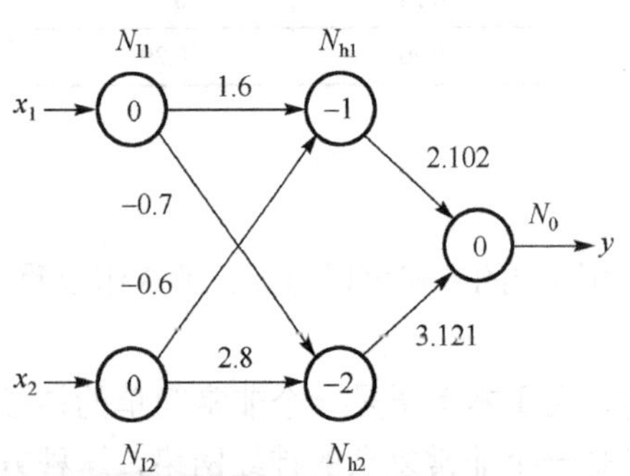

图 4-10 两层感知机实现逻辑异或运算

可采用神经网络对应的有向赋权图的邻接矩阵和阈值向量表示：

$$\begin{array}{c} \\ N_{\text{I1}} \\ N_{\text{I2}} \\ N_{\text{h1}} \\ N_{\text{h2}} \\ N_0 \end{array}\begin{array}{c} \begin{array}{ccccc} N_{\text{I1}} & N_{\text{I2}} & N_{\text{h1}} & N_{\text{h2}} & N_0 \end{array} \\ \begin{bmatrix} 0 & 0 & 1.6 & -0.7 & 0 \\ 0 & 0 & -0.6 & 2.8 & 0 \\ 0 & 0 & 0 & 0 & 2.102 \\ 0 & 0 & 0 & 0 & 3.121 \\ 0 & 0 & 0 & 0 & 0 \end{bmatrix} \end{array}$$

节点阈值向量为

$$(0, 0, -1, -2, 0)$$

这样，就可以通过修改权值和节点阈值，使该网络能够完成异或运算。

可以得到一个重要启示，神经网络的结构是人工设计的，那么不同的人设计的网络结构可能是不一样的，尽管都可以实现同一个功能。那么，不同设计的人工神经网络的效果可能会有不同，有些网络被证实效果优异，被广泛应用于工程之中。同时，为解决一些新问题，会不断地设计出新的神经网络。

4.6.4 基于神经网络的推理

网络的训练一般是根据已知输入$\{(x_{11}, x_{12},\cdots, x_{1n}, y_1),(x_{21}, x_{22},\cdots, x_{2n}, y_2),\cdots,(x_{m1}, x_{m2},\cdots x_{mn}, y_m)\}$计算网络的一组权值$\{w_1, w_2,\cdots, w_k\}$的过程。一旦完成了这个过程，就可以使用这个神经网络进行预测、分类等工作了。神经网络的推理实质上是在一个已经训练成熟的网络上对未知样本进行预测或分类判断的过程，即计算$f(\cdot)$的值。因此，预测和分类判断是一个计算过程，也是一种推理形式。

回顾一下带有明显推理特征的确定性推理和不确定推理部分的内容，确定性推理中的搜索、归结、产生式系统等都使用规则推理。在不确定推理中，通过贝叶斯求解后验概率$P(H|E)$的过程，本质上是计算。在人工智能的诸多方法中，都是围绕计算开展工作的。因此，可以得到一个基本判断：推理是计算的一种形式，计算本质上也是推理。

4.6.5 神经网络的泛化能力

神经网络的训练是对训练样本内在规律的学习过程，目的是使网络对训练样本以外的数据也具有正确的映射能力。训练样本集合简称为训练集，训练样本以外的样本集合又分为验证集和测试集，验证集用于训练过程中对模型效果的评价，测试集则用于训练后的模型评价。神经网络的泛化能力是指神经网络在训练完成之后输入训练样本以外的新数据时获得正确输出的能力，因此有时也称为推广能力或泛化性能。有时，泛化性能还体现在网络对噪声的抗干扰能力。

根据作用的数据集的不同，泛化分为以下两种类型。

(1) 内插泛化：也称弱泛化，是指在测试集上的泛化能力，训练集和测试集的分布是相同的。可见，内插泛化指的是训练过程中所表现出的泛化能力。

(2) 外推泛化：也称强泛化，是指在真实样本集上的泛化能力。真实样本的分布与测试集或训练集可能不同，因此，外推泛化指的是生产环境下的泛化能力。

影响神经网络泛化能力的要素主要有以下 4 个：

(1) 训练样本的质量和数量。

(2) 网络结构。

(3) 问题本身的复杂程度。

(4) 学习时间。

在实际中，学习时间是导致神经网络泛化能力变弱的一个常见因素。学习时间是指网络的训练次数，增加训练次数可以提高网络的精度，即对训练样本的误差逐渐减小到某一个很小的值。但是，过度的训练也可能导致过拟合，过拟合意味着泛化能力降低，尤其是外推泛化。因此，需要注意的是，并不是训练误差越小越好，而是要从实际出发，在保证外推泛化能力的前提下提升网络的精度。

在神经网络训练过程中，泛化误差的变化可以简单分为 3 个阶段：第 1 阶段是随着训练次数的增加，神经网络的泛化误差单调下降；第 2 阶段是泛化误差动态变化，逐渐达到最小值；第 3 阶段，如果继续训练网络，其泛化误差又将单调上升。最佳的泛化能力往往出现在训练误差的全局最小点出现之前，即最佳训练停止时间是第 1 阶段后期和第 2 阶段初期的某个时间点。

4.7　应 用 领 域

在过去近 40 年里，神经网络得到了广泛的应用，主要用于解决控制、诊断、搜索、优化、识别、规划、预测等领域的问题。例如工业上的应用包括人脸识别装置、路径规划仪器、自动跟踪监测仪器、自动控制制导系统、故障诊断和预警系统等。

汽车自动驾驶技术包括视频摄像头、雷达传感器及激光测距器等设备，可以快速感知周围的交通状况，并通过一个详尽的地图对前方的道路进行导航。俄罗斯一家名为 Ralient 的自动驾驶公司成功推出基于神经网络的 MIMIR 自动驾驶系统，仅用一个普通摄像头即可构建自动驾驶汽车所需的 3D 场景。Ralient 研发的基于神经网络自动驾驶系统或将解决自动驾驶 3D 感知所遇到的难题。

传统的故障诊断方式依赖专家经验或统计结果，但这种方法的主观性强、效率低。采用神经网络进行故障诊断始于 20 世纪 80 年代，对于难以建立精确模型的复杂诊断问题，通过采集大量样本进行神经网络拟合，最终实现自动化的故障诊断。人工神经网络应用于故障诊断也存在一些问题，例如，由于网络可解释性弱，不能对诊断过程给出明确解释，这也是早期神经网络应用的一个瓶颈。

在智能系统中，搜索一直是一个关键环节。比较复杂的搜索需要建立明确的状态空间表示，例如，数码问题可以转化为正确和错误的走法来优化神经网络的参数，进而实现问题求解。神经网络已应用于如西洋跳棋、双陆棋等博弈游戏中。

Hopfield 离散网络可以解决经典的规划问题。例如，旅行商问题的本质是路径规划，可以采用 Hopfield 离散网络近似求解，同样也可以求解最长路径等关键链问题。其他优化问题也可以应用 Hopfield 网络解决，如优化计算机控制器中的字宽等。

预测是神经网络主要应用之一。例如在生态环境领域，PM2.5 日均浓度预测是当今空气质量研究的一个主要组成部分，采用神经网络预测 PM2.5 平均浓度表现出色。又如，利用神经网络预测来自现场规模垃圾填埋场生物反应器的垃圾填埋气中的甲烷含量，以及用神经网络预测树木抗弯强度和刚度等机械性能指标等。

需要注意的是，尽管很多问题可以用神经网络解决，但是，很多情况下，神经网络并不是唯一的解决方案。在面临一个具体问题时，往往存在多种解决方案，神经网络只是其中的一个选择。由于神经网络最终发展出深度学习技术，效果得到明显提升，因此，在工程中应用越来越广泛。

4.8 小 结

人工神经网络是计算智能的一种重要方法，这种方法起初是模拟生物神经网络，因此也是一种经典的启发式方法。

由于生物神经网络的结构和原理过于复杂，所以人工神经网络在模拟时进行了简化。生物神经网络的基本单元是神经元，人工神经网络的基本单元是人工神经元。一个人工神经元可以有多个输入，但只有一个输出。神经元之间是带权的有向连接，其输入借助激活函数获得输出。神经元是构成神经网络的基本单元，在网络中表现为节点，节点之间通过有向边连接，边上的权重表示了神经元之间的关系强弱，值越大表示输入到神经元的信号越强，反之则越弱。

人工神经网络种类繁多，其中，常见的有前馈神经网络和反馈神经网络。感知机是典型的前馈神经网络，Hopfield 网络是典型的反馈神经网络。

神经网络通过大量的样本数据训练或学习，训练或学习的本质是确定网络中的权重参数的过程，一旦权重确定下来后，就可以作为一个训练好的模型开展预测分类等工作了。

人工神经网络中的知识是在网络中表示的，是一种隐性的知识表示。神经网络的推理本质上是一种事实和规则相配合完成的计算过程，其规则隐藏于网络结构之中，即隐性知识。正因如此，神经网络的可解释性经常被质疑，但是由于性能优越，并不妨碍神经网络的应用。

习 题

4-1 什么是启发式？试举出 3 个生活中的启发式例子。

4-2 什么是计算智能？为什么说人工神经网络是计算智能的一种？

4-3 人工神经元的构成要素有哪些？工作原理是什么？与生物神经元的区别与联系是什么？

4-4 人工神经网络与人工神经元是什么关系？

4-5 你是如何理解人工神经网络的训练过程就是学习过程这一观点的？

4-6 为什么人工神经网络模型的可解释性会受到质疑？你有办法解决这个问题吗？

4-7 神经网络中的激活函数起到什么作用？试着自己设计一个激活函数。

4-8 举例说明什么是线性映射和非线性映射，并论证为什么人工神经网络具有非线性映射的特征。

4-9 前馈神经网络为什么称为“前馈”？反馈神经网络为什么称为“反馈”？

4-10 神经网络中的权重 w 有什么作用？思考一下如何确定 w。

4-11　试用两个神经元设计前馈神经网络和反馈神经网络，画图说明。

4-12　设计一个神经网络用于计算逻辑或(OR)。

4-13　单层感知机、单隐层感知机和多层感知机之间是什么关系？区别是什么？

4-14　思考如图 4-11 所示的 Hopfield 网络，计算每个节点状态的能量，并画出该网络的状态转换图。如果存在稳定状态，请标识出来。

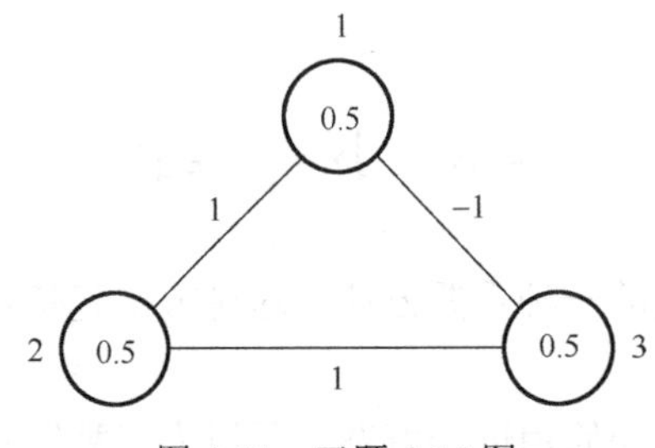

图 4-11　习题 4-14 图

4-15　人承受压力是一种线性现象还是非线性现象？

4-16　结合图 4-11，试着写出与网络功能等价的规则，并进行验算。

4-17　管理工作中存在很多非线性问题，试举简单的例子说明，并试设计一个神经网络解决。

4-18　为什么说人工神经网络适合并行分布处理？

4-19　人工神经网络中所有神经元的激活函数必须是相同的吗？

4-20　Hopfield 网络的输入和输出分别是什么？

4-21　Hopfield 网络的收敛条件是什么？收敛本质是什么？

4-22　根据作用的数据集的不同，泛化分为哪两种类型？

4-23　影响泛化性能的因素有哪些？

第5章 进化算法

进化算法(Evolutionary Algorithms，EA)是一类模拟生物进化过程的随机搜索优化算法，主要用于复杂问题的优化求解。进化算法是一类算法，不是某一个具体的算法，也称为演化算法。

查尔斯·罗伯特·达尔文(Charles Robert Darwin)有一句名言："能够生存下来的物种不是最强的，也不是最聪明的，而是最能适应变化的。"这句话体现的是"适者生存，不适者淘汰"，本质是一个种群的优化过程。进化算法源于达尔文生物的进化论，这句名言也是进化算法思想的来源。

进化算法一般包括编码、种群初始化、进化算子(选择、交叉、变异)等操作，操作过程受目标函数的约束。编码和种群是进化算法的结构描述，其中，编码用来表示个体，种群是由个体构成的，种群初始化是生成一个个体的数据集。进化算子是功能操作，目标是生成新的种群，在种群生成过程中是受约束的，只有这样才可以使得后代种群优于前代种群，最终实现优化。

进化算法适合大规模并行计算，具有自组织、自适应、自学习的特点，效率高且操作简单、通用性强，多用于处理传统优化算法难以解决的复杂问题。

进化算法主要包括以下 3 类：

(1)进化策略(Evolutionary Strategies，ES)。

(2)进化规划(Evolutionary Programming，EP)。

(3)遗传算法(Genetic Algorithms，GA)。

这 3 类算法在实现上有细微的差别，但都具有一个共同的特点，即借助生物进化论的思想和原理解决优化问题。

生物进化充满随机性和多样性，进化算法也体现了这种特点。进化算法的初始值可能会影响进化的效率，但不能改变进化的方向，一旦开始进化，总是朝着最优或次优的方向迭代。另外，计算机在迭代运算上具有优势，因此，进化算法总是通过迭代的方式不断优化种群，最终达到优化的目标。

5.1 发展背景

进化计算是遗传算法、进化策略、进化规划的统称，起源于 20 世纪 50 年代末，成熟于 20 世纪 80 年代，主要用于工程控制、机器学习、函数优化等领域。进化算法家族中的几个代表性算法起初是各自独立发展的，但是基本思路大同小异，即随机生成初始候选解，并通过进化操作生成新的候选解，删除不理想的候选解，迭代这一过程，使候选集越来越接近理想解。由于引入了随机性，进化计算为复杂问题求解提供了更多的可能性。

1966 年，劳伦斯·福格尔(Lawrence J. Fogel)在其著作《Artificial Intelligence through Simulated Evolution》中提出进化规划，目标是实现素数序列预测。智能行为要具有能预测其

所处环境的状态，并按照给定的目标做出适当响应的能力，这既是进化规划的重要特征，也是人工智能领域的一个研究目标。

进化策略是由德国柏林工业大学的英戈·雷切伯格(Ingo Rechenberg)、汉斯·保罗·施韦费尔(Hans-Paul Schwefel)和彼得·比纳特(Peter Bienert)于20世纪60年代提出的，是在欧洲独立于遗传算法和进化规划而发展起来的算法，主要用于求解数值优化问题。雷切伯格等人在求解流体动力学柔性弯曲管的形状优化问题时，用传统的方法很难确定最优形状参数，而按照随机的自然选择进行尝试，则获得了较好的结果。随后，形成了进化算法的一个分支——进化策略。

美国密歇根大学的心理学系教授、电机工程和计算机科学系教授约翰·霍兰德(John Holland)于1975年在其专著《自然界和人工系统的适应性》中系统阐述了遗传算法。遗传算法是解决最优化问题的一种搜索算法，理论上能够跳出局部最优而试图找到全局最优解，因此，在随后几十年变得越来越流行。尤其是自20世纪80年代中期以来，世界上许多国家都掀起了遗传算法的研究热潮。

在机器学习领域，优化也是一项重要支撑工作，进化算法最擅长的是优化，因此，进化算法与机器学习的结合也是一个重要的研究领域。近些年，许多将深度学习与进化算法结合的研究不断涌现，例如将神经进化与梯度结合来提升网络的进化能力，采用进化算法设计神经网络架构等。

5.2 进化策略

进化策略假设不论个体基因发生何种变化，产生的子代总会遵循零均方差或某一方差的高斯分布，通过高斯随机变量及预先选择个体的标准偏差产生子代。在进化策略中，一个子代是通过高斯分布采样产生的，一般情况下，子代产生的公式为

$$x = m_t + \sigma_t y,\quad y \sim N(0, C_t) \tag{5-1}$$

其中，

m_t：表示均值，决定分布的中心位置，决定了搜索区域；

σ_t：表示步长，决定分布的整体方差，决定搜索范围的大小和强度；

C_t：表示协方差矩阵，决定分布的形状，在算法中，C_t 决定变量之间的依赖关系，以及搜索方向之间的相对尺度；

$N(0, C_t)$：表示均值为0、方差为 C_t 的正态分布。

也就是说，子代个体值是在均值基础上按 $N(0, C_t)$ 的强度波动。例如一个子代均值 m_t 为1.23，步长 σ_t 为1，$N(0, C_t)$ 采样结果为0.2，则该子代 x 的值为1.43。

进化策略的流程如图5-1所示，其中，编码采用十进制，变异策略采用高斯分布。进化操作包括重组和变异。进化过程采用先繁殖后代然后选择适应度大的子代的方法，另外，进化策略关注后代的多样性，这对全局寻优很有帮助。

在进化策略方法中，子代的产生有很多方式。根据产生子代和选择子代的方式不同，子代产生策略的统一形式为

$$(\mu / \rho\{+,\}\lambda) - ES \tag{5-2}$$

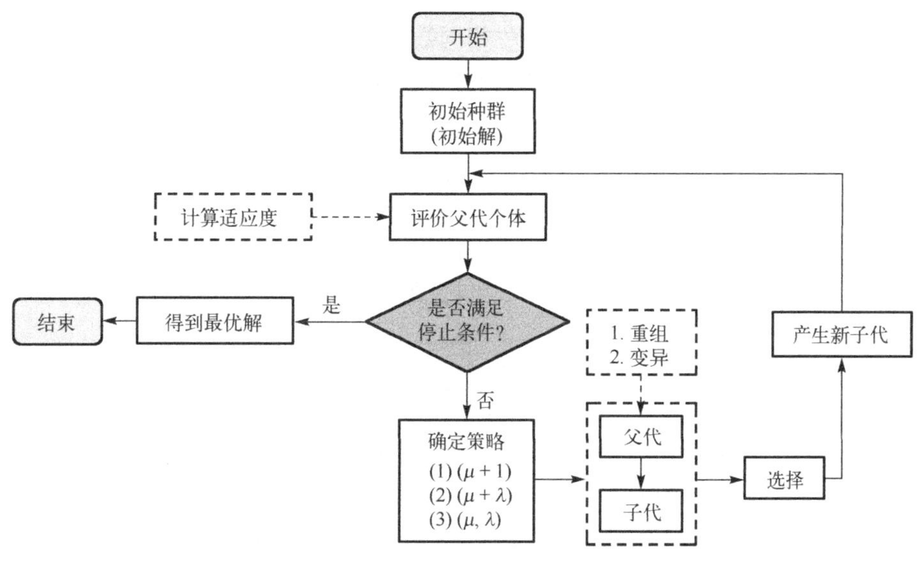

图 5-1 进化策略流程

其中，

μ：表示种群的数量；

ρ：表示从种群中选取的父代的个数；

λ：表示生成的子代数量；

{+,}：表示从“+”和“,”中选一个操作，如果选择“+”则表示使用 $\rho+\lambda$ 形成集合进行选择，如果选择“,”则表示只使用 λ 进行选择。

例如，(1+1)– ES 表示一个父代变异得到一个子代，然后将父代和子代形成一个集合，然后从这个集合中选择最优的个体作为下一代的父代。所谓最优的个体是指适应度值最大的个体，同样，最差的个体是指适应度值最小的个体。

除了(1+1)–ES，还有以下其他可供选择的进化策略。

(1) $(\mu+1)$–ES：在 μ 个父代上进化，每次进化产生 1 个新子代，在 $\mu+1$ 中淘汰最差的个体。

(2) $(\mu+\lambda)$–ES：在 μ 个父代上执行重组和变异，产生 λ 个新子代，在 $\mu+\lambda$ 中淘汰 λ 个个体。

(3) (μ, λ)–ES：在 μ 个父代个体上执行重组和变异，产生 λ 个新子代，在 λ 中选择 μ 个子代，要求 $\lambda>\mu$。

相比于其他进化算法，进化策略的全局优化能力更强。但是随着技术的发展，进化策略与其他进化算法的性能已差别不大，都可以获得较好的优化效果。

在中小规模的复杂优化问题上，即变量数量为 0～300，进化策略可以获得较好的效果。

5.3 进化规划

进化规划是对进化的适应性行为的模拟，强调可观测行为的表现型空间，因此，进化规划直接利用表现型行为的进化解决问题。进化规划没有交叉操作，只有选择和变异操作。进化规划的步骤如图 5-2 所示，父代变异产生相同数量的子代，然后与父代合并为一个集合进行评估，从中选择一半的个体作为下一迭代的父代。可见，进化规划产生的子代数量通常同父代相同。

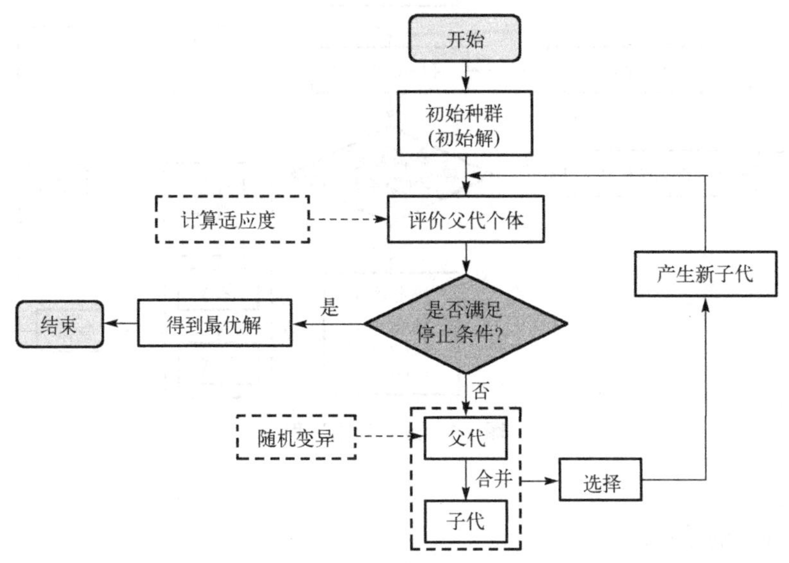

图 5-2　进化规划的基本步骤

变异是唯一改变进化规划种群的操作，因此在变异算子的设计中，考虑探索能力与开发能力的权衡是非常重要的。与进化策略类似，进化规划的变异操作也分为两部分，具体公式为

$$x'(t) = x(t) + \Delta x(t),\ \ \Delta x(t) \sim D \tag{5-3}$$

其中，

$x(t)$：表示第 t 代的一个个体；

$x'(t)$：表示 $x(t)$ 的子代个体；

$\Delta x(t)$：表示父代 $x(t)$ 的步长；

D：表示某一种概率分布。

步长是从某些概率分布 D 中采样得到的噪声，这些概率分布 D 可以是均匀分布、高斯分布、柯西分布、Levy 分布、指数分布或者无序分布等，或者是这些分布的组合。引入噪声的目的是为了提升种群的多样性，因为具有多样性特点的种群的进化能力更强。

进化规划的选择操作是基于相对适应度而不是绝对适应度。绝对适应度是利用实际的适应度函数来衡量候选解的优劣，而相对适应度则表达了一个个体与一组从父代和子代中随机选择的竞争者进行比较的表现。因此，进化规划的选择是一种竞争机制。

5.4　遗 传 算 法

遗传算法是一类模拟生物界自然选择和自然遗传机制的随机搜索优化算法，这些机制包括优胜劣汰、繁殖和基因突变，分别对应遗传算法中的选择、交叉和变异 3 个算子。通过模拟生物种群的进化过程，遗传算法通过评价个体的适应度决定是否淘汰实现进化过程，进而重组适应性好的子代种群。在进化过程中，个体之间通过有组织的、随机的交换信息使产生的个体具有更多的可能性。因此，遗传算法是对生物进化过程的一种较为全面的仿真，借鉴了生物科学中的知识，这也体现了人工智能多学科交叉的特点。遗传算法非常适合求解传统搜索方法难以解决的复杂的非线性问题，广泛用于组合优化、机器学习、自适应控制、规划设计和人工生命等领域，是人工智能领域的关键技术之一。

遗传算法是进化算法家族中的典型代表，由于遗传算法通过种群中个体的交互实现优化，因此，遗传算法有时也会归类于群体智能算法。但是，由于个体并不具备智能，所以将遗传算法作为进化算法的一种更为适合。

遗传算法的基本流程如图 5-3 所示。其中，一个个体一般只包含一条染色体，一条染色体包含一个基因组，一个个体等同于一条染色体或一个基因。随机产生初始种群并编码，子代在初始种群编码基础上进行遗传操作，产生的新子代的编码与父代一致，子代不需要再编码，因此，遗传算法只需一次编码。

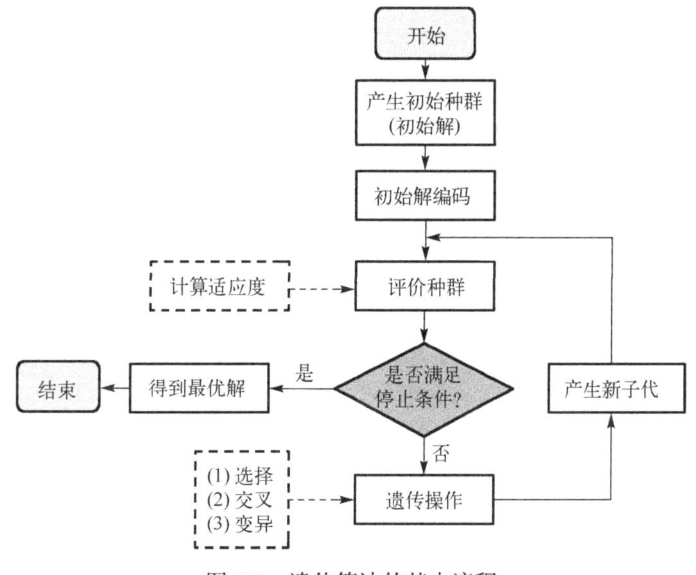

图 5-3 遗传算法的基本流程

与进化策略和进化规划类似，遗传算法的初始种群和新子代也都需要通过计算适应度来判定是否是最优解，适应度值由适应度函数计算所得。

遗传算法与进化策略和进化规划的差异主要表现在进化操作和子代生成方式上，进化策略的进化操作包括重组和变异，先繁殖后代然后选择适应度大的子代，而遗传算法是先选择适应度大的父代然后繁殖子代。显然，进化策略更关注后代的多样性，而遗传算法更关注效率。另外，进化策略的编码采用十进制，变异策略采用高斯分布。进化规划强调与环境的交互，进化操作没有交叉操作，只有选择和变异操作。遗传算法的编码机制更为灵活多样，所采用的进化操作也更为丰富。

在遗传算法中，只要不满足条件就需要进行遗传操作，不断产生新个体，直到出现满足适应度要求的个体才会停止迭代。遗传算法仍然不依赖于初始值，遗传操作带有随机性，从而保证了每一代种群的多样性，增加了获得全局最优的可能性。

5.4.1　染色体编码与解码

所谓编码是指将问题结构变换为位串形式表示的过程，相反，将位串形式编码表示变换为原问题结构的过程叫解码或译码。在遗传算法中，用位串形式编码的表示称为染色体。编码本质是一种知识表示，是一种适合计算机运算的表示。

遗传算法的编码方法主要有：

(1) 二进制编码。

(2) 符号编码方法。

(3) 格雷码。

(4) 浮点数编码方法。

(5) 多参数编码方法。

在编码过程中需要遵循一些编码原则，如所有解都能表示为基因型，这是完备性原则；表现型和基因型要一一对应，这是非冗余性的原则；任意一个基因型都对应于一个可能解，这是健全性的原则。

1. 二进制编码

二进制编码是遗传算法中最常用的编码方法。个体的表现型 x 和基因型 X 之间可通过编码和解码程序相互转换，对于二进制编码来说，编解码是十进制与二进制相互转码的过程。例如，用 3 位无符号二进制整数来表示变量 x_1 和 x_2，有一组解为 $x_1 = 5$、$x_2 = 6$ 作为一个染色个体，如图 5-4 所示。编码是将 5 的二进制 101 和 6 的二进制 110 连接起来，结果为 101110。染色体 $x_1 = 5$、$x_2 = 6$ 称为表现型 x，连接起来的基因编码称为基因型，即 $X = 101110$。解码则是将二进制编码转化为十进制，即将 101110 分解为 101 和 110，然后再采用二进制和十进制的转码算法转换为 5 和 6。

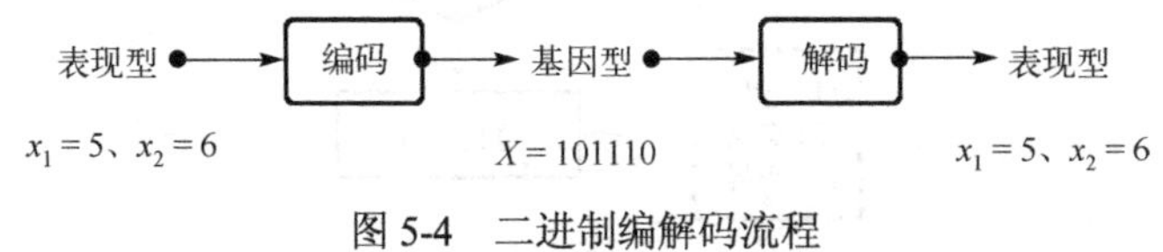

图 5-4　二进制编解码流程

2. 符号编码

二进制编码的优点是编解码简单，易于实现，便于选择、交叉和变异进化操作。但是，二进制编码的最大缺点是长度较大，尤其当表现型取值范围大时这个缺点更为突出。因此，对很多问题用其他编码方式可能更有利，例如采用符号编码。

符号编码方法是指个体染色体编码串中的基因值取自一个无数值含义，但是有代码含义的符号集。例如，旅行商问题(Traveling Salesman Problem，TSP)是一个 NP 难问题，采用传统的优化方法很难找到最优路径。假设采用遗传算法解决，并采用符号编码方法，按一条回路中城市的次序进行编码。一般情况是从城市 w_1 开始，依次经过城市 $w_2, w_3,\cdots, w_n$，最后回到城市 w_1，则有如下编码表示：

$$w_1, w_2, \cdots, w_n$$

由于是回路，记 $w_{n+1} = w_1$，即从 1 到 n 形成一个循环数列，这里 $w_1, w_2,\cdots, w_n$ 是互不相同的。

3. 格雷码

在一组数的编码中，若任意两个相邻的代码只有一位二进制数不同，则称这种编码为格雷码(Gray Code)。格雷码是二进制编码方法的一种变形，由于格雷码的最大数与最小数之间仅有一位数不同，实现了首尾相连，因此又称为循环二进制码或循环码。

从十进制 0 对应的全 0 格雷码开始，k 位的格雷码可以通过以下方法构造：

(1)翻转最右位得到下一个格雷码，翻转是指将 0 变为 1 或将 1 变为 0。

(2)把最右位的 1 的左邻位翻转得到下一个格雷码。

(3)重复上述(1)、(2)共 2^{k-1} 次，可得到 k 位的格雷码。

例如，当 $k=3$ 时，所有 3 位格雷码如表 5-1 所示。迭代过程从十进制 0 的格雷码 000 开始，按上述步骤(1)、(2)迭代。到第 4 次迭代时，十进制 7 的格雷码为 100，应按上述步骤(2)翻转最右位的 1 的左邻位，由于 100 最右位的 1 的左邻位不存在，迭代结束。注意，最后一次迭代只执行了步骤(1)，没有执行步骤(2)。最后一个数 7 的格雷码 100 与 0 的格雷码 000 只有 1 位不同。

表 5-1 3 位格雷码

十进制	二进制	格雷码	十进制	二进制	格雷码
0	000	000	4	100	110
1	001	001	5	101	111
2	010	011	6	110	101
3	011	010	7	111	100

假设有一个二进制编码为 $B = b_m b_{m-1}\cdots b_2 b_1$，其对应的格雷码为 $\mathrm{G} = g_m g_{m-1}\cdots g_2 g_1$，则格雷码与二进制的关系为

$$\begin{cases} g_k = b_k \\ g_i = b_{i+1} \oplus b_i, \quad i = k-1, k-2, \cdots, 1 \end{cases} \tag{5-4}$$

观察表 5-1，二进制最高位与格雷码最高位相同，即 $g_m = b_m$。其他位运算如图 5-5 所示，右图是一个例子，十进制数 5 的二进制 $B=101$，其格雷码 $G=111$ 是按式(5-4)对 101 的位运算所得。

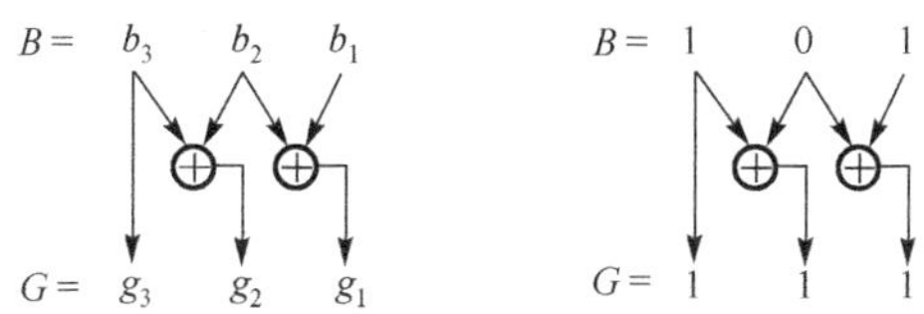

图 5-5 格雷码与二进制的运算

由格雷码转换为二进制仍然是位运算，具体公式为

$$\begin{cases} b_k = g_k \\ b_i = g_k \oplus g_{k-1} \oplus \cdots \oplus g_i, \quad i = k-1, k-2, \cdots, 2, 1 \end{cases} \tag{5-5}$$

例如，当 $k = 3$ 时，格雷码为 111 的二进制编码为

$$b_3 = g_3 = 1$$

$$b_2 = g_3 \oplus g_2 = 1 \oplus 1 = 0$$

$$b_1 = g_3 \oplus g_2 \oplus g_1 = 1 \oplus 1 \oplus 1 = 0 \oplus 1 = 1$$

所以，格雷码为 111 的二进制编码为 101。

由于十进制相邻数值的格雷码只有一位不同，而二进制编码却相差很远，因此，采用格雷码可以有效增强遗传算法的局部搜索能力。

5.4.2　初始种群

在遗传算法中，进化操作的对象是种群，因此，在开始执行遗传算法时，需要设定初始种群。种群初始化过程是遗传算法的第 1 步，一般而言，采用随机方法生成初始种群。这种方式的基本原则是确保初始种群在整个搜索空间内均匀分布。通过这种方式，可以在一定程度上避免陷入局部最优解。

随机算法可以进一步分为伪随机数生成器和混沌数生成器两类。伪随机数生成器是目前生成初始种群的主要方法，可以生成一组服从均匀分布的随机数，进而能够覆盖搜索空间中的期望区域。混沌数生成器是一种基于混沌技术的随机数生成器，具有遍历性、随机性和规律性的特点。混沌数生成器的目的是产生一个混乱的种群，其方法是随机给定一个初始值，通过混沌映射函数不断迭代生成一系列的随机值。混沌数生成器能够在种群多样性、成功率及收敛性等方面提高算法的性能。在实际中，程序包中很多封装的随机生成器可以满足大部分种群初始化需求。

初始种群的大小决定了遗传算法的搜索能力，种群规模越大则个体的多样性越好，搜索到最优值的可能性越大，但每一次迭代需要的计算资源也会越大。因此，实际中如果种群小，就要通过增大迭代次数弥补多样性的不足；相反，当种群规模比较大时可以减少迭代次数。

5.4.3　适应度函数

适应度函数是指用来衡量个体的适应能力，对问题中的每一个染色体都能进行度量的函数。适应度函数以染色体作为自变量映射到一个实数标量，便于比较大小，其值越大，表明该染色体适应能力越强，表现越优秀，反之亦然。

对不同的优化问题，适应度函数的选择也不同。

(1) 无约束优化问题：目标函数与适应度函数相同。

(2) 带约束优化问题：适应度函数应当包含两项，一项是原始目标函数，另一项是约束的惩罚项。

(3) 多目标优化问题：可以被分解为带权重的多个问题，总的适应度函数应为对应权重子目标函数之和。

(4) 动态和噪声问题：动态问题的适应度函数随时间变化而变化，噪声问题应当加上高斯噪声成分。

例如，TSP优化问题是无约束的优化问题，染色体表示城市访问顺序的一组编码，是一条访问路径，对染色体的度量就是对访问路径的度量。TSP的目标是路径总长度最短，因此，用遗传算法解决TSP问题时，其适应度函数即为TSP优化的目标函数，即

$$\max f(w_1 w_2 \cdots w_n) = \frac{1}{\sum_{j=1}^{n} d(w_j, w_{j+1})} \tag{5-6}$$

其中，w_j表示城市j的编码；$d(w_j, w_{j+1})$表示城市w_j和下一个城市w_{j+1}之间的距离；n表示城市的数量。

取路径总长度的倒数作为目标函数，距离越小则目标函数值越大。因此，最大化此函数就可以得到最优路径，那么这个目标函数就可以作为遗传算法的适应度函数。

又如，求下列函数$f(x)$的最大值：

$$\max f(x) = 10\sin(5x) + 7\cos(4x)$$
$$\text{s.t.}\quad x \in [0,5]$$

这是一个带约束的优化问题，如果采用遗传算法，则适应度函数应当包括$f(x)$和约束条件$x\in[0, 5]$，二者缺一不可。

适应度函数可以作为收敛条件。进化算法的一个重要特点是通过迭代进行优化，迭代计算需要停止条件，这个条件可以是适应度函数减小到某个阈值。遗传算法以个体适应度的大小来评定个体的优劣程度，从而决定其遗传机会的大小。一般情况下，目标函数总是取非负值，并且以求函数最大值作为优化目标，所以可直接利用目标函数值作为个体的适应度。实际中，有时为了提高效率，也可以指定迭代次数作为收敛条件，迭代次数根据经验确定。

5.4.4 遗传操作

简单遗传算法中的遗传操作主要有3种：选择、交叉和变异。而且在一次迭代中，3个操作是按顺序执行的，其中，选择操作遵循概率原则，交叉和变异操作遵循随机性原则。

1. 选择操作

选择操作也称复制操作，操作过程根据个体的适应度函数值所度量的优劣程度决定它在下一代是被淘汰还是被遗传。一般来说，选择操作是将适应度较大的个体赋予较大的生存机会，而减小适应度较小的个体继续存在的机会，最终使得适应度较高的个体的基因有更多的机会遗传到下一代种群中去。可见，选择操作充分体现了进化算法“优胜劣汰”的特点。

选择策略有很多种类，常见的包括随机选择、正比选择法、锦标赛选择法等。

1) 随机选择

以相同的概率选择每个个体，这种方法没有使用适应度信息。

2) 正比选择法

正比选择法倾向于选择适应度值高的个体，又称轮盘赌选择法、轮盘赌法。在正比选择法中，个体w_i被选中的概率为其适应度值在整个种群适应度的占比，即

$$P(w_i)=\frac{f(w_i)}{\sum_{j=1}^{n}f(w_j)} \tag{5-7}$$

其中，$f(\cdot)$表示适应度函数，n表示种群中个体的数量。

每个概率值组成一个区域，全部概率值之和为 1。然后，产生一个 0～1 的随机数，依据该随机数出现在上述哪一个概率区域内来决定个体被选中次数。这个过程类似于如图 5-6 所示的轮盘射箭游戏，概率大的区域更容易被射到，概率小的区域更容易被淘汰。

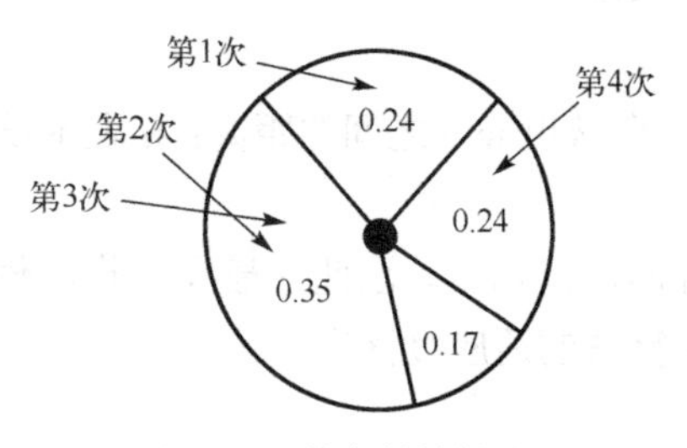

图 5-6　轮盘射箭游戏

3）锦标赛选择法

从种群中随机选择一组数量为 n 的个体进行比较，保留该组中最优的个体。多次重复这个过程，最后得到一组个体进行下一步的进化操作。其中，如果 n 值过大，则几乎只留下最优个体，多样性将被减弱；如果 n 值过小，则较差的个体也有较大概率留下，则失去选优的意义。这种方法非常类似于体育界的锦标赛层层筛选优胜者，因此称为锦标赛选择法。

其他选择方法还包括排序选择、玻尔兹曼选择、(μ, λ)选择和$(\mu+\lambda)$选择等。每一种选择方法都有各自的优势和不足，需要根据实际情况确定选择策略。

2. 交叉操作

交叉操作又称繁殖，包括以下 3 种类型。

(1) 无性生殖：只有一个父代。

(2) 有性生殖：有两个父代。

(3) 多重组合：有超过两个父代。

由于类型(1)交叉产生的子代与父代没有区别，体现不出交叉产生的多样性，因此这种情况应当避免。类型(3)可以由类型(2)多次操作模拟，因此，类型(2)是常用的交叉形式。

交叉操作需要结合编码方式进行，如果采用二进制或格雷码则按位交换，如果是符号编码则互换对应点的符号。常见的是由两个父代的二进制单点交叉操作，这种方式简单易行。具体操作方式是，将被选择出的两个个体 P_1 和 P_2 作为父母个体，随机选择一个二进制码位，将两者的部分码值进行交换。

例如，有 8 位长的两个父代个体，随机产生一个 1～8 的随机整数 c 作为交叉码位，假如现在产生的是 $c=3$，则将 P_1 和 P_2 的低 3 位交换，如图 5-7 所示。

两点交叉是在上述单点交叉基础上的扩展，即随机选择两个码位，交换相应的部分码值，如图 5-8 所示。两个交叉码位分别为 $c_1=2$，$c_2=3$，则交换左右两侧对应部分的码值。

除此之外，还有一种均匀交叉方式，如图 5-9 所示。其中，p_x 是选中的概率，α 表示概率阈值，每个码位都有机会参与交叉操作，如果被选中的概率 $p_x>\alpha$ 则进行交换，否则不进行交换。如果设定若 $\alpha=0.5$，则每个码位都有相同的交叉概率。

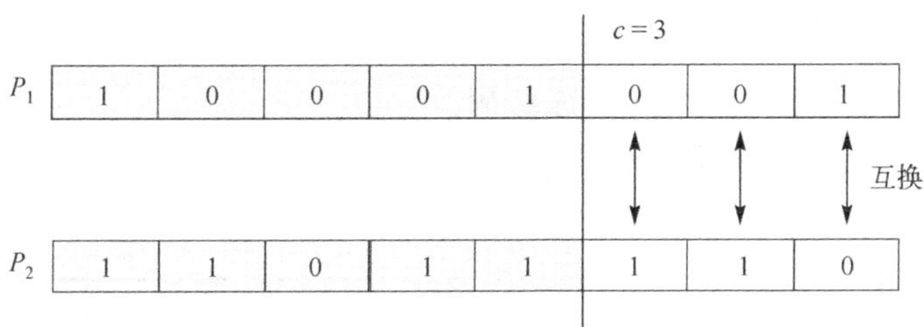

图 5-7 两个父代二进制单点交叉操作

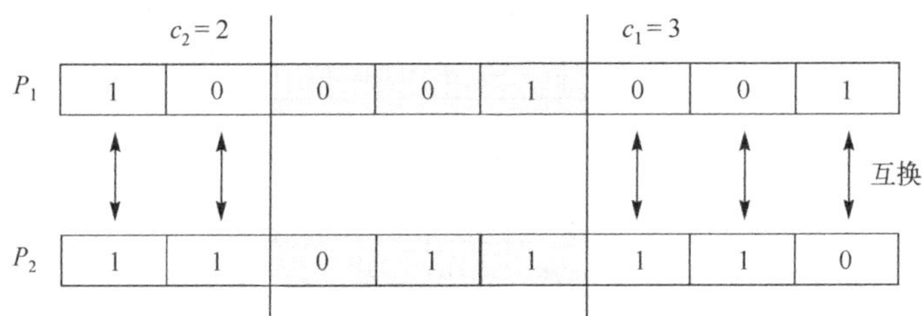

图 5-8 两个父代二进制两点交叉操作

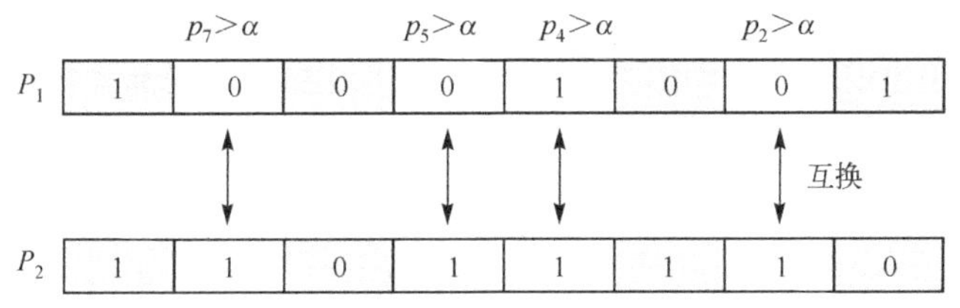

图 5-9 两个父代二进制均匀交叉操作

交叉操作是生物繁殖的模拟，也是遗传算法中产生新个体的主要方式，同时，还是区别于其他进化算法的主要特点之一。

3. 变异操作

变异操作的一个简单方式是改变编码的某个位置上的码值。变异的目的是为种群产生新基因，用于生成新个体，是以一定的变异概率 p_m 对某个子代的基因进行突变。变异概率 p_m 不宜过大，以确保对优异解的扰动不大。常见的做法是，进化过程开始时，p_m 取值比较大，随着搜索过程的进行，p_m 逐渐缩小到 0 附近。这种做法的好处是，在距离最优值较远时采取大幅度变异策略，以便产生更多样的个体，这也意味着产生优秀个体的机会增大。随着迭代的进行，种群总体质量不断提升。如果变异幅度仍然很大，那么产生劣质个体的机会也会增大，所以，此时要减少变异。

变异操作也有很多方式，主要有以下几种。

(1) 基本位变异：通过变异概率 p_m 随机指定的方式对个体编码中的某一位或某几位的码位上的值做变异运算。

(2) 均匀变异：分别用符合某一范围内均匀分布的随机数，以某一较小的概率来替换个体编码串中各个码位上的原有基因值。

(3) 边界变异：随机取码位上的两个对应边界基因值之一去替代原有基因值，适用于最优点位于或接近于可行解的边界时的一类问题。

(4) 高斯近似变异：产生一个服从高斯分布的随机数，取代原先基因中的值。这个算法产生的随机数的数学期望为当前基因的实数值。

二进制编码表示的简单变异操作是将 0 与 1 互换，即将原值为 0 变异为 1，原值为 1 变异为 0。例如，二进制的基本位变异如图 5-10 所示。随机选一个码位，将 0 变为 1。

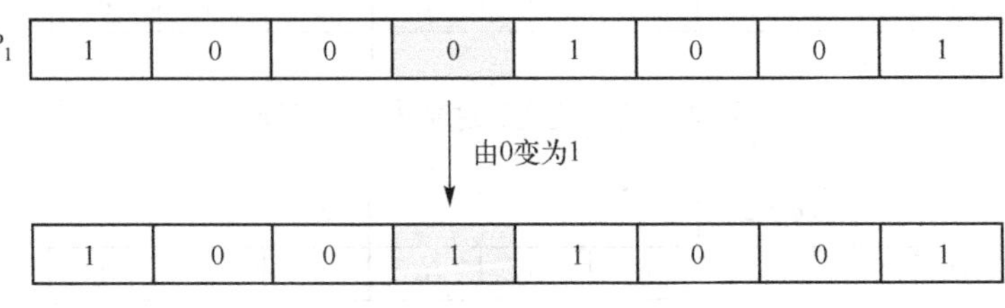

图 5-10　二进制简单变异操作

对于符号编码，如果长度为 n，TSP 问题的变异操作是随机产生一个 1～n 的整数 k，对回路中的第 k 个城市的编码 w_k 作变异操作：产生一个 1～n 的整数 k'，替代 w_k，并将 $w_{k'}$加到尾部，即

$$w_1w_2\cdots w_{k-1}w_kw_{k+1}\cdots w_{n-1}w_n \rightarrow w_1w_2\cdots w_{k-1}w_{k+1}\cdots w_{n-1}w_nw_{k'}$$

总之，变异操作通过随机扰动的方式，避免优化过程陷入局部最优。

例 5.1　利用遗传算法求解以下函数的最大值，采用二进制编码。

$$\max f(x_1,x_2) = x_1^2 + x_2^2$$
$$\text{s.t.} \quad x_1 \in [1,7]$$
$$x_2 \in [1,7]$$

利用遗传算法求解步骤如下。

1) 编解码

x_1 和 x_2 的取值范围相同，最小值和最大值分别为 1 和 7，均为无符号整数。由于 7 用最短的二进制表示需要 3 位，即 7 = 111，因此，选用 3 位无符号二进制整数表示 x_1 和 x_2，并把它们首尾连接起来形成基因型 X。例如，$x_1 = 5$、$x_2 = 6$ 可表示为基因型 X = 101110。

解码过程是编码的逆过程，即将基因型 X = 101110 从中间平均分为两段 101、110，分别转为十进制，即 $x_1 = 5$、$x_2 = 6$。

2) 初始种群

为简化问题，设种群规模的大小为 4，即种群由 4 个个体组成。初始种群的每个个体可通过随机方法产生，如：011101，101011，011100，111001。

3) 适应度函数

这是一个带约束的优化问题，适应度函数应当包含两项，一项是原始目标函数，即 $\max f(x_1,x_2) = x_1^2 + x_2^2$，另一项为约束项，即 $x_1 \in [1, 7]$、$x_2 \in [1, 7]$，两项均需满足。由于在编码阶段考虑了 x_1 和 x_2 的取值范围，3 位二进制编码能够满足约束要求，因此，后面的操作只考虑满足目标函数。

4) 选择操作

这里采用轮盘赌选择法，分别计算每个个体的适应度值，然后计算每个个体的适应度占比，最后通过轮盘赌法随机选择 4 次，结果如表 5-2 所示。

表 5-2　选择操作

个体编号	初始种群	x_1	x_2	适应度值	占比	选择次数
1	011101	3	5	34	0.24	1
2	101011	5	3	34	0.24	1
3	011100	3	4	25	0.17	0
4	111001	7	1	50	0.35	2
总和				143	1.00	4

选择操作结果如表 5-3 所示。由于个体 011100 的适应度过低，第 1 轮选择将其淘汰；个体 111001 的适应度值高，因此被选择了两次。

表 5-3　选择操作结果

选择次数	选择结果	选择次数	选择结果
第 1 次	011101	第 3 次	111001
第 2 次	111001	第 4 次	101011

5) 交叉操作

这里选用单点的有性生殖，即随机选择一个码位作为交叉点，交换该码位之后的所有码值，注意包括交叉点码位。同时，配对也采用随机方式。

交叉操作的结果如表 5-4 所示。由于个体 1、2 配对的交叉点选到了 2，且右侧两位是相同的，因此交叉后的结果没有变化。配对个体 3 和 4 的交叉点选到了 4，则交换交叉点右侧的 4 为码值。可见，新生成的个体 111011 的适应度值比原来的个体高。

表 5-4　交叉操作结果

个体编号	选择结果	配对情况	交叉点位置	交叉结果
1	0111**01**	1, 2	2	011001
2	1110**01**			111001
3	10**1011**	3, 4	4	101001
4	11**1001**			111011

6) 变异操作

这里采用单点基本位变异操作。针对每个个体，在整数区间[1, 7]内随机选择一个整数作为变异点，然后改变变异点码位的值。如果是 0，则变换为 1；如果是 1，则变换为 0。变异操作结果如表 5-5 所示，其中个体 4 变异后的结果 111111 经过解码后 $x_1 = 7$，$x_2 = 7$，已经使得 $f(x_1,x_2) = x_1^2 + x_2^2 = 49 + 49 = 98$ 为最大值，因此个体 111111 即为最优解。

表 5-5 变异操作结果

个体编号	交叉结果	变异点	变异结果	子代种群
1	011**00**1	3	011101	011101
2	111**00**1	2	111011	111011
3	1**1**1001	5	101001	101001
4	111**0**11	3	111111	111111

遗传算法适合解决复杂优化问题。例如，有如下函数：

$$f(x,y)=\frac{1}{2}\sin(x+y)^3+\frac{1}{5}\cos(x-y)^3+(1+x)^2\mathrm{e}^{-x^2-(y-1)^2}$$
$$-8\left(\frac{x+y}{5}-x^3-y^5\right)\mathrm{e}^{-x^2-y^2}-\frac{1}{3}^{\mathrm{e}^{-(x+1)^2-y^2}}$$
$$\text{s.t.}\quad -3\leqslant x,y\leqslant 3$$

函数图像如图 5-11 所示。这是一个多极值函数，如果采用传统的方法求解该函数的最小值难度会非常大，且很容易陷入局部最小值。对于这种的复杂函数优化问题，适合采用遗传算法求解。

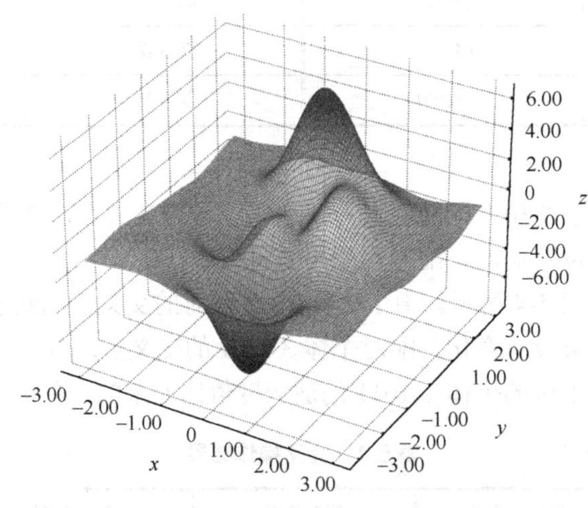

图 5-11 函数图像

用遗传算法求解上述函数的最小值，编码采用 10 位二进制，种群数量设置为 100，交叉率设置为 80%，变异率设置为 5%，迭代次数为 50，计算结果如图 5-12 所示。图 5-12(a)为初始状态，个体按约束$-3\leqslant x$、$y\leqslant 3$随机生成，位置非常分散，此时的最小值(即适应度值)为−6.83196。在第 10 次迭代时，其最小值为−7.66671，从图 5-12(b)可见，很多个体聚集在全局最小的区域。在第 30 次迭代时，个体进一步向最小值区域聚集，适应度值减小到−7.71695，如图 5-12(c)所示。此时距离最小值区域远的个体已经被淘汰。当迭代到第 50 次时，算法给出的最小值已经非常接近全局最小值了，如图 5-12(d)所示。

遗传算法的适应度值随着迭代次数的变化并不是线性的，而是出现了高低起伏，如图 5-13 所示。出现这种情况的原因是遗传操作也可能产生不优秀的子代，如变异有可能出现“残次”的子代。但是，总的趋势是往最小值区域靠拢，这与生物进化过程是相符的，也是为了保证子代具有多样性需要付出的代价。可见，变异既可能产生优秀子代，也可能产生劣质子代。另外，随着迭代次数的增加，不适合的个体被淘汰，优秀的个体得以延续。注意，图 5-12(d)中显示的个体最终重叠在一起，总数并没有变化，即算法中的个体数量并没有减少，而是逐渐趋同。

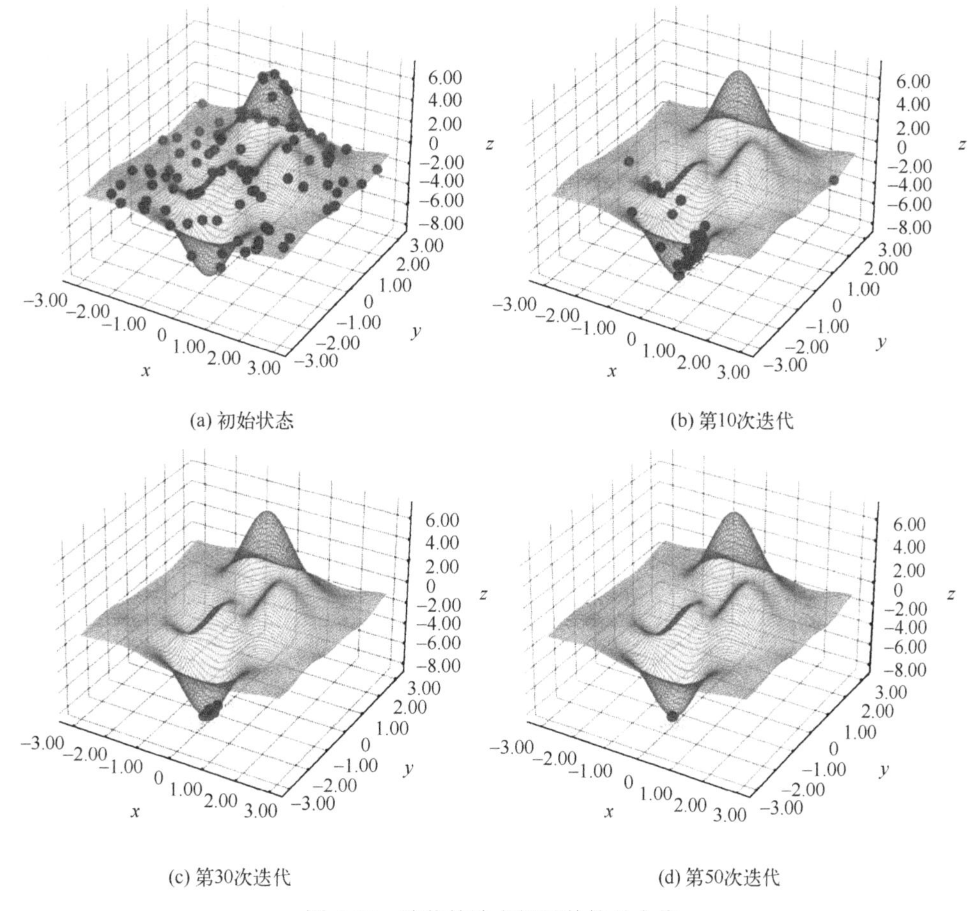

图 5-12　遗传算法求解函数的最小值

需要强调的是，迭代结束后给出的最小值仍然是一个近似值，所以，遗传算法是一种近似计算的算法，不保证总能找到最优解。

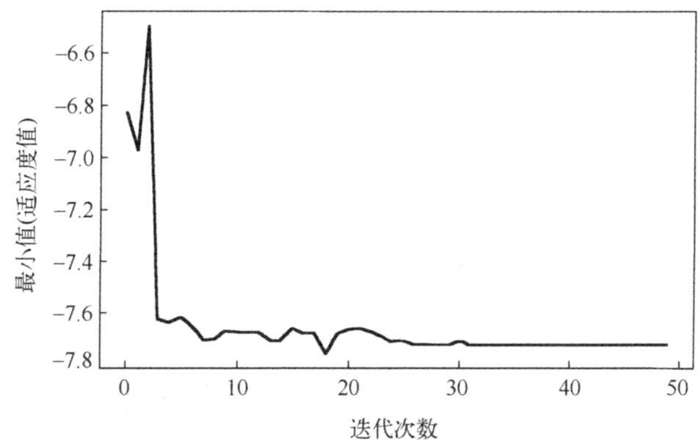

图 5-13　遗传算法求解函数最小值的适应度值

总之，遗传算法的主要特点体现如下：

(1) 进化是针对参数集合的编码而非参数本身。

(2) 搜索是从多个问题解的编码开始而非从单个解开始。

(3) 利用适应度信息而非利用导数或其他辅助信息来指导搜索。

(4) 利用选择、交叉、变异等算子实现有方向的进化操作，而不是利用确定性规则进行随机操作。选择操作实现了优胜劣汰，交叉操作增加了个体的多样性，变异操作避免陷入局部最优。

进化策略、进化规划和遗传算法都可以针对一个优化问题得到较好的结果。相比较而言，遗传算法的推广度更高些，应用更为广泛，但并不能说明另外两个优化算法的效果不佳。如图 5-14 所示，针对函数 $f(x) = 10\sin(5x) + 7\cos(4x)$，$x \in [0, 5]$ 的最大值求解，3 个算法均得到了较好的效果。

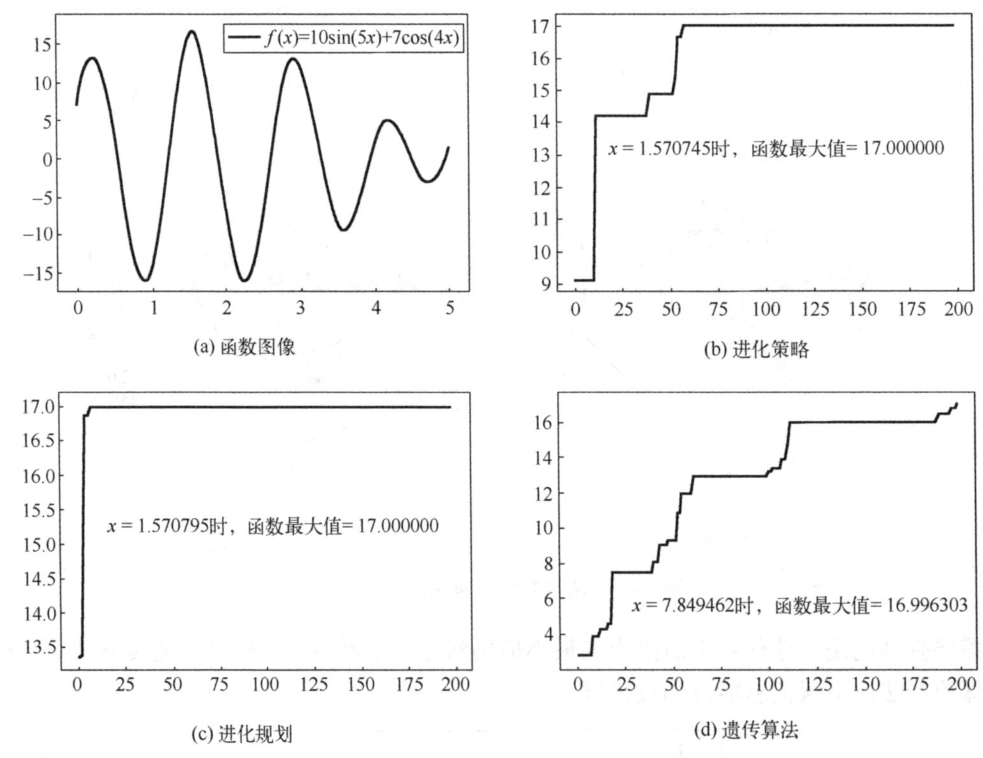

图 5-14　3 个进化算法优化求解

5.5　小　　结

进化算法是借鉴生物进化方式而发展起来的一类启发式优化算法，主要包括进化策略、进化规划和遗传算法。这 3 种算法早期相互独立发展，并在实际中均有很好的应用效果。

进化算法通过随机性操作，如交叉、变异、重组等，增加了个体多样性，借助计算机高速迭代的优势，增大了求得最优解的可能性。另外，进化算法中的初始种群一般会随机给定，其求解不依赖于初始种群取值，这使得优化是一个完全自动化的过程，这也是智能优化算法的一个特点。进化算法的这些思想对人工智能的其他方向的发展具有重要的借鉴意义。

优化是工程中常见的工作，尤其是大型复杂工程中经常会面对一些复杂系统优化问题。进化算法不保证一定能求得最优解，但是，针对复杂优化问题，进化算法提供了一种可行的解决方案。由于算法采用迭代的逐步逼近最优值的方式，因此，需要一定的算力资源。对于简单的优化问题，则不建议选用进化算法。

习 题

5-1 什么情况下适用进化算法解决优化问题？请说明几种进化算法的应用场景。

5-2 在进化策略方法中，有哪些可供选择的策略？试设计一种新的策略。

5-3 进化策略假设不论个体基因发生何种变化，产生的子代总会遵循零均方差、某一方差的高斯分布。结合实际，分析这种假设有什么依据。

5-4 为什么说进化规划的选择是一种竞争机制？

5-5 为什么进化规划中的步长要从某些概率分布中采集噪声？

5-6 进化策略、进化规划和遗传算法有什么区别和联系？

5-7 请用“生成测试”的思想解释进化计算。

5-8 遗传算法为什么被称为“遗传”？

5-9 进化计算中的适应度函数的作用是什么？适应度函数与目标函数是什么关系？

5-10 遗传算法中常见的选择操作有几种类型？

5-11 变异操作和交叉操作是否可以只保留一个？

5-12 进化计算中的初始种群是如何产生的？初始种群对进化有什么影响？

5-13 分别用进化策略、进化规划和遗传算法求解下面函数的最小值和最大值：

$$f(x) = 10\sin(5x) + 7\cos(4x)$$
$$\text{s.t.}\quad x \in [0,10]$$

5-14 说出遗传算法中染色体编码的几种方式。为什么要进行编码与解码？

5-15 结合一个实际问题设计一套遗传算法的编码方案。

5-16 简述遗传算法的基本步骤。

5-17 遗传算法的选择操作有很多方式。试重新设计一种选择操作的策略，并分析其优缺点。

5-18 为什么在遗传操作过程中，适应度值会出现上下波动的情况？是否可以避免出现这种情况？如果避免，会有什么问题？

5-19 遗传算法中的变异概率为什么设置为前大后小？

5-20 在遗传算法中设置高交叉率会带来什么问题吗？

5-21 遗传算法是否总能找到全局最优解？

第6章 群体智能

群体智能(Swarm Intelligence，SI)又称群智能，起源于对自然界群居生物的观察中发现的一种智能形态，如蚁群、鱼群、鸟群觅食，蜂群筑巢等，它们都具有群体涌现出的智慧超越个体智慧的特点。群体智能算法在工业中应用广泛，常用于求解路径规划问题、优化问题、调度问题、分配问题等。粒子群算法和蚁群算法是两个比较有代表性的群体智能算法，具有群体智能的典型特征。

6.1 发展背景

群体智能是1989年由加利福尼亚大学赫拉多·贝尼(Gerardo Beni)等首次提出的概念，用来描述细胞机器人的自组织算法所具有的分布控制和去中心化的自组织智能行为。群体智能最初是通过对自然界群居生物的观察提出的一种智能形态，其具有群体涌现出的智慧超越个体智慧的特点，如蚁群、鱼群、鸟群觅食，以及蜂群筑巢等。在工业上，群体智能主要用于路径规划问题、目标分配问题和作业调度问题等优化问题求解。

早期的群体智能研究主要专注于群体行为的特征规律，并提出了一系列具有群体智能特征的算法，如蚁群优化算法在解决TSP等数学难题上得到了较好的应用。智能优化算法又称现代启发式算法，是一种具有全局优化性能、通用性强且适合于并行处理的算法。这种算法一般具有严密的理论依据，而不是单纯凭专家经验，理论上可以在一定的时间内找到最优解或近似最优解。

智能优化算法的一个特点是从任一初始解出发，按照某种机制，以一定的概率在整个求解空间内探索最优解。这个思想非常重要，在人工智能中经常采用这个思想，进化算法、群体智能及神经网络等方法中经常运用这个思想。这种不依赖初始值却总能找到最优解或次优解的特点使得优化过程实现了自动化。另外，求解通常是一个迭代的过程，而不是一步完成的，这也非常适合计算机求解。由于群体智能可以把搜索空间扩展到整个问题空间，因而具有全局优化的能力。

群体智能中的个体简单，相互之间通过信息共享和规则进行协作，但是相互之间往往并没有复杂精细的内部设计，这使得个体具有更强的鲁棒性和适应性，所以群体智能系统也具有良好的稳定性。

常见的群体智能算法如下：

(1)粒子群优化算法(Particle Swarm Optimization，PSO)。

(2)蚁群算法(Ant Colony Optimization，ACO)。

(3)萤火虫算法(Firefly Algorithm，FA)。

(4)烟花算法(Fireworks Algorithm，FWA)。

(5)布谷鸟算法(Cuckoo Search，CS)。

(6)灰狼优化算法(Grey Wolf Optimizer，GWO)。

(7)鲸鱼优化算法(Whale Optimization Algorithm，WOA)。

(8)蛙跳算法(Shuffled Frog Leaping Algorithm，SFLA)。

(9)人工蜂群算法(Artificial Bee Colony，ABC)。

(10)人工鱼群算法(Artificial Fish-Swarm Algorithm，AFSA)。

由于粒子群算法和蚁群算法是非常有代表性的群体智能算法，也是群体智能中应用非常广泛的两种算法，因此，本章重点讨论这两种算法。

6.2 社 会 系 统

由个体构成群体的生物系统具有社会性质，这种系统称为社会系统。社会系统描述了群落和环境及个体之间的相互行为，社会系统往往能够产生更有利于个体的群体行为。例如，成群的鸟、鱼或者浮游生物的聚集行为比个体更有利于觅食和逃避捕食者。社会系统中的个体数量动辄以十、百、千甚至万计，并且经常不存在一个统一的指挥者，但是却能完成聚集、分散、转向、移动等一致的行为，而且这些功能总体表现为趋利避害的优化特征。

群体智能模拟的是生物的社会系统，是对自然界中群居性生物通过协作表现出的宏观智能行为的仿真。圣达菲研究所马克·米隆纳斯(Mark Millonas)于1994年在开发人工生命算法时提出群体智能的5点原则。

(1)接近性原则(Proximity)：群体应能够实现简单的时空计算。

(2)品质响应原则(Quality)：群体能对周围环境的各种品质因子做出响应，例如环境的温度、湿度、噪音、气味、光度、颜色等。

(3)变化响应原则(Diverse Response)：群体不应把自己的活动限制在一个狭小范围内。

(4)稳定性原则(Stability)：群体不应在每次环境变化时都改变自己的模式。

(5)适应性原则(Adaptability)：在代价不高的情况下，群体的模式应在适当情况下改变自身行为。

社会系统的一个重要特征是具有社会组织能力。社会组织的全局群体行为是由群内个体行为以非线性方式出现的，个体间的交互作用在构建群体行为中起到重要的作用。从不同的社会研究可以得到不同的应用，比较有代表性的工作是对蚁群和鸟群的研究，蚁群算法是模拟蚂蚁社会发展而来的，而粒子群算法则是模拟鸟群的社会行为发展而来的。

克雷格·雷诺兹(Craig W Reynolds)、弗兰克·赫普纳(Frank Heppner)和乌尔夫·格雷南德(Ulf Grenander)研究鸟群社会行为时发现，鸟群在行进中会突然同步地改变方向，会散开或者聚集等，那么一定有某种潜在的能力或规则保证了这些同步的行为。他们认为这些行为是基于不可预知的鸟类社会行为中的群体动态学。但是，这些早期的模型仅仅依赖个体间距的操作，也就是说，这种同步是鸟群中个体之间努力保持最优的距离的结果，而没有考虑全局情况。生物社会学家爱德华·威尔逊(Edward Osborne Wilson)对鱼群进行研究时提出，“至少在理论上，鱼群的个体成员能够受益于群体中其他个体在寻找食物的过程中的发现和以前的经验，不管任何时候，无论食物资源不可预知的分散，这种受益都超过了个体之间的竞争所带来的利益消耗。”这说明同种生物之间信息的社会共享能够带来好处，这是粒子群算法的一个基础。

6.3 粒子群算法

粒子群优化算法是由詹姆斯·肯尼迪(James Kennedy)博士和埃伯哈特(Russell C. Eberhart)博士于1995年提出的，源于他们对鸟群捕食行为的研究，目标是通过群体中个体之间的协作和信息共享来寻找最优解。粒子群优化算法的优势在于简单、容易实现，并且没有过多参数调节。目前，粒子群优化算法已被广泛应用于函数优化、神经网络训练、模糊系统控制及其他优化应用。

6.3.1 基本思路

设想以下场景：一群鸟找虫子，假设只有一只虫子，每只鸟都不知道虫子在哪里，但是，都知道自己的当前位置距离虫子有多远，也知道离食物最近的鸟的位置。同时，每只鸟在位置不停变化时离食物的距离也在不断变化，所以一定有离食物最近的位置，这是一个重要的参考。那么，影响鸟的运动状态变化有以下3个因素：

(1) 离食物最近的鸟的位置。

(2) 自己之前达到过的离食物最近的位置。

(3) 飞行速度的惯性。

粒子群算法的基本思路为：群体中的每只鸟的目标都是找到食物，在群体中既要根据自身已有信息，又要参考群体共享的信息，同时还要考虑飞行中的惯性，不断调整位置，直至达到最优位置，即食物所在的位置。之所以每只鸟都不会离开群体，是因为需要群体提供的全局信息，群体觅食要比个体觅食的效率更高。

6.3.2 算法描述

为保证一般化，将鸟抽象为没有质量和体积的粒子，并延伸到N维空间，一个粒子i在N维空间的位置表示为矢量$x_i = (x_{i1}, x_{i2}, \cdots, x_{iN})$，飞行速度表示为矢量$v_i = (v_{i1}, v_{i2}, \cdots, v_{iN})$。每个粒子都有一个由目标函数决定的适应度值，并且知道自己到目前为止发现的最好位置和现在的位置X_i，这个可以看作粒子的飞行经验。其中，最好位置是指粒子的局部最优位置(*Personal best*，*pbest*)。

除此之外，每个粒子还知道到目前为止整个群体中所有粒子发现的最好位置，这个最好位置称为全局最优位置(*Global best*，*gbest*)，是所有其他粒子的局部最优中的最优，即*gbest*是所有*pbest*中的最好位置，*gbest*可视为粒子的同伴经验。

粒子通过自己的经验和同伴中最好的经验决定下一步的运动，包括速度和位置变化，直至达到最优的适应度。个体学习因子是指粒子向*pbest*的方向移动时的影响因素，是由粒子自身历史移动方向和当前位置信息决定的，其主要作用是激励粒子向*pbest*方向运动。社会学习因子是指群体中每个粒子受到其他粒子的影响而调整自己位置的影响因素，是由当前*gbest*和其他粒子的*pbest*决定的。社会学习因子主要用来指导粒子向其他粒子的*pbest*方向移动。总之，粒子在移动过程中要同时考虑个体学习因子和社会学习因子。

粒子群算法初始化为一群随机粒子作为随机解，类似于遗传算法的初始群，然后通过迭代找到最优解。在每一次的迭代中，粒子通过跟踪 *pbest* 和 *gbest* 两个“极值”来更新自己的速度和位置。

1. 速度更新

速度更新公式为

$$v_i(t) = v_i(t-1) + c_1 \times \text{rand}(\bullet) \times (pbest_i - x_i) + c_2 \times \text{rand}(\bullet) \times (gbest_i - x_i), \quad i = 1,2,\cdots,m \tag{6-1}$$

其中，

$v_i(t)$：表示粒子在 t 时刻或第 t 代的速度；

rand(•)：表示[0, 1]的随机数；

x_i：表示粒子的当前位置；

c_1：表示个体学习因子；

c_2：表示社会学习因子，通常取 $c_1 = c_2 = 2$；

$pbest_i$：个体最优位置；

$gbest_i$：全局最优位置；

m：群体中粒子的总数。

从社会学的角度来看，式(6-1)的第 1 部分 $v_i(t-1)$ 称为记忆项，表示上次速度的大小和方向对当前速度 $v_i(t)$ 的影响；第 2 部分 $c_1 \times \text{rand}(\bullet) \times (pbest_i - x_i)$ 称为自身认知项，是从当前点指向粒子自身最好位置的一个矢量，表示粒子的动作来源于自身经验的部分；第 3 部分 $c_2 \times \text{rand}(\bullet) \times (gbest_i - x_i)$ 称为群体认知项，是一个从当前点指向种群最好位置的矢量，反映了粒子间的协同合作和知识共享。可见，每个粒子总是根据自己的经验和同伴中最好的经验决定下一步的运动。

2. 位置更新

位置更新公式为

$$x_i(t) = x_i(t-1) + v_i(t), \quad i = 1,2,\cdots,m \tag{6-2}$$

其中，时间单位取 1，即$\Delta t = 1$，所以位移取值为

$$v_i(t) \cdot \Delta t = v_i(t)$$

每一维的粒子都有一个最大限制速度 $V_{\max}$，如果某一维的速度超过设定的 $V_{\max}$，那么，这一维的速度就被限定为 $V_{\max}$，且要求 $V_{\max} > 0$。

1998 年南方科技大学史玉回等在进化计算的国际会议上发表了一篇论文 *A modified particle swarm optimizer*，其中引入了惯性权重因子，对式(6-1)进行了修正。

$$v_i(t) = \omega \times v_i(t-1) + c_1 \times \text{rand}(\bullet) \times (pbest_i - x_i) + c_2 \times \text{rand}(\bullet) \times (gbest_i - x_i), \quad i = 1,2,\cdots,m \tag{6-3}$$

其中，ω 为非负值，称为惯性因子。

式(6-2)和式(6-3)被称为标准 PSO 算法。

6.3.3 惯性因子讨论

提出惯性因子之初，史玉回等将ω取为常数，后来通过实验发现，动态ω能够获得比固定

值更好的寻优结果。动态ω可以在 PSO 搜索过程中线性变化，也可根据粒子群优化性能的某个测度函数动态改变。

目前，采用较多的是史玉回建议的线性递减权值(Linearly Decreasing Weight，LDW)策略：

$$\omega^{(t)}=\frac{(\omega_{\text{ini}}-\omega_{\text{end}})(G_k-g)}{G_k}+\omega_{\text{end}} \tag{6-4}$$

其中，

G_k：表示最大进化代数；

ω_{ini}：表示初始惯性权值；

ω_{end}：为迭代至最大代数时惯性权值；

g：表示当前代数。

ω_{ini}和ω_{end}的典型取值如下：

$$\omega_{\text{ini}}=0.9,\quad \omega_{\text{end}}=0.4$$

例如，假设 $G_k=300$，在第 0 代时

$$\omega^{(0)}=\frac{(0.9-0.4)\times(300-0)}{300}+0.4=0.9$$

第 10 代时

$$\omega^{(10)}=\frac{(0.9-0.4)\times(300-10)}{300}+0.4=0.883$$

惯性因子ω的引入可以针对不同的搜索问题调整粒子的全局和局部搜索能力，使 PSO 算法性能有了明显的提升，也使得 PSO 算法能成功应用于实际优化问题的求解。

总之，在开始阶段，惯性因子ω值较大，可以更多地保留之前的速度，虽然在某些时间点上进展小，但全局寻优能力强，局部寻优能力弱。在最后阶段，ω取值较小，方向感不强，全局寻优能力弱，但是局部寻优能力强。这个策略对求得最优值很有帮助。

6.3.4 标准 PSO 算法

以速度更新和位置更新两个公式为基础，形成了粒子群优化算法的标准形式。标准 PSO 算法的流程如图 6-1 所示。具体步骤如下：

(1)初始化一群粒子(群体规模为 m)，包括随机位置和速度。

(2)评价每个粒子的适应度。

(3)对每个粒子，将其适应值与其经过的最好位置 *pbest* 作比较，如果较好，则将其作为当前的最好位置 *pbest*。

(4)对每个粒子，将其适应值与其经过的最好位置 *gbest* 作比较，如果较好，则将其作为当前的最好位置 *gbest*。

(5)根据式(6-2)、式(6-3)调整粒子速度和位置。

(6)未达到结束条件则转步骤(2)。

可根据具体问题设定迭代终止条件，一般将设定的最大迭代次数 G_k 作为终止迭代的条

件，或将粒子群搜索到的最优位置满足预定最小适应度的阈值作为终止条件。前者可能不会得到更为优异的解，但是迭代时间可控；而后者虽然可能得到更为理想的解，但有时需要更多的迭代时间。在工程中，可通过试验的方式确定选用哪一种方法。

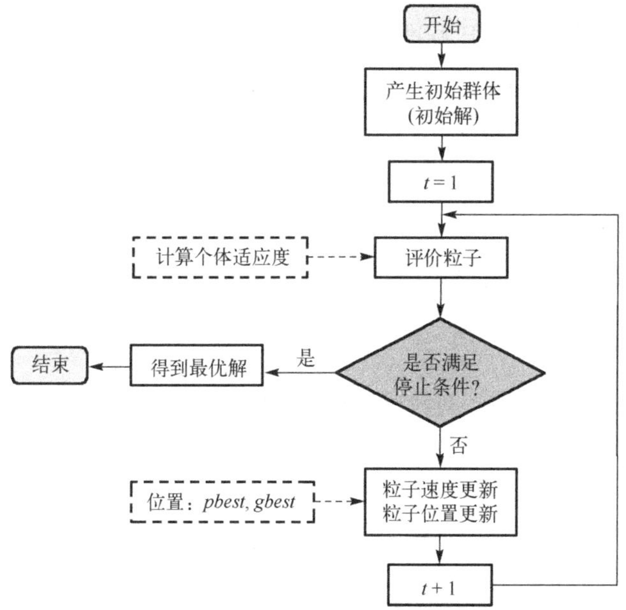

图 6-1 标准 PSO 算法流程图

标准 PSO 算法涉及的参数包括：

(1)惯性因子ω。

(2)个体学习因子 c_1。

(3)社会学习因子 c_2。

(4)群体规模 m。

(5)个体和群体因子权重 rand(•)，一般用 r_1 和 r_2 表示。

(6)最大速度 $V_{\max}$。

(7)最大迭代次数 G_k。

1. 权重因子：ω、c_1 和 c_2

权重因子包括惯性因子ω和学习因子 c_1 和 c_2。ω使粒子保持运动惯性，使其具有扩展搜索空间的趋势，有能力探索新的区域。c_1 和 c_2 代表将每个粒子推向 *pbest* 和 *gbest* 位置的统计加速项的权值，较低的值允许粒子在被拉回之前可以在目标区域外徘徊，较高的值导致粒子突然冲向或越过目标区域，根据式(6-1)可知，如果令 $c_1 = c_2 = 0$，粒子将一直以当前速度移动，直到边界，则很难找到最优解。因此，恰当地选取算法的超参数值可以改善算法的性能，这就涉及算法参数调优的问题。

在式(6-1)和式(6-3)中，*pbest* 和 *gbest* 分别表示微粒群的局部和全局最优位置，这个两个值与 c_1 和 c_2 有关。

当 $c_1 = 0$ 时，决定粒子速度的是群体中的其他粒子，而与个体自身速度无关。此时粒子

没有自我认知能力，模型变为只有社会认知，即

$$v_i(t)=\omega\times v_i(t-1)+c_2\times \text{rand}(\bullet)\times(gbest_i-x_i),\quad i=1,2,\cdots,m \tag{6-5}$$

此时，被称为全局 PSO 算法。粒子有扩展搜索空间的能力，具有较快的收敛速度，但由于缺少局部搜索，对于复杂问题比标准 PSO 更易陷入局部最优。

当 $c_2=0$ 时，则粒子之间没有社会信息，而只有自我认知，粒子的速度仅取决于自身，不会考虑群体中其他粒子的速度，即

$$v_i(t)=\omega\times v_i(t-1)+c_1\times \text{rand}(\bullet)\times(pbest_i-x_i),\quad i=1,2,\cdots,m \tag{6-6}$$

此时，被称为局部 PSO 算法。由于个体之间没有信息的交流，整个群体相当于多个粒子进行盲目的随机搜索，收敛速度慢，因而得到最优解的可能性小。

2. *规模与速度：m、$V_{\max}$、G_k*

群体规模 m 一般取 20～40，对较难或特定类别的问题可以取 100～200。最大速度 $V_{\max}$ 决定当前位置与最好位置之间的区域的分辨率或精度，如果太快，则粒子有可能越过极小点；如果太慢，则粒子不能在局部极小点之外进行足够的探索，会陷入局部极值区域内。最大迭代次数 G_k 可根据实际情况确定，参考取值为 300 左右。

群体规模 m、最大速度 $V_{\max}$ 和最大迭代次数 G_k 的限制可以防止计算溢出，提高搜索效率，提升优化效果。

与遗传算法相似，粒子群算法同样适合解决复杂优化问题。例如，求如下 Ackley 函数的最小值。

$$\begin{aligned}f(x_i)&=20+\mathrm{e}-20\mathrm{e}^{-\frac{1}{5}\sqrt{\frac{1}{n}\sum_{i=1}^{n}x_i^2}}-\mathrm{e}^{\frac{1}{n}\sum_{i=1}^{n}\cos(2\pi x_i)}\\ \text{s.t.}\ & a\leqslant x_i\leqslant b\end{aligned}$$

其中，a、b 表示变量 x_i 的取值约束边界；n 为变量的数量。

Ackley 函数是典型的多极值函数，是在指数函数上叠加余弦函数的连续型函数。采用传统的方法求解 Ackley 函数的最小值难度非常大，且很容易陷入局部最小值。因此，对于这样的复杂函数优化问题，可以采用粒子群算法。Ackley 函数对于优化算法来说是一个具有挑战性的函数，也是一个典型的优化算法测试函数。

采用粒子群算法求解 Ackley 函数最小值的设定参数为：数量 n=2，即只有两个变量的情况，变量取值区间为[−3, 3]，则目标函数及其约束表达式为

$$\begin{aligned}\min f(x,y)&=20+\mathrm{e}-20\mathrm{e}^{-\frac{1}{5}\sqrt{\frac{x^2+y^2}{2}}}-\mathrm{e}^{\frac{\cos(2\pi x)+\cos(2\pi y)}{2}}\\ \text{s.t.}\ & -3\leqslant x,y\leqslant 3\end{aligned}$$

设置后的 Ackley 函数图像如图 6-2 所示。

PSO 算法的参数设置如下：

(1) 惯性权重初始值 $\omega_{ini}=0.9$。

(2) 惯性权重最终值 $\omega_{end}=0.4$。

(3) 个体学习因子 $c_1 = 2$。

(4) 全局学习因子 $c_2 = 2$。

(5) 个体随机函数 rand(•)，$r_1 \in [0, 1]$。

(6) 群体随机函数 rand(•)，$r_2 \in [0, 1]$。

(7) 初始化粒子群个体数量 $m = 100$。

(8) 最大迭代次数 $G_k = 50$。

(9) 最大速度 $V_{\max} = 0.2$。

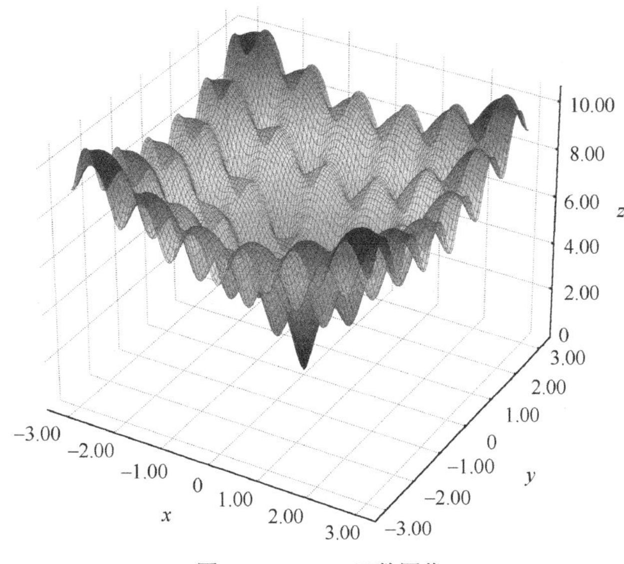

图 6-2 Ackley 函数图像

迭代 50 次的结果如图 6-3(a)为初始状态，粒子按约束随机生成，位置非常分散。在第 10 次迭代时，惯性因子 $\omega = 0.8$，其最小值(即适应度值)约为 0.0894，从图 6-3(b)可见，很多粒子聚集在全局最小的区域。达到第 30 次迭代时，粒子进一步向最小值区域聚集，算法已收敛至最佳状态，如图 6-3(c)所示。当迭代到第 50 次时，最优值没有变化，如图 6-3(d)所示。

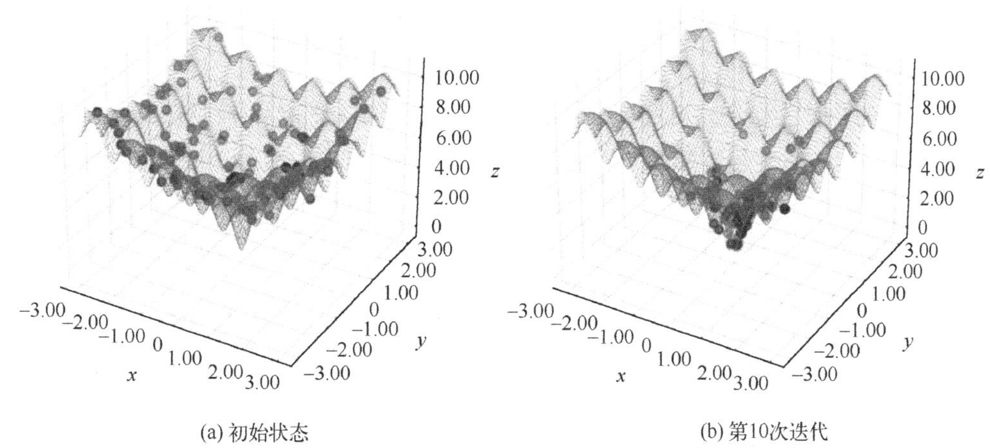

(a) 初始状态　　　　(b) 第10次迭代

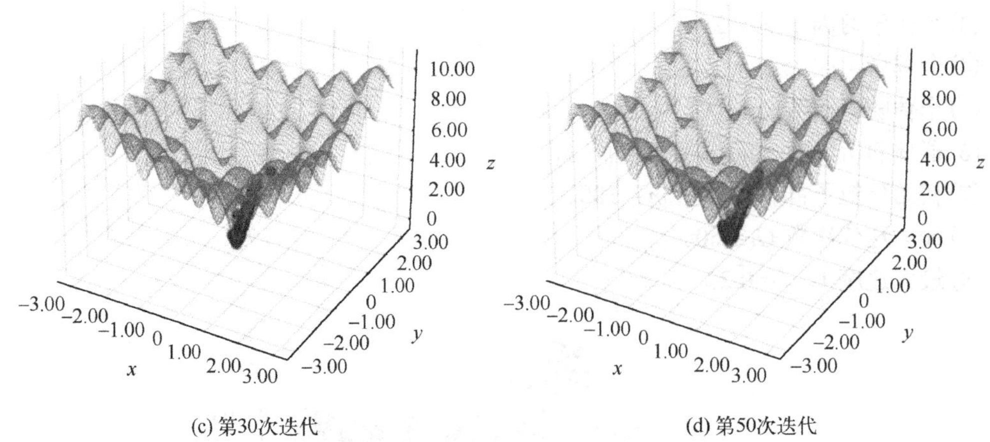

(c) 第30次迭代　　(d) 第50次迭代

图 6-3　粒子群算法求解 Ackley 函数的最小值

与遗传算法类似，粒子群算法输出的适应度值随着迭代次数的变化也不是线性的。由于没有遗传算法的选择、交叉和变异操作，当参数设置适当时，粒子群算法不会出现适应度值上下波动的情况。如图 6-4 所示，粒子群算法求解 Ackley 函数的最小值的适应度值始终是递减的。

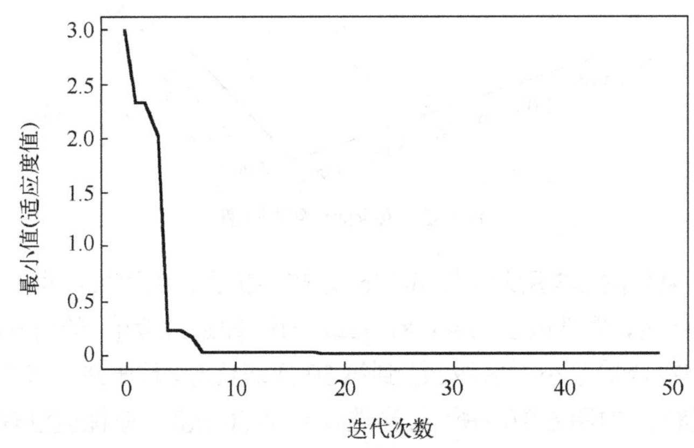

图 6-4　粒子群算法适应度值变化曲线

迭代结束后粒子群算法给出的最小值仍然是一个近似值，所以，与遗传算法类似，PSO 算法也是一种近似计算的算法，不保证总能找到最优解。

图 6-5 反映了惯性因子 ω 对粒子群算法迭代过程的影响：图 6-5(a) 是在 ω=1 恒定不变的情况下的迭代结果，图 6-5(b) 则是 ω 按式(6-4)变化的迭代结果。可见，图 6-5(b) 的粒子聚集度更高，而且在最优值区域 ω 值进一步减小，粒子的速度减慢，有助于找到精确的全局最小值。

粒子群算法和遗传算法都是比较典型的启发式算法，都可以用于复杂问题的优化，在实际中的应用场景也比较类似，因此具有可比性。

粒子群算法和遗传算法有很多共同之处：二者都属于仿生随机搜索算法，隐含并行性，可进行全局优化，具有根据个体的适配信息进行搜索，不受函数约束条件的限制等优点；同时，对于高维复杂问题，二者都可能存在早熟收敛和收敛性能差、无法保证收敛到最优点等缺点。

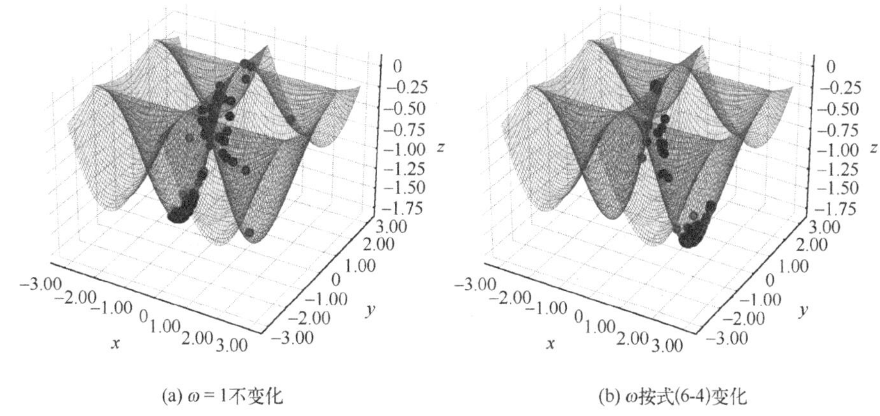

(a) $\omega=1$不变化　　(b) ω按式(6-4)变化

图 6-5　惯性因子 ω 对粒子群算法的影响

粒子群算法和遗传算法的主要差别表现在记忆方式、信息共享机制和操作等方面。粒子群算法有群体记忆，通过社会学习因子所有粒子都会保存好的解的知识；而遗传算法的知识随着种群的改变而改变，仅有代际记忆。粒子群算法中的粒子通过当前搜索到的最优点共享信息，是一种单向的共享机制；遗传算法的染色体之间相互共享信息，使得整个种群都向最优区域移动，是一种多向的共享机制。在实现上，粒子群算法没有交叉和变异等遗传操作，粒子通过内部速度进行更新，原理更简单、参数更少、实现更容易。

粒子群算法可处理传统方法不能处理的优化问题。对于存在不可导点的函数，仍然可以用粒子群算法优化。例如，下列绝对值函数

$$f(x,y)=|x|+|y|$$
$$\text{s.t.}\quad -3\leqslant x,y\leqslant 3$$

函数图像如图 6-6(a)所示。其中存在多处不可导的拐点，应用传统的方法无法求得最小值，如微分法等，但是可以用粒子群算法求得最小值。如图 6-6(b)所示，采用粒子群算法求解上述函数最小值，粒子最终聚集在最小值区域。

粒子群算法可以与神经网络结合完成参数训练任务，尤其针对特定网络选用的不可导的激活函数，粒子群算法是一种很有潜力的算法。

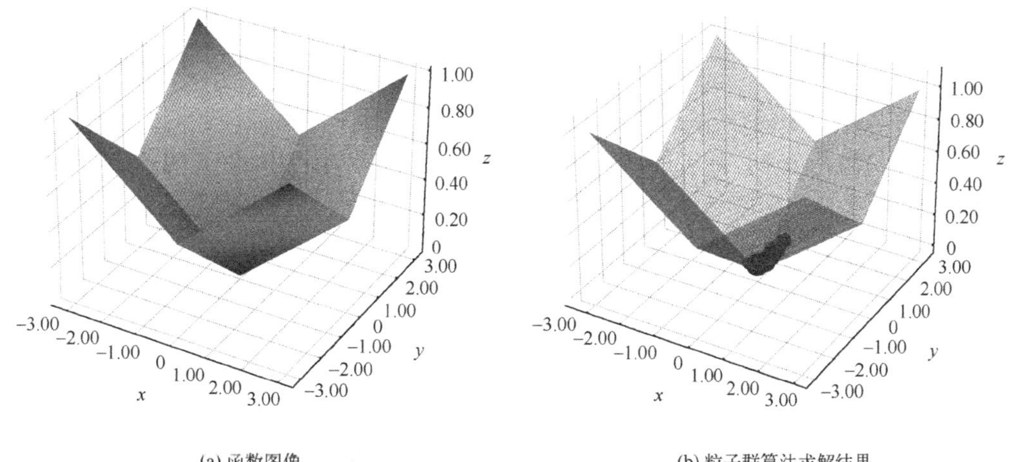

(a) 函数图像　　(b) 粒子群算法求解结果

图 6-6　粒子群算法求解存在不可导点的函数最小值

6.4 蚁群算法

1992 年，意大利学者马可·多里戈(Marco Dorigo)在其博士论文中提出了蚂蚁系统。后来，多里戈等进一步将蚂蚁算法发展为一种通用的优化技术——蚁群优化。蚁群优化算法是群体智能理论研究领域的一种代表性的算法，多被用于解决优化问题，尤其适合路径规划问题的求解，例如 TSP。

6.4.1 基本原理

蚁群的集体行为表现出一种信息正反馈现象，这种信息称为“外激素”或“信息素”。某一路径上走过的蚂蚁越多，外激素的浓度就会越高。另外，路径上的外激素浓度会随着时间逐渐挥发，如果一条路径上的蚂蚁数量少，则这条路径上的外激素浓度会越来越低。每只蚂蚁总是选择外激素浓度大的路径，蚂蚁个体之间通过外激素浓度这一信息交流，找到觅食的最优路径。

如图 6-7 所示，假设有一个蚁群从巢穴 A 地出发到 E 地觅食，然后将食物运回 A 地。A、E 之间有一个障碍物，此时 A、E 之间有两条路径可选：

路径 1：A、B、C、D、E

路径 2：A、B、H、D、E

其中，路径 1 的长度小于路径 2。每只蚂蚁在行进过程中，通过外激素来确定方向，同时自身也会释放等量的外激素，激素停留时间假设为 1 个单位。

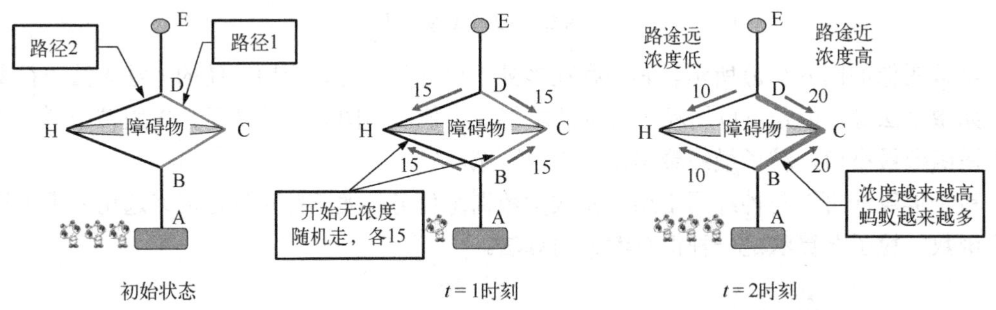

图 6-7　蚁群优化算法原理示意图

假设现在有一个 30 只蚂蚁的蚁群，在开始阶段，路径 1 和路径 2 没有蚂蚁经过，所以两条路径上都没有外激素，或者外激素浓度均为 0。$t=1$ 时刻，蚂蚁经过两条路径，由于都没有外激素，因此每只蚂蚁选择两条路径是随机的，这时通过路径 1 和路径 2 的蚂蚁的数量是相同的或接近的，例如都是 15 只。由于蚂蚁数量相同，因此两条路径上释放的外激素总量也相同。但是，由于路径 1 的长度小于路径 2，所以路径 1 上的外激素浓度会高于路径 2。

在 $t=2$ 时刻，往复于 A、E 之间的蚂蚁在路口 B、D 通过外激素浓度判断方向，由于路径 1 的浓度高，因此蚂蚁会选择路径 1。随着时间的推移，路径 1 上的外激素浓度越来越高，通过的蚂蚁也越来越多，直至最后，所有蚂蚁都放弃了路径 2。

显然，蚂蚁通过外激素浓度确定路径，最终会选择一条最优或次优的路径。

6.4.2 蚁群 TSP 系统模型

TSP 是路径优化中的典型组合优化问题，中译名为旅行商问题、推销员问题或货郎担问题。当节点数量增多后，问题求解变得非常复杂，如果用计算机求解，将会消耗很多计算资源。因此，TSP 也是数学领域著名难题之一。

TSP 的描述为：假设有一个旅行商人要拜访 n 个城市，要求每个城市只能拜访一次，而且最后要回到原来出发的城市。这就面临路径选择的问题，不同的路径长度是不一样的，第 2 种走法要比第 1 种走法的路程短，如图 6-8 所示。TSP 路径选择的目标是要找到满足要求的最短路径。

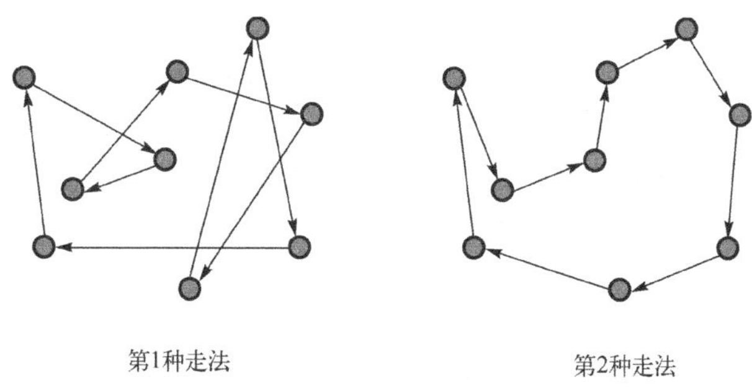

图 6-8 TSP 的不同路径

在中国，有一个与 TSP 相似的问题，被称为中国邮递员问题(Chinese Postman Problem，CPP)：一个邮递员从邮局出发，到所辖街道投递邮件，最后返回邮局。如果他必须走遍所辖的每条街道至少一次，那么他应该如何选择投递路线，使得所走的路程最短？

无论是 TSP 还是 CPP，目标都是求最短路径。根据蚁群算法的原理可知，蚁群算法适合求解此类问题。蚁群算法解决 TSP 的基本思路为：首先放出一群蚂蚁，将这些蚂蚁放置到不同的城市，然后让这些蚂蚁从各自的城市出发，每只蚂蚁都有两张表，其中一个表用来记录已经访问过的城市，以避免重复；另一个表用来记录经过路径的外激素。每次访问下一个城市时，先嗅一下之前是否有蚂蚁留下的外激素，即外激素的浓度，如果有多条路径，则选择外激素浓度高的路径走；如果没有外激素或浓度为 0，就随机走一条，并释放外激素。不断重复这一过程，直至出现连接所有城市且外激素浓度最高的路径，这条路径即为最短路径。

蚁群算法主要操作包括更新蚂蚁的位置和节点间外激素量或浓度，而二者计算需依赖转移概率。

1. 转移概率

假定有一个蚁群中的蚂蚁数量为 m，城市的数量为 n，t 时刻位于城市 i 的蚂蚁个数为 $b_i(t)$，d_{ij} $(i=1,2,\cdots,n)$ 表示城市 i 和城市 j 之间的距离，τ_{ij} 表示 t 时刻在 i、j 连线上残留的信息量。

在初始时刻，设 $\tau_{ij}(0)=\mathrm{C}$（C 为常数），各条路径上信息量相等。蚂蚁 k $(k=1,2,\cdots,m)$ 在运动过程中，根据各条路径上的信息量决定转移方向。p_{ij}^k 表示在 t 时刻蚂蚁 k 由城市 i 转移到城市 j 的概率，即转移概率，根据 p_{ij}^k 确定去往的下一个城市。具体计算公式为

$$p_{ij}^{k}(t)=\begin{cases}\dfrac{\tau_{ij}^{\alpha}(t)\eta_{ij}^{\beta}(t)}{\sum_{s\in allowed_k}\tau_{is}^{\alpha}(t)\eta_{is}^{\beta}(t)}, & j\in allowed_k\\ 0, & j\notin allowed_k\end{cases} \tag{6-7}$$

其中，

$allowed_k=\{0, 1, \cdots, n-1\}$：表示蚂蚁 k 下一步允许选择的城市；

$\eta_{ij}(t)$：表示 t 时刻由城市 i 转移到城市 j 的期望程度，是一种启发式信息，可根据规则确定，如城市间距离的倒数；

α，β：分别表示信息启发式因子和期望启发式因子，在蚂蚁路径选择时两个因子所起的作用不同。

式(6-7)表示的是城市 i 到城市 j 路线上的信息量与从 i 可达的 k 个城市的信息总量的比。信息启发式因子 α 反映了蚂蚁在运动过程中所积累的信息量在指导蚁群搜索中的相对重要程度，α 值越大，蚂蚁选择以前走过的路径的可能性就越大，搜索的随机性就会减弱；α 值过小，则容易使蚁群的搜索过早陷于局部最优。期望启发式因子 β 表示信息素在指导蚂蚁选择路径时的向导性，β 值越大，蚂蚁在某个局部点上选择局部最短路径的可能性就越大，收敛速度加快，但随机性也同时减弱，易于陷入局部最优解。根据经验，一般情况下 $\alpha\in[1, 4]$、$\beta\in[3, 5]$时，算法可获得较好的综合性能。

2. 位置更新

根据转移概率计算下一时刻蚂蚁的位置 $X(t+1)$。

$$X(t+1)=\begin{cases}X(t)+\text{rand}(\cdot)\times\lambda, & P_i<P_0\\ X(t)+\text{rand}(\cdot)\times\dfrac{upper-lower}{2}, & P_i\geqslant P_0\end{cases} \tag{6-8}$$

其中，

rand (•)：区间[−1, 1]的随机数；

P_0：转移概率阈值常数；

P_i：转移概率；

$upper$、$lower$：表示 $X(t)$ 取值的上下限；

λ：表示局部搜索因子，随时间增加而减小，具体计算公式为

$$\lambda=\frac{1}{t} \tag{6-9}$$

式(6-8)的第 1 项 $X(t)+\text{rand}(\cdot)\times\lambda$ 为局部搜索，第 2 项 $X(t)+\text{rand}(\cdot)\times\dfrac{upper-lower}{2}$ 则为全局搜索。当转移概率 P_i 小于阈值 P_0 时进行局部搜索，否则进行全局搜索。

3. 信息量更新

蚂蚁完成一次循环，各路径上信息量调整为

$$\tau_{ij}(t+1)=(1-\rho)\cdot\tau_{ij}(t)+\Delta\tau_{ij}, \quad 0<\rho<1 \tag{6-10}$$

其中，

$$\Delta\tau_{ij} = \sum_{k=1}^{m} \Delta\tau_{ij}^{k} \tag{6-11}$$

$$\Delta\tau_{ij}^{k} = \begin{cases} \dfrac{Q}{L_k}, & k:i \to j \\ 0, & \text{others} \end{cases} \tag{6-12}$$

其中，

ρ：表示外激素挥发因子，随着时间的推移，以前留下的信息逐渐消逝，用参数$(1-\rho)$表示信息消逝的程度；

$\Delta\tau_{ij}$：表示本次循环中留在路径 ij 上的信息量，在初始时刻，$\tau_{ij}(0) = C$(常数)，$\Delta\tau_{ij} = 0$，其中，i、$j = 0, 1, \cdots, n-1$；

Q：为正常数，表示一次循环后蚂蚁释放的总外激素量；

L_k：表示第 k 只蚂蚁在本次周游中走过路径的长度；

$k:i \to j$：表示蚂蚁 k 从城市 i 到城市 j；

others：表示其他情况。

多里戈给出了 3 种蚁群算法的模型，主要差别在于 $\Delta\tau_{ij}^{k}$ 的计算，式(6-12)称为 Ant-Cycle，另外两个模型分别称为 Ant-Quantity 和 Ant-Density。

Ant-Quantity 中的 $\Delta\tau_{ij}^{k}$ 计算公式为

$$\Delta\tau_{ij}^{k} = \begin{cases} \dfrac{Q}{d_{ij}}, & k:i \to j \\ 0, & \text{others} \end{cases} \tag{6-13}$$

Ant-Density 中的 $\Delta\tau_{ij}^{k}$ 计算公式为

$$\Delta\tau_{ij}^{k} = \begin{cases} Q, & k:i \to j \\ 0, & \text{others} \end{cases} \tag{6-14}$$

可见，每只蚂蚁在选择城市时，不仅考虑两个城市之间的外激素浓度，还要把城市之间的距离的倒数作为启发式因子。因此，蚁群算法是一种启发式算法。

与真实蚁群系统不同，人工蚁群系统具有一定的记忆功能，这里用 tabu_k $(k = 1, 2, \cdots, m)$ 来记录蚂蚁 k 目前已经走过的城市。

如图 6-9 所示为采用蚁群算法求解中国 34 个省级行政区行政中心所在城市 TSP 的结果，其中城市用经纬坐标表示，即用 x 坐标和 y 坐标分别表示经度和纬度，例如，北京的坐标(116.46, 39.92)表示东经 116°46′，北纬 39°92′。设定参数：蚂蚁数量 $m = 60$，总迭代次数为 100。开始时，将 60 个蚂蚁放置在 34 个城市，随机走出的路径为图 6-9(a)的路线，显然这不是一个好的路径。第 10 轮迭代后，直观上的路径长度明显小于初始状态，如图 6-9(b)所示。第 50 轮迭代后已经得到一个比较好的路径，如图 6-9(c)所示；第 100 轮迭代结果已经是一个很好的结果了，如图 6-9(d)所示。

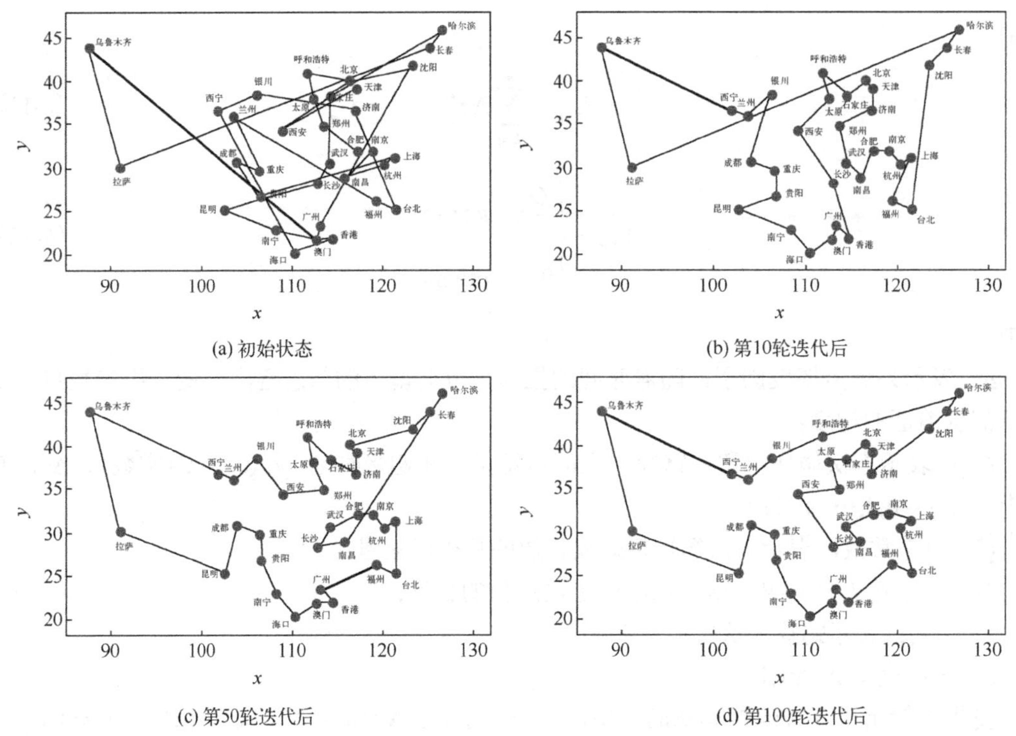

(a) 初始状态　　(b) 第10轮迭代后

(c) 第50轮迭代后　　(d) 第100轮迭代后

图 6-9　中国省级行政区行政中心所在城市 TSP 路径优化

6.4.3　函数优化

蚁群算法主要用于 TSP 等路径规划问题。TSP 问题本质上也是求最值问题，因此，蚁群算法也可以用于函数优化。用蚁群算法解决函数优化问题时，需要将上述 TSP 的求解公式进行调整。

1. 转移概率

对蚁群 TSP 系统模型中的转移概率调整为

$$P_i = \frac{\max\limits_{s\in[1,m]} \tau_s(t) - \tau_i(t)}{\max\limits_{s\in[1,m]} \tau_s(t)} \tag{6-15}$$

其中，m 表示蚁群规模。

开始计算时，$\tau_i(0)=F(X)$，为初始外激素；$F(X)$为目标函数，是指拟求解的最大值或最小值函数或转化而来。每次迭代均需要计算转移概率 P_i。

2. 信息量更新

同样，节点 i 和 j 之间的信息量公式调整为

$$\tau_{ij}(t+1) = (1-\rho)\cdot\tau_{ij}(t) + Q\cdot F(X), \quad 0<\rho<1 \tag{6-16}$$

$F(X)$值越大，蚂蚁所在的位置的外激素浓度越高，反之亦然。因此，可以通过外激素浓度来判断 $F(X)$。

需要注意的是，初始外激素可以用目标函数值代替，直到信息素更新一轮后，再使用新的外激素计算概率。

例如，采用蚁群算法求解 Ackley 函数的最小值，同样可以达到较好的效果。设置约束为 $-3\leqslant x\leqslant 3$、$-3\leqslant y\leqslant 3$，其他参数设置如下：

(1) 蚁群规模 $m=100$。

(2) 最大迭代次数 $G=50$。

(3) 外激素挥发因子 $\rho=0.9$。

(4) 转移概率常数 $P_0=0.2$。

按约束随机赋值后的蚁群初始状态如图 6-10(a) 所示，此时的最优变量 x=0.18519、y=0.09115，最优值为 1.43804。如图 6-10(b) 所示为第 10 轮迭代后的最优变量，其中 x=−0.02723、y =−0.00629，最优值为 0.09971，有一个大幅度的减小。第 30 轮迭代后的结果如图 6-10(c) 所示，其中最优变量 x = 0.00095、y = −0.00098，最优值为 0.00394，进一步减小，但减小幅度明显减小。如图 6-11(d) 所示，当达到第 50 轮迭代时，蚁群的最优变量 x=−0.00012、y=0.00014，最优值为 0.00052，减少幅度逐步趋于稳定。

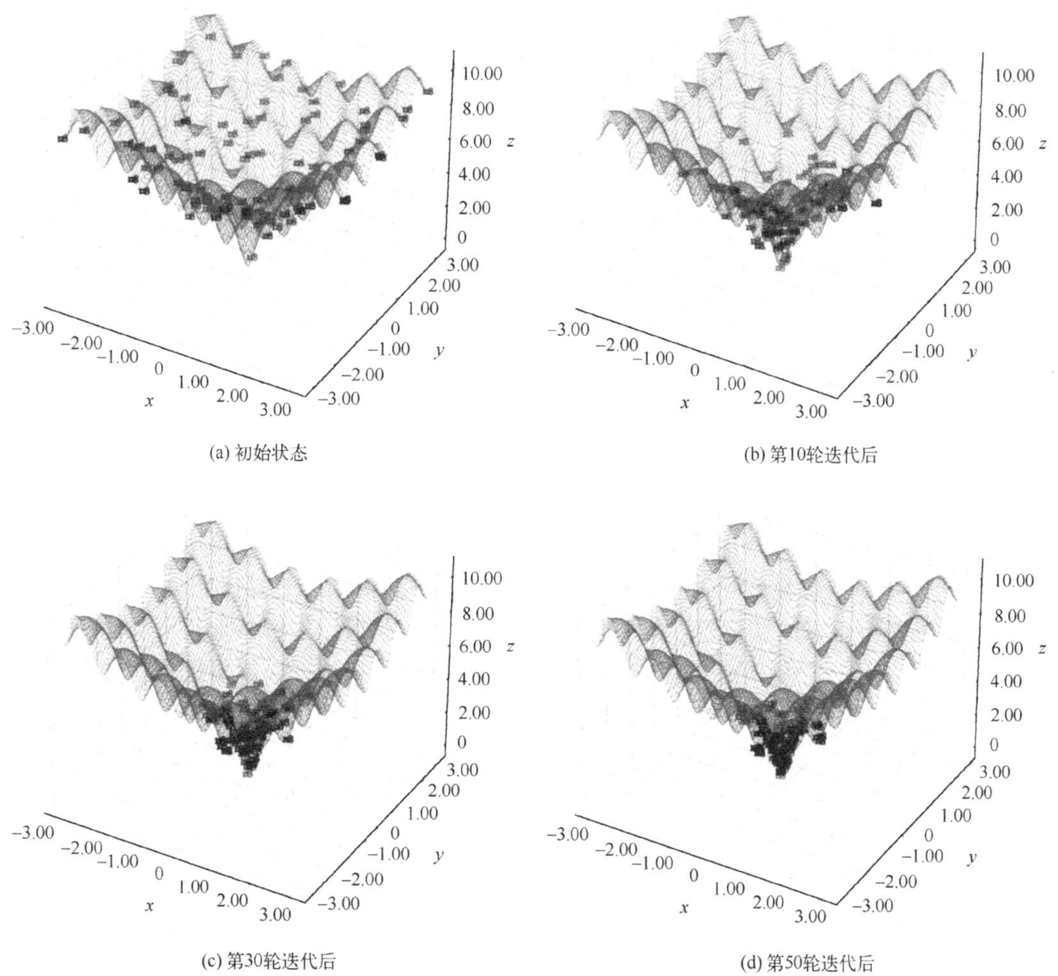

图 6-10 蚁群算法求解 Ackley 函数最小值

需要注意的是，在迭代至 30 轮时，有很多蚂蚁聚集在次优解位置，如图 6-10(c)底部的最小值左右两侧，这一现象一直持续到迭代结束。这种现象与现实中的蚁群类似，通过观察可以发现，有时很多蚂蚁会聚集在一个次优甚至是错误的区域反复徘徊，这也使得蚁群算法存在陷入局部最优的风险。

与上述对应的蚁群算法求解 Ackley 函数最小值的迭代过程曲线如图 6-11 所示，它反映了用蚁群算法求解 Ackley 函数的每一次的迭代结果。可知，前 10 轮迭代蚁群的最小值变化快，之后逐步放缓，在第 33 轮迭代后，最小值逐步稳定下来。

蚁群算法本质上是并行算法。每只蚂蚁搜索的过程彼此独立，通过信息激素进行通信。单只蚂蚁的结果不会影响全局，因此蚁群算法有很好的可靠性和鲁棒性；同时，蚁群规模大时，采用启发式的概率搜索方式更易于寻找到全局最优解，具有较强的全局寻优能力；蚂蚁之间通过共享信息素相互协作使得蚁群具有自组织的特点；另外，蚁群算法原理简单易行，稍作调整即可应用于其他组合优化问题的求解。

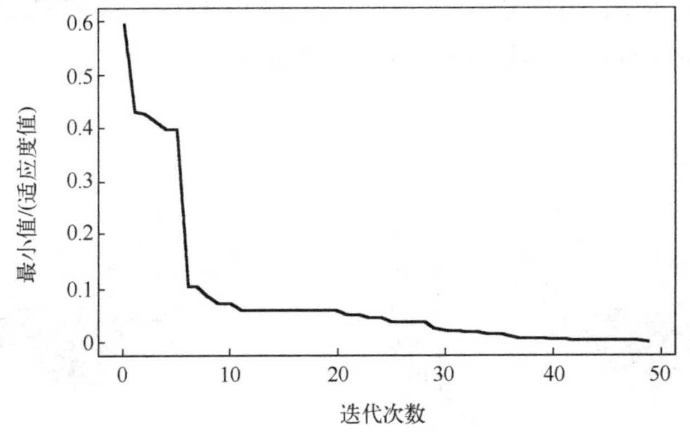

图 6-11　迭代过程曲线

收敛速度慢是蚁群算法一个比较突出的缺点，其原因是蚂蚁选择节点的随机性。节点选择随机性设计虽然能使蚂蚁探索更大的解空间，有助于找到潜在的全局最优解，但同时也需要较长时间才能发挥正反馈的作用，最终导致算法初期收敛速度较慢。在信息素更新时，在较优解处会留下更多的信息激素，正反馈的过程会迅速地扩大而陷入次优解。蚁群算法超参数多且相互间有一定的关联性，这就导致虽然蚁群算法在很多领域都有广泛应用，但是参数选择更多依赖经验和试错，而不恰当的参数会减弱算法的寻优能力。

蚁群算法具有很好的普适性，只要对算法稍作修改，就可以求解其他组合优化问题。蚁群算法已广泛应用于工程中的二次分配、作业调度、网络路径选择、路由优化、城市交通等领域。与遗传算法、粒子群算法等智能优化算法一样，蚁群算法也可以与逻辑回归、神经网络及深度学习相结合，实现参数优化。

6.5　小　　结

群体智能是对自然界一些生物群体表现出的智能形态的仿真，也体现了系统复杂到一定程度后可能涌现出智能。群体智能算法是一类基于合作的启发式算法，依靠群体行为解决优化问题。

粒子群算法是对鸟群觅食展现的智能行为的模拟。影响鸟的运动状态变化的因素既有自身的位置信息和速度惯性，也有群体提供的全局位置信息。粒子更新包括速度更新和位置更新，位置更新依赖于速度更新，速度更新依赖于局部位置信息和全局位置信息，所以，位置更新间接利用了两类信息。

惯性因子的引入使得粒子群算法更符合实际情况，其设置为随迭代次数而递减的方式使算法更加快速和精准。

蚁群算法源于对自然界中的蚂蚁寻找最短路径方法的研究，同时它也是一种并行算法，算法中的所有个体均独立行动，没有监督机制。

蚁群算法采用正反馈机制实现寻优过程，主要用于路径优化问题求解。蚂蚁的位置更新和外激素更新是推进寻优过程的两个重要参量，计算过程中需要转移概率的支持，因此这三者构成了蚁群算法的主体。由于路径优化与函数优化本质相通，均属于最值问题，所以蚁群算法也可以用于函数优化，同时也支持多种约束操作。

习　题

6-1　简述进化算法与群体智能的异同。

6-2　群体智能的初始群体是如何产生的？群体规模过大或过小对算法有什么影响？

6-3　结合工程实践，举例说明粒子群算法的主要应用场景。

6-4　试结合即时通信软件(如微信等)模拟粒子群算法，并说明其基本思路。

6-5　试用粒子群算法和蚁群算法求解下列函数的最小值和最大值：

$$f(x)=x^2-4x+3$$

6-6　粒子群算法中更新粒子的速度和位置的目的是什么？如果只更新其中一个会导致什么问题？

6-7　惯性权重因子的作用是什么？引入惯性权重因子之后 PSO 算法有哪些变化？

6-8　粒子群算法可以求解不可导函数的最小值吗？遗传算法和蚁群算法是否可以？

6-9　蚂蚁在寻找最短路径过程中，信息素起到了什么作用？

6-10　少量蚂蚁不遵循最短路径原则，被认为是“误入歧途”的觅食者。换个角度思考，这样做有什么价值？

6-11　为什么蚁群算法适合求解路径规划问题？

6-12　什么情况下适合采用蚁群算法？

6-13　为什么说蚁群算法是一种并行算法？

6-14　结合生活实际举例说明个体学习因子、社会学习因子的作用。

6-15　分析一下，如果一只鸟或蚂蚁离开了群体，它在觅食过程中会出现什么问题？试写出对应的算法思路。

6-16　一个蚁群从 A 地到 B 地，如果出现了有两条路径相等的情况，这群蚂蚁该如何处理这种情况？

6-17　如图 6-12 所示为一家仓储货品堆放示意图，其中：深色部分为已堆放的货品，白色部分为可通行的通道。假设有一个运货的机器人，从“起点”出发把货物送至“终点”。运输过程中，要求：不允许触碰其他货品；不允许走 45°斜线。试用蚁群算法规划该机器人运货的最短路径。

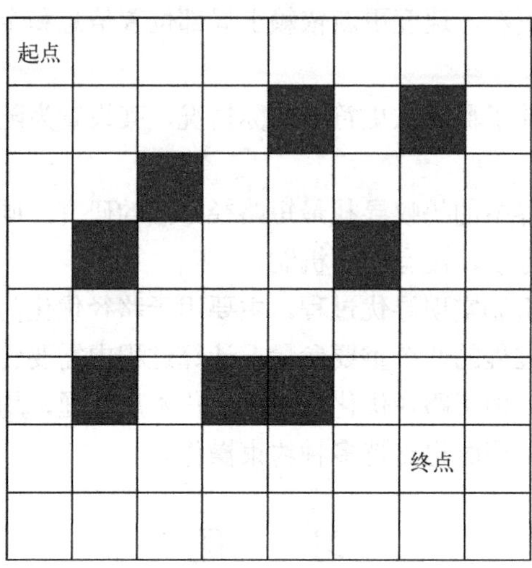

图 6-12　仓储货品堆放示意图

第 7 章　机器学习基础

在启发式算法中，无论是遗传算法，还是粒子群算法或蚁群算法，都是“以量取胜”。例如，粒子群算法采取随机法生成大量的粒子个体，然后利用粒子之间的相互作用，获取局部信息和全局信息不断优化个体的位置，从而实现问题求解。同样，蚁群算法也是先生成大量的蚂蚁个体，然后根据蚂蚁之间的通信实现路线寻优。由于数据匮乏，早期的人工智能在获取数据方面存在一些困难，算法要么不依赖数据，要么通过随机的方式生成数据。因此，人工智能的发展受到数据和计算性能等因素的限制。

人工智能的本质是针对思维进行建模，因此，就离不开学习这一重要环节。随着数据的不断积累，硬件性能的不断提升，从数据中发现规律成为可能，由此产生了机器学习。学习是智能的一种重要表现形式，只有一些高等级的生物才具备学习的能力，最为典型的是人类具备很强的学习能力，其他如灵长类动物也具备学习能力，甚至大象、猫和狗等动物也具备初级的学习能力。那些没有生命的个体往往没有学习的能力，如石头、湖泊、空气等。机器学习的一个重要意义是使得没有生命的计算机具备学习的能力，这是一个非常重要的技术革命，也是前所未有的科学壮举。

7.1　机器学习的定义和发展历史

7.1.1　机器学习定义

机器学习领域的创始人 IBM 研究员亚瑟·塞缪尔在 1959 年给出了机器学习的定义：“机器学习是这样的一个研究领域，它能让计算机不依赖确定的编码指令而自主地学习工作。”显然，这里重点强调的是“自主地学习”，也就是说我们写的代码在计算机系统中不再依赖于编码本身，而是让它自动地或自主地学习一些规律。当初给出这个定义的时候，人们对机器学习的认识还不够深入，所以在理解上不够深刻。但是，到目前为止机器学习仍然没有一个统一的定义，发展中的学科或领域都具备这样一个特点。从某种意义上来说，没有条条框框的限制，在研究时就可以充分发挥创造力。

简单地说，使机器具备学习的能力，即为机器学习。从目前的发展来看，机器学习算法主要分为以下 4 类。

1) 有监督学习

有监督学习也称为监督学习、有指导学习。有监督学习的数据集的特点是有标签，例如，一个样本数据的最后一列已经确定了是“猫”或“狗”，或者给定“是”或“否”，言外之意，就是答案是已知的。然后通过模型训练来确定相应的参数，使模型具备判断未知类别的样本归属。这种根据样本标签来确定模型参数的机器学习称为有监督学习，本质上是从数据中学习一些规律，是最常见的一种学习类型。

2）无监督学习

无监督学习也称无指导学习，特点是样本有数据但无标签，也就是说答案是未知的，需要让模型去归纳。例如，幼儿园小朋友对积木进行归类，有按形状归类的，有按颜色归类的，有按大小归类的，等等。常见的无监督学习算法包括聚类、异常值发现等。无监督学的本质是从数据中归纳出一些规律。

3）半监督学习

半监督学习（Semi-Supervised Learning，SSL）是一部分样本有标签，另一部分样本没有标签，然后利用所有样本进行学习。半监督学习同时使用有标签和无标签的样本训练模型，如图神经网络（Graph Neural Network，GNN）算法等。无标签样本的使用需要借助一个中间媒介，这个中间媒介有时表现的是一个网络，有时表现的是某一种关联。但无论采用什么方式，半监督学习都要将无标签的样本利用起来。

4）强化学习

强化学习（Reinforcement Learning，RL）的特点是在没有样本的情况下学习，但是没有样本就需要在其他方面进行补充，例如规则。强化学习离不开规则，所采取的方式是约定一个规则，让系统或机器去做，符合规则会有奖励，否则会惩罚，直至获得满意的模型。生活中强化学习例子也有很多，例如有的钢琴老师培养孩子对音乐的理解，他既不教钢琴知识也不教相应的技巧，只是让孩子自由发挥，如果弹得好，就会受到鼓励。孩子在大量的随机弹奏的练习中，逐步摸索到一个优美曲子的弹奏技巧。这个过程会十分漫长，但是对于计算机来说，由于性能比人类高得多，这个过程可能会很快完成。总之，强化学习本质上是自主生成样本，然后通过规则判断对错。因此，强化学习是有监督学习的一种特殊形式。

在实际中，有监督学习和无监督学习应用广泛，尤其是有监督学习最为常见。一般情况下，当遇到某一个问题时，首先尝试有监督学习的方法，其次考虑无监督学习等方式。因此，本章重点讨论这两种类型的机器学习。

7.1.2 发展历程

机器学习的发展与人工智能的发展基本同步，主要分为以下 5 个阶段。

第 1 阶段：20 世纪 50 年代初到 60 年代中叶，是机器学习的产生与起步阶段，代表性的工作包括赫布学习理论、图灵测试、亚瑟·塞缪尔的跳棋程序、感知机等。

第 2 阶段：20 世纪 60 年代中叶至 70 年代末，机器学习研究处于瓶颈冷静时期。由于没有投资，所以基本上无代表性的成果。

第 3 阶段：20 世纪 80 年代初至 80 年代中叶，机器学习迎来复兴，主要代表性工作包括多层感知机、决策树等。多层感知机也是深度学习的基础。

第 4 阶段：20 世纪 80 年代中叶至 21 世纪初，机器学习走向成熟，代表性的成果包括 Boosting、支持向量机（Support Vector Machines，SVM）、随机森林等算法。这些方法受限于当时数据积累不够丰富，因此大多只能处理小数据集。其中，SVM 是一个最具代表性的、针对小数据集的有监督学习算法，在当时很受关注。小数据集体现在两个方面，一个是特征少，一个是样本少。SVM 主要应对的是特征少的情况。

第 5 阶段：从 2006 年至今属于机器学习的爆发期。这一时期数据积累也达到了一定的规模，计算机的性能已经有了大幅度的提升。2006 年是一个标志性的时间节点，出现了深度学习并迅速发展起来。2006 年前后，数据仓库(Data Warehouse)的兴起是针对数据认识的一次革命，第一次将操作型数据环境和分析型数据环境区别开来，直到目前很多企业还在开展数据仓库建设的工作。数据仓库是数据积累到一定程度后自然会出现的一种数据环境，目前的大数据也是这项工作的一种延伸。深度学习从开始不被关注到目前成为人工智能的主流，其应用非常广泛，已经渗透到各行各业。

7.1.3 相关概念

与机器学习类似的概念包括数据挖掘和知识发现。下面分析一下这两个概念与机器学习之间的关系。

1) 数据挖掘

简单地说，数据挖掘(Data Mining，DM)是从数据中挖掘知识，即从数据中发现一般性的模式，或称为规律、知识，因此，称知识挖掘似乎更适合。但是，数据挖掘更强调从数据中发现知识，而知识挖掘不能直接体现数据的作用，所以，最终数据挖掘的概念得到广泛传播。

数据挖掘强调用机器自动地从数据中发现知识，这与机器学习的概念本意相同，所以，二者在本质上是一致的。

2) 知识发现

知识发现(Knowledge Discovery in Database，KDD)的完整字面意义是“从数据库中发现知识”，与数据挖掘的概念在本质上是相同的。也有人将数据挖掘作为知识发现的一个环节或步骤。

机器学习、数据挖掘和知识发现没有本质区别，都强调从数据中获取规律。人工智能发展起起落落，20 世纪末期人工智能还处于一个不温不火的时期，当时专家系统是人工智能的代表性的系统，但是专家系统后来也遇到了瓶颈。专家系统是基于规则的，如何获取规则成为一个核心问题。为了解决这个问题，当时采用的方式是通过与人类专家交流获取知识。虽然大部分知识可以通过这种方式获得，但是有一小部分无法通过这种方式获得，而这一小部分知识有时是非常重要的。另外，这种方式也无法获取新的知识，所谓新的知识是指人类专家也不知道的知识。这一时期联机事务处理(On-Line Transaction Processing，OLTP)系统集中爆发，企业、机构、组织等都在搞信息化建设，超市、酒店、饭店都建设自己的管理信息系统，积累了大量的数据。这些数据存储在数据库中，一个自然的想法是从数据库中发现规则，来弥补专家系统获取规则的不足，于是这项工作如火如荼地开展起来。应用表明，从数据库中可以发现人类专家所不知道的规律。例如，通过数据发现在有些零售门店，啤酒和尿布两类商品之间存在关联关系，将二者放在一起销售可以明显提升销量。这种知识是通过大量的销售记录发现的，但却是人类专家所不知道的。

目前，主流的机器学习算法也是基于历史数据进行学习，进而构建模型。因此，机器学习与数据挖掘、知识发现本质上一致，只是前者强调算法，后两者强调数据和技术。本书对这 3 个概念不作区别，统称为机器学习。

7.1.4 过程模型

在知识发现领域，有一个重要的过程模型，将数据挖掘作为其中一个环节，如图 7-1 所示。这个模型也同样适用于机器学习，只是需要将其中的数据挖掘改为建模即可。

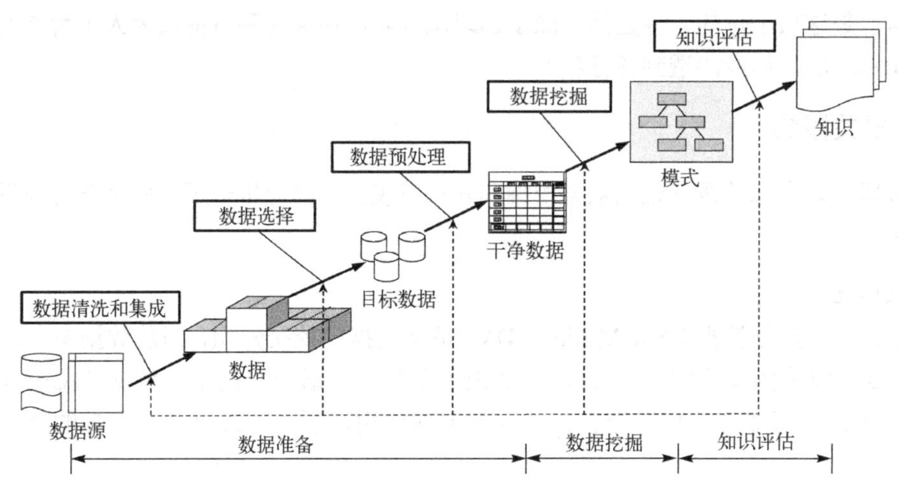

图 7-1 知识发现的过程模型

无论是机器学习还是数据挖掘，以及知识发现，都离不开数据。所谓学习、挖掘和发现都是基于数据的，离开数据这些方法不能成立。人类从出生那天开始，睁开眼睛打开耳朵，就开始感知世界，本质就是获取数据，然后不断基于数据进行学习。从学习这个角度看，智能是从学习中来的。

系统感知世界的方式是获取数据，这些数据都是具象的，如数据库中的表及互联网上的文本、图像、音频等，都属于数据范畴。但是，这些数据源可能存在一些残缺、异常、不正确等问题。对于机器学习算法来说，一般情况下，原始的数据集不能直接用于建模。基于这样的现实情况，需要对这些数据进行清洗和集成。所谓清洗是指将数据中的“脏数据”进行处理，例如身高不小心写成了“17.5 米”，体重不小心写成了“0 斤”就属于脏数据，需要进行修正或删除等清洗处理。

清洗后的数据需要进行集成。例如，学生系统中身高使用的单位是米，如一个学生的身高是 1.75 米，而教务系统中学生身高用的单位是厘米，那么同样是这个学生，身高就变成了 175 厘米，这就需要统一起来，统一是集成的一个主要工作。集成还有其他含义，从多个数据源将数据汇集到一起然后去重也属于集成的工作。

集成之后的数据还需要进行一个转换的工作，即将数据重新组织为面向主题的方式。在事务处理系统(如 ERP、MIS 等)中，数据是按业务流程组织的。例如，有一个销售系统，在设计时主要考虑的是销售过程中的每一步做什么，需要或产生什么数据，那么数据就按销售过程组织。这样做的好处是，终端用户(如销售人员)在现实中的工作顺序与使用系统时保持一致，这就保证了系统的友好性。但是，这种按业务流程组织的数据并不适合机器学习，机器学习需要围绕某一个问题组织的数据。既然需要换一种组织方式，就需要对数据进行转换。也就是说，机器学习需要针对某个问题组织的数据，如预测下个月的销量情况，需要将预测相关数据抽取过来，无关的数据则不需要。按照这种方式得到的数据集称为数据仓库，即按照主题的方式组织的数据环境。

数据仓库是一种非常适合机器学习的数据环境，仓库中的数据是经过处理的，而且是面向问题组织的。同时，数据仓库还可以做联机分析处理(Online Analysis Processing，OLAP)，OLAP 要求数据针对某个问题按维度组织数据，这与数据仓库中数据组织是一致的。

由于数据仓库中存在很多主题，因此，在构建机器学习模型之前还需要做主题的选择，即选择某个主题的数据而不是数据仓库中所有的数据建模。针对某个主题的数据集合称为数据集市，数据仓库是由数据集市组成的，机器学习基于某个数据集市建模。例如，销量预测需要在销售数据集市上进行机器学习建模。

最后得到的是模型，有时模型也称为模式，模式或模型是规则的集合。在投入应用前，需要对模型进行评估，判断模型的输出结果是否符合预期，或者是否有价值，或者是否正确。有时模型得到的结果是没有意义的，例如，模型得到的一个结果是“99%的丈夫是男性”，这个结果虽然正确但是没有价值。评估的目标是对模型或模式做一个整体上的客观的评价，给出一个评价的结果，如果结果理想，就可以将模型投入生产实践。在机器学习中，模型的评估最终是通过测试集和一些指标进行评价的，如果没有达到要求，就需要对模型进行调优。

总之，机器学习可以大致分为 3 个阶段，第 1 个阶段是做数据准备工作，第 2 个阶段的工作是建模，第 3 个阶段是对模型或模式进行评估。

7.1.5　常用机器学习模型

在实际应用中，常见的诸如回归、分类、聚类等机器学习技术都可以归属到有监督学习或无监督学习。常见的机器学习技术包括以下几种。

1) 归纳

归纳是从特殊现象归纳出一般规律的过程，属于有监督学习。主要包括概念归纳和回归分析，前者主要用于数据处理，后者主要用于预测分析。归纳分析经常会采用统计学的方法，如各种聚集操作(加和、平均、最大值、最小值等)、主因素分析及回归等。

2) 分类

分类是由已知类别对样本进行分类，是典型的有监督学习，主要包括决策树、贝叶斯、神经网络、SVM、深度网络、*k*-近邻等技术。分类是机器学习中最为常见的技术，很多现实中的问题都可以转化为分类问题，并用分类技术解决。

3) 预测

预测是指在掌握现有信息的基础上，依照一定的方法和规律对未来的事情进行测算，以预先了解事情发展的过程与结果。显然，预测是针对未来的，与时间密切相关。从机器学习的角度看，除了回归分析能够实现预测之外，预测也可以视为一种在时间维度上对事物发展结果的分类。例如，用今天的天气预测明天的天气，其实是对明天天气做一个分类，需要确定明天的天气是“晴”“阴”“多云”“阵雨”等。

引入时间维度的具体做法是，用历史上某个时间节点(如某一天)的数据作为样本，以下一个时间节点(如第 2 天)的状态作为标签，以此类推，进行模型训练。这样得到的模型就是一个预测模型，它可以针对当前时间节点的数据，预测下一个时间节点的状态。

4) 聚类

聚类是针对无类别的事物归纳出类别，常见的聚类算法包括 *k*-平均、系统聚类等。聚类是无监督学习的代表性技术，无监督学习的一个重要特征是无标签，有些聚类算法需要事先指定类别数量 *k*，有些则需要指定其他参数。

5) 异常发现

在实际中，异常发现技术的应用场景比较多，例如金融行业的反欺诈分析就是一个典型应用场景。但是欺诈毕竟是一种少数行为，而绝大部分行为是正常的，因此欺诈分析是一种异常行为发现。异常发现可以用聚类算法或分类算法实现，当某一个样本通过聚类后独立成为一类，那么这个样本可能就是异常样本，这里采用的是聚类方法。如果事先已知一些异常样本的标签，则可以采用分类技术解决。

机器学习中有一些基础类的算法。之所以称之为基础，是因为其他的算法是从这些算法衍生或发展出来的。如果对基础类算法不了解，往往无法深刻理解衍生算法。例如，如果不了解神经网络，就无法了解深度学习算法的来源，也就很难理解深度学习算法中所采取的一些方法。所以，掌握基础类算法非常重要。

7.2 归纳与回归

7.2.1 数据归纳处理

归纳是一种统计行为，现实中，通常根据统计数据做决策。数据处理中很多属于归纳工作，例如在 Excel 表中求某一列的平均值、最大值、最小值、求和等操作都属于归纳。层次越高的决策，使用的归纳的程度也越高。例如，一个城市的未来发展指数是根据各个区县的发展指数归纳出来的，一个省的未来发展指数则是根据辖区内各个市的发展指数归纳出来的。

常见的归纳分析方法如下：

(1) 基于属性归纳。

(2) 属性相关分析。

(3) 趋势分析。

(4) 分布分析。

这些方法多用于数据分析和处理，一般是数据分析师的主要工作，而不是建模工程师的工作。数据的类结构称为概念模式，概念模式是一种对现实世界实体的归纳，发现概念模式的过程称为归纳分析。概念层次树是属性归纳的典型代表，数据处理时经常会用到这种方法。通过概念层次树可实现属性的泛化，具体做法是将处理过的数据集中相同内容的数据行进行合并，然后整理成一个泛化的结果。如图 7-2 所示，左侧的表中的 Age 列给出了每个样本的具体年龄，但是做决策时往往不会基于这些细节数据，所以需要进行泛化处理。首先将这列数据归纳为{Youth, Middle, Old}，然后给出划分向量[25, 36]，约定 Youth $\leqslant$ 25，Middle = (25, 36)，Old $\geqslant$ 36，这样就可以根据划分向量将列 Age = {20, 21, 33, 40, 28, 50, 35}中的所有元素映射到{Youth, Middle, Old}3 个组中，从而得到如图 7-2 中间所示的概念层次树。

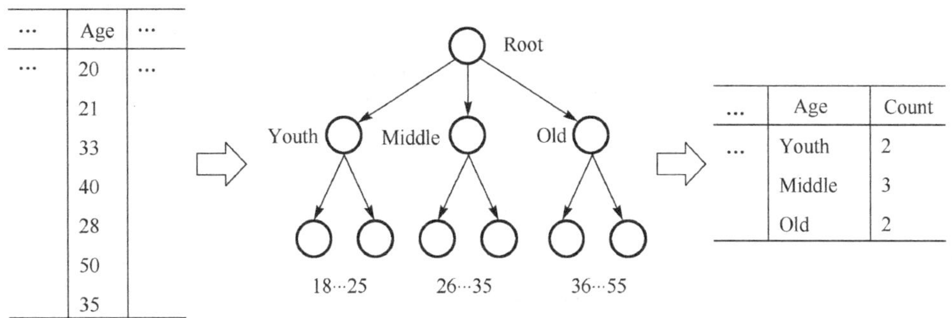

图 7-2 概念层次树

通过概念层次树可以将详细数据泛化到更高层次，这样就可以获得一个新的数据集，同时也可以实现数据规模的压缩。如图 7-2 所示，将左侧的 7 个样本的表泛化得到右侧的 3 个样本的表。右侧的 3 个样本的表是一个经过属性泛化后得到的新的数据集，并且数据规模减小了。机器学习建模一般用的是右侧的数据而不是左侧的数据，如果想保留左侧表中更多的信息，则可以将泛化类别增多，如将 Age 列映射为{Youth, Middle-Young, Midlife, Old}。

其他的诸如对某一列数据求平均值、分组求和、求最大值、求最小值等均属于属性泛化的范畴，至于采用哪一种泛化方式，则需要根据实际需求而定。

7.2.2 回归

回归(Regression)实际上是将两个变量通过一个线性方程联系起来，是求解方程的过程，本质是有监督学习。由于采用归纳的思想，所以，有时回归也作为归纳分析的一种方法。

回归分析主要分为线性回归和非线性回归两大类。

1. 线性回归

线性回归是指确定两种或两种以上变量间相互依赖的定量关系的统计分析方法。一元一次函数 $f(x)=ax+b$ 可以用来表示一元线性回归模型，函数图像为一条直线，回归的目标是找到这条直线。

在实际中，应用较多的线性回归技术主要有一元线性回归和多元线性回归。

1) 一元线性回归

当研究的因果关系只涉及一个因变量和一个自变量时，称为一元线性回归。一元线性回归是探讨一个因变量(y)和一个自变量(x)之间的线性关系。一元线性回归用一元一次方程式表示为

$$y=ax+b+e \tag{7-1}$$

其中，e 为误差，不是一个定值。一组(y、x)对应一个 e，e 服从均值为 0 的正态分布。

一元线性回归的表达式是最终确定的机器学习模型，也可以用一元一次函数简化描述。这里，需要确定的参数是表达式中的 a 和 b，一旦这两个参数确定下来，模型就确定了。

2) 多元线性回归

当研究的因果关系涉及因变量和两个或两个以上自变量时，称为多元线性回归。多元线

性回归是探讨一个因变量(y)和多个自变量(x)之间的线性关系。实际中有很多多元线性回归的例子，例如，消费水平(y)与工资水平(x_1)、受教育程度(x_2)、职业(x_3)、所在地区(x_4)、家庭负担(x_5)这5个因素有关，那么，多元线性回归的表达式为

$$y = ax_1 + bx_2 + cx_3 + dx_4 + fx_5 + h + e \tag{7-2}$$

其中，e为误差，不是一个定值，服从均值为0的正态分布。一组(y、x_1、x_2、x_3、x_4、x_5)对应一个 e。(x_1、x_2、x_3、x_4、x_5)称为指标或特征或维度，一个指标在数据表中为一列。由于涉及多个自变量，考虑的因素多，因此是多元的。由于图像为一个平面，因此称为线性。与一元情况类似，每个自变量都要乘以一个参数，确定(a、b、c、d、f、h)参数的过程称为建模，一旦参数确定下来，模型就定型了。这些参数值有大有小，参数值大的说明对应的指标更重要，所以参数的含义是权重，权重大的指标对y的影响大。

例如，在图7-3中，十字点为已知的观察结果，拟合结果为直线。一元线性回归的目标是找出图中的直线。根据一元线性回归的表达式(7-1)可知，需要确定的参数为a和b。由于可以拟合出很多直线，为区别起见，这里用$\hat{y}$ 表示拟合直线上的值，只要每个观测点x对应的y值与x对应的拟合直线上的$\hat{y}$值的差最小，则拟合出的这条直线就是最好的，此时的误差最小。

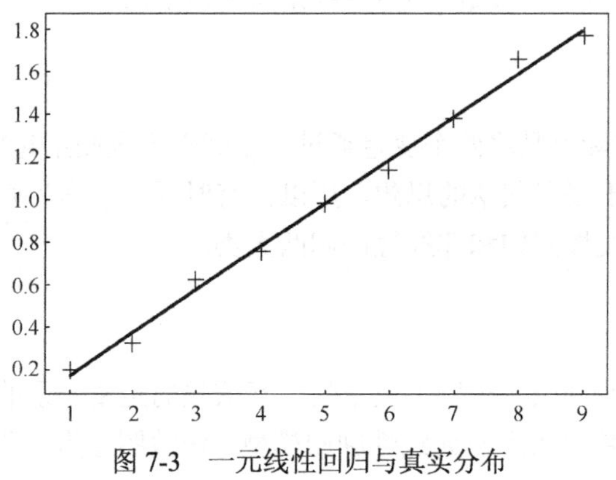

图7-3 一元线性回归与真实分布

误差e表示为

$$|e| = |ax + b - y| \tag{7-3}$$

由于误差有正有负，但是我们只关心误差的大小，所以这里采用绝对值表示误差。另外，这里的误差考虑的是所有观测点的总体情况，即只要找到能够使所有观测值的$|e|$值最小的参数a和b，就找到了模型的最好参数，也是模型训练的最终结果。

因为平方值与绝对值的单调性一致，使用平方值也可以达到与绝对值同样的效果。由于平方函数比绝对值函数有更好的性质，如易于求导，因此一般用平方值来替代绝对值。

一元线性回归的目标函数为

$$Q(x_i, y_i) = \min_{a,b} \sum_{i=1}^{n} (ax_i + b - y_i)^2 \tag{7-4}$$

其中，x_i、y_i是观测值；$ax_i + b$是模型在输入观测值x_i时的输出。

可见，一元线性回归最终将问题转化为一个优化问题，即找到使得$Q(x_i, y_i)$最小的一组

(a, b)。最小值是极小值的一个特例，是全局的极小值。数学上，求某个函数的极值一般采用微分法，这里有两个变量 a 和 b，所以，分别求导并令其为 0，即

$$\frac{\partial Q}{\partial a}=0, \quad \frac{\partial Q}{\partial b}=0 \tag{7-5}$$

满足上两式的 a 和 b，就是最优的一组 (a, b) 值。

分别求导后得

$$\begin{cases} \dfrac{\partial Q}{\partial a}=2\sum_{i=1}^{n}[x_i(ax_i+b-y_i)]=0 \\ \dfrac{\partial Q}{\partial b}=2\sum_{i=1}^{n}(ax_i+b-y_i)=0 \end{cases} \tag{7-6}$$

上述方程组两项分别求解得

$$\begin{cases} a\sum_{i=1}^{n}x_i^2+b\sum_{i=1}^{n}x_i=\sum_{i=1}^{n}y_ix_i \\ a\sum_{i=1}^{n}x_i+b\sum_{i=1}^{n}1=\sum_{i=1}^{n}y_i \end{cases} \tag{7-7}$$

解得 a 和 b 的值为

$$\begin{cases} a=\dfrac{\dfrac{\sum_{i=1}^{n}y_i\cdot\sum_{i=1}^{n}x_i}{n}-\sum_{i=1}^{n}y_ix_i}{\dfrac{\sum_{i=1}^{n}x_i\cdot\sum_{i=1}^{n}x_i}{n}-\sum_{i=1}^{n}x_i^2} \\ b=\dfrac{\sum_{i=1}^{n}y_i-a\sum_{i=1}^{n}x_i}{n} \end{cases} \tag{7-8}$$

a 的求解式中只剩下 x_i、y_i 和 n，其中，x_i、y_i 是观测值，即样本，n 为观测值的数量，即样本的数量，显然这些都是已知值。所以，可以求得 a。b 的求解式中分母中有个 a，其他参数 x_i、y_i 和 n 同样是已知的，在求得 a 的情况下，就可以求得 b。

上述求解一元线性回归参数 a 和 b 的方法称为最小二乘法，这是一种通过数值计算的求解方式，有很好的数学基础。但是，这种方法需要求解方程组，针对多元线性回归的求解过程会十分复杂，因此最小二乘法只适用于单指标情况。对于多元线性回归一般采用另外一种最为常用的方法——梯度下降算法，相关内容将在第 10 章讨论。

2. 非线性回归

如果回归模型的因变量是自变量的一次以上函数形式，函数图形为形态各异的曲线，称为非线性回归。高次函数是指二次及以上的函数，可以表示非线性回归模型。高次函数的图像为曲线，例如 $f(x)=ax^2+bx+c$，非线性回归的目标是找到这条曲线。

在实际中，线性回归应用相对较多。因为非线性回归采用了高次函数，在计算新样本的输出时，其结果与实际值偏差有时会比较大，所以其应用效果并不是特别理想。

非线性回归采用高次方程的形式，例如 $y=\theta_0+\theta_1 x+\theta_2 x^2+\theta_3x^3$ 的图形如图 7-4 所示。非线性拟合往往在测试集上表现良好，但是在测试集上不稳定，即比较容易出现过拟合的问题。另外，设计表达式也比较复杂，需要反复调试，在实践中应谨慎使用这种模型。

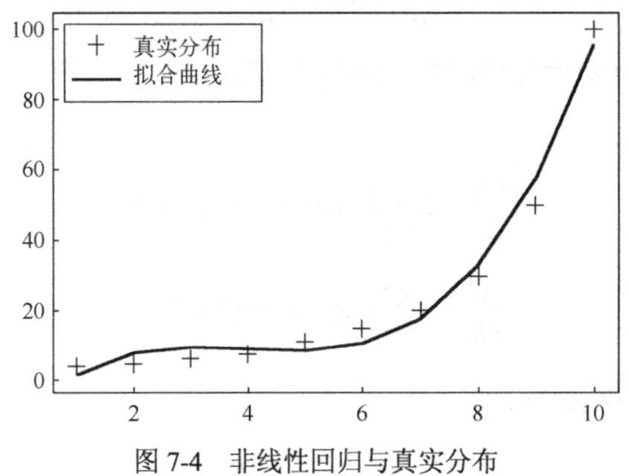

图 7-4　非线性回归与真实分布

由于机器学习主要用于决策支持，而决策支持对模型准确性的要求没有事务处理的要求高，对存在少量错误率的模型具有一定容忍度。另外，在测试集上实现 100%的准确，往往意味着模型可能出现过拟合的问题。

非线性回归可分为以下两类。

1) 一元非线性回归

与一元线性回归类似，一元非线性回归有一个自变量 x 和一个因变量 y，二者之间是非线性关系，如双曲线、二次曲线、多次曲线、幂曲线、指数曲线、对数曲线等，需要建立非线性方程组解决。如图 7-4 所示，一个自变量 x 与 y 的回归结果为一条曲线，是典型的一元非线性回归。

2) 多元非线性回归

两个或两个以上的自变量(x_1、x_2、…、x_n)和一个因变量 y 之间呈现非线性关系为多元非线性关系。

在实际中，针对非线性回归，由于拟合结果容易出现过拟合，因此，一般的做法是将其简化为标准的多元线性回归处理。

7.2.3　过拟合与欠拟合

回归是一个拟合过程，其结果是一个拟合方程模型。当一个在样本中没有出现过的 x_i 输入拟合后的模型，理想的情况是，模型能够较准确地给出 $\hat{y}_i$，即 $\hat{y}_i$ 与实际值 y_i 的偏差在可接受的范围内，否则会出现两种不理想的情况：过拟合和欠拟合。

1. 过拟合

过拟合可以理解为“过度拟合”。为了迎合所有样本点甚至是噪声点，导致模型过于复杂。对于已知的观测值都可以准确地给出 y_i 值，如图 7-5 所示。但是对于其他测试值的输出则可能出现很大的偏差，这种情况称为过拟合。

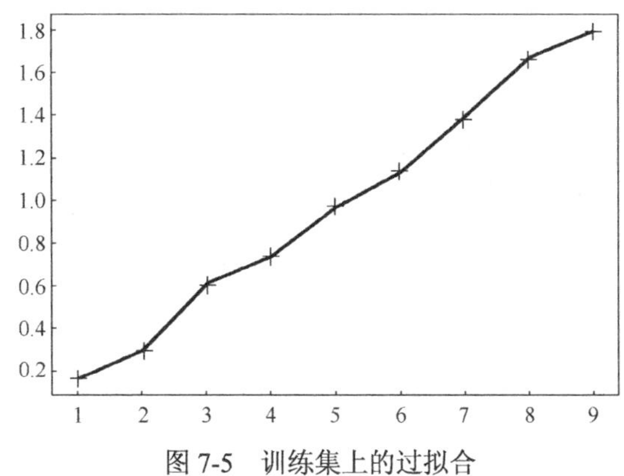

图 7-5　训练集上的过拟合

过拟合带来的主要危害如下：

(1) 描述复杂，可解释性差。

(2) 失去泛化能力，不能做到“举一反三”。一元线性回归模型主要用于预测，如果模型泛化能力弱，则会导致应用中的预测结果出现很大的偏差。

产生过拟合的主要原因如下：

(1) 训练样本少。

(2) 对于历史数据拟合过度，如使每一个 x_i 与 y_i 无误差拟合，即使得$|e| = 0$，那么得到的将是完全拟合的曲线。

(3) 过度调整参数。

当对一个观察到的对象存在多个解释时，选择最简单的那个才是明智的，即遵循奥卡姆剃刀(Occam’s Razor)原则。奥卡姆剃刀原则概括起来为“如无必要，勿增实体”，认为简单化是对付复杂与烦琐事情的最有效的方式。这也是避免过拟合的基本原则，即模型训练及调参不能过度。

2. 欠拟合

与过拟合相反，欠拟合是指模型拟合程度不高，观测值距离拟合曲线较远，说明没有很好地捕捉到观测数据的特征，不能够很好地拟合观测数据，没有找到观测值 x_i 和 y_i 的理想对应关系。在欠拟合情况下，误差 e 存在分布太分散或者太大的情况。

欠拟合通常是回归中的因素考虑不足导致的，具体原因如下。

(1) 参数过少：训练样本的维度过少，例如，用户的信誉与年龄、账户余额、借贷频率、借贷额度、是否违约等因素有关，如果考虑不全面则会导致欠拟合。

(2) 拟合不当：采用的模型不合理，例如，应该使用 $y = ax^2$ 拟合，却选用了 $y = ax + b$ 拟合。

无论是过拟合还是欠拟合，都会导致模型因缺乏泛化能力而失去应用价值。如图 7-6 所示，左侧的图表示模型的阶次=1，显然是欠拟合的，不能很好地表示数据的特征。而右侧的图表示模型的阶次提高到 15，几乎拟合了所有样本，但显然是过拟合了。根据图示可知，当模型的阶次 =4 时，表现为中间的图，拟合效果最为合理。

总之，回归模型主要用于预测。一元线性回归只有一个指标，其建模的过程是确定参数 a 和 b。多元线性回归涉及多个指标，其建模过程是确定一组参数。一旦确定了参数，将其保存下来就是模型。实际中，随着新样本的加入，可能需要重新建立模型才能保证模型的准确性。在自变量很小或很大时，回归模型容易失真，因此，回归模型适合小时间尺度的预测。另外，回归模型训练时容易出现过拟合和欠拟合的情况，从而导致模型泛化能力弱，一般通过增加样本数量或特征，或者优化模型的阶次来防止这种情况的出现。

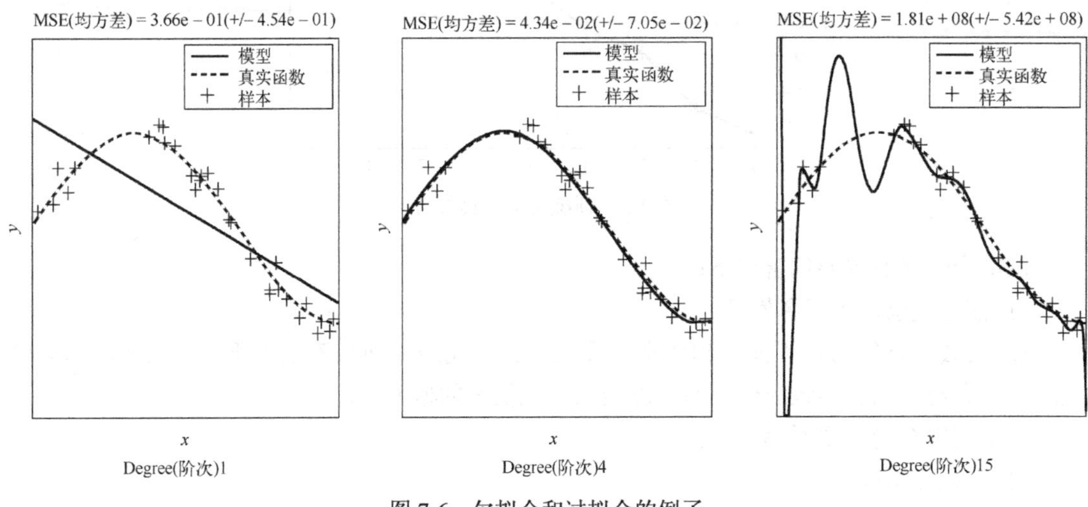

图 7-6 欠拟合和过拟合的例子

7.3 分类分析

分类是一种典型的有监督学习，主要用于事物归类。分类分析在实际中应用非常广泛，很多问题都可以转化为分类问题，因此是一种最重要的机器学习方法。分类算法也是数量最多的一类机器学习算法。

分类分析隐含一个假设，即规律存在于数据中。分类算法的目标是从中找出相应的规则，以便能够准确预测未知样本的标签。分类分析通过训练数据集构造分类模型，又称为分类器。由于标签是已知的，所以属于有监督学习。常见的分类算法包括决策树、贝叶斯模型、逻辑归回、SVM、神经网络、*k*-NN 等。

不同分类器的分类效果是有差异的。生活中也有很多分类器的例子，例如为了增加栗子的销量会将栗子分为大、中、小 3 种，具体做法可以用尺量、用筛子、称重量等。这些分类方法的效率和效果不同的。对于同一个数据集，有些分类算法构建的分类器效率高、效果好，而有些则效率低、效果差。

7.3.1 决策树

决策树(Decision Tree，DT)又称判定树，是一种基础的分类算法。决策树是一个类似流程图的树形结构，其中树的每个内部节点代表对一个属性的测试，其分支代表测试的结果。如图 7-7 所示为一棵根据销售历史数据构建的简单的决策树，应用这棵决策树可以确定一个顾客是否会购买商品。

根据输出结果的不同，决策树可以分为分类树(Classification Tree)和回归树(Regression Tree)。当分类结果为类别时，称为分类树；当分类结果为实数时，称为回归树。分类树的叶节点是类别，目标是解决分类问题。如图 7-8 所示，回归树的叶节点是数值。与分类树不同，回归树是用决策树解决回归问题，即每一个叶子节点输出一个预测值，预测值一般是该片叶子所含训练集元素输出的均值，即

$$c_m = \frac{1}{n}\sum_{i=1}^{n}(y_i \mid x_i \in leaf_m) \tag{7-9}$$

其中，$leaf_m$ 表示叶子节点 m 所含的训练集样本。

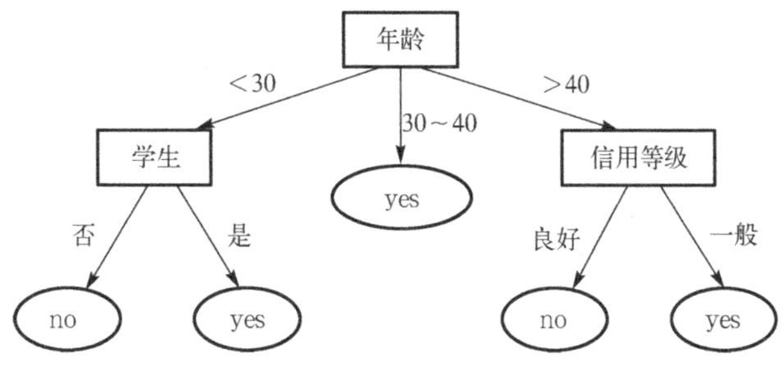

图 7-7 决策树

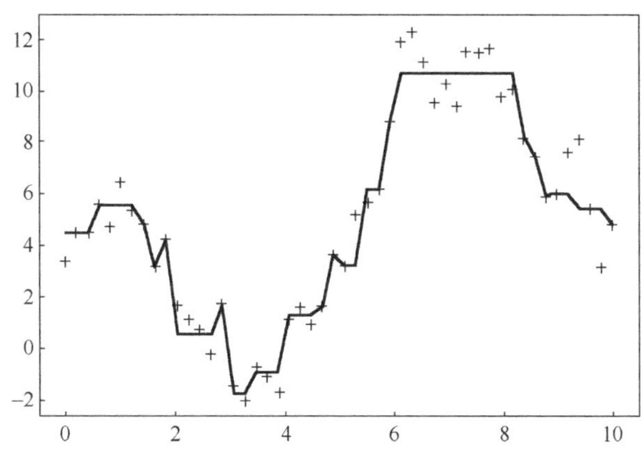

图 7-8 回归树叶子节点是其所含样本的均值

常见的构建决策树的算法有概念学习系统（Concept Learning System，CLS）算法、迭代二分（Iterative Dichotomiser 3，ID3）算法、C4.5 算法和分类回归树（Classification and Regression Tree，CART）算法等。

CLS 算法是一种最简单的决策树算法，基本思路是从一棵空树开始，不断地从训练集选取特征加入树中，直到决策树满足分类要求为止。CLS 算法的主要问题是新增特征有很大的随机性。ID3 算法是对 CLS 算法的改进，摒弃了属性选择的随机性，利用信息熵的下降速度作为特征选择的度量。如图 7-9 所示为一棵根据某销售数据用 ID3 算法得到的决策树，叶子节点为类别。ID3 算法的优点是结构简单，学习能力强，分类速度快，适合大规模数据分类；缺点是容易倾向于众数属性导致过度拟合，这是由于信息增益的不稳定性导致的，另外，算法抗干扰能力差。

C4.5 算法是对 ID3 算法的改进，使用信息增益率作为属性选择的标准，同时，增加了剪枝操作从而避免了过拟合。C4.5 算法的优点是可以对不完整属性和连续型数据进行处理，另外使用 *k*-折交叉验证降低了计算复杂度，提升了算法的普适性，是一种应用广泛的决策树算

法。ID3 和 C4.5 均采用信息熵度量信息的不确定度，是多叉树形式，即一个节点可以有多个分支。

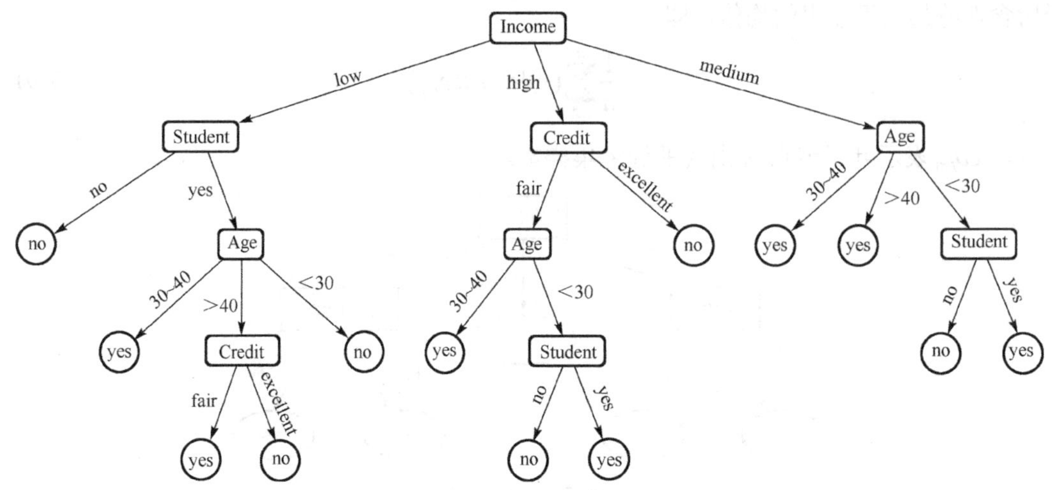

图 7-9　ID3 算法决策树(多叉树)

CART 是一种既可以用于分类也可以用于回归的决策树算法，该算法采用二元切分处理连续型变量，对 CART 稍作修改就可以处理回归问题。CART 算法被称为里程碑式的算法，采用基尼指数(Gini Index)来度量信息不纯度。针对如图 7-9 所示的的例子，如图 7-10 所示为使用 CART 算法生成的一棵回归二叉树，叶子节点为具体数值。

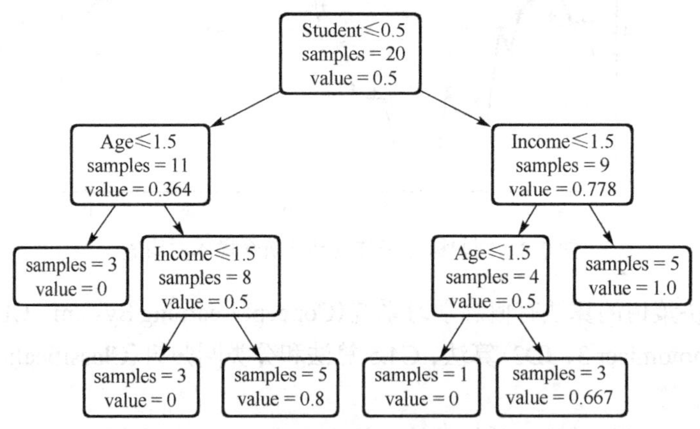

图 7-10　CART 算法生成的回归树例子(二叉树)

无论是 ID3、C4.5 等以信息熵构建的决策树，还是以基尼指数构建的 CART 决策树，都可以实现分类。

下面以 ID3 为例说明构建决策树的过程。

(1) 计算类别信息熵。

类别信息熵是指根据类别属性计算的信息熵，计算公式为

$$I(s_1,s_2,\cdots,s_m)=-\sum_{i=1}^{m}\frac{s_i}{s}\log_2\frac{s_i}{s} \tag{7-10}$$

其中，m 表示类别的数量；s_i 表示类别 i 的样本数量；s 表示类别属性的样本总数。

(2) 计算各属性的信息熵。

利用属性 A 划分当前集合所需要的信息熵 $E(A)$，其值越小，表示其子集划分结果越纯。计算公式为

$$E(A)=\sum_{j=1}^{V}\left(\frac{s_{1j}+s_{2j}+\cdots+s_{mj}}{s}\cdot I(s_{1j},s_{2j},\cdots,s_{mj})\right) \tag{7-11}$$

其中，V 表示属性的取值个数。

(3) 计算子节点的类别信息熵。

确定给定子集 s_j 的信息量，继续划分。与步骤 (1) 类似，计算公式为

$$I(s_{1j},s_{2j},\cdots,s_{mj})=-\sum_{i=1}^{m}p_{ij}\log_2(p_{ij}) \tag{7-12}$$

其中，$p_{ij}=\frac{s_{ij}}{|s_j|}$，表示该子集的不同类别的占比。

(4) 计算信息增益。

利用属性 A 对当前分支节点进行相应的样本集合划分所获得的信息增益为

$$Gain(A)=I(s_1,s_2,\cdots,s_m)-E(A) \tag{7-13}$$

可见，节点是根据 $Gain(A)$ 确定的属性，原则是选取 $Gain(A)$ 值最大的属性，即选择 $E(A)$ 值最小的属性。

(5) 重复上述步骤，直至所有属性划分完成。

上述过程简单地说就是通过熵确定决策树中的各个节点，熵越小越有规律，越靠近根节点。节点确定了决策树就确定了。

例 7.1 某商场顾客数据集如表 7-1 所示，类别属性为 Buys，其他为特征列。根据该数据集用 ID3 算法构建决策树。

表 7-1 某商场顾客采购历史数据集

ID	Age	Income	Student	Credit	Buys
1	<30	high	no	fair	no
2	<30	high	no	excellent	no
3	30～40	high	no	fair	yes
4	>40	medium	no	fair	yes
5	>40	low	yes	fair	yes
6	>40	low	yes	excellent	no
7	30～40	low	yes	excellent	yes
8	<30	medium	no	fair	no
9	<30	high	yes	fair	yes
10	>40	medium	yes	fair	yes
11	<30	medium	yes	excellent	yes
12	30～40	medium	no	excellent	yes
13	30～40	medium	yes	fair	yes
14	>40	low	no	excellent	no

计算过程如下：

样本集合的类别属性为 Buys，该属性有两个不同取值：{yes, no}，因此有两个类别，即 $m=2$，设 s_1 对应 yes 类别，s_2 对应 no 类别。s_1 类别包含 9 个样本，s_2 包含 5 个样本，计算每个属性的信息增益。

(1) 计算分类所需的信息量。

$$I(s_1,s_2)=-\frac{9}{14}\log_2\frac{9}{14}-\frac{5}{14}\log_2\frac{5}{14}=0.94$$

(2) 计算每个属性信息熵，假设从 Age 开始。

对于 Age='<30'：s_{11}=2，s_{21}=3，$I(s_{11}, s_{21})$=0.971，其中，Age='<30' 有 2 个 Buys=yes 样本，即 s_{11}=2，有 3 个 Buys=no 样本，即 s_{21}=3。

对于 Age=30～40：s_{12}=4，s_{22}=0，$I(s_{12}, s_{22})$=0

对于 Age='>40'：s_{13}=3，s_{23}=2，$I(s_{13}, s_{23})$=0.971

(3) 计算按 Age 划分所需要的信息熵：

$$E(\text{Age})=\frac{5}{14}\times I(s_{11},s_{21})+\frac{4}{14}\times I(s_{12},s_{22})+\frac{5}{14}\times I(s_{13},s_{23})=0.694$$

(4) 计算这种划分的信息增益：

$$Gain(\text{Age})=I(s_1,s_2)-E(\text{Age})=0.94-0.694=0.246$$

同样计算可得：

$$Gain\ (\text{Income})=0.029,\ Gain\ (\text{Student})=0.151,\ Gain\ (\text{Credit})=0.048$$

由于 *Gain* (Age)最大，说明 Age 的熵最小，表明与 Buys 的对应最有规律，因此，Age 作为决策树的第 1 个节点。基于 Age 继续划分，重复上述步骤，直至划分结束。用程序实现，最终可得到如图 7-11 所示的结果。注意，由于第二层的 Student 和 Credit 已经能够完全区分出类别，因此，没有必要继续划分。

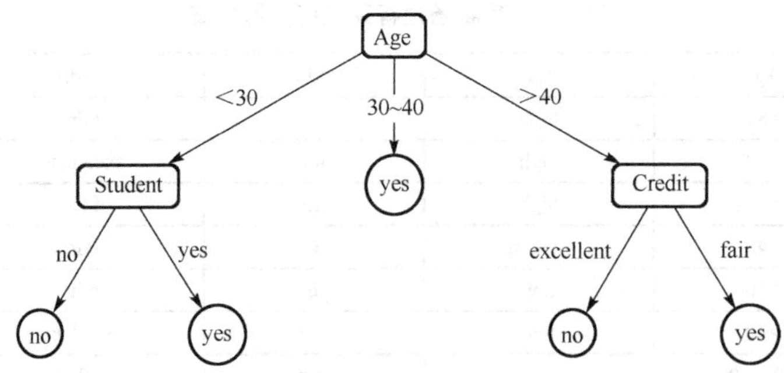

图 7-11　例子：ID3 算法

用 ID3 算法构建决策树是一个从无序到有序的过程，也是减少熵的过程。在 ID3 算法中，信息增益是减少的熵的量度，即减少不确定性的度量。

7.3.2　朴素贝叶斯模型

多个证据情况下的贝叶斯公式改造后可作为分类模型，即贝叶斯模型。将表 7-1 中的 4 个属性 Age、Income、Student、Credit 的值作为证据 E_1, E_2, E_3, E_4，这里用 A_1, A_2, A_3, A_4 表示，也称属性为特征。将最后一个属性 Buys 作为结论，由于 Buys 有两个取值：yes 和 no，即存在两个结论 H_1, H_2，即作为分类模型中的标签。此时的贝叶斯公式为

$$P(H_i \mid A_1A_2A_3A_4)=\frac{P(A_1 \mid H_i)P(A_2 \mid H_i)P(A_3 \mid H_i)P(A_4 \mid H_i)}{\sum_{j=1}^{n}\left[P(A_1 \mid H_j)P(A_2 \mid H_j)P(A_3 \mid H_j)P(A_4 \mid H_j)\right]P(H_j)},\ i=1,2$$

一般化的贝叶斯分类模型的公式为

$$P(H_i \mid A_1A_2\ldots A_m)=\frac{P(A_1 \mid H_i)P(A_2 \mid H_i)\cdots P(A_m \mid H_i)P(H_i)}{\sum_{j=1}^{n}[P(A_1 \mid H_j)P(A_2 \mid H_j)\cdots P(A_m \mid H_j)]P(H_j)},\quad i=1,2,\cdots,n \tag{7-14}$$

这样就可以将表 7-1 中的数据作为证据逐条代入上式，通过计算各个概率即可构建贝叶斯模型。

例 7.2　采用例 7.1 的数据建立朴素贝叶斯模型，并判断一条新记录：*X*=(Age=‘<30’, Income=‘medium’, Student=‘yes’, Credit=‘fair’)的类别 Buys 值为‘yes’还是‘no’。

计算事前概率 $P(A_i)$：

$$P(\text{Buys}=\text{'yes'})=\frac{9}{14}$$

$$P(\text{Buys}=\text{'no'})=\frac{5}{14}$$

计算条件概率 $P(A_i \mid H_k)$：

$$P(\text{Age}=\text{'<30'} \mid \text{Buys}=\text{'yes'})=\frac{2}{9}$$

$$P(\text{Age}=\text{'<30'} \mid \text{Buys}=\text{'no'})=\frac{3}{5}$$

$$P(\text{Income}=\text{'<Medium'} \mid \text{Buys}=\text{'yes'})=\frac{5}{9}$$

$$P(\text{Income}=\text{'<Medium'} \mid \text{Buys}=\text{'no'})=\frac{1}{5}$$

同样，计算 Student = ‘yes’，Credit = ‘fair’ 的条件概率(略)。

计算 $\prod_{i=1}^{2}P(A_i \mid H_k)$：

$$P(\text{Age}=\text{'<30'} \mid \text{Buys}=\text{'yes'})\times P(\text{Income}=\text{'<Medium'} \mid \text{Buys}=\text{'yes'})=\frac{2}{9}\times\frac{5}{9}$$

$$P(\text{Age}=\text{'<30'} \mid \text{Buys}=\text{'no'})\times P(\text{Income}=\text{'<Medium'} \mid \text{Buys}=\text{'no'})=\frac{3}{5}\times\frac{1}{5}$$

注意：这里省略了 Student 和 Credit 的计算。

计算事后概率 $\prod_{i=1}^{2}P(A_i \mid H_k)P(H_k)$：

$$P(A|\text{Buys}=\text{'yes'})\times P(\text{Buys}=\text{'yes'})=\frac{2}{9}\times\frac{5}{9}\times\frac{9}{14}=0.079$$

$$P(A|\text{Buys}=\text{'no'})\times P(\text{Buys}=\text{'no'})=\frac{3}{5}\times\frac{1}{5}\times\frac{5}{14}=0.042$$

二者除以相同的 P (B)，因此可以不用计算。由于 $0.079>0.042$，因此，X 的 Buys 的取值应为‘yes’。

朴素贝叶斯分类模型仍然隐含了独立性假设，即各个特征之间是相互独立的，类别也是相互独立的。朴素贝叶斯分类模型的可解释性好，计算过程简单，但是，大数据集的计算量会比较大。朴素贝叶斯分类模型在实际中应用较为广泛，一般情况下会假设特征之间相互独立。

7.3.3 支持向量机

1. 线性 SVM

支持向量机是一种有监督的机器学习算法，可用于分类任务或回归任务。主要的思路是，SVM 可以将一个非线性的复杂的分类问题通过映射函数映射到高维空间上进行线性划分。

如图 7-12 所示，SVM 中涉及以下两个重要概念。

(1) 超平面：超平面是二维空间中的直线、三维空间中的平面的推广，一般当维度大于 3 时，才被称为超平面。超平面是纯粹的数学概念，不是现实的物理概念。为方便讨论问题，这里将二维空间的直线也称为超平面。

(2) 支持向量：距离超平面最近且满足一定条件的几个训练样本点被称为支持向量。

分类的目标就是找到更好的隔离两个类别样本的超平面。在分类任务中，这个最好的超平面称为决策边界。如图 7-13 所示，有 A、B、C 三个超平面，直观上 C 显然是最好的，原因是任一类的点到超平面 C 的距离最大，这个距离称为边距 d。

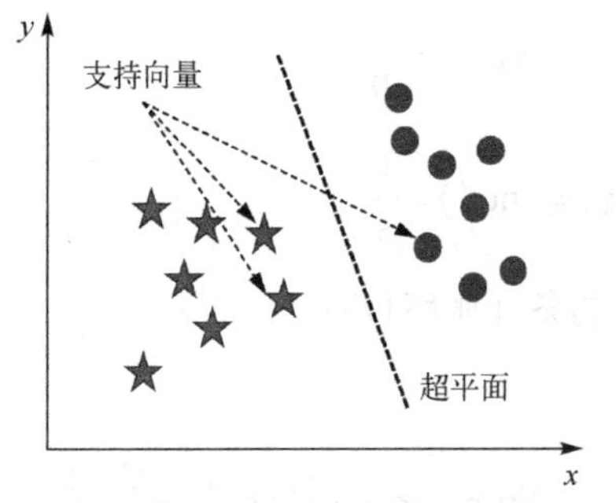

图 7-12 超平面和支持向量

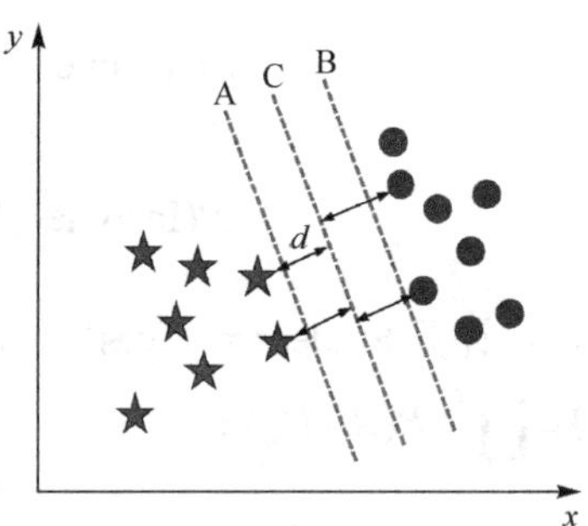

图 7-13 更好地隔离两个类别的超平面

回归模型的目标是让训练集中的每个样本点，尽量拟合到一个线性方程上。对于回归模型，一般用平方误差作为损失函数，损失函数是模型输出与真实值之间误差函数，一般用 L 表示，详见第 10 章。对于 SVM 来说，使用了另外一种损失函数——合页损失(Hinge Loss)函数，通过最小化合页损失函数的平均值就可以得到最好的分类效果，也就是说，可以求得最优的超平面，即

$$\min\left(\frac{1}{N}\sum_{i=1}^{N}L_i\right)=\min\left(\frac{1}{N}\sum_{i=1}^{N}\sum_{j\neq y_i}\max(0,s_j-s_{yi}+1)\right) \tag{7-15}$$

其中，L_i表示损失函数，这里指合页损失函数；N表示样本数量。

对于二分类问题，类别取值为$\{-1, 1\}$，将上式改造为

$$\min\left(\frac{1}{N}\sum_{i=1}^{N}L_i\right)=\min_{w,b}\left(\frac{1}{N}\sum_{i=1}^{N}\sum_{j\neq y_i}\max(0,1-y_i(wx_i+b))\right) \tag{7-16}$$

其中，y_i为真实值，$y_i\in\{-1, 1\}$；$wx_i + b$ 为预测值。

由于是二分类，为便于理解，假设 $wx_i + b$ 的取值也为$\{-1, 1\}$，即$(wx_i + b)\in\{-1, 1\}$。那么，分两种情况讨论：

(1) $y_i= 1$，当 $wx_i + b = 1$ 时，损失为 0，说明预测正确；当 $wx_i + b = -1$ 时，损失为 2，说明预测错误。

(2) $y_i= -1$，当 $wx_i + b = -1$ 时，损失为 0，说明预测正确；当 $wx_i + b = 1$ 时，损失为 2，说明预测错误。

为了防止过拟合，将式(7-16)增加一个正则化项

$$\min_{w,b}\left(\frac{1}{N}\sum_{i=1}^{N}\sum_{j\neq y_i}\max(0,1-y_i(w_ix_i+b))+\lambda\|w_i\|^2\right) \tag{7-17}$$

式(7-17)即为 SVM 的目标函数，参数 w 和偏置 b 为优化的目标。

实际上，预测值 $wx + b$ 是一个连续值，一般取值区间为$[-1, 1]$。那么 $y(wx+b)$ 的取值也是连续值，$|y(wx+b)|$代表了样本距离决策边界的远近程度。$|y(wx+b)|$值越大，表明样本距离决策边界越远。当 $y(wx+b)>0$ 时，$|y(wx+b)|$值越大表示决策边界对样本的区分度越好。当 $y(wx+b)<0$ 时，$|y(wx+b)|$值越大表示决策边界对样本的区分度越差。总之，正确分类的分值越大越好，错误分类的分值越小越好。

2. 非线性 SVM

如果两个类别的数据是如图 7-14 所示的交叉在一起的样本，用上面讨论的线性 SVM 中的最大边距方法显然不能在两个类之间找到超平面。

下面通过一个例题说明空间映射。

例 7.3　已知向量 $x=(1, 3)$，$y=(8, 5)$。求 x 与 y 的点乘(矩阵的叉乘)。x 向量矩阵表示为$\begin{bmatrix}1\\3\end{bmatrix}$，$y$ 向量矩阵表示为$\begin{bmatrix}8\\5\end{bmatrix}$。

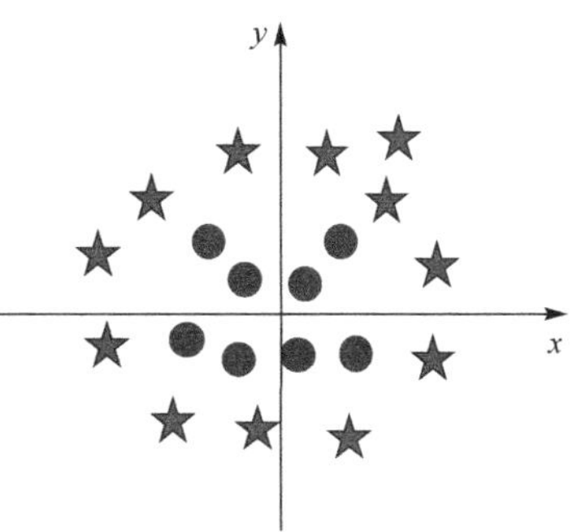

图 7-14　交叉在一起的样本

方法 1：在二维空间求解。

$$x\cdot y=x^{\mathrm{T}}y=[1,3]\begin{bmatrix}8\\5\end{bmatrix}=8+15=23$$

方法 2：在三维空间求解。

将向量 $x=(1, 3)$、$y = (8, 5)$ 做如下变换：

$$\varphi(x)=(1^2,3^2,\sqrt{2}\times1\times3)=(1,9,3\sqrt{2})$$

$$\varphi(y)=(8^2,5^2,\sqrt{2}\times 8\times 5)=(64,25,40\sqrt{2})$$

则有

$$\varphi(x)\cdot\varphi(y)=\begin{bmatrix}1,9,3\sqrt{2}\end{bmatrix}\begin{bmatrix}64\\25\\40\sqrt{2}\end{bmatrix}=64+9\times 25+3\times 40\times\sqrt{2}\times\sqrt{2}=529=23^2$$

$$x\cdot y=\sqrt{\varphi(x)\cdot\varphi(y)}=23$$

两种方法都得到了正确的结果，但是方法 1 是在二维空间上求解，而方法 2 则是在三维空间上求解。显然，一个问题在低维空间的解，可映射到某个高维空间求得。这个例子中，φ 函数起到一个重要作用，它将低维空间映射到了高维空间。虽然这个例子很简单，但是说明了有些问题在低维空间无法求解时，可以尝试在高维空间求解。借鉴这个思路，有些分类问题比较复杂，在低维空间上无法进行划分，可以将其映射到高维空间进行划分。这就需要找到一个合适的映射函数。

再回到图 7-14 非线性划分的问题上，设计一个映射函数

$$z=f(x,y)=x^2+y^2$$

将映射函数 f 的结果作为一个新特征 z，连同原来的两个特征 x 和 y，此时共有 3 个特征 (x,y,z)。如图 7-15 的示意图，这里仅看 x 和 z 轴上的数据点，其中 z 的所有值都是正的，因为 z 是 x 和 y 的平方和。

在原图中，圆圈点出现在靠近 x 和 y 轴原点的位置，导致 z 值比较小。星形点相对远离原点，导致 z 值较大。这时就可以找到一个超平面了，如图 7-15 中的虚线。可见，$f(x,y)$ 将特征从低维空间映射到了高维空间。既然能找到超平面，就可以实现分类了。

总之，低维空间的非线性问题可以在高维空间通过线性方式求解。一旦得到如图 7-15 所示的映射结果，一个非线性问题就转化为线性问题，就可以采用线性的 SVM 方法求解了。超平面在原始的低维特征空间中是一个圆，图 7-15 中的实线就是图 7-16 中的圆通过 $z=f(x,y)=x^2+y^2$ 映射过去的。

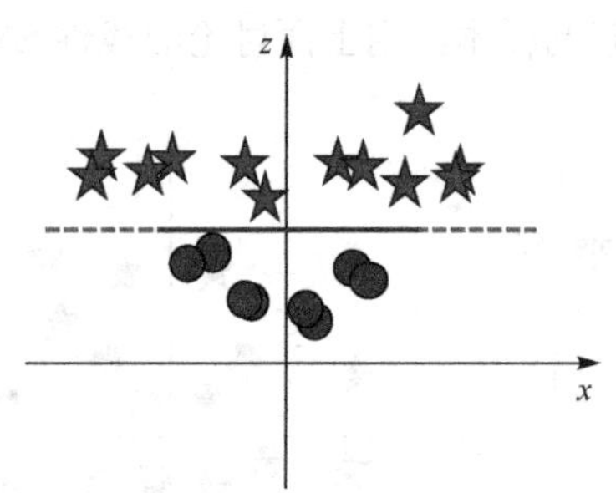

图 7-15　添加新特征后的超平面

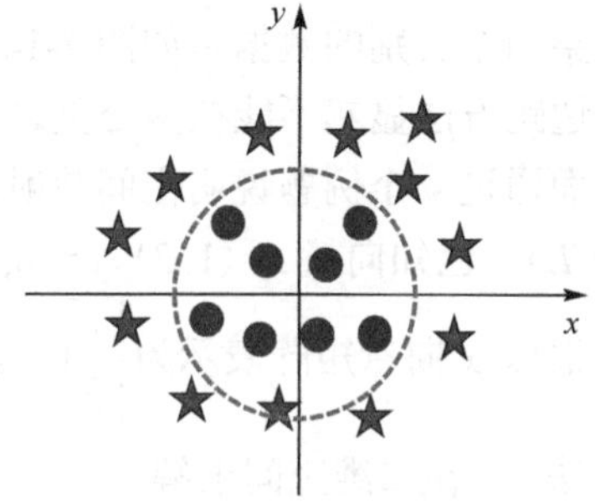

图 7-16　与三维对应的二维空间的超平面

如果空间是二维的，则其决策边界的超平面是一维直线，如图 7-17 所示。如果空间是三维的，那么它的决策边界的超平面是二维平面，如图 7-18 所示。

针对一个分类问题，每次设计一个映射函数来获得超平面是不现实的。SVM 算法提供了一种内核技巧的技术，给出了可供选择的映射函数，称为内核函数，简称为核函数。实际应

用中，只需从中选择适当的核函数即可。

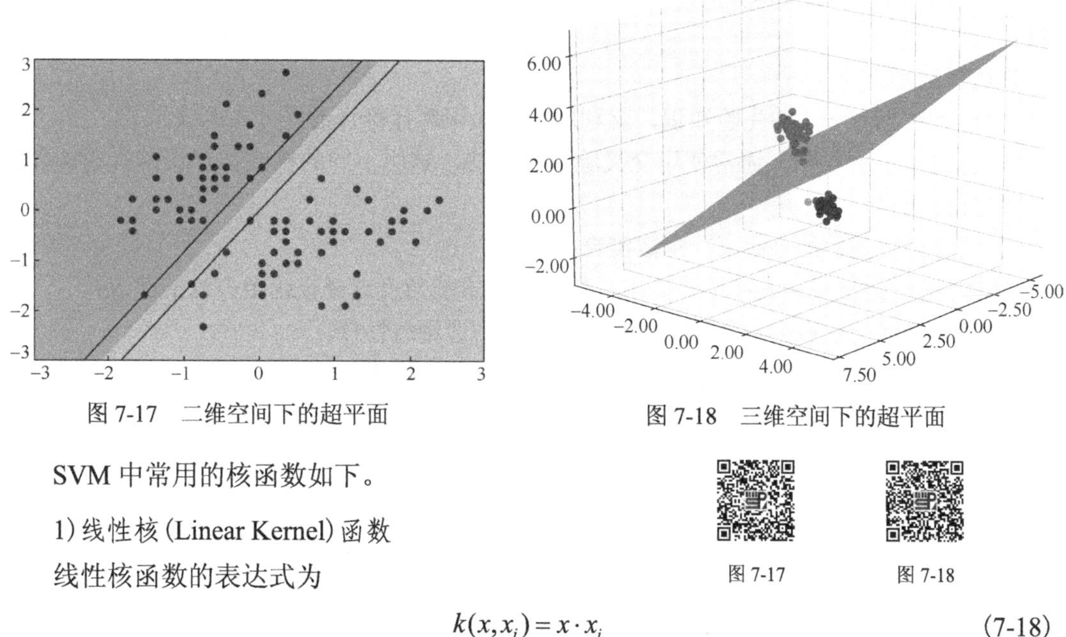

图 7-17　二维空间下的超平面

图 7-18　三维空间下的超平面

SVM 中常用的核函数如下。

1) 线性核 (Linear Kernel) 函数

线性核函数的表达式为

$$k(x,x_i)=x\cdot x_i \tag{7-18}$$

线性核函数主要用于线性可分的情况。特征空间到输入空间的维度是一样的，其参数少且速度快。对于线性可分数据，其分类效果很理想，因此通常首先尝试选用线性核函数来做分类，如果效果不理性再更换其他核函数。

2) 多项式核 (Polynomial Kernel) 函数

多项式核函数的表达式为

$$k(x,x_i)=((x\cdot x_i)+1)^d \tag{7-19}$$

其中，d 为超参数。

多项式核函数适合于正交归一化后的样本。由于参数多，当多项式的阶数比较高的时候，核矩阵的元素值将趋于无穷大或者无穷小，计算复杂度会大到无法计算。

3) 径向基函数 (Radial Basis Function，RBF)

RBF 的表达式为

$$k(x,x_i)=\exp\left(-\frac{\|x-x_i\|^2}{\delta^2}\right) \tag{7-20}$$

其中，δ为超参数。

径向基函数也称高斯核 (Gaussian Kernel) 函数，具有局部性强的特点，也是应用最广的一个核函数，无论大样本还是小样本都有比较好的性能。而且相比于多项式核函数，RBF 的参数少，因此大多数情况下优先使用高斯核函数。

4) 神经元的非线性作用核函数

例如，双曲正切函数 tanh

$$k(x,x_i)=\tanh(\eta<x,x_i>+\theta) \tag{7-21}$$

如果采用神经元的非线性作用核函数，那么，此时支持向量机实现的是一种多层神经网络。

核函数选择方法如下：

(1) 如果数据有一定的先验知识，就利用先验知识选择符合数据分布的核函数。

(2) 如果不了解数据，通常使用交叉验证的方法，试用不同的核函数，误差最小的即为效果最好的核函数。

(3) 将多个核函数结合起来，形成混合核函数。

斯坦福大学的吴恩达教授也曾给出从特征和样本的角度选择核函数方法的建议：

(1) 如果特征的数量大到和样本数量差不多，则选用线性核。

(2) 如果特征的数量小，样本的数量正常，则选用高斯核函数。

(3) 如果特征的数量小，而样本的数量巨大，则需要手工添加一些特征从而变成第(1)种情况。

SVM 分类准确率高，泛化能力强，解决高维特征的分类问题和回归问题都很有效，在特征维度大于样本数时依然有很好的效果。在 SVM 算法中，核函数可以很灵活地解决各种非线性的分类回归问题。由于仅使用支持向量确定超平面，无需使用全部数据，所以 SVM 适合样本量小的情况。但是，在样本量非常大的情况下，核函数映射维度非常高时，计算量过大，不适合使用 SVM 算法。另外，SVM 对缺失数据敏感，尤其当特征维度远大于样本数量时的表现一般。

7.3.4　*k* 近邻

黑格尔有句名言：“历史常常惊人地重演”。当面对一个问题时，或许从历史中可以找到启发，这个启发其实是找到与当前问题类似情况下，前人是如何处理的或者有什么可以吸取的教训，从而指导目前的决策。例如，当需要预测未来几天的股市走向时，一个自然的做法是将过去几天的走势曲线与历史走势比对一下，然后再做出决策。

这一思想在机器学习中也有所体现，这种算法称为 k 近邻(*k*-Nearest Neighbors，*k*-NN)算法。*k*-NN 是一种常见的分类和回归算法，当历史数据足够，并且具有很好的多样性时，*k*-NN 算法可以取得很好的效果。

k-NN 的直观意思是找 k 个最近的邻居，基本思路是：已知一个带有标签的样本集，当预测一个新值 x 的标签时，计算 x 与样本集中每个样本的距离，找到最近的 k 个样本，根据这 k 个样本采用投票方式确定 x 的类别。

算法步骤如下。

输入：一个预测对象 x，训练数据集(标签已知)，近邻数量 k。

输出：对象 x 的类别。

计算步骤如下。

(1) 计算距离：计算测试对象 x 与训练集中的每个对象之间的距离。

(2) 查找邻居：圈定距离对象 x 最近的 k 个训练对象，作为 x 的近邻。

(3) 确定类别：根据这 k 个近邻归属的主要类别，通过投票确定对象 x 的类别。

例如，已知图 7-19 中▲点和●点是样本，其类别是已知的，■点是待预测对象 x，类别未知。

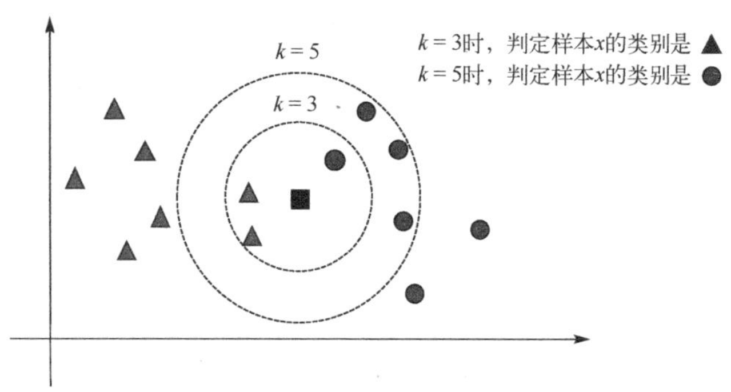

图 7-19　不同 k 值类别归属也不同

假设 $k=3$。那么 k-NN 算法会找到与■点距离最近的 3 个点(这里用虚线圆把它们圈起来)，看看哪种类别多一些。比如这个例子中是▲点多一些，■就归类到▲了。但是，当 $k=5$ 时，判定发生了变化。这时●多一些，所以■被归类为●。

从这个例子中可以看出，在 k-NN 算法中，k 的取值是很重要的。

可见，k-NN 算法中主要有两个重要的操作：一个是 k 值的选取，另一个是距离的计算。

1) k 值选取

通过交叉验证法确定 k 值。交叉验证是指将样本数据按照一定比例，拆分出训练用的数据和验证用的数据，比如按 7∶3 的比例拆分出训练数据和验证数据。从选取一个较小的 k 值开始，不断增加 k 的值，然后计算验证集的误差，最终找到一个比较合适的 k 值。

具体过程为：

(1) 训练数据和验证数据都有标签，从验证集选样本扫描训练集。

(2) k 值递增，并计算验证集的误差，得到如图 7-20(a) 所示曲线。

(3) 取误差最小值处(即拐点处)的值作为 k 值。

由于图 7-20(a) 曲线类似手臂的肘关节，所以，这种方法又称为“肘方法”。有很多超参数都可以借鉴这个思路，如聚类算法中的 k-means 中的超参数 k 的设置就借鉴了这个思路。实际中的曲线如图 7-20(b) 所示，同样找到误差最小的尖点处的值作为 k 值。

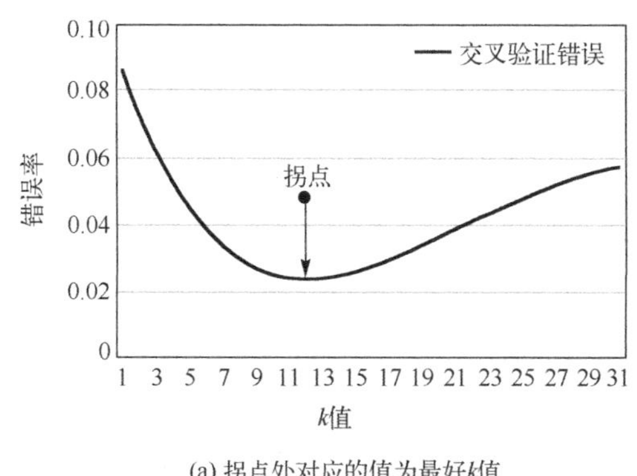

(a) 拐点处对应的值为最好 k 值

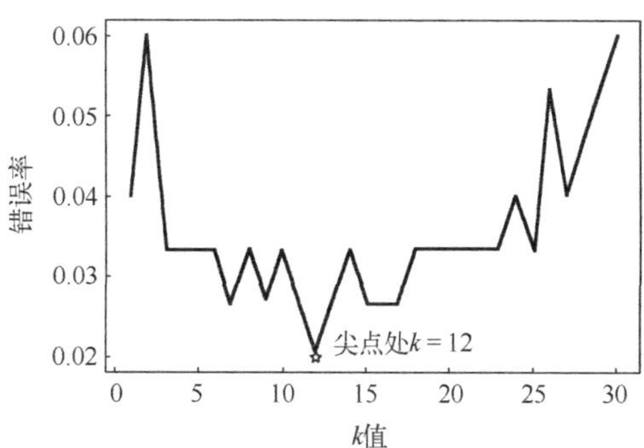

(b) 实际曲线尖点处对应的值为最好 k 值

图 7-20　k 值选择

2) 距离度量方法

空间中两点距离有多种度量方式，比如常见的曼哈顿距离、欧式距离等。通常 k-NN 算法中使用的是欧式距离，二维空间具有 k 个特征的两个点的欧式距离计算公式如下：

$$d(i,j)=\sqrt[2]{(x_{i1}-x_{j1})^2+(x_{i2}-x_{j2})^2+\cdots+(x_{ik}-x_{jk})^2} \tag{7-22}$$

根据距离计算公式就可以计算实例与训练集样本之间的距离了。注意使用 k-NN 算法需要将样本特征数值化后才可以应用距离度量方法。

3) 效率提升：kd 树

当训练数据达到一定规模后，上述线性搜索方法的效率会下降，而构建类似数据库中的树索引是提高效率的一个有效方法。kd 树（k-dimensional tree）是一种存储 k 维空间中的实例点以便对其进行快速检索的树形数据结构，可以提升 k-NN 的检索效率。

假设在一个表格中存储了学生的语文成绩、数学成绩、英语成绩。如果要查询语文成绩为 30～93 分的学生，假设学生数量为 N，如果用盲目搜索，则其时间复杂度为 $O(N)$，当学生规模很大时，其效率显然很低；如果将成绩排序后，采用“折半搜索”策略能有效提高查询效率，则其时间复杂度为 $O(\log N)$。

如果先根据语文成绩，将所有人的语文成绩排序，然后用中位数 c_1 将语文成绩分成两半，其中一半的语文成绩≤c_1，另一半的语文成绩>c_1，分别得到集合 S_1、S_2；然后针对 S_1，采用同样的方法根据数学成绩分为两半，其中一半的数学成绩≤m_1，另一半的数学成绩>m_1，分别得到 S_3、S_4；针对 S_2，同样，根据数学成绩分为两半，其中一半的数学成绩≤m_2，另一半的数学成绩>m_2，分别得到 S_5、S_6；再根据语文成绩分别对 S_3、S_4、S_5、S_6 继续执行类似划分，得到更小的集合，然后在更小的集合上根据数学成绩继续划分，以此类推。这样，就可以得到一棵树形结构。

上述即为 k-NN 算法中常用的存储训练样本的 kd 树的基本思路。注意 kd 树中 k 表示的是数据的维度，与 k-NN 中的 k 不是一个含义。

常规的 kd 树的构建具体过程如下：

(1) 循环依序取数据点的各维度来作为切分维度。

(2) 取数据点在选取维度的中位数作为切分超平面。

(3) 将中位数左侧的数据点挂在其左子树，将中位数右侧的数据点挂在其右子树。

(4) 递归处理其子树，直至所有数据点挂载完毕。

对于 kd 树的构建过程，有两点可以优化。

(1) 选择切分维度：根据数据点在各维度上的分布情况可知，一个维度上的方差越大，则数据越分散，区分度越高。因此，从方差大的维度开始切分有较好的切分效果和平衡性。

如图 7-21 所示，数据在垂直方向方差小，水平方向上方差大，即坐标 x 变化大，而坐标 y 的变化小，因此，水平方向更容易切分均匀。

(2) 确定中位数：预先对原始数据点在所有维度进行一次排序后存储，然后在排序后数据中选择中位数，无须每次都对其子集进行排序，这样可以提升性能。也可以用抽样法从原始数据点中随机选择固定数目的点，然后对其进行排序，每次从这些样本点中取中位数，来作为分割超平面。该方式在实践中被证明可以取得很好的性能及平衡性。

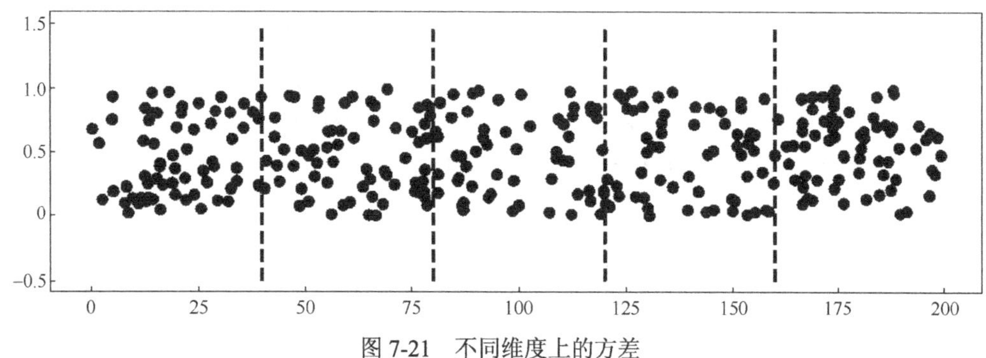

图 7-21　不同维度上的方差

例 7.4　已知集合 T = {(6, 3), (5, 4), (9, 6), (4, 7), (8, 4), (7, 2)}，采用常规的方式构建 *kd* 树。

构建过程如下。

(1) 确定切分维度的顺序。

观察集合 T，维度 x = [6, 5, 9, 4, 8, 7]的方差为 2.92，维度 y = [3, 4, 6, 7, 4, 2]的方差为 2.89，所以，从维度 x 开始切分。

(2) 确定根节点。

维度 x 的中位数为 7(中间两个数为 6、7，取二者平均并向上取整)，所以样本(7, 2)作为根节点。(6, 3)、(4, 7)、(5,4)挂在(7, 2)节点的左子树，(8, 4)、(9, 6)挂在(7, 2)节点的右子树。

(3) 确定其他节点。

根据维度 y 确定第 2 层节点，依然采用中位数的方式。左子树(6, 3)、(4, 7)、(5, 4)在维度 y 上的中位数为 4，所以选择(5, 4)作为子节点，其左子树为(6, 3)，右子树为(4, 7)。同样，右子树(8, 4)、(9, 6)在 y 维度上的中位数为 5，向上取整，以(9, 6)作为子节点，(8, 4)作为其子节点。

这样，这个数据集的 *kd* 树构建完成，结果如图 7-22 所示。可见，*kd* 树是二叉树。

如果将这组数据映射到二维坐标中，切分结果如图 7-23 所示。总之，*kd* 树是按每个维度依次切分而不是按某一个固定的维度切分。

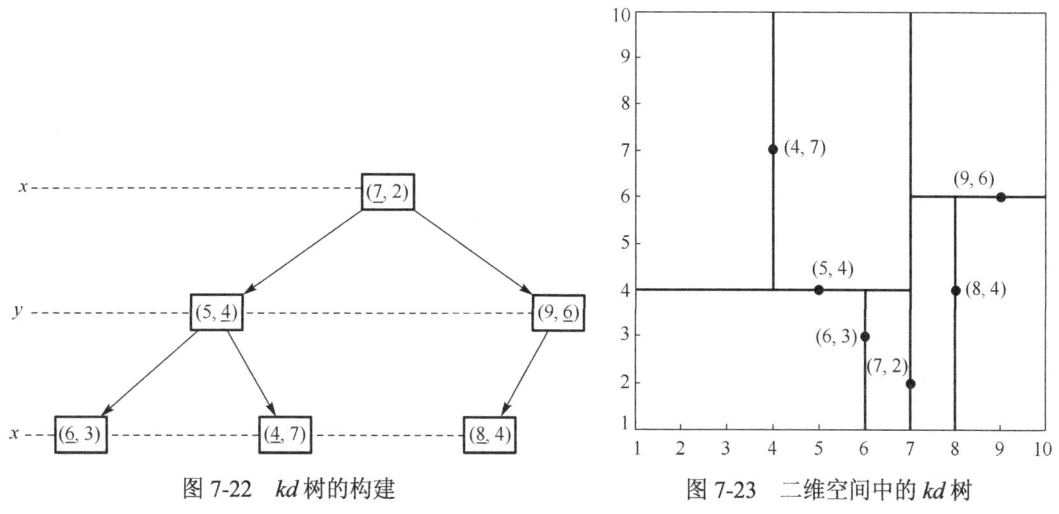

图 7-22　*kd* 树的构建　　图 7-23　二维空间中的 *kd* 树

假设有一个点 $P(3, 5.5)$，当 $k=2$ 时，基于 *kd* 树的 *k*-NN 搜索如下。

(1)前向搜索。从 *kd* 树中先找到 P 所在的区域。从根节点(7, 2)出发，由于 P 的 x 维度值为 3，所以在(7, 2)的左侧子树，P 的 y 维度值大于左侧子树节点(5, 4)中的 4，所以 P 落在节点(5, 4)的左侧，即节点(4, 7)这一侧，如图 7-24 所示。

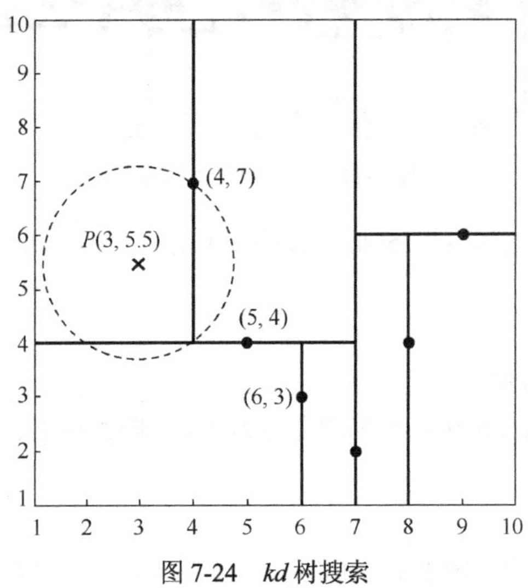

图 7-24　*kd* 树搜索

(2)回溯。以(3, 5.5)为中心，以(3, 5.5)到(4, 7)之间的欧式距离 1.80 为半径做圆，跨越了(6, 3)左侧区域。回溯到上一级节点(5, 4)，计算(3, 5.5)与(5, 4)的距离为 2.5 > 1.8，作为备选，计算(3, 5.5)与(6, 3)的距离为 3.91>2.5。实例点(3, 5.5)与其他节点都超过 3.91(其他点所在区域与最近邻(4, 7)做的圆没有交集)，由于 k=2，因此，取最近的两个节点(4, 7)和(5, 4)。

总结一下，上述基于 *kd* 树的搜索过程中，节点(9, 6)和(8, 4)没有被搜索，所以效率比最坏情况的盲目搜索提升了 40%左右。

k-NN 算法的特点如下。

(1) *k*-NN 是一种非参算法。非参的意思并不是说这个算法不需要参数，而是意味着这个模型不会对数据做出任何的假设。与之相对的是线性回归，它总会假设线性回归是一条直线。换句话说，*k*-NN 建立的模型结构是根据数据决定的，比较符合现实的情况，毕竟现实中的情况往往与理论上的假设是不相符的。

(2) *k*-NN 是一种惰性算法。同样是分类算法，回归需要先对数据进行大量训练，才会得到一个模型。而 *k*-NN 算法却不需要，它没有明确的训练的过程，基本上没有学习过程。当训练数据规模大时，预测时效率会比较低。因此，形象地称之为“惰性”。

7.3.5　集成学习

假设有 3 个擅长判断生男生女的专家，每个人判断正确率都是 60%。一个是根据饮食习惯做判断，一个是根据脉象，一个是看走路姿势。现在同时找这 3 个专家预测，采用少数服从多数的方法确定最终结果。

上述场景符合俗语“三个臭皮匠，抵上一个诸葛亮！”也是集成学习算法的大致思想。

集成学习是一种最小化一个或多个学习器错误率的方案，后来衍生出很多集成学习方法。例如，上述场景是通过投票的方式确定结果，也可以通过分阶段解决的方式，如第 1 阶段解决大部分，第 2 阶段解决剩余部分的大部分，第 3 阶段解决剩余部分等。因此，集成学习不是一个独立的机器学习算法，而是由多个弱机器学习模型组合成的一个强机器学习模型。弱机器学习模型又称弱学习器，常指泛化性能略优于随机猜测的学习器。例如，一个学习器的准确率是 60%～70%，比随机猜测略好，可以称之为弱学习器；反之，如果准确率在 90%以上，则是强学习器。

集成学习拥有较高的准确率，并且具有参数较少、容易实现的优点；不足之处是模型的训练过程可能比较复杂，可解释性会受到影响，当采用的弱学习器较多或较复杂时，模型训练的效率将会降低。

集成学习分为以下 3 类。

(1) Bagging。Bagging 通常采用同质弱学习器，学习器之间相互独立、并行学习，并按照某种确定性的平均过程将学习器组合起来。

(2) Boosting。Boosting 通常采用的也是同质弱学习器，但不是并行独立学习，而是以一种高度自适应的方法顺序地学习，每个学习器都依赖于前面的学习器，按照某种确定性的策略将学习器组合起来。

(3) Stacking。Stacking 通常采用的是异质弱学习器并行学习，并通过训练一个“元模型”将各学习器组合起来，根据不同弱学习器的预测结果输出一个最终的预测结果。

Bagging 的重点在于获得一个方差比其组成部分更小的集成模型，具有很好的稳定性，而 Boosting 和 Stacking 则主要生成偏差比其组成部分更低的强模型，即使方差也可以被减小，因此具有很好的准确性。

1. Bagging

Bagging 称为装袋法，是 Bootstrap Aggregating 的缩写，即独立和集成的含义。Bagging 算法主要对样本训练集合进行随机抽样，通过反复的抽样训练新的模型，最终在这些模型的基础上取平均。

Bagging 算法的主要步骤如下：

(1) 给定一个弱学习算法，其准确率不高，还需要一个训练集。

(2) 对训练集抽样形成训练集，用上述弱学习算法训练得到一个模型。

(3) 重复上述步骤(2)，得到多个模型。

(4) 分类预测时，多个模型同时使用，得出多个结果，通过投票确定最终类别。

最后结果要比每一个弱学习模型得到结果的准确率高。上述判断生男生女的专家的例子就是 Bagging 算法思想，这种方法方差小、稳定性好，一般结果不会大起大落。Bagging 算法的典型代表是随机森林。

2. Boosting

Boosting 称为提升法，属于迭代算法。Boosting 法通过不断地使用一个弱学习器弥补前一个弱学习器预测效果不足，串行地构造一个强学习器，这个强学习器能够使目标函数值足够小。

Boosting 算法的基本步骤如下：

(1) 赋予每个训练样本相同的概率。

(2) 进行多次迭代训练模型，每次迭代后，对分类错误的样本加大权重，这个过程称为重采样，使得在下一次的迭代中更加关注这些样本。

这种方法很类似于学生的练习过程，将做错的题目挑出来做标记，即加大权重，下一次重点学习。Boosting 每次都得到一个模型，针对一个未知标签的样本分类时依次应用多个模型。这种方法偏差小、准确率高，但是，泛化能力较弱，容易过拟合。Boosting 的典型代表有 AdaBoost 算法和提升树 (Boosting Tree) 系列算法等。

3. Stacking

Stacking 称为堆叠法。与 Bagging 和 Boosting 均采用同质弱学习器的方法不同，Stacking 方法针对弱分类器的结果再训练一个学习器，采用的是异质弱学习器。Stacking 法的基本思路是将训练集训练出的弱学习器的结果作为输入，重新训练一个学习器，这个学习器是一种元学习器。可见，Stacking 法得到的是两级学习器。

在 Stacking 方法中，为各弱学习器赋权重，效果好的权重高，效果差的权重低，从而提升分类效果。将弱学习器称为初级学习器，针对初级学习器的输出训练的学习器称为次级学习器。Stacking 的应用过程是首先用初级学习器预测一次，得到次级学习器的输入样本，再用次级学习器预测一次，得到最终的预测结果。

4. 集成学习效果分析

集成学习对弱学习器有以下要求：

(1) 弱学习器的错误率应当尽量低，最差也要优于随机选择，集成学习的效果才会有提升，否则集成学习的效果反而会降低。

(2) 每个弱学习器是相互独立的，即每个学习器是完全不同的，给出的结果是有差异的。如果弱学习器给出的结果都是相同或相似的，那么集成学习的效果提升有限，但不会低于弱学习器。

下面以二分类问题为例说明。采用多个弱学习器，如果每个弱学习器的错误率都低于40%，那么针对一个分类问题，所有弱学习器都分错的概率就会降低，因此，集成学习可以有效提升分类效果。

具体分析如下：

设单个样本为 x，真实类别为 $y\in\{-1, 1\}$，假定个体分类器的错误率为ϵ，即对每个个体分类器 h_i 有$\epsilon = P(h_i(x) \neq y)$，其中，$h_i(x)$ 为模型输出结果。

假设采用简单投票法，共有 M 个个体分类器 $h_1, h_2, \cdots, h_M$，若有超过半数的个体分类器正确，则集成分类就正确。根据描述，集成学习器的输出函数为符号函数

$$H(x) = \text{sign}\left(\sum_{i=1}^{M} h_i(x)\right) \tag{7-23}$$

集成学习器的错误率为

$$P(H(x) \neq y) = \sum_{k=0}^{\left\lfloor \frac{M}{2} \right\rfloor} C_M^k (1-\epsilon)^k \epsilon^{M-k} \tag{7-24}$$

注：符号$\lfloor\ \rfloor$表示向下取整，如$\left\lfloor \frac{5}{2} \right\rfloor = 2$。

根据公式可知，当 M 趋近于无穷时，集成学习的错误率趋近于 0。

例 7.5　当弱学习器的错误率ϵ分别为 0.3、0.5、0.6 时，弱学习器数量 M=3、5 时，计算集成学习器的错误率。

根据式(7-24)计算如下：

(1)假设一个学习器错误率为 0.3(ϵ =0.3)，3 个学习器(M=3)的集成学习器的错误率为 0.216，5 个学习器(M = 5)的集成学习器的错误率为 0.16。

(2)假设一个学习器错误率为 0.5(ϵ = 0.5)，3 个学习器(M = 3)的集成学习器的错误率为 0.5，5 个学习器(M = 5)的集成学习器的错误率为 0.5。

(3)假设一个学习器错误率为 0.6(ϵ = 0.6)，3 个学习器(M = 3)的集成学习器的错误率为 0.648，5 个学习器(M = 5)的集成学习器的错误率为 0.683。

可见，当弱学习器的错误率等于 0.5 时，无论几个弱学习器，集成学习器的错误率都等于 0.5。当弱学习器的错误率小于 0.5 时，随着弱学习器数量的增加，集成学习器的错误率会逐步下降。当弱学习器的错误率大于 0.5 时，随着弱学习器数量的增加，集成学习器的错误率也会逐步上升。所以，当弱学习器的错误率大于或等于 0.5 时，集成学习效果不但不会提升，反而可能会更差，那么集成已无意义。

7.4　聚类分析

聚类(Clustering)是一个将数据集划分为若干类或簇(Cluster)的过程，并使得同一个簇内的数据对象具有较高的相似度，而不同簇中的数据对象具有较高的不相似性。相似或不相似的描述是基于数据描述属性的取值来确定的，通常用对象间距离表示。对象间的距离是通过数值型数据计算获得的，因此聚类分析针对的是数值型数据。如果是非数值型数据，则需要转化为数值型数据。

与分类不同，聚类不需要事先训练，所以聚类是无指导学习。由于没有标签，所以不同的聚类标准会导致不同的聚类结果。例如，幼儿园小朋友分积木时，有的按形状分，有的按颜色分，有的按大小分等。最终的结果是不同的，但都是正确的。

常见聚类分析方法包括 k-means、密度聚类、层次聚类、谱聚类等。聚类是机器学习领域除了分类之外的应用最为广泛的算法。

如上所述，有些聚类算法通常以样本间的距离作为标准。常用距离计算方法如下。

1)欧氏距离

欧式距离描述的是两个点的直线距离，计算方法参考式(7-22)。

2) 曼哈顿(Manhattan)距离

曼哈顿距离又称为出租车距离，意思是一个城市的两个位置之间用出租车跑出的距离，显然不是直线距离。具体计算公式为

$$d(i,j)=|x_{i1}-x_{j1}|+|x_{i2}-x_{j2}|+\cdots+|x_{ik}-x_{jk}| \tag{7-25}$$

3) 闵可夫斯基(Minkowski)距离

闵可夫斯基距离是欧式距离和曼哈顿距离的综合，计算公式为

$$d(i,j)=\sqrt[q]{(|x_{i1}-x_{j1}|^q+|x_{i2}-x_{j2}|^q+\cdots+|x_{ik}-x_{jk}|^q)} \tag{7-26}$$

显然，当 $q=1$ 时，闵可夫斯基距离等价于曼哈顿距离，当 $q=2$ 时，则等价于欧式距离。

除了距离外，相关系数也可以描述样本间的相似程度，因此，采用相关系数也可以实现聚类。两个 p-维数据对象 i 和 j 的相关系数的计算公式为

$$r_{ij}=\frac{\sum_{a=1}^{p}(x_{ia}-\overline{x}_i)(x_{ja}-\overline{x}_j)}{\sqrt{\sum_{a=1}^{p}(x_{ia}-\overline{x}_i)^2\cdot\sum_{a=1}^{p}(x_{ja}-\overline{x}_j)^2}},\quad -1\leqslant r_{ij}\leqslant 1 \tag{7-27}$$

其中，

$$\overline{x}_i=\frac{1}{p}\sum_{a=1}^{p}x_{ia},\quad \overline{x}_j=\frac{1}{p}\sum_{a=1}^{p}x_{ja}$$

7.4.1　*k*-means 算法

k-means 是一种最为经典和常用的聚类算法，该算法中的每一个簇均用簇中对象的均值来表示，这种方法属于划分方法。所谓划分方法是指给定一个包含 n 个对象或数据行，将数据集划分为 k 个子集，每个子集均代表一个簇，其中，$k\leqslant n$。也就是说，将数据分为 k 组，这些组满足以下要求：

(1) 每簇至少应包含一个对象。

(2) 每个对象必须只能属于某一簇。

k-means 算法需要给定划分类别的数量 k，执行过程中利用循环再定位技术不断改变划分，即通过改变不同簇中的中心来改变划分。一个好的划分衡量标准通常是同一个簇中的对象相近或彼此相关，而不同簇中的对象相异或彼此无关。

k-means 算法的具体过程如下。

输入：簇个数 k，以及包含 n 个数据对象的数据库。

输出：满足距离最小标准的 k 个簇。

(1) 从 n 个数据对象任意选择 k 个对象作为初始簇中心。

(2) 循环以下步骤(3)～(5)直到每个簇不再发生变化为止。

(3) 根据每个簇对象的均值确定中心，计算每个对象与这些中心的距离。

(4)根据最小距离重新对相应对象进行划分。

(5)重新计算每个簇的中心。

例 7.6　有一个数据集，每个样本的特征都是数值型的数据。现在要将样本划分为 3 个簇，描述用 *k*-means 算法的聚类过程。

显然，k=3，在数据集中随机选 3 个样本作为中心。由于样本的特征均为数值型数据，所以，用距离公式确定其他各样本到中心对象的距离，每个样本都得到 3 个值，选值最小的确定该样本归属簇，这样就得到了 3 个初始簇。重新计算 3 个初始簇的样本的平均值作为 3 个簇的中心，同样计算所有样本离 3 个中心的距离，仍然按最小值归类，这样就形成了 3 个新的簇。不断重复，直至中心不再变化或变化幅度小于设定的阈值为止。如图 7-25 所示，虚线部分描述了聚类结果，其中十字标识为簇中心。可见，在 *k*-means 聚类过程中，中心点是不断变化的，而且变化的幅度会越来越小，这使得聚类过程总能收敛。

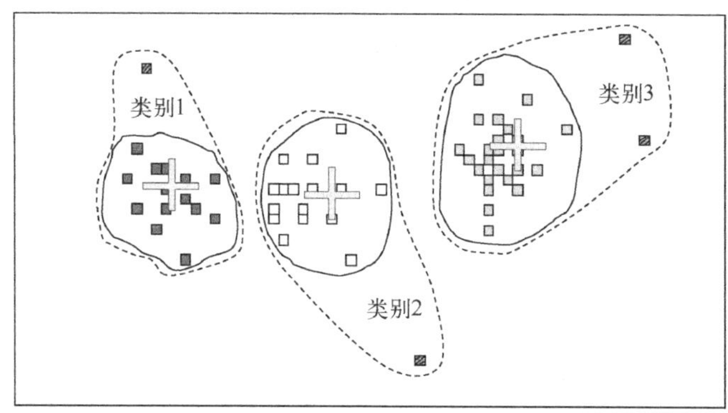

图 7-25　*k*-means 聚类过程

图 7-25 中存在一些离群点，即图中用斜线填充的点标识。离群点又称噪声、孤立点。根据 *k*-means 算法的计算过程可知，这些离群点最终也会被划分到最近的簇中，即使它们事实上不属于这些簇。因此，*k*-means 算法不能识别出离群点。另外，离群点的存在会导致簇中心的偏斜，最终影响聚类效果。

k-means 适用于凸数据集的聚类，而不适合非凸数据集的聚类。所谓凸集是指任意的 $x_1, x_2 \in S$ 与任意的 $\lambda \in [0, 1]$，有 $\lambda x_1 + (1-\lambda)x_2 \in S$，则称 S 为凸集(Convex Set)。如果将凸集用区域描述，也称为凸区域或凸多边形，又称沃罗诺伊图(Voronoi Diagram)。例如，实数集就是一个凸集，因为实数集中任意两个实数经过 $\lambda x_1+(1-\lambda)x_2$ 计算后的结果仍然是实数。简单地说，凸集就是集合中的任意两点连线的所有点也在集合中。如图 7-26 中的(a)为凸集，而(b)和(c)均为非凸集。注意图 7-26(c)中存在开区间，其数据不在集合中。

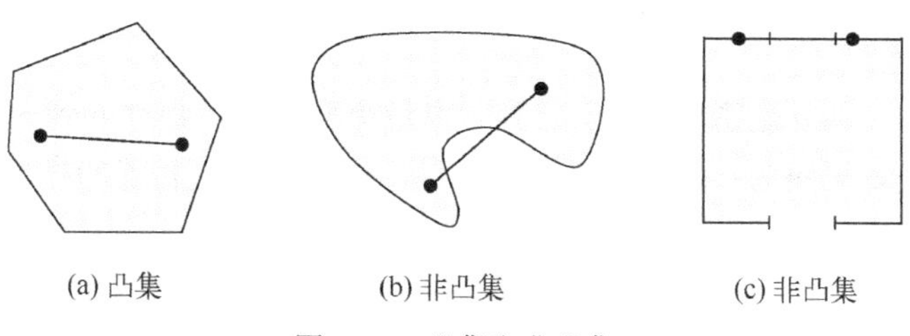

(a) 凸集　　(b) 非凸集　　(c) 非凸集

图 7-26　凸集和非凸集

k-means 聚类的一个结果如图 7-27 所示。可见划分的区域均为凸多边形，凸多边形是欧几里得平面上的凸集。即使数据集不是凸集，*k*-means 算法仍然按凸集进行处理，这种情况下的聚类效果可能不佳。

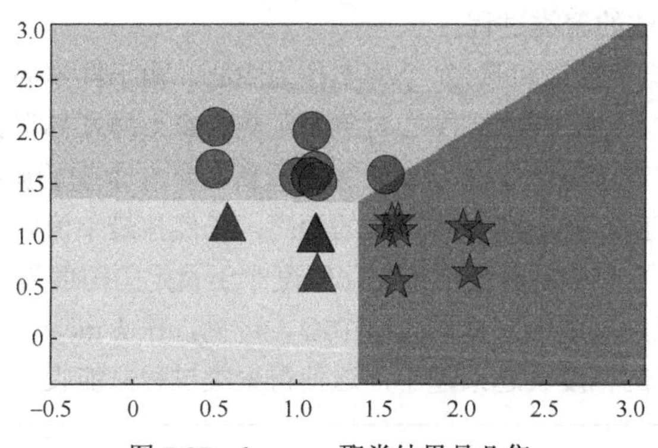

图 7-27　*k*-means 聚类结果是凸集

k-means 算法思想简单、容易理解、便于实现、可解释性好。由于其计算复杂度低，所以收敛速度快，聚类效果好，而且只需要设置 *k* 值一个超参数。但是，*k*-means 算法对非凸数据集的聚类效果差。超参数 *k* 值对结果影响大，选取合适的 *k* 值有一定的难度，*k* 值选取不当容易导致收敛于局部最优。如果数据集中存在噪声，则会影响 *k*-means 的聚类效果。

7.4.2　基于密度的聚类方法 DBSCAN

基于密度的噪声应用空间聚类(Density-Based Spatial Clustering of Applications with Noise，DBSCAN)是一个比较有代表性的基于密度的聚类算法，该算法可以针对非凸数据集进行聚类。

DBSCAN 算法主要有以下一些相关概念。

(1)邻域(ε)：以给定对象为圆心，以 ε 为半径的区域为该对象的邻域。

(2)密度：邻域内对象数目，数目越多密度越大。

(3)核心对象：一个对象的密度 $\geqslant$ MinPts 个对象，则该对象为核心对象。MinPts 为设定的阈值，表示邻域内最小边界对象个数。

(4)边界对象：对象的邻域小于 MinPts 个对象，但是在某个核心对象的邻近域内。

(5)离群点(噪声)：对象的邻域小于 MinPts 个对象，且不在某个核心对象的邻域内。

(6)直接密度可达：如果 a 是核心对象，b 在 a 的邻域内，则 a 到 b 是直接密度可达。

(7)间接密度可达：a 到 b 是直接密度可达，b 到 c 是直接密度可达，则 a 到 c 是间接密度可达。

(8)密度相连：a 到 b 是密度可达，a 到 c 也是密度可达，则称 b 到 c 是密度相连的。

DBSCAN 的基本思路为：由密度可达关系导出的最大密度相连的样本集合，即为最终聚类的一个簇。

以图 7-28 为例，一共有 15 个样本数据，每条样本的具体取值为图 7-28 中坐标。

输入：$\varepsilon=1$(半径为 1)，MinPts = 4(邻域内最小对象数)

1) 核心对象

扫描数据集，以每个样本为中心，以 $\varepsilon = 1$ 为半径做邻域，找到那些邻域内的直接密度可达的对象(包括边界对象)数≥4 的对象作为核心对象，满足条件的只有两个{4, 7}，以{4, 7}作为核心对象。

2) 聚类

以核心对象 4 为中心找到簇 C1={1, 3, 4, 5, 10}，以核心对象 7 为中心找到簇 C2={2, 6, 7, 8, 11}，即邻域内的所有点。

找 C1 中边界节点的直接密度可达节点，边界节点 5 的直接密度可达节点为{4, 6}，表示为 5：{4, 6}。其中，4 已经是 C1 的节点，6 已经是 C2 的节点，所以 5：∅。同理，1：∅，3：{9}，10：{9, 12}，将{9, 12}并入 C1。

同样的方法找 C2 边界节点的直接密度可达节点，均为∅。

3) 噪声

节点 13 邻域内无节点，即不是核心节点，也无可达节点，所以为离群点，记为噪声。同样 14、15 也为噪声。

最后聚成了 2 个簇和 3 个噪声，簇 C1 = {1, 3, 4, 5, 10, 9, 12}、C2 = {2, 6, 7, 8, 11}，噪声为{13}、{14}、{15}，如图 7-28 所示。

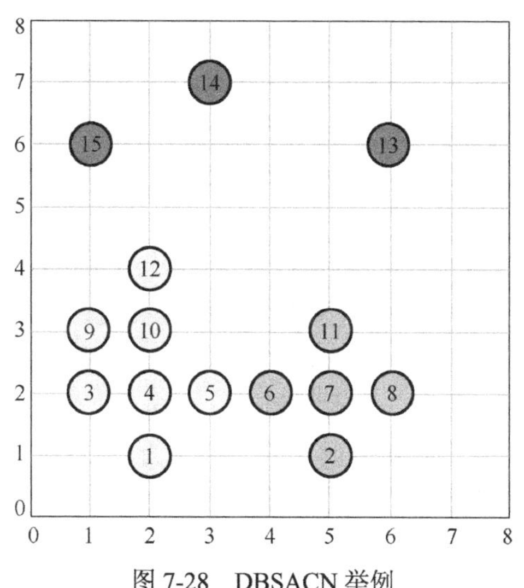

图 7-28　DBSACN 举例

DBSCAN 算法中有 ε 和 MinPts 两个超参数，建模过程中需要调整这两个参数直至最好效果。根据参数含义可知，ε 取值过大，会导致大多数点都聚到同一个簇中；反之，则容易出现更多的簇。同样，MinPts 的取值过大，容易出现过多的离群点；反之，则会出现大量的核心点，甚至有些离群点也可能成为核心点。因此，ε 和 MinPts 取值过大或过小都不合适。有一种参考方案是 k-distance 的“肘方法”，与 k-NN 算法中确定 k 值的“肘方法”类似，可以找到较好的超参数，但需要消耗额外的系统资源。

与 k-means 不同，DBSCAN 算法可以处理非凸数据集。如图 7-29 所示为典型的非凸数据集，采用 k-means 聚类的结果如图 7-29(a)所示，而采用 DBSCAN 的结果如图 7-29(b)所示，在其中有一个噪声。显然，DBSCAN 的聚类效果优于 *k*-means。由于 DBSCAN 算法不受簇形状限制，所以适合处理稠密的数据集，而稀疏的数据集更适合选用 *k*-means 算法处理。

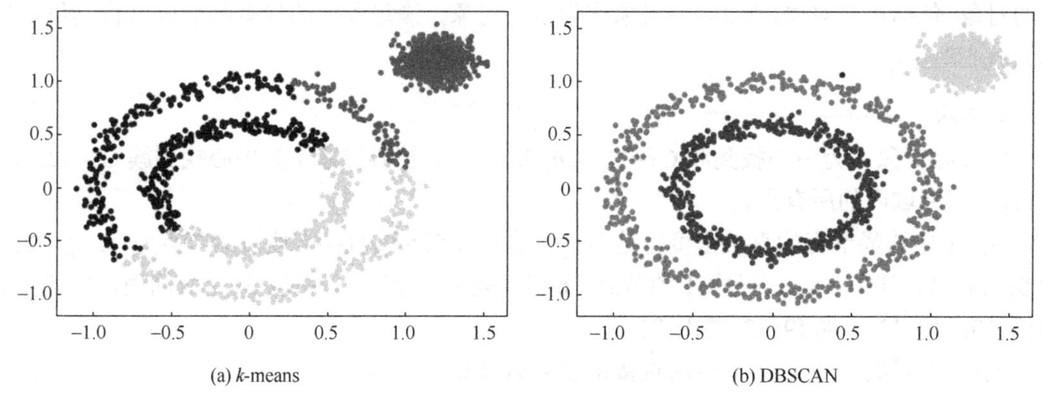

图 7-29　非凸数据集的聚类

DBSCAN 算法适用面广，即使对于稠密且非凸数据集的聚类，也能取得很好的聚类效果，而且无需设置类别数量 *k*。另外，DBSCAN 在聚类的同时可以发现离群点，因此，非常适合做异常检测。但是，DBSCAN 算法需要设置 ε 和 MinPts 两个超参数，优化起来比 *k*-means 算法更为复杂。算法隐含了样本集的密度是均匀的假设，但是实际中很多样本的分布是不均匀的，不同簇的分布也可能是不同的。因此，DBSCAN 算法对于不均匀数据集的聚类效果不够理想。另外，对于大数据集，大量的距离计算会导致内存消耗过大，尤其是多特征情况下这个问题更为突出。由于在一个数据集中可能存在多个簇均可达的边界点，而各个点访问又是随机的，所以不能保证 DBSCAN 算法每次都返回相同的聚类结果。

7.4.3　层次聚类法

层次聚类(Hierarchical Clustering)法又称为系统聚类法，是多元统计学中的一种方法。与 *k*-means 算法 DBSCAN 算法不同，层次聚类法采用不受限制的自然演化的方式进行聚类。

层次聚类法的基本思路：假设一个数据集有 *n* 个样本，先将每个样本作为一个簇，然后计算各簇相互之间的距离，将距离小的两个样本合并为一个簇，这时产生了$(n-1)$个簇，以此类推。层次聚类法最终会将所有样本合并到一个簇，形成一棵关联树，如图 7-30 所示。其

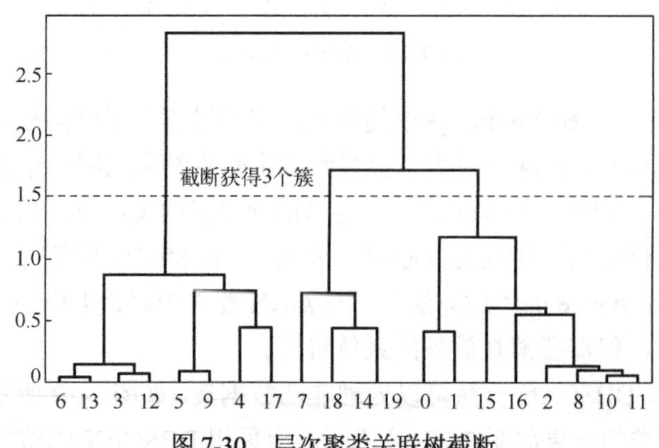

图 7-30　层次聚类关联树截断

中，横坐标是样本编号，纵坐标是距离。可以根据所需簇的数量截断，不同截断位置产生的簇的数量是不同的，如图 7-30 所示的例子是在 1.5 处截断，得到 3 个簇。

层次聚类法的重点是如何计算簇间的距离。常用的簇间距离度量方式有离差平方和法、最短距离法、最长距离法、中间距离法、平均距离法等。

1) 离差平方和法

离差又称偏差，是观测值或估计量的平均值与真实值之间的差。一个样本 x_i 的偏差 ε_i 可以表示为

$$\varepsilon_i = x_i - \mu \tag{7-28}$$

其中，μ 表示总体均值，有时会用样本均值 $\overline{x}$ 近似。

离差平方和法又称沃尔德(Ward)法，基本思路是，同簇的离差平方和尽量小，簇间的离差平方和尽量大。一个簇的离差平方和 SS(Sum of Squares of Deviation，SS)为

$$SS = \sum_{i=1}^{n} \varepsilon_i^2 \tag{7-29}$$

具体步骤如下。

(1) 求一个簇中所有样本 $(x_0, x_1, x_2, \cdots)$ 的均值，即 $\overline{x}$。

(2) 计算每个样本到这个均值点的距离，距离公式可选用式(7-22)、式(7-25)和(7-26)中的一个。

(3) 将所有的距离的平方加起来，就得到了 SS。

簇合并的度量依据是合并前后离差平方和的增值，增值越小，说明越适合合并。因此可以将增值视为簇间距。具体过程如下：

(1) 一个簇集合 C 有 n 个簇，即 $C = \{c_1, c_2, \cdots, c_n\}$，取其中任意两个簇 c_i、c_j，将两个簇合并得到一个新簇 c_k，这时得到一个新簇集合 $C' = \{c_1, c_2, \cdots, c_k, \cdots, c_{n-1}\}$。

(2) 计算合并前的离差平方和 $SS_C = SSc_1 + SSc_2 + \cdots + SSc_n$。

(3) 计算合并后的簇集 C′离差平方和 $SS_{C'} = SSc_1 + SSc_2 + \cdots + SSc_k + \cdots + SSc_{n-1}$。

(4) 计算 SS 增值 $\sigma = SS_C - SS_{C'}$。

(5) 按上述方式计算 C 中其他所有簇，取最小 σ 的两个簇合并。

例 7.7　一个簇集有 3 个簇，分别为

$C_1 = \{(2, 1), (1, 2)\}$

$C_2 = \{(8, 9), (8, 8)\}$

$C_3 = \{(2, 3), (3, 2)\}$

分别计算 3 个簇的 SS。

以 C_1 为例，计算如下：

$\mu = (1.5, 1.5)$

$d_1 = \sqrt[2]{(2-1.5)^2 + (1-1.5)^2} = 0.707$

$d_2 = \sqrt[2]{(1-1.5)^2 + (2-1.5)^2} = 0.707$

$SS_{C_1} = d_1^2 + d_2^2 \approx 1$

同样计算 C_2 和 C_3 的 SS:

$SS_{C_2}=0.5$

$SS_{C_3}\approx 1$

$SS=SS_{C_1}+SS_{C_2}+SS_{C_3}=2.5$

假设 C_1、C_2 合并，则合并后的 SS 值为

$C_{1,2}=\{(2,1),(1,2),(8,9),(8,8)\}$

$SS_{C_{1,2}}\approx 92.75$

$SS'=SS_{C_{1,2}}+SS_{C_3}=92.75+1=93.75$

$\sigma_1=SS'-SS=93.75-2.5=91.25$

同样，假设 C_1、C_3 合并，则合并后的 SS 值为

$SS'=SS_{C_{1,3}}+SS_{C_2}=4.5$

$\sigma_2=2$

显然，$\sigma_2\ll\sigma_1$，所以，C_1 和 C_3 更适合合并。观察 C_1、C_2 和 C_3 的样本值，C_1 和 C_3 合并也更符合直观感觉。

2) 最短距离法

最短距离法又称单链接法(Single Link)，最短距离是指两个簇中最近的两个样本之间的距离，基本思路是合并最短距离最小的两个簇。

最短距离计算的具体步骤如下：

(1) 从两个簇 A、B 中遍历所有样本，得到左右样本组合 (x_{a1},x_{b1})、(x_{a1},x_{b2})、…、(x_{an},x_{bm})。

(2) 分别计算每个样本组合之间的距离 $d_1,d_2,\cdots,d_k$，距离公式可选用式(7-22)、(7-25)和(7-26)中的一个。

(3) 从 $d_1,d_2,\cdots,d_k$ 中选取最小的 d_i 作为 A、B 簇的最短距离。

总之，两个簇之间距离由两个簇中最近的两个样本决定。同样，最长距离法、中间距离法、平均距离法也采用类似的方法进行度量。

通过截断层次聚类关联树的方式确定 k 值，如图 7-31 所示为截断后得到的不同聚类结果。假设需要 3 个簇，即 $k=3$，这时得到的 3 个簇为：$C_1=\{x_0,x_1,x_2,x_8,x_{10},x_{11},x_{15},x_{16}\}$、$C_2=\{x_3,x_4,x_5,x_6,x_9,x_{12},x_{13},x_{17}\}$、$C_3=\{x_7,x_{14},x_{18},x_{19}\}$，如图 7-31(b)所示。注意，图示中样本有重叠。当 $k=2$、4、5 时，同样可以得到相应的簇集，如图 7-31(a)、(c)、(d)所示。

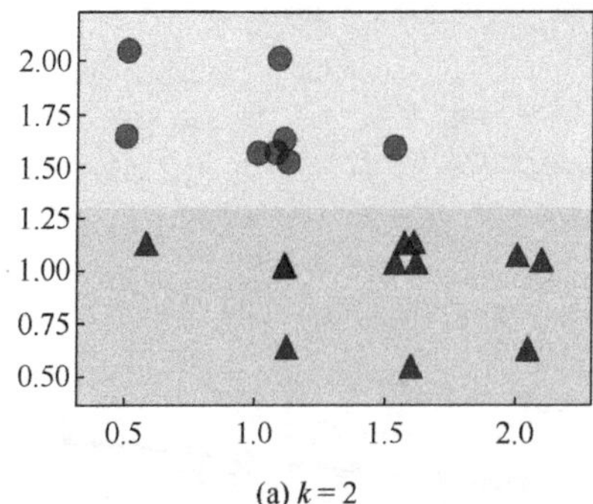

(a) $k=2$

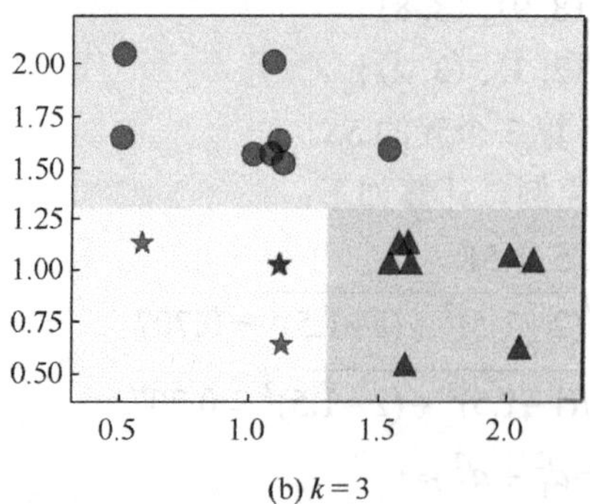

(b) $k=3$

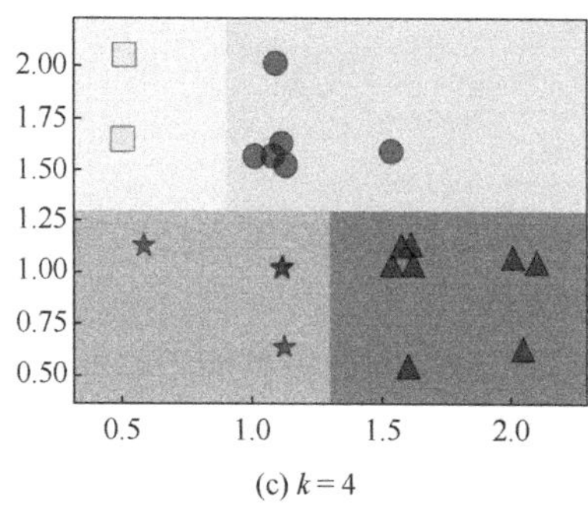

(c) $k=4$

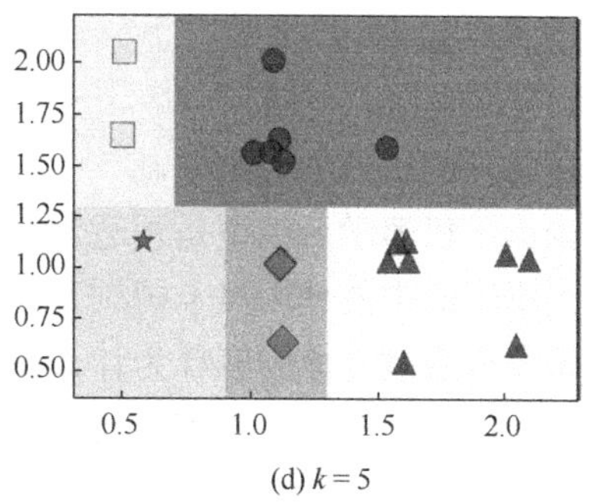

(d) $k=5$

图 7-31　层次聚类中的 k 值

层次聚类法简单易行，距离的相似度容易定义、限制少、可解释性好，不需要预先指定簇的数量 k，同时可以发现簇间的层次关系。层次聚类法的主要缺点是计算复杂度高，且有聚成链状簇的风险。另外，聚类过程不可逆，噪声也会对聚类结果产生较大的影响，对于大规模数据集不建议采用层次聚类法。

7.5　小　　结

机器学习是人工智能领域最为重要的一个分支，主要分为有监督学习和无监督学习两大类，其他机器学习方法大多是基于这两类方法的拓展。回归和分类均属于有监督学习，聚类则属于无监督学习。

在分类方法中，决策树、朴素贝叶斯、SVM 及 k-NN 等算法是典型的代表，集成学习则是一类组合学习方法。这些方法所采用的思想对机器学习的发展具有深远的影响，截至目前仍然在实践中有广泛的应用。

k-means、DBSCAN 和层次聚类法是聚类算法的代表，其中，k-means 算法原理简单、应用最为广泛；DBSCAN 算法可以解决非凸样本的聚类问题，而且可以发现异常样本；层次聚类法则具有参数少并可以根据需要确定簇的数量等优点。

机器学习在过去十多年中得到了较快的发展，未来机器学习的研究将在理论概念、计算机理、综合技术和推广应用等方面进行拓展。其中，对结构模型、计算理论、算法和混合学习的开发尤为重要。在这些方面，有许多新问题需要解决。机器学习基础算法在实际中应用广泛，其基本思想也是其他算法的基础。

习　　题

7-1　你是如何理解“学习”的？学习需要哪些前提条件？描述一下自己的学习过程。

7-2　机器学习算法主要包括哪些类型？举例说明。

7-3　大灰狼穿上外婆的外衣冒充好人，虚伪的人总是强调自己是诚实的，因此会被打上“好人”的标签。用错误的样本能否学习到正确的模型？讨论一下数据质量对机器学习模型的影响。

7-4　用决策树表示下面的命题：

(1) $X\vee(Y\wedge\sim Z)$

(2) $(P\rightarrow Q)\wedge(Q\rightarrow\ \sim R)$

7-5 简述常见的机器学习模型。

7-6 讨论一下机器学习模型是否适合工业生产？是否适合决策支持？为什么？

7-7 试列举生活中的使用奥卡姆剃刀原则的例子。

7-8 根据奥卡姆剃刀原则解释为什么要尽量选用线性回归模型而不是非线性回归模型。

7-9 举例说明一元线性回归和多元线性回归，并讨论应用回归模型的场景和前提条件。

7-10 如何判断一个模型是否存在过拟合问题？

7-11 为什么数据预处理在机器学习建模中占有重要位置？试建立一个回归模型并统计其预处理的工作量占比情况。

7-12 计算下列各组数据的熵值：

(1) [5(+), 10(−)] (2) [1(+), 9(−)] (3) [15(+), 12(−)]

7-13 决策树模型可以用于解决回归问题吗？举例说明。

7-14 简述 ID3 的算法流程。

7-15 结合一张表格写出一般化的贝叶斯分类模型的公式。

7-16 朴素贝叶斯模型的“朴素”体现在哪里？

7-17 多个证据贝叶斯公式中的证据对应机器学习的贝叶斯模型中的什么？

7-18 什么是支持向量和超平面？二者有什么关系吗？

7-19 维度是支持向量机中的重要概念，假设一个员工的信息包括：姓名、技能、爱好、身高、体重 5 个维度，不能准确判断这个员工的性别。试着增加维度来提高判断的准确性。

7-20 线性 SVM 和非线性 SVM 分别用于解决什么类型的分类问题？举例说明。

7-21 对于线性可分的二分类任务样本集，将训练样本分开的超平面有很多，支持向量机试图寻找满足什么条件的超平面？

7-22 核函数的作用是什么？如何找到核函数？

7-23 支持向量机的解具有什么性质？

7-24 简述 *k*-NN 算法的基本思路，其中的 *k* 是什么含义？如何确定 *k* 值？

7-25 建立 *kd* 树的目的是什么？*kd* 树如何搜索？

7-26 已知集合 T = {(6, 3), (5, 4), (9, 6), (4, 7), (8, 1), (7, 2), (1, 5)}，采用常规的方式构建 *kd* 树。

7-27 结合生活中例子说明集成学习的基本思想。

7-28 Bagging、Boosting、Stacking 三种集成学习有什么区别和联系？

7-29 举例说明分类和聚类的区别。

7-30 为什么 *k*-means 适用于凸数据集的聚类？其中的 *k* 值是什么含义？如何确定？

7-31 既然 DBSCAN 算法可以处理非凸数据集的聚类，是否可以完全弃用 *k*-means？

7-32 说明层次聚类法的基本思路。

7-33 度量簇间距离的方法有哪些？

第 8 章　模 型 度 量

俄国化学家门捷列夫有句名言：“没有度量，就没有科学”。在机器学习领域，对模型的度量同样至关重要，只有选择与问题相匹配的度量方法，才能快速地发现模型选择或训练过程中出现的问题，从而实现对模型的优化。

回归模型是数值预测，很难保证模型的输出与真实值完全一致。因此，一般通过预测值与真实值之间的误差来度量模型的效果。偏差与方差是描述误差的方法，主要用于度量回归模型。与回归模型不同，分类模型属于类别预测，输出结果可以与真实类别完全一致，因此，主要通过准确率、错误率、精确率、召回率、F_1 值、ROC 曲线及 AUC 值进行度量。

交叉验证是一种训练过程中防止分类模型过拟合的度量方法。

8.1　偏差与方差

8.1.1　偏差

偏差(bias)是误差的一种常见的、重要的形式，又称为表观误差，是指测定值与其均值之差，可以用来衡量测定结果偏离程度的高低。偏差分为绝对偏差、平均偏差和相对平均偏差。

1) 绝对偏差

绝对偏差是指某一次测量值 x_i 与样本平均值 $\overline{x}$ 之间的差异，即

$$bias = x_i - \overline{x} \tag{8-1}$$

2) 平均偏差

平均偏差是指测量值 x_i 与样本平均值 $\overline{x}$ 的差异(取绝对值)之和，然后除以测定次数 n，即

$$\overline{bias} = \frac{\sum |bias|}{n} \tag{8-2}$$

3) 相对平均偏差

相对平均偏差是指平均偏差 $\overline{bias}$ 占样本平均值 $\overline{x}$ 的百分率，即

$$\overline{Rd} = \frac{\overline{bias}}{\overline{x}} \tag{8-3}$$

注：如果是总体情况，则平均值用 μ 表示。

偏差度量了模型的预测值的偏离程度，即刻画了学习算法的拟合能力。偏差越小拟合度越高，反之则越低。

8.1.2 方差与标准差

方差(Variance，Var)表示数据集中样本的离散程度，一般用符号σ^2表示。方差分为总体情况和样本情况两种。

1)总体情况的方差

总体是指研究对象的全体，方差是指观测值与均值差的平均值，其公式为

$$\sigma^2=\frac{1}{n}\sum_{i=1}^{n}(x_i-\mu)^2 \tag{8-4}$$

2)样本情况的方差

样本是从总体中选取的一部分，也称子样。实际中，总体往往很难获取，因此样本在随机采样情况下可以代表总体。样本的方差公式为

$$S^2=\frac{1}{n-1}\sum_{i=1}^{n}(x_i-\overline{x})^2 \tag{8-5}$$

标准差(Standard Deviation，Std)也称“标准偏差”、均方差，与方差一样，表示的也是样本的离散程度。在数学上，标准差定义为方差的平方根。

1)总体情况的标准差

研究对象全体的方差的平方根，即

$$\sigma=\sqrt{\frac{1}{n}\sum_{i=1}^{n}(x_i-\mu)^2} \tag{8-6}$$

2)样本情况的标准差

样本情况的标准差是指样本方差的平方根，即

$$S=\sqrt{\frac{1}{n-1}\sum_{i=1}^{n}(x_i-\overline{x})^2} \tag{8-7}$$

3)相对标准偏差

相对标准偏差(Relative Standard Deviation，RSD)是指标准差占样本平均值的百分率，即

$$RSD=\frac{S}{\overline{x}} \tag{8-8}$$

观察式(8-4)～式(8-7)发现，总体的方差、标准差的分母是n，而样本情况的分母是$n-1$，总体的方差或标准差是客观事实，而样本的方差和标准差则是对总体的估计。期望估计值的偏差越小越好，因此，样本的方差和标准差分母与总体情况不同，本质上是一种校正措施。

下面证明样本的方差和标准差的分母为$n-1$是正确的。由于标准差是方差的平方根，因此这里只证明方差情况。

现用反证法，假设样本情况下的方差的分母也是n，则

$$\begin{aligned}\frac{1}{n}\sum_{i=1}^{n}(x_i-\overline{x})^2 &= \frac{1}{n}\sum_{i=1}^{n}\left[(x_i-\mu)-(\overline{x}-\mu)\right]^2 \\ &= \frac{1}{n}\sum_{i=1}^{n}[(x_i-\mu)^2-2(x_i-\mu)(\overline{x}-\mu)+(\overline{x}-\mu)^2] \\ &= \frac{1}{n}\sum_{i=1}^{n}(x_i-\mu)^2-\frac{2}{n}(\overline{x}-\mu)\sum_{i=1}^{n}(x_i-\mu)+\frac{1}{n}(\overline{x}-\mu)^2\cdot\sum_{i=1}^{n}1 \\ &= \frac{1}{n}\sum_{i=1}^{n}(x_i-\mu)^2-\frac{2}{n}(\overline{x}-\mu)\sum_{i=1}^{n}(x_i-\mu)+\frac{1}{n}(\overline{x}-\mu)^2\cdot n \\ &= \frac{1}{n}\sum_{i=1}^{n}(x_i-\mu)^2-\frac{2}{n}(\overline{x}-\mu)\sum_{i=1}^{n}(x_i-\mu)+(\overline{x}-\mu)^2\end{aligned}$$

其中，

$$\overline{x}-\mu=\frac{1}{n}\sum_{i=1}^{n}x_i-\frac{1}{n}\sum_{i=1}^{n}\mu=\frac{1}{n}\sum_{i=1}^{n}(x_i-\mu)$$

则有

$$\sum_{i=1}^{n}(x_i-\mu)=n(\overline{x}-\mu)$$

代入上式得

$$\frac{1}{n}\sum_{i=1}^{n}(x_i-\overline{x})^2=\frac{1}{n}\sum_{i=1}^{n}(x_i-\mu)^2-(\overline{x}-\mu)^2=\sigma^2-(\overline{x}-\mu)^2$$

其中，

$$(\overline{x}-\mu)^2=\frac{1}{n}\sigma^2$$

即，如果样本的方差分母为 n，则有 $\frac{1}{n}\sum_{i=1}^{n}(x_i-\overline{x})^2=\sigma^2-\frac{1}{n}\sigma^2$，显然低估了 $\frac{1}{n}\sigma^2$，所以调整为

$$S^2=\frac{1}{n-1}\sum_{i=1}^{n}(x_i-\overline{x})^2=\frac{n}{n-1}\left(\frac{1}{n}\sum_{i=1}^{n}(x_i-\overline{x})^2\right)=\frac{n}{n-1}\left(\sigma^2-\frac{1}{n}\sigma^2\right)=\sigma^2$$

可见，当样本的方差分母为 $n-1$ 时，与总体的方差一致。

偏差和方差都是模型的度量误差，只是侧重点不同。偏差侧重描述的是“是否准确”，方差侧重描述的是“是否稳定”。偏差和方差也可以用于模型的训练过程，即度量一个模型在训练集和测试集上的表现。

在工程中，大多采用样本的偏差和方差，期望是低偏差且低方差，如图 8-1(a)所示。但是，实际中经常存在图 8-1(b)的低偏差、高方差，图 8-1(c)的高偏差、低方差和图 8-1(d)的高偏差、高偏差的 3 种情况，尤其是图 8-1(d)的高偏差、高偏差情况说明模型的准确性和稳定性都比较差，应该尽量避免。产生高偏差的原因一般是样本采集没有遵循随机原则，例如，现需要统计全国人均收入情况，如果仅在上海地区采样，虽然样本的分布与全国一致，但是

由于上海是发达地区，因此，整体必然会高于全国平均水平。正确的做法是在全国范围内随机采样，而不是局限于某个区域。

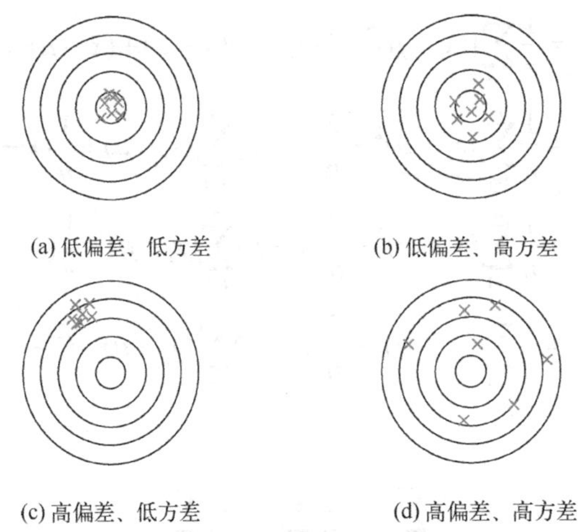

图 8-1　方差偏差矩阵

同样，不合理的采样也会导致样本的方差与实际情况不符。例如，仍然是上面统计全国人均收入情况的例子，如果仅采集在读大学生样本和企业高管样本，方差会很大，因为大学生是没有收入的群体，而企业高管一般是高收入群体，不能反映全国的情况。

8.1.3　偏差-方差平衡

偏差和方差存在此消彼长的关系，降低偏差很容易导致方差升高。相反，降低方差也会使得偏差升高。如果模型过于简单(如参数少、次数低)，其预测值和真实值误差会很大，即偏差很大。随着模型的复杂度提升，偏差逐渐降低，但是，方差会逐渐增大。二者之间存在如图 8-2 所示的关系，其中，总误差=偏差+方差。

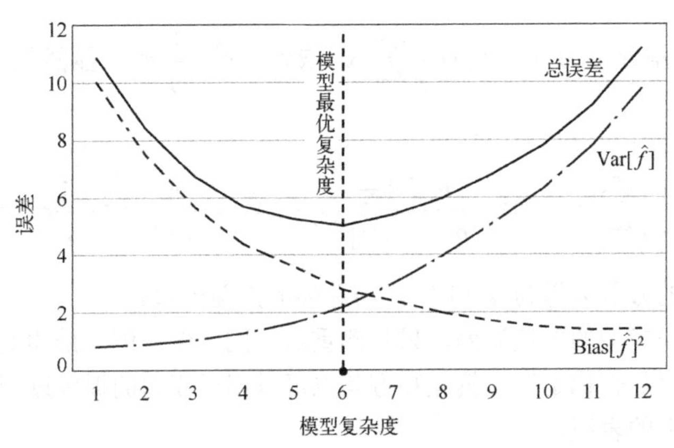

图 8-2　偏差-方差平衡曲线

图 8-2 描述的偏差与方差的这种关系一般称为偏差-方差平衡，可用于选择或调整模型复杂度，即基于偏差和方差来选择模型。偏差-方差平衡方法的基本原则是选择总误差最小的模型复杂度，具体做法是针对一组不同的模型和模型参数进行测试，通过偏差-方差平衡曲线确定最优模型复杂度参数。

8.1.4 均方误差

均方误差(Mean Squared Error，MSE)是各数据与真实值差值的平方和的平均数，也就是误差平方和的平均数。均方误差的开方叫均方根误差，均方根误差和标准差形式上接近。MSE多用于模型的损失度量，如模型的损失函数可以用MSE表示为

$$\text{MSE}=\frac{\sum_{i=1}^{n}e_i^2}{n}=\frac{\sum_{i=1}^{n}(\hat{x}_i-x_i)^2}{n} \tag{8-9}$$

其中，$\hat{x}_i$ 为测量值，x_i 为真实值。

例 8.1 测量房间里的温度，由于存在误差，所以测量5次得到一组数据[25.1, 24.9, 25.0, 24.8, 25.3]。假设温度的真实值是25.1(相当于5次的真实值相同)，求测量的均方误差MSE。

代入式(8–9)得：

$$\begin{aligned}\text{MSE}&=\frac{\sum_{i=1}^{5}(\hat{x}_i-x_i)^2}{5}\\&=\frac{(25.1-25.1)^2+(24.9-25.1)^2+(25.0-25.1)^2+(24.8-25.1)^2+(25.3-25.1)^2}{5}\\&=\frac{0+0.04+0.01+0.09+0.04}{5}\\&=0.036\end{aligned}$$

例 8.2 一个模型针对5个样本的输出分别为[12.1, 15, 13.2, 14.3, 15.2]，真实值为[12.2, 14.7, 13, 14, 15]，求该模型的均方误差MSE。

$$\begin{aligned}\text{MSE}&=\frac{\sum_{i=1}^{5}(\hat{x}_i-x_i)^2}{5}\\&=\frac{(12.1-12.2)^2+(15-14.7)^2+(13.2-13)^2+(14.3-14)^2+(15.2-15)^2}{5}\\&=\frac{0.01+0.09+0.04+0.09+0.04}{5}\\&=0.054\end{aligned}$$

8.2 准确率和错误率

准确率(Accuracy)是指一个分类模型针对测试数据分类正确的样本占总样本个数的比例，即

$$\text{Accuracy}=\frac{n_{\text{correct}}}{n_{\text{total}}} \tag{8-10}$$

其中，n_{correct} 表示被正确分类的样本个数；n_{total} 表示总样本的个数。

准确率是分类问题中最简单也是最直观的评价指标，但存在明显的缺陷，当不同种类的

样本比例不均衡时，占比大的类别往往成为影响准确率的最主要因素。

例如，若正样本占比为 99%，一个分类模型将所有样本都预测为正样本，这时可以得到 99%的准确率。换句话说模型的准确率高，并不代表类别比例小的准确率高。

与准确率对应的是模型的错误率，二者之间的关系为

$$\epsilon = 1 - \text{Accuracy} \tag{8-11}$$

由于准确率与错误率之和为 1，因此，实际中仅用其中一个度量指标。

8.3　精确率、召回率、F_1 分数

精确率(Precision)又称查准率或精度。精确率有正负样本之分，正样本的精确率是指分类器正确分类的正样本个数占分类器判定为正样本的样本个数的比例；反之，负样本的精确率是指分类器正确分类的负样本个数占分类器判定为负样本的样本个数的比例。有时也称正样本为阳样本或类别为 1 的样本，负样本称为阴样本或类别为 0 的样本。正负样本的精确率都不会大于 1。

召回率(Recall)又称查全率。召回率同样也有正负样本之分，正样本的召回率是指分类器正确分类的正样本个数占真正的正样本数的比例；反之，负样本的召回率是指分类器正确分类的负样本个数占真正的负样本数的比例。同样，正负样本的召回率都不会大于 1。

精确率和召回率是既矛盾又统一的两个度量指标。以正样本为例，为了提高精确率，分类器需要尽量在“更有把握”时才把样本预测为正样本，但此时往往会因为过于保守而漏掉很多“没有把握”的正样本，导致召回率降低。

混淆矩阵(Confusion Matrix)是一种常用的通过矩阵形式描述有监督学习模型度量的可视化工具。如图 8-3 所示，混淆矩阵每一行代表样本的真实类别的样本数量，每一列表示真实样本被模型判定为该类的数量。

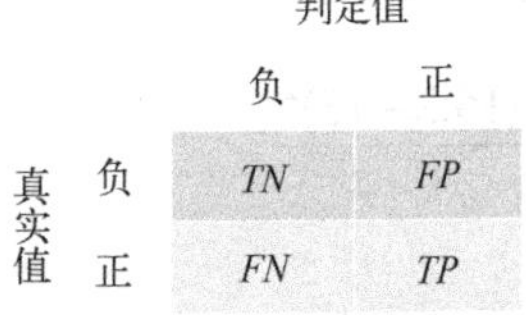

图 8-3　混淆矩阵

混淆矩阵中的符号含义如下。

(1) *TN*：表示“真负”或“真阴”(True Negative)数量，即真实值为负，预测值也为负的样本数量。

(2) *FN*：表示“假负”或“假阴”(False Negative)数量，即真实值为正，预测值为负的样本数量。

(3) *FP*：表示“假正”或“假阳”(False Positive)数量，即真实值为负，预测值为正的样本数量。

(4) *TP*：表示“真正”或“真阳”(True Positive)数量，即真实值为正，预测值为正的样本数量。

根据混淆矩阵可知：

(1) 真实值为“负”或“阴”的样本数量 $= TN + FP$

(2) 真实值为“正”或“阳”的样本数量 $= FN + TP$

(3) 判定值为“负”或“阴”的样本数量 $= TN + FN$

(4) 判定值为“正”或“阳”的样本数量 $= FP + TP$

(5) 判定正确的样本数量 $= TN + TP$

(6) 判定错误的样本数量 $=FN+FP$

根据混淆矩阵可以得到正负样本的精确率、召回率及模型的准确率。

(1) 正样本的精确率 $\text{Precision}_{正}$

$\text{Precision}_{正}$为 TP 与 $TP+FP$ 之比，即

$$\text{Precision}_{正}=\frac{TP}{TP+FP} \tag{8-12}$$

(2) 负样本的精确率 $\text{Precision}_{负}$

$\text{Precision}_{负}$为 TN 与 $TN+FN$ 之比，即

$$\text{Precision}_{负}=\frac{TN}{TN+FN} \tag{8-13}$$

(3) 正样本的召回率 $\text{Recall}_{正}$

$\text{Recall}_{正}$为 TP 与 $FN+TP$ 之比，即

$$\text{Recall}_{正}=\frac{TP}{FN+TP} \tag{8-14}$$

(4) 负样本的召回率 $\text{Recall}_{负}$

$\text{Recall}_{负}$为 TN 与 $TN+FP$ 之比，即

$$\text{Recall}_{负}=\frac{TN}{TN+FP} \tag{8-15}$$

(5) 准确率 Accuracy

Accuracy 为 $TP+TN$ 与所有样本之比，即

$$\text{Accuracy}=\frac{TP+TN}{FN+TP+TN+FP} \tag{8-16}$$

例 8.3　如果一个模型测得 10 个好人，其中，有 7 个预测正确，3 个预测错误，说明 70% 测准了，所以，$\text{Precision}_{正}=0.7$。如果模型测得正确的是 7 个好人，而实际上有 10 个好人，说明模型可以从 10 个好人中找到 7 个，所以，$\text{Recall}_{正}=0.7$。

F_1 分数是精确率和召回率的调和平均值(Harmonic Mean，又称倒数平均值)。调和平均值会给予较低的值更高的权重，因此，只有当召回率和精度都很高时，分类器才能得到较高的 F_1 分数。

$$F_1=\frac{2}{\dfrac{1}{\text{Precision}}+\dfrac{1}{\text{Recall}}} \tag{8-17}$$

注意：F_1 分数也区分正样本和负样本。

精确率与召回率的权衡是很值得思考的问题，F_1 分数采用调和平均值要比算术平均值更为客观。

例 8.4　一个数据集中的正样本占比为 90%，其余为负样本。一个模型将所有样本均判定为负样本，显然这不是一个好模型。根据指标的计算公式可得 $\text{Precision}_{负}=0.1$、$\text{Recall}_{负}=1$，如果用算术平均数，则 $\bar{A}_{负}=0.55$，这个结果并没有想象的那样差。但是，如果用调和平均数计算，则 $F_{1负}=0.09$，$F_{1负}<\bar{A}_{负}$。可见，相比于算术平均数，调和平均值 F_1 分数更能反映模型

的真实能力。

F_1分数对那些具有相近的精度和召回率的分类器更为有利，但这并不一定总能符合期望。在某些场景下，人们可能更关心精确率，而另一些场景下，可能真正关心的是召回率(如金融行业的反欺诈预测)。

例 8.5　班级中有 30 名学生，16 名男生，14 名女生，用一个分类模型对学生的性别进行分类。分类结果是 20 个男生(其中 15 个分对了，5 个分错了)，10 个女生(其中 9 个分对了，1 个分错了)，如表 8-1 所示。给出混淆矩阵，并求男生、女生的精确率、召回率、F_1分数，以及模型的准确率。

表 8-1　性别分类结果

序号	真实值	分类值
1	男	男
2	男	男
3	男	男
4	男	男
5	男	男
6	男	男
7	男	男
8	男	男
9	男	男
10	男	男
11	男	男
12	男	男
13	男	男
14	男	男
15	男	男
16	男	女
17	女	男
18	女	男
19	女	男
20	女	男
21	女	男
22	女	女
23	女	女
24	女	女
25	女	女
26	女	女
27	女	女
28	女	女
29	女	女
30	女	女

根据表 8-1 的分类结果可得该模型的混淆矩阵，如图 8-4 所示。

男生的精确率 Precision $_{男}$ = 15/20 = 0.75，即分类结果中的 20 个男生有 15 个分对了。

女生的精确率 Precision $_{女}$ = 9/10 = 0.9，即分类结果中的 10 个女生有 9 个分对了。

男生的召回率 Recall $_{男}$ = 15/16 = 0.94，即 16 个男生找对了 15 个。

女生的召回率 Recall $_{女}$ = 9/14 = 0.64，即 14 个女生只找对了 9 个。

男生的 $F_1 = 0.83$

女生的 $F_1 = 0.75$

准确率 Accuracy = (15 + 9)/30 = 80%

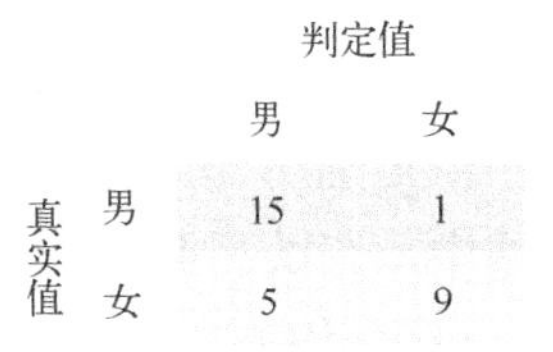

图 8-4 性别预测模型混淆矩阵

8.4 ROC 曲线

受试者工作特征曲线(Receiver Operating Characteristic Curve，ROC)又称为感受性曲线(Sensitivity Curve)，最早是由二战中的电子工程师和雷达工程师发明的，用来侦测战场上的敌军载具(飞机、船舰等)，即用于信号检测。二战后 ROC 曲线被引入统计学领域，尤其是在医学统计中应用非常广泛。在机器学习领域，ROC 曲线主要用于评估二值分类器的可靠性。

8.4.1 ROC 曲线定义

在混淆矩阵中引入真阳率、真阴率和假阳率 3 个新指标。

1. 真阳率

真阳率(True Positive Rate，TPR)表示真实值为正的样本中，模型能够正确识别出来的比例，也就是正样本的召回率 Recall $_{正}$。TPR 有时也称为灵敏度(Sensitivity)，计算公式为

$$\mathrm{TPR} = \frac{TP}{TP + FN} \tag{8-18}$$

2. 真阴率

真阴率(True Negative Rate，TNR)表示真实值为负的样本中，模型能够正确识别出来的比例，也就是负样本的召回率 Recall $_{负}$。TNR 又称为特异度(Specificity)，计算公式为

$$\mathrm{TNR} = \frac{TN}{TN + FP} \tag{8-19}$$

3. 假阳率

假阳率(False Positive Rate，FPR)表示真实值为负的样本中，被模型错误分类为正的比例，计算公式为

$$\mathrm{FPR} = \frac{FP}{FP + TN} \tag{8-20}$$

显然，FPR = 1 − TNR。

由公式可知，假阳率 FPR 表示负样本被错分的度量，其值越小越好；真阳率 TPR 表示正样本被正确分类的度量，其值越大越好。

ROC 曲线是以 FPR 为 x 轴、以 TPR 为 y 轴绘制的对应关系曲线，如图 8-5 所示。在 ROC 曲线中，有以下 4 个特殊点。

(1) 点(0, 0)：表示所有样本均预测为负(或 0)，此时 $FP = TP = 0$，属于随机预测。

(2) 点(0, 1)：表示所有预测结果都是正确的，此时 $FN = FP = 0$，是最好情况。

(3) 点(1, 0)：表示所有预测结果都是错误的，此时 $TN = TP =0$，是最坏情况。

(4) 点(1, 1)：表示所有样本均预测为正(或 1)，此时 $FN = TN = 0$，属于随机预测。

对角线(0, 0)～(1, 1)均为随机预测，故也称为随机线、无识别率线，线上的点的 TPR = FPR、$TP = FP$、$FN = TN$。显然，曲线越接近点(0, 1)，预测的效果越好。

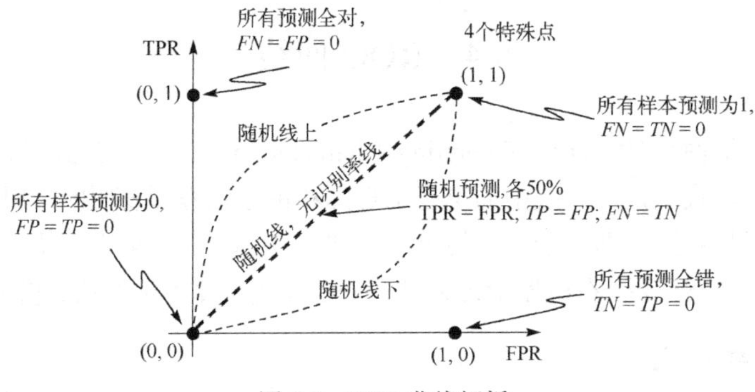

图 8-5　ROC 曲线解析

8.4.2　ROC 曲线绘制

假设一个二分类的分类器对某个数据集给出了预测结果，其中，Score 表示模型给出的属于对应类别的概率得分，Class 表示类别，取值为 0 或 1。模型预测为类别 1 和类别 0 的样本分别有 10 个。Score 由大到小排列，得到如表 8-2 所示的结果。

以第 1 个概率得分 Score=0.9 作为阈值，即大于这个阈值的均被预测为类别 1，第 1 个样本类别为 1，事实上这个样本类别也是 1，总共有 10 个类别 1，所以，这时 TPR=1/10，由于没有误报，所以 FPR=0。

表 8-2　ROC 类别和得分

ID#	Class	Score	ID#	Class	Score
1	1	0.9	11	1	0.4
2	1	0.8	12	0	0.39
3	0	0.7	13	1	0.38
4	1	0.6	14	0	0.37
5	1	0.55	15	0	0.36
6	1	0.54	16	0	0.35
7	0	0.53	17	1	0.34
8	0	0.52	18	0	0.33
9	1	0.51	19	1	0.30
10	0	0.505	20	0	0.1

同样，以第 2 个概率得分 Score=0.8 作为阈值，即大于这个的均被预测为类别 1，第 1、2 个样本类别为 1，事实上这两个样本类别也是 1，这时 TPR=2/10，由于没有误报，所以 FPR=0。

按同样的方法计算，以第 11 个概率得分 Score=0.4 作为阈值，即大于这个阈值的均被预测为类别 1，事实上这 11 个样本中类别为 1 的有 7 个，类别为 0 的有 4 个，这时 TPR=7/10，由于存在 4 个误报，所以 FPR = 4/10。注意 TPR 的分母 10 的意思是总共有 10 个类别为 1 的样本，而 FPR 的分母 10 的意思是总共有 10 个类别为 0 的样本。

以此类推，直到以第 20 个概率得分 Score=0.1 作为阈值，这样就可以绘制出 ROC 曲线，如图 8-6 所示。其中折线为 ROC 曲线。

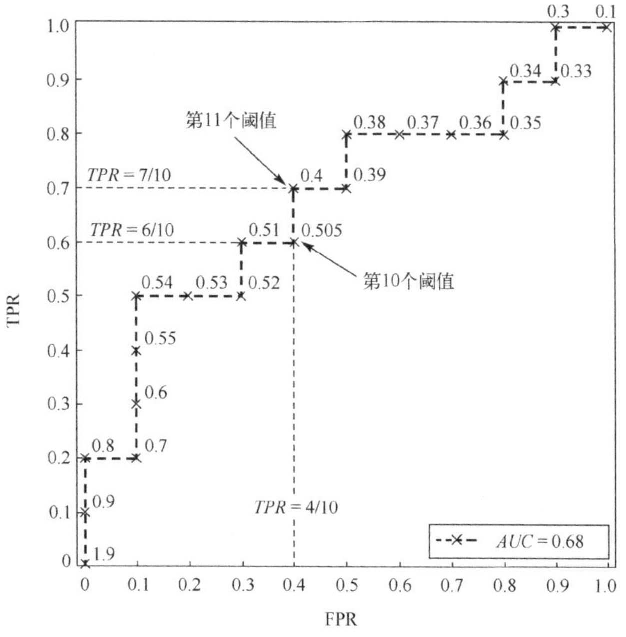

图 8-6 ROC 曲线绘制

针对不同的分类器得到的 ROC 曲线可能是不同的。一般会得到 4 种类型的曲线，如图 8-7 所示的①、②、③、④。

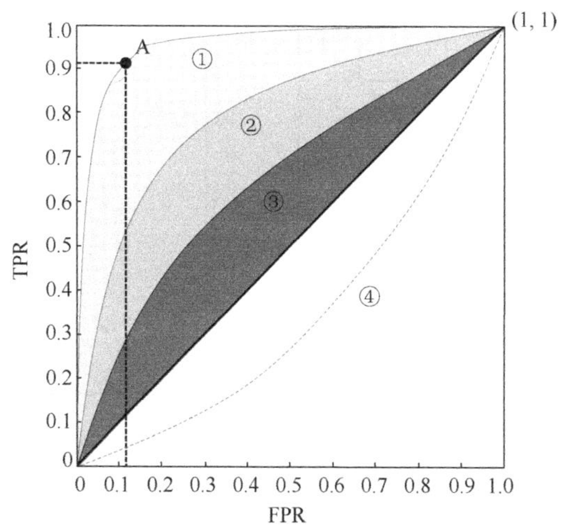

图 8-7 4 类 ROC 曲线

其中，

第①类曲线是最好的情况，离点(0, 1)最近的点 A 表示最佳阈值，可以获得最佳分类效果。

第②类曲线属于良好情况，大部分模型的 ROC 曲线属于这一类。

第③类曲线属于较差情况，说明模型还有很大的调优空间。

第④类曲线说明比随机效果还要差，这种情况可以通过取反后得到第②、③类相似的曲线。因此，实际中不存在这种情况。

8.5　AUC 值

虽然 ROC 曲线可以直观地表示模型的效果，但是不能通过一个具体的数值度量模型的优劣。通过观察可知，ROC 曲线越好则其下方的面积就越大，因此，可以用 ROC 曲线下方面积(Area under ROC Curve，AUC)表示模型的优劣。而计算 AUC 值只需要沿着 ROC 横轴做积分就可以了。

不同 AUC 值对应的 ROC 曲线不同，AUC 的值越大，说明该模型的性能越好，如图 8-8 所示。下面分 4 种情况说明。

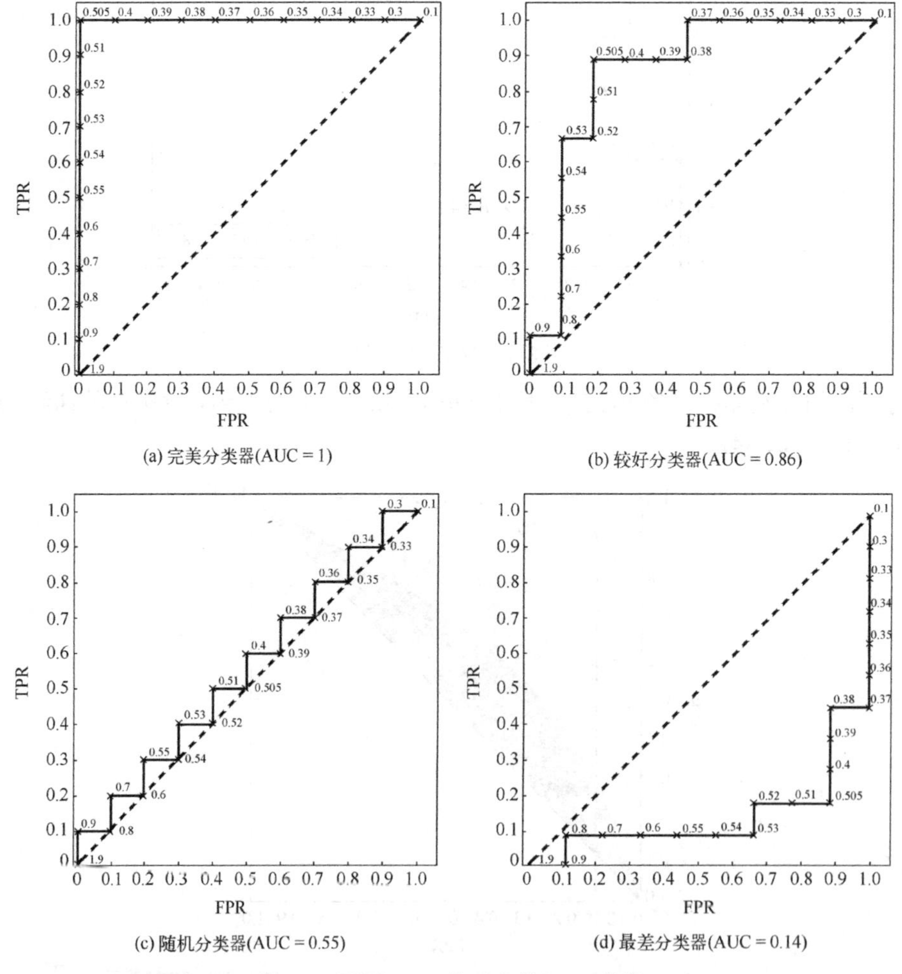

(a) 完美分类器(AUC = 1)　　(b) 较好分类器(AUC = 0.86)

(c) 随机分类器(AUC = 0.55)　　(d) 最差分类器(AUC = 0.14)

图 8-8　不同 AUC 值对应的 ROC 曲线

1) AUC = 1

如图 8-8(a)所示，此时分类器属于完美的情况。采用这个模型预测时，不管设定什么阈值都能得出较为完美结果。但是，绝大多数的实际场景下，并不存在完美分类器。

2) 0.5 < AUC < 1

如图 8-8(b)所示，此时分类器优于随机猜测。在阈值设定适当的情况下，能得到有价值的预测结果。这种情况在实际中是比较常见的。

3) AUC ≈ 0.5

如图 8-8(c)所示，此时分类的效果与随机猜测几乎相近。此时的模型预测结果没有实际价值。

4) AUC < 0.5

如图 8-8(d)所示，此时分类器比随机猜测结果还要差，但是，只要反预测而行，就会优于随机猜测。因此，实际中并不存在 AUC < 0.5 的情况，这与 ROC 曲线的第④种情况保持一致。

除了 ROC 曲线外，还有其他曲线，如 PR 曲线、响应曲线等。其中，PR 曲线是精确率和召回率的曲线，横轴是召回率(覆盖率)，纵轴是精确率，计算方式和 ROC 曲线类似。响应曲线中纵轴依然是覆盖率，但是横轴变成为预测为正样本的数量占比。

8.6 交叉验证

交叉验证是一种用于估计机器学习模型性能的统计方法，也是一种评估统计分析结果如何推广到独立数据集的方法。交叉验证方法主要用于防止模型过拟合，所以是模型训练过程中的一种度量方法。常见的交叉验证方法包括 Hold Out 交叉验证、K-Fold 交叉验证、分层 K-Fold 交叉验证、Leave P Out 交叉验证、留一交叉验证、Shuffle-Split 交叉验证(有时也称蒙特卡洛交叉验证)、时间序列(也称滚动交叉验证)等。

交叉验证的一般做法是将训练数据切分为多个小的训练集和验证集，使用这些拆分数据集优化模型。例如，在 k 折交叉验证中，将训练数据集划分为 k 个不相交的子集。然后，在 $k-1$ 个子集上训练模型，使用剩余的 1 个子集作为验证集。通过这种方式，可以在未参与训练的数据上测试模型效果，最后取每次训练的模型指标(如精确度)平均值作为模型最终结果。

交叉验证有 3 个主要用途。

1) 模型评估

假定模型是确定的，在不存在多个候选模型的情况下，只用交叉验证的方法对模型的性能进行评估。

2) 模型选择

模型选择是交叉验证方法最关键、最常见的一个功能，也可以称为超参数选择。例如，在 k-NN、k-means 建模过程中的 k 值的选择就可以通过交叉验证完成。

3) 防止模型过拟合

在单独一个数据集上训练模型导致过拟合的可能性要比在多个同类的数据集上训练大

得多，由于交叉验证方法是在多个数据集上训练模型，并取平均值作为模型性能的度量，因此，可以有效防止模型过拟合。

通过交叉验证可以获得对模型更合理、更准确的评估，尤其是数据集很小时，更能体现出交叉验证的优势。由于交叉验证需要反复训练模型，因此在一定程度上增加了系统资源消耗。总之，交叉验证方法多用于模型选择和模型性能评估，在小数据集上的应用较多。

8.7 小　结

在机器学习领域，一个模型的优劣往往决定了该模型是否具有可用性。模型的优劣是相对的，在实际中，一个机器学习模型在未知数据集上的性能是最被关注的，这就需要进行度量。

不同的模型其度量方法也不尽相同。评估回归模型一般采用统计学的方法，偏差用于度量模型的准确性，方差则用于度量模型的稳定性；分类模型评估则采用准确率、精确率、召回率以及 F_1 分数进行度量；ROC 曲线和 AUC 值主要用于评估二值分类器可靠性；交叉验证则用于模型训练过程中的度量，可以有效避免模型过拟合。

在对比不同模型的能力时，使用不同的度量方法往往会得到不同的结果，这是由于不同度量指标的侧重点不同所导致的。因此，在实际应用中，需要根据需求和场景选择适当的度量方法，以便客观准确地评估模型的性能。

习　题

8-1　适用于回归模型的度量指标有哪些？列举出两个并加以说明。

8-2　偏差和方差都是模型的度量误差，给出各自的侧重点。

8-3　标准差与方差的区别和联系是什么？

8-4　适用于分类模型的度量指标有哪些？

8-5　准确率是否有正负样本之分？如正样本的准确率和负样本的准确率？

8-6　精确率是否有正负样本之分？如正样本的精确率和负样本的精确率？

8-7　精确率与召回率有什么区别？结合生活中的例子加以说明。

8-8　如何计算 F_1 分数值？

8-9　混淆矩阵可以计算出哪些度量指标？

8-10　为什么要采用混淆矩阵？

8-11　ROC 曲线与 AUC 值之间有什么关系？

8-12　如何针对一组结果绘制 ROC 曲线？

8-13　交叉验证的用途有哪些？主要目标是什么？

8-14　针对一组样本，有一个分类模型预测结果如下：

样本真实值 = [N, N, N, T, N, N, N, N, N, N]

模型预测值 = [N, N, N, N, N, N, N, N, N, N]

试计算该模型的准确率、精确率、召回率和 F_1 分数。

第9章　异常检测

有些数据集中常常存在与一般规律不符合的数据对象，这类与其他数据不一致或非常不同的数据对象就称为异常数据(Outliers)，又称为孤立点或离群点。异常数据可能是由测量误差、输入错误或运行错误等原因造成的，但是，异常数据有时也可能是具有特殊意义的数据。例如，欺诈数据就属于有意义的异常数据，表示有欺诈行为。

异常检测的目标是从一组无标签的数据集中发现与其他大量样本不同的少量样本。一般情况下，数据集中大部分样本是正常的，只有少量的异常样本，不会存在相反的情况。异常检测的基本思路是在数据集上构建一个模型，通过这个模型来判定一些个别数据和数据集中其他大多数数据之间的相似程度。如果这些样本与大多数其他样本不相似，则可能为异常样本。

常见的异常检测方如下。

(1)统计方法：3σ、Z-score、箱线图、Grubbs 假设检验等。

(2)密度方法：局部异常因子(Local Outlier Factor，LOF)、基于连接的异常点因子(Connectivity-Based Outlier Factor，COF)、随机异常选择(Stochastic Outlier Selection，SOS)、DBSCAN 等。

(3)基于距离的方法：k-NN、孤立森林(isolation Forest，iForest)、One-Class SVM 等。

本章遴选其中有代表性的一部分方法讨论。

9.1　统计方法

9.1.1　3σ 方法

基于统计的异常检测方法会假设所给定的数据集存在一个分布或概率模型(如一个正态分布)，然后通过不一致性测试发现异常数据。

3σ 方法要求数据集符合正态分布，σ 表示标准差，3σ 表示超过 3 倍标准差之外的数据被视为异常值。如果正负 3σ 的概率是 99.7%，那么距离平均值 3σ 之外的值出现的概率即为 $P(|x-u|3\sigma)=0.3\%$，属于小概率事件，落在这个区域的样本为异常。

在实际中，很多情况下数据不符合正态分布，同样可以采用 3σ 方法的思想进行异常检测，具体方法是通过调整 σ 的倍数 k 来确定异常样本，这里的 k 值可理解为阈值。如上所述，当 $k=3$ 时，即为 3σ，异常数据占比约为 0.3%；当 $k=2$ 时，即为 2σ，异常样本占比约为 5%，如表 9-1 所示。

表 9-1　不同 k 值的异常样本占比

k 值	数值分布	异常样本占比
1	$(u-\sigma, u+\sigma)$	31.73%
2	$(u-2\sigma, u+2\sigma)$	4.55%
3	$(u-3\sigma, u+3\sigma)$	0.27%

根据第 8 章的内容可知，标准差 σ 是指方差的算术平方根，所以标准差同样可以描述一个数据集的分散程度。σ 越大表示数据越分散，反之则越集中。

标准差有总体和样本两种情况，相应的计算方法参见式(8-6)和式(8-7)。实际中，由于很难获取总体数据，因此一般采用样本标准差 S 替代总体标准差 σ。根据公式可知，当样本数 n 足够大时，二者的差别不大。

通过 3σ 方法发现异常值的方法非常简单，具体步骤如下。

输入：一个一维数据集 D，将 D 视为总体

输出：异常数据

(1)计算 D 中所有样本的平均值 $\bar{x}$。

(2)计算标准差 σ。

(3)根据数据情况确定 σ 的倍数 k。

(4)判断每个样本值是否在以均值为中心的 $k\sigma$ 区域外，如果是，则属于异常样本；否则，属于正常样本。

例 9.1　假设有一个数据集 $D=\{-5, 1, 2, 3, 4, 3, 4, 5, 4, 6, 8, 10, 13\}$，请用 3σ 方法找出异常样本，设 $k = 2$。

(1)计算均值 $\bar{x} \approx 4.46$。

(2)计算标准差 $\sigma \approx 4.22$。

(3)计算 $k \times \sigma = 8.44$。

(4)上限值 $= \bar{x} + k \times \sigma = 12.66$。

(5)下限值 $= \bar{x} - k \times \sigma = -3.98$。

显然，样本−5 和 13 超过了下限值和上限值，所以是异常样本。

如图 9-1 所示是根据随机生成的样本，以顺序作为横坐标，以样本值作为纵坐标得到的散点图，样本数 $n = 50000$，$k=3$。计算得下限值为−40.31，上限值为 80.23。

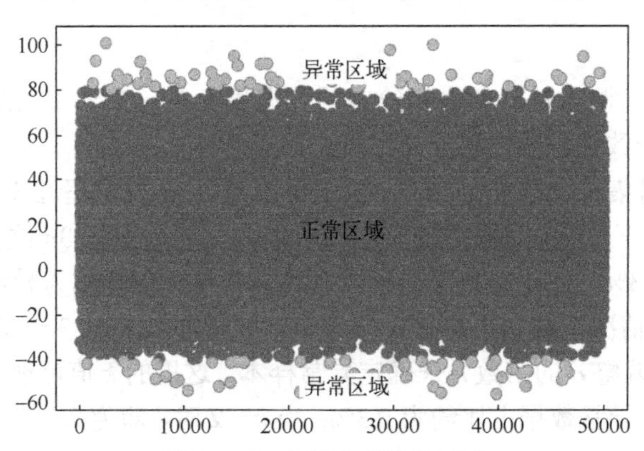

图 9-1　3σ 方法计算异常区域

如果用横坐标表示样本取值，纵坐标表示每个样本的概率，则可以得到与图 9-1 对应的正态分布表示，如图 9-2 所示。

在 3σ 方法的正态分布表示图中可以很直观地看出，3σ 和 2σ 的拒绝区域在上、下限值之外，这一区域的样本均为异常点。显然，3σ 的异常区域占比很小，而当 2σ 异常区域占比明显增大。

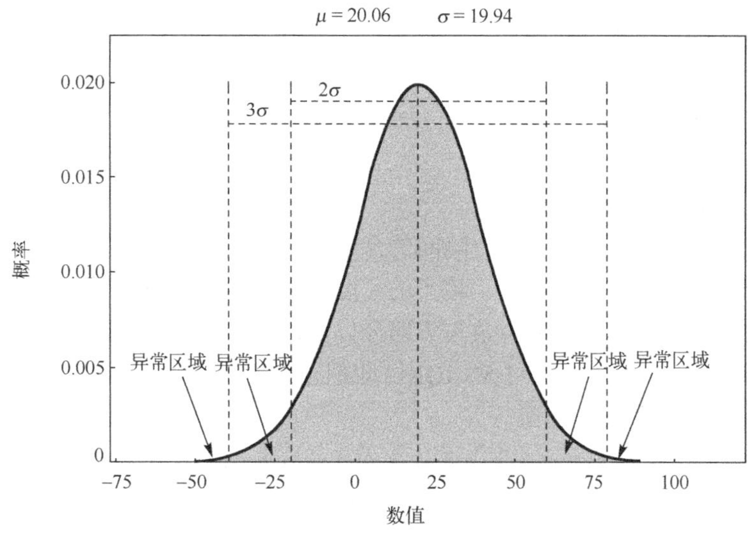

图 9-2　3σ 方法的正态分布表示

3σ 方法的思路简单易行，可解释性好。现实中，大部分的数据符合正态分布，因此 3σ 方法适用广泛。该方法需要设置的参数少，仅有阈值 k，大部分情况下 k 取 2、3 即可。但是，3σ 方法要求数据符合正态分布，而且高维数据计算复杂，需要对样本有一定的了解，以便确定 k 值，尤其当数据规模越小时，k 值小才可能发现异常。另外，计算过程需要遍历所有样本，因此，在大规模数据集的情况下，3σ 方法的性能会下降。

9.1.2　箱线图

箱线图(Box Plot)又称箱须图(Box-whisker Plot)、盒图，是 1977 年由美国的统计学家约翰·图基(John Tukey)在其著作 *Exploratory Data Analysis* 中提出的。箱线图是由 5 个关键数值形成的盒状，并带有“胡须(Whisker)”的延伸线图形，如图 9-3 所示。

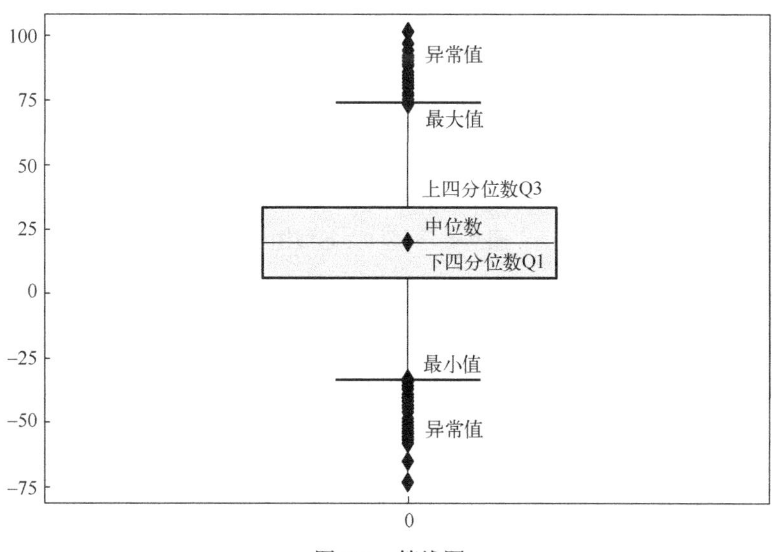

图 9-3　箱线图

箱线图的 5 个关键数值如下：

(1) 最小值(Min，也称下边缘)。

(2) 下四分位数(Q1)。

(3) 中位数(Median)。

(4) 上四分位数(Q3)。

(5) 最大值(Max，也称上边缘)。

其中，Q1、中位数、Q3 组成一个带有隔间的盒子。

上边缘、下边缘外的点为异常点。箱子的长度称为内距或四分位差(Inter-Quartile Range，IQR)，IQR = Q3 − Q1，即上四分位数与下四分位数之差。最小值(Min) = Q1 − 1.5 × IQR，即胡须下限。最大值(Max) = Q3 +1.5 × IQR，即胡须上限。异常点不参与上述计算，因此，箱子的大小位置不受异常值的影响。

例 9.2　假设有数据集 D = {−5, 1, 2, 3, 4, 3, 4, 5, 4, 6, 8, 10, 18}，用箱线图法求异常值。

对 D 的数据排序后，计算箱线图的参数如下：

(1) 中位数 ＝4。

(2) 下四分位数 Q1 = 3.0，位于第 25%的数字。

(3) 上四分位数 Q3 = 6.0，位于第 75%的数字。

(4) 四分位差 IQR = Q3 − Q1 = 3.0。

(5) 最小值(Min) = Q1 − 1.5 × IQR = −1.5。

(6) 最小值(Max) = Q3 +1.5 × IQR = 10.5。

可见，大于最大值 10.5 的 18，以及小于最小值−1.5 的−5 均为异常值。本例题的箱线图如图 9-4 所示。

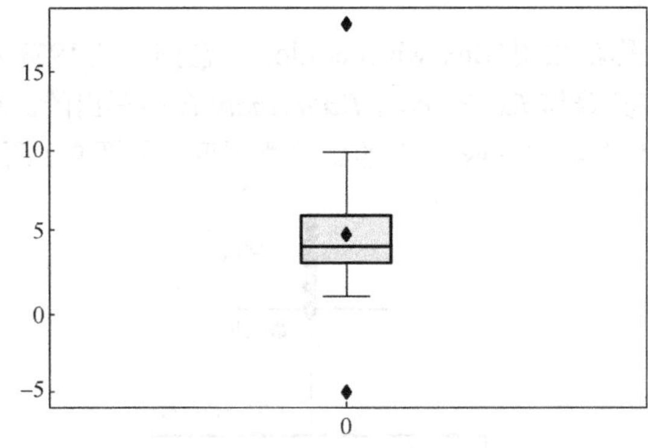

图 9-4　例题 9.2 箱线图

与 3σ 方法不同，箱线图不需要数据服从特定分布的限制性要求。其最大的优点是不受异常值的影响，能够准确稳定地描绘出数据的离散分布情况。另外，箱线图直观明了，计算简洁，尤其是当多个数据集的箱线图放在一起，各自的异常点一目了然。如图 9-5 所示为 3 组数据的箱线图，各组的异常数据可以直观地表示出来。注意：数据集 y 没有异常。

当数据分布较为集中时，箱线图中的“箱”会更小，对应的两个“胡须”也会更小，反之则相反。可以利用箱线图判断数据的偏态和尾重。偏态用来描述数据的偏离程度。左偏态是指异常点集中最小值外侧，如图 9-6(a)所示；同样，右偏态是指异常点集中最大值外侧，如图 9-6(b)所示。尾重是指异常点的多少，尾重值越大表明异常点越多。

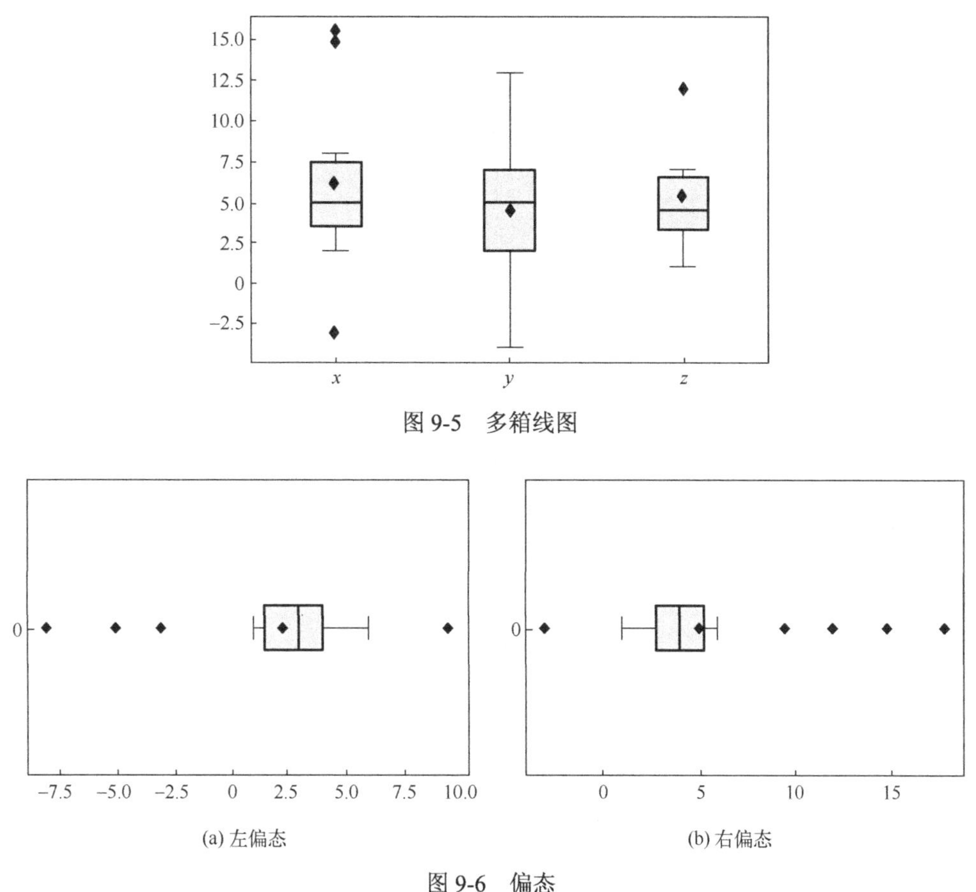

图9-5 多箱线图

(a) 左偏态

(b) 右偏态

图9-6 偏态

箱线图的局限性主要体现在不能精确地衡量数据分布的偏态和尾重程度，以及对于异常数据监测方法过于机械等。

9.2 密度方法

9.2.1 LOF

LOF 是基于密度进行异常检测的经典算法，基本思路是通过计算每个数据点依赖于其邻域密度的局部异常因子 LOF 的得分，判断该数据点是否为异常点。LOF 的优势在于可以量化每个数据点的异常程度(Outlierness)。在 LOF 之前的异常检测算法大多是基于统计方法或者聚类算法，这些方法存在一些缺点，例如统计方法通常假设数据服从特定的概率分布，但是在现实中这个假设往往是不成立的；聚类方法通常只能给出是否为异常点的判断，而不能量化这些点的异常程度。相比而言，LOF 算法更为简单和直观，可解释性也比较好，不但对数据的分布没有要求，而且还能给出样本的量化异常程度。

LOF 异常检测方法认为，非异常点对象周围的密度与其邻域周围的密度类似，而异常点对象周围的密度显著不同于其邻域周围的密度，因此，可以通过计算每个样本的密度得分来判定该点是否为异常点。

如图 9-7 所示，图中 C_1 和 C_2 都是簇，但是二者是有区别的，C_1 比较集中或者密度大，C_2 比较分散或密度小。O_1、O_2 点均为异常点，因为这两个点周围的密度显著不同于周围点的密度。可见，LOF 基于相邻密度是否相似来判断簇和异常点，而不是根据密度的大小来判断。

LOF 算法的基本概念如下。

1) 两点距离 $d(p, o)$

$d(p, o)$ 是指点 p 和点 o 之间的距离。距离可用欧式、曼哈顿、闵可夫斯基等距离公式之一计算。

2) 第 k 距离 (k-distance)

在距离数据点 p 最近的几个点中，第 k 个最近的点与点 p 之间的距离称为点 p 的第 k 距离，也称 k-邻近距离，记为 k-distance(p) 或 $d_k(p)$。

注意，点 p 的第 k 距离，也就是距离 p 第 k 近的点的距离，不包括 p 本身。例如，图 9-8 中的 $d_5(p)$ 表示点 p 到第 5 近的点 5 的距离，编号中不包括点 p。

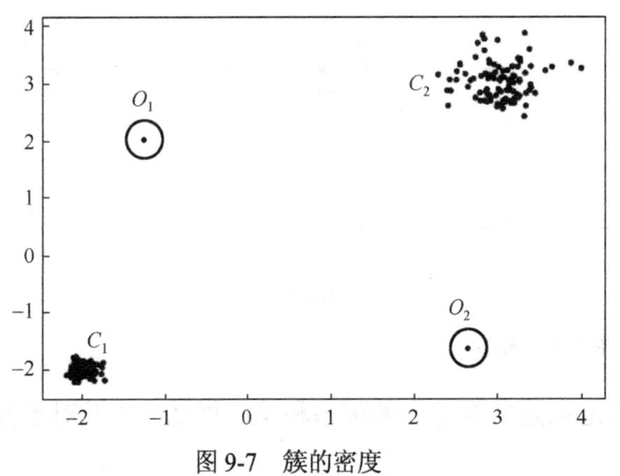

图 9-7　簇的密度

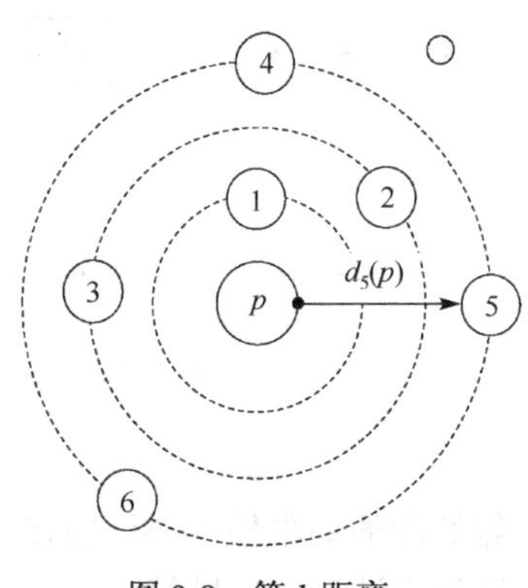

图 9-8　第 k 距离

3) 第 k 距离邻域 (k-distance Neighborhood of p)

点 p 的第 k 距离邻域 $N_k(p)$ 是指点 p 的第 k 距离之内的全部点，包括第 k 距离的点。所以，p 的第 k 邻域点的个数 $|N_k(p)| \geqslant k$。例如，当 $k=5$ 时，图 9-8 的例子中的 $N_k(p)=6$，因为点 4、5、6 与中心点 p 的距离相等，因此都在邻域内。

4) 可达距离 (Reach-distance)

在给定参数 k 的情况下，点 o 到点 p 的可达距离 $reach\text{-}distance_k(p, o)$ 为点 o 的 k-邻近距离和点 p 与点 o 之间的直接距离 $d(p, o)$ 的最大值，即点 o 到点 p 的第 k 可达距离为

$$\begin{aligned} &reach-distance_k(p,o)=\max\{k-distance(o),d(p,o)\} \\ &\text{或}\ \ reach-distance_k(p,o)=\max\{d_k(o),d(p,o)\} \end{aligned} \tag{9-1}$$

如图 9-9 所示，当 $k=5$ 时，分别以点 o_1 和点 o_2 为圆心画圆到第 5 距离的点，得到 $d_5(o_1)$ 和 $d_5(o_2)$。根据式 (9-1) 可知，点 o_1 到点 p 的可达距离为 $d(p, o_1)$，因为 $d(p, o_1) > d_5(o_1)$，o_2 到 p 的可达距离为 $d_5(o_2)$，因为 $d_5(o_2) > d(p, o_2)$。也就是说，离点 o_2 最近的 5 个点，o_2 到其中任意一个点的可达距离是相等的，且都等于 $d_5(o_2)$。

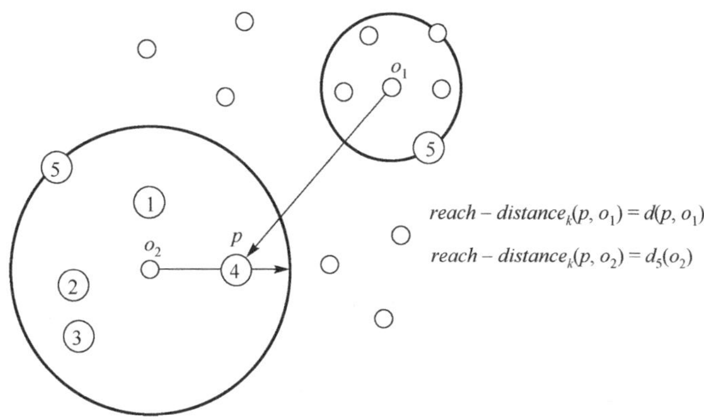

图 9-9　可达距离

5) 局部可达密度 (Local Reachability Density)

点 p 的局部可达密度为它的第 k 邻域内的点到 p 的可达距离的平均值的倒数。点 p 的局部可达密度表示为

$$lrd_k(p) = \frac{1}{\dfrac{\sum_{o\in N_k(p)} reach-distance_k(p,o)}{|N_k(p)|}} \tag{9-2}$$

例 9.3　计算 $lrd_3(p)$，假设同心圆间隔为 1，如图 9-10(a) 所示。

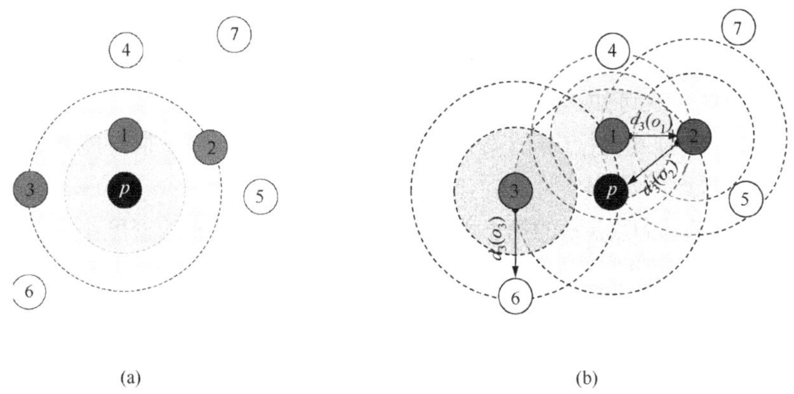

图 9-10　局部可达密度

(1) 计算点 p 的 k-近邻。$k=3$，$N_3(p)=3$，即 $o=\{1, 2, 3\}$，如图 9-10(b) 所示，用编号表示 o_1、o_2、o_3。

(2) 计算可达距离，分别计算点 o_1、o_2、o_3 到点 p 的可达距离：

$reach-distance_3(p, o_1) = d_3(o_1) = \sqrt{2^2-1^2} = \sqrt{3} = 1.718$ (由两点距离公式求得)

$reach-distance_3(p, o_2) = d_3(o_2) = 2$

$reach-distance_3(p, o_3) = d_3(o_3) = \sqrt{3^2-2^2} = \sqrt{5} = 2.236$

(3) 求和：

$d_3(o_1) + d_3(o_2) + d_3(o_3) = 1.718 + 2 + 2.236 = 5.954$

(4) 取倒数得

$$lrd_3(p)=\frac{1}{\frac{5.954}{N_3(p)}}=\frac{1}{\frac{5.954}{3}}=0.504$$

可以验算，$lrd_k(p)$的值越大，表明点p的第k邻域内的点越可能属于同一簇；反之，$lrd_k(p)$的值越小，则越可能存在离群点，即离群点是使得密度变小的点。如果一个点和其他点距离越远，那么它的局部可达密度就会越小。

注意，由于点p均在o_1、o_2、o_3的第k邻域内，所以在这个例子中的$reach\text{-}distance_5(p, o_1)$、$reach\text{-}distance_5(p, o_2)$、$reach\text{-}distance_5(p, o_3)$计算均用$o_1$、$o_2$、$o_3$的第$k$可达距离。如果有点$p$在点$o_1$、$o_2$、$o_3$某一点的第$k$邻域外，根据可达距离公式可知，这时需要用两点距离计算。例如，如果p在o_2的第k邻域外，则用$d(p, o_2)$计算o_2到p的可达距离。

6）局部异常因子(Local Outlier Factor，LOF)

LOF衡量一个点的异常程度，并非依据其局部可达密度，因为局部可达密度是一个绝对密度。由于离群点是一个相对概念，因此LOF算法采用局部异常因子这种局部相对密度作为异常点的判定标准，其公式为

$$\mathrm{LOF}_k(p)=\frac{\sum_{o\in N_k(p)}\frac{lrd_k(o)}{lrd_k(p)}}{|N_k(p)|}=\frac{\sum_{o\in N_k(p)}lrd_k(o)}{|N_k(p)|}/\,lrd_k(p) \tag{9-3}$$

表示点p的第k距离邻域内的所有点o的局部可达密度$lrd_k(o)$的平均值与点p的局部可达密度$lrd_k(p)$之比。

按例9.3的方法可以计算出$|N_k(p)|$、$lrd_k(o)$和$lrd_k(p)$，因此，可以很容易计算出$\mathrm{LOF}_k(p)$。

根据$\mathrm{LOF}_k(p)$的含义可知：

(1)如果LOF $\leqslant 1$，说明点p的第k邻域点密度差很小，则p很可能和邻域点同属一个簇，而不是一个异常点。

(2)如果LOF >1，说明点p的第k邻域点密度差很大，且p的密度小于其第k邻域点的密度，则p很可能是异常点。

因此，LOF算法的基本思路是针对每一个数据点计算其第k邻域的LOF得分，根据LOF得分判定其是否为异常点。

例9.4　有一数据集D ={(2, 1), (5, 1), (1, 2), (2, 2), (3, 2), (4, 2), (5, 2), (6, 2), (1, 3), (2, 3), (5, 3), (2, 4), (6, 6), (3, 7), (1, 6.5)}，用LOF发现其中异常样本。

应用LOF公式分别计算每个点的异常得分为[0.97, 0.95, 0.95, 1.06, 0.95, 0.99, 1.13, 1.05, 1.03, 0.95, 0.95, 1.15, 1.93, 1.64, 1.66]。图9-11(a)展示了这一结果，其中圈起来的实心点的圆越大说明LOF得分越大。显然，最后3个样本的得分1.93、1.64、1.66远大于1，因此是异常点。LOF给出的最终结果为[1, 1, 1, 1, 1, 1, 1, 1, 1, 1, 1, 1, −1, −1, −1]，即最后3个样本(6, 6)、(3, 7)、(1, 6.5)为异常点。将异常样本圈起来，正常样本不做标记，得到如图9-11(b)所示的结果。这里k取4，异常阈值为0.2，即样本中异常点的比例为阈值。

LOF的一个最大优点是异常值是根据邻域点密度确定的，当数据集中存在多个不同密度的簇时，应用LOF发现异常点就很有优势了。另外，LOF算法比较适用于中、高维的数据集。

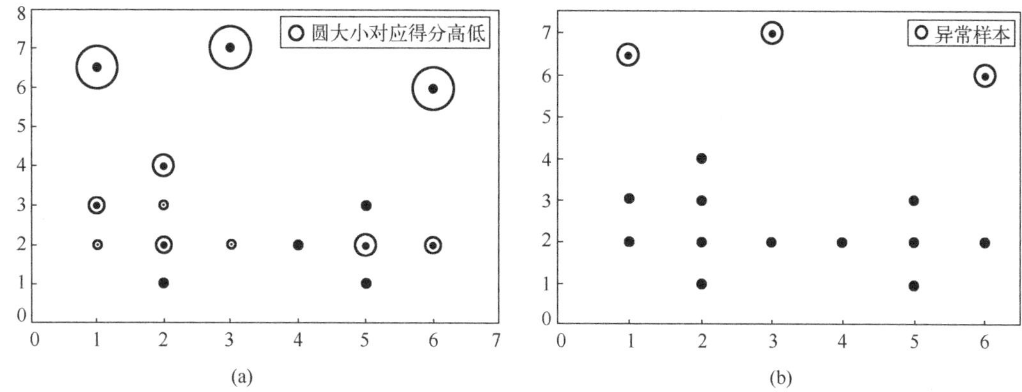

图 9-11 应用 LOF 发现异常点

在局部可达密度计算中，LOF 算法假设不存在大于等于 k 个重复的点，如果有重复点存在，则这些点的平均可达距离为零，局部可达密度趋于无穷大。在实际中，为了避免这种情况的出现，通常会将 *k*-distance 替换为 *k*-distinct-distance，即重复情况只取一个值，忽略重复情况。或者，给可达距离都加一个很小的值，避免可达距离等于零，这也是机器学习中为避免零值导致无意义而经常采用的方法。此外，LOF 算法需要计算数据集中所有数据点两两之间的距离，算法时间复杂度为 $O(n^2)$。为了提高算法效率，FastLOF 采用“分而治之”的方法，将数据随机地分成多个子集，然后在每个子集里计算 LOF 值。对于那些异常得分小于等于 1 的，从数据集里剔除，即不考虑正常样本，剩下的在下一轮寻找更合适的最近邻并更新 LOF 值。这种方法可以明显提升 LOF 算法的效率。

9.2.2 DBSCAN

DBSCAN 是一个比较有代表性的聚类算法。与 LOF 算法类似，DBSCAN 也是基于密度的，同样可以用作异常检测。其思想与 LOF 类似，即找到样本空间中处在低密度的样本，这些样本即为异常样本。

如图 9-12 所示，根据 DBSCAN 算法的思想可知，邻域 ε 内样本点的数量大于等于 MinPts 的点叫作核心对象，不属于核心对象但在某个核心对象的邻域内的点叫作边界对象，既不是核心对象也不是边界点的是噪声，噪声即为异常点。这也是聚类算法解决异常检测的基本思路，DBSCAN 是其中一个典型代表。

在 DBSCAN 算法中，异常点被定义为噪声点，即对于非核心点的某一样本 p，若 p 不在任意核心点 c 的 ε 领域内，那么样本 p 称为噪声点，即

$$P=\left\{p\,|\,c_i \in C, p \notin N_{\varepsilon}(c_i), C\text{为核心点集}\right\} \tag{9-4}$$

其中，P 为噪声点集。

通过 DBSCAN 是否能够发现异常点，还取决于 DBSCAN 算法的两个参数，即邻域半径 ε 和邻域内最小边界对象数量的阈值 MinPts。DBSCAN 算法寻找簇的方式类似于信息传播，从某个点出发逐步传播到所有可传的区域，这样就形成一个簇。然后再从这个簇之外的其他任意点出发，继续传播寻找簇。传播半径和每次要求的最少对象的数量决定了区域的大小，也就决定了一个点是否为异常。在如图 9-13 所示的例子中，当 ε 取值相同而 MinPts

取值不同时，得到了不同的结果。其中 MinPts = 5 时，没有异常点，而 MinPts = 6 时，有 5 个异常点。

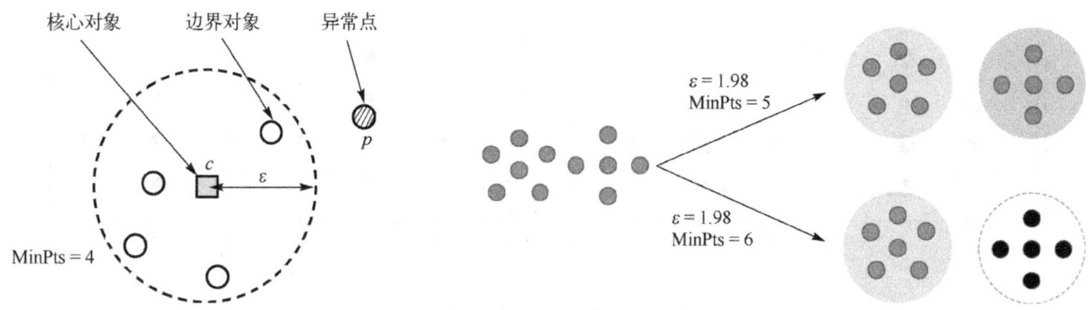

图 9-12　DBSCAN 算法异常检测图示　　图 9-13　不同 MinPts 取值对结果的影响

同样，在保持 MinPts 不变情况下，改变邻域半径 ε 也会出现不同异常点的情况。

可见，若 MinPts 值设置过小，则所有样本都可能为核心样本，无法发现异常点；反之，如果 MinPts 取值过大，正常样本也可能会被误认为是异常点。如果 ε 值取得太小，部分样本会被误认为是异常点；反之，如果 ε 值取得过大，异常点也会被作为正常样本并入某一个簇中，从而无法发现异常点。

因此，使用 DBSCAN 进行异常检测时需要设置合适的 ε 和 MinPts，两个超参数的取值依据是经验。根据经验，MinPts 可以由数据集的维数 D 得到，即 MinPts ⩾ D + 1 且 MinPts 不小于 3。若 MinPts = 1，意味着所有的数据集样本都为核心样本，即每个样本都是一个簇。如果 MinPts ⩽ 2，则结果和单连接的层次聚类相同。因此，MinPts 必须大于等于 3。一般认为 MinPts = 2×dim(D)是一个较为合理的取值，其中，dim(D)表示数据集的维度。可见，数据集越大，则选择的 MinPts 的值越大。

常用 *k*-距离曲线估算 ε 值。首先计算每个样本与所有样本的距离，然后选择第 *k* 个最近邻的距离并从大到小排序，这样就得到了 *k*-距离曲线，曲线拐点即为合适的 ε 值。显然，这是一种“肘方法”的思路。

9.3　基于距离的方法

9.3.1　孤立森林

孤立森林是一种高效的异常检测算法。可以从“孤立”和“森林”两个维度来理解 iForest：孤立是指一个 iForest 中的异常值是孤立的，即没有子孙后代；森林是指 iForest 是由一种随机二叉树构成的，这种二叉树是指 isolation Tree，即孤立树，简称 iTree。iForest 采用集成学习的思路，通过多次构建 iTree 然后取平均的方式确定异常点。由于 iForest 是由多棵 iTree 组成的，所以称之为“森林”。

针对一组一维数据，排序后绘制在一维坐标系中，结果如图 9-14 所示。先找到最小值 min 和最大值 max，然后在二者之间随机找个值切分得到两组数据，第 1 次切分后数据会一分为二，得到两组数据。然后对两组数据再分别重复上述过程，在第 2 组数据完成第 2 次切分后，显而易见，图 9-14 中第 2 切点左侧数据较多，而右侧只有一个 max 数据，这个值已经被孤立出来，这说明 max 是一个离群点。两次切分后就不需要再参与切分，因为孤立点已经出现。

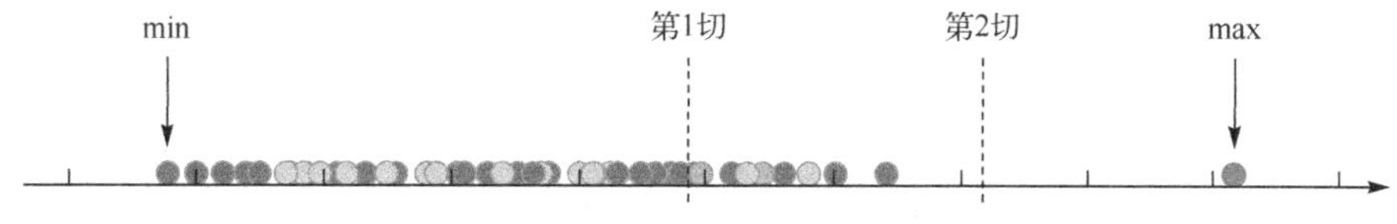

图 9-14 一维数据排序后的异常点

可见，采用这种排序后切分数据的方法是可以找到异常点的。如果将划分的结果用树表示出来，就是一棵二叉树，而 max 这个值是离根最近的叶子节点，如图 9-15 所示。因此，多次构建这样的二叉树，然后计算 max 到根节点距离的平均值，作为该节点到根节点的距离。用相同的方法计算其他节点到根节点的距离，然后将距离由小到大排序，排在前面的可能就是异常点。

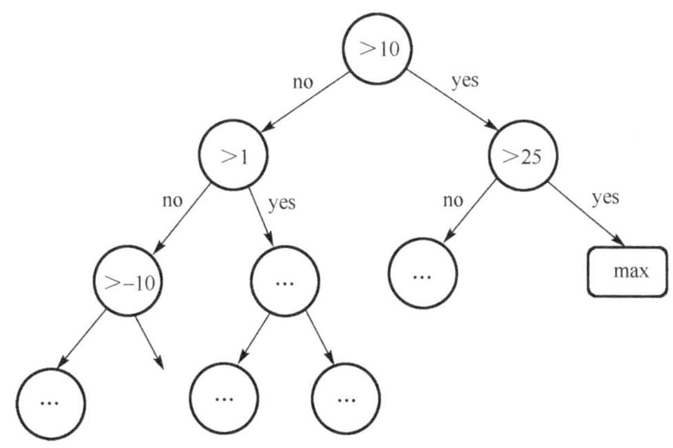

图 9-15 二叉树表示划分结果

用二叉树的方式替代上述切分过程的优势是可以用度量的方式发现异常值，相对来说更适合用程序实现，尤其是在多维数据的情况下，用上述切分观察的方式是不可取的。

以上即为 iForest 的基本思想。

1. iForest 构建

iForest 的构建过程可以分成两个阶段：第 1 阶段构建 iTree，第 2 阶段构建多个 iTree 形成 iForest。其中，iTree 的构建是关键。

iTree 是一种随机二叉树，每个节点只有一个父节点，且有两个子节点或者无子节点，无子节点时为叶子节点。

iTree 的构建过程如下。

输入：数据集 D(这里 D 的所有属性值都是连续型数值)

输出：iTree

(1) 从数据集 D 中随机选择 n 个样本，得到数据集 D'。

(2) 从 D'中随机选择一个属性，并在该属性中随机选择一个值 V 作为切分点 p；显然，V 可能是该属性最小值 min 和最大值 max 之间的一个值。

(3) 以 p 作为划分平面，把小于 V 的样本放在左侧做左子节点，把大于等于 V 的样本放在右侧作为右子节点。

(4) 递归步骤(2)和(3)，直至所有的叶子节点都只有一个样本点或者树已经达到指定的高度。

这样就可以构建一棵 iTree。注意，与决策树构建不同，iTree 每次选择划分属性和划分点(值)时是随机的，而不是根据信息增益或基尼指数选择的。另外，iTree 的叶子节点是一个样本或样本子集。若多次重复构建 iTree，则可以构建多棵 iTree，这样就可以形成孤立森林了。

2. 异常的度量标准

根据 iTree 的结构可知，叶子节点是样本或样本集合，涵盖了所有样本。可以通过叶子节点到根节点的路径长度来判断一个样本是否为异常点。对于一个数据点 x_i，令其遍历 iForest 中的每一棵 iTree，然后计算该点在 iForest 中的平均高度 $high(x_i)$，对所有点的平均高度做归一化处理后得到异常分数。

异常分数的计算公式为

$$s(x_i,\psi)=2^{-\frac{E(high(x_i))}{c(\psi)}} \tag{9-5}$$

其中，

$$c(\psi)=\begin{cases}2H(\psi-1)-[2(\psi-1)/\psi], & \psi>2\\ 1, & \psi=2\\ 0, & \text{others}\end{cases} \tag{9-6}$$

其中，

x_i：表示第 i 个样本；

ψ：样本数量；

$high(x_i)$：表示 x_i 在一棵 iTree 中的高度，即 x_i 到根节点的路径长度；

$E(high(x_i))$：表示 x_i 在多棵 iTree 中的路径 $high(x_i)$ 的平均值；

$H(\psi)$：表示调和数，可以用 $\ln(\psi)+\gamma$ 估计，γ 为欧拉常数，近似值为 0.5772156649，目的是扩大正常样本与异常样本之间的差距；

$c(\psi)$：为一个包含 ψ 个样本的数据集的 iTree 的平均路径长度。

通过计算 $s(x_i,\psi)$ 即可得到样本 x_i 在 ψ 个样本的数据集上构建的 iTree 的异常指数，$s(x_i,\psi)$ 取值范围为[0, 1]。

根据公式可知：

(1) $E(high(x_i))\to c(\psi)$，$s(x_i,\psi)\to 0.5$。

(2) $E(high(x_i))\to 0$，$s(x_i,\psi)\to 1$。

(3) $E(high(x_i))\to \psi-1$，$s(x_i,\psi)\to 0$。

这里“→”表示趋近。

如果一个样本 x_i 的 $s(x_i,\psi)$ 分值越接近 1，说明它是异常样本的可能性越大。如果大部分样本的 $s(x_i,\psi)$ 分值都接近于 0.5，说明整个数据集没有明显的异常。

iForest 涉及两个输入参数：子采样大小 ψ 和 iTree 的数量 t。子采样大小 ψ 控制了训练数据集的大小，根据经验，将 ψ 设置为 256 通常可以提供在广泛的数据范围内进行异常检测。iTree 的数量 t 控制了 iForest 的规模大小，根据经验，路径长度通常在 $t = 100$ 之前收敛。因此，ψ 的参考取值为 256，t 的参考取值为 100。

图 9-16(a)为大样本情况下 iForest 识别出的异常点，图 9-16(b)为从 9-16(a)的大样本中随机采样后识别的异常点的结果。可见，在小样本情况下，iForest 更容易孤立出异常点，而大样本情况下会对异常检测过程造成一定的干扰。因此，针对大样本情况可以通过采样的方式来提升识别效果，这也是 iForest 中采用多棵 iTree 的原因。

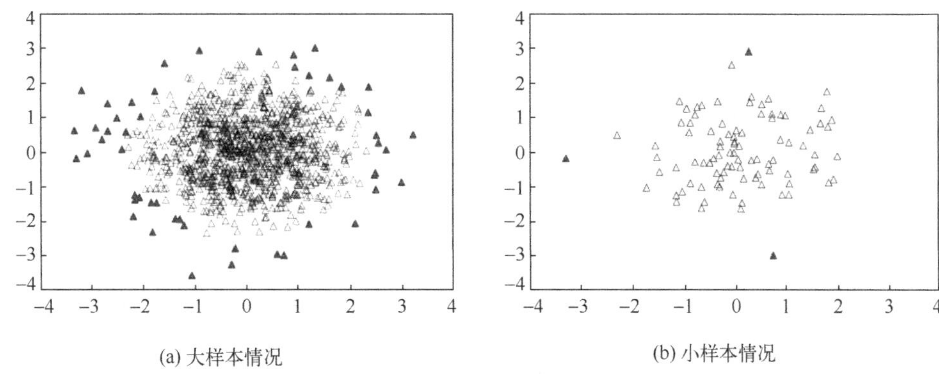

图 9-16　iForest 识别出的异常点

iForest 是异常检测最常用的算法之一，具有线性时间的复杂度。由于采用采样技术，所以，即使是在大规模的数据集上 iForest 也有良好表现。与很多集成学习类似，iForest 中的每棵 iTree 是互相独立的，且数据规模小，适合并行方式提升效率。但是，由于 iTree 的构建是基于某一个维度的，因此高维数据会导致算法可靠性降低，在这种情况下，需要对数据进行降维后再使用 iForest 算法。另外，iForest 仅对全局异常点敏感，对局部异常点不敏感，因此，适用于发现全局异常。

9.3.2　*k*-NN

根据 *k*-NN 算法的基本原理可知，其目标是找到 k 个最近的邻居，然后由这 k 个邻居投票决定当前样本的归属类别。如果当前样本是一个异常样本，那么它与 k 个近邻的距离要大于其他正常样本。本着这一思路，判断一个样本是否为异常，只需要将该样本的 k 个近邻的距离与其他样本的 k 个近邻的距离进行比较即可。

如图 9-17 所示，p'和 p 是数据集中的任意两个样本，当 k=3 时，分别找出 p'和 p 的 3 个近邻，这里计算平均距离。

p'的 3 个近邻的平均距离 $d' = (3.4 + 2.7 + 3)/3 = 3.03$

p 的 3 个近邻的平均距离 $d = (0.6 + 0.6 + 0.7)/3 = 0.63$

由于 $d' >> d$，因此，p'是异常样本的可能性非常大。

总结一下，用 *k*-NN 发现异常点的基本流程如下：

(1) 找数据集中的每个点的 k 个近邻，并计算与近邻的距离，可用平均距离、中位数或最大值等方法。

(2) 按照距离递增次序排序。

(3) 距离过大的点视为异常点。

例 9.5 有数据集 D = {(2, 1), (5, 1), (1, 2), (2, 2), (3, 2), (4, 2), (5, 2), (6, 2), (1, 3), (2, 3), (5, 3), (2, 4), (6, 6), (3, 7), (1, 6)}，用 *k*-NN 发现异常点，设 $k = 4$。

通过可视化直观地观察一下数据情况，以样本的第 1 列作为横坐标，第 2 列为纵坐标绘制样本，得到如图 9-18 所示的结果。

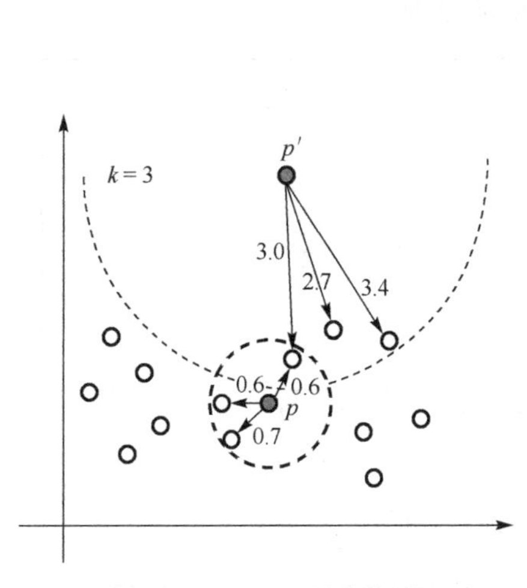

图 9-17 *k*-NN 异常检测

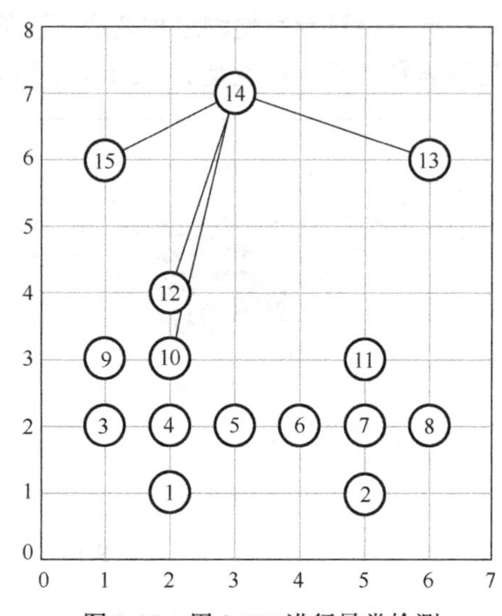

图 9-18 用 *k*-NN 进行异常检测

按照上述 *k*-NN 发现异常样本的流程，依次计算每个样本的 4 个近邻的欧式距离的平均值，例如，针对第①个节点 (2, 1)，其最近的 4 个节点分别为③、④、⑤、⑩，这里图示中每个格子长度取 1，则对应距离分别为 $\sqrt{2}$、1、$\sqrt{2}$、2，计算平均值 ≈ 1.46。按同样的方法计算得到每个节点的 4 个近邻平均距离，结果如下：

[1.46, 1.46, 1.21, 1, 1.21, 1.21, 1, 1.46, 1.21, 1.1, 1.46, 1.66, 3.61, 3.17, 2.66]

显然，最后 3 个数据[3.61, 3.17, 2.66]明显高于其他样本，因此，对应的[(6, 6), (3, 7), (1, 6)]编号为⑬、⑭、⑮的 3 个样本为异常。可见，*k*-NN 计算的异常点在图 9-18 中是符合直观感觉的。

使用 *k*-NN 发现异常的一个优点是不需要假设数据分布；缺点是不适用于高维数据，而且只能找出异常点，无法找出异常簇。近邻查找可以借助 *kd* 树提高效率，但是距离计算需要遍历整个数据集，因此对于大数据集效率较低。由于 *k*-NN 检测出的异常点与其他所有正常样本距离都比较远，因此，适合于全局异常点的检测。

9.4 本章小结

发现异常是智能的一个主要表现，在实际工程中，也需要经常面对异常情况。适用于异常检测的场景包括金融诈骗行为分析、制造业的残次品检验、设备的故障检测、数据中心磁盘过载检测、软件系统的入侵检测、垃圾邮件识别、假新闻识别等。在绝大多数场景中，异常都是少数情况，有时不能发现所有异常，或者正常被判定为异常是常态，这也对异常检测提出了挑战。

异常检测的前提是存在一个数据集，并且异常存在于这个数据集中。换言之，异常最终保存在数据集之中，所有的异常检测方法均针对数据集。需要说明的是，异常的界定有时是模糊的，一个现象在某个场景下是异常，可能换个场景就是正常的。因此，异常检测需要结合具体的业务场景。

本章遴选了异常检测方法中 3 类有代表性的算法，即统计方法、基于密度的方法和基于距离的方法。这些方法原理清晰、简洁、可解释性好、适用面广。随着技术的不断发展，一些新的方法会不断涌现，其中有很多方法经过变换角度后可以用于异常检测。因此，新方法对原有异常检测问题的解决提供了新思路，也会为异常检测新问题提供重要参考。

习　　题

9-1　讨论：有些数据集中为什么会存在异常样本？

9-2　3σ 方法要求数据集符合正态分布。在现实中，正态分布具有普遍性吗？

9-3　为什么说箱线图不受异常值的影响？举例说明。

9-4　假设一个数据集中有 1000 个样本，其中 5 个是异常样本。使用统计方法确定正常样本的范围，并标识异常点。

9-5　有一批钢管检测的数据集如表 9-2 所示。其中，硬度(HRC)取值范围为[20, 67]，分别用 3σ 和箱线图法求各列数据的异常值。

表 9-2　钢管数据

长度(m)	硬度(HRC)	重量(kg)
2	38	2.62
1	35.2	1.31
2.5	3	3.28
−1.2	0	1.57
1	40	1.32
2	38	2.62
0.4	40.2	0.53
9	400	11.79
2	42	2.61
1	33	1.3
2.2	35.2	2.88
1.8	44	2.35

9-6　为什么 LOF 算法一般会假设不存在大于等于 k 个重复的点？如果实际中存在这样的情况应该如何处理？

9-7　LOF 和 DBSCAN 两种异常检测方法在原理上有什么区别？

9-8　应用 DBSCAN 检测异常时，如何确定 ε 值？试举例说明哪些超参数的确定也采取了类似的方法。

9-9　试用 LOF 和 DBSCAN 算法发现表 9-2 中的异常样本。

9-10　孤立森林中的“孤立”和“森林”分别代表什么含义？

9-11　为什么孤立森林中需要很多 iTree？只要一个 iTree 是否可以？

9-12　训练一个异常检测的孤立森林模型，并对新数据进行了预测。如何计算预测结果的准确率、精度和召回率？

9-13　结合实际，举例说明 k-NN 发现异常行为的基本思路。

9-14　分析用 k-NN 发现异常点时，如何设置合理的 k 值。

9-15　归纳基于密度的异常检测方法的基本思想。

9-16　讨论使用基于密度的聚类算法检测异常点时，如何确定阈值。

9-17　一辆自动驾驶汽车的传感器记录了在道路上行驶的数据，包括车速、转弯次数、左右车道偏移量、前后车距离等。如果将安全事故作为异常，给出应用 k-NN 方法检测该汽车潜在的安全问题的基本思路。

9-18　本章讨论的方法为无监督学习。那么如果采用有监督学习的方法发现异常，一般的思路是什么？可能会出现什么问题？如何解决？

第 10 章　梯 度 下 降

梯度下降法(Gradient Descent，GD)是一种优化算法，用于求解函数的最小值或极小值。对应地，求解最大值或极大值的算法称为梯度上升法(Gradient Ascent，GA)。梯度本质上是目标函数的导数，因此，梯度下降法或梯度上升法就要求目标函数必须可导。

一般用函数表示优化问题，这一函数称为目标函数。最简单的优化问题是一元线性回归问题，目标函数采用均方误差。在一元线性回归优化过程中，需要确定的是两个最优参数，即权重 w 和偏置 b，可以通过最小二乘法求解，也可以通过梯度下降算法求解。

相比较而言，梯度下降算法更适合于计算机求解。这是由于梯度下降算法的初始值不影响最终的优化结果，因此可以随机给定。另外，通过迭代的方式不断减小梯度，直至达到一定的误差要求或梯度不再变化为止。可见，这两点非常适合用计算机程序实现。基于基础的梯度下降法发展了另外两种梯度下降方法，分别为随机梯度下降法和批量梯度下降法。

10.1　拟　　合

回归是研究自变量与因变量之间数量变化关系的一种方法，主要目标是通过建立因变量 Y 与影响它的自变量 $X(x_1, x_2, x_3,\cdots)$ 之间的回归模型，衡量自变量 X 对因变量 Y 的影响能力，进而预测因变量 Y 的发展趋势。回归分为单特征(或一元)和多特征(或多元)两种情况，例如，根据房屋面积计算(或预测)房屋价格，或根据身高预测体重等均属于单特征回归；而根据房屋面积、所在楼层、房龄等预测房屋价格，或根据身高、性别、年龄等预测体重等则属于多特征回归。

以房价预测为例，预测的依据是房屋面积，预测的目标是房屋的价格。如图 10-1(a)所示是采集的某地区房屋面积和房屋价格对应的数据，用 Excel 进行拟合得到如图 10-1(b)所示的一元线性拟合结果。

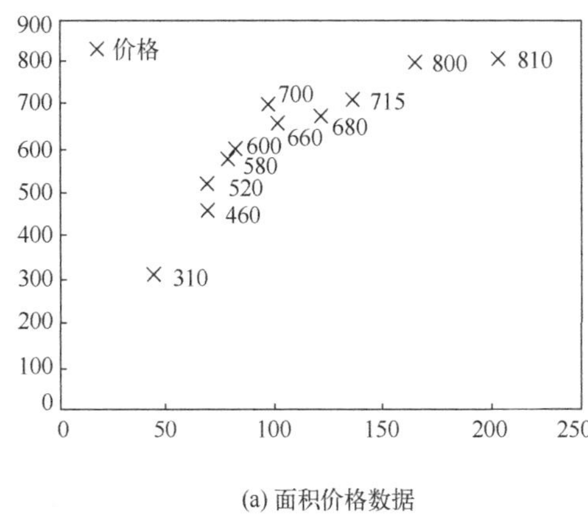

(a) 面积价格数据

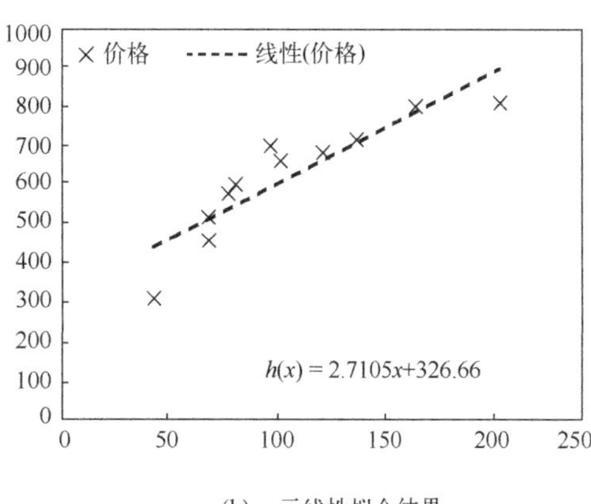

(b) 一元线性拟合结果

图 10-1　一元线性拟合

拟合结果用一元一次函数 $h(x)=2.7105x+326.66$ 表示，其中，x 表示房屋面积，$h(x)$ 表示房屋价格。由图 10-1(b)结果可知，拟合效果并不理想。随着自变量幂次的增加，得到图 10-2(a)的二阶拟合结果 $h(x)=-0.0236x^2+8.7121x+5.2385$ 和图 10-2(b)的更高阶次的拟合结果 $h(x)=3\times10^{-9}x^6-3\times10^{-6}x^5+0.0008x^4-0.1264x^3+10.534x^2-428.88x+6953.2$，二者均为非线性拟合。可见，拟合效果越来越好。但是，需要注意的是，期望是能够进行有效的预测，高阶多项式对历史数据的拟合虽好，但是可能存在过拟合的问题，导致预测效果不理想。

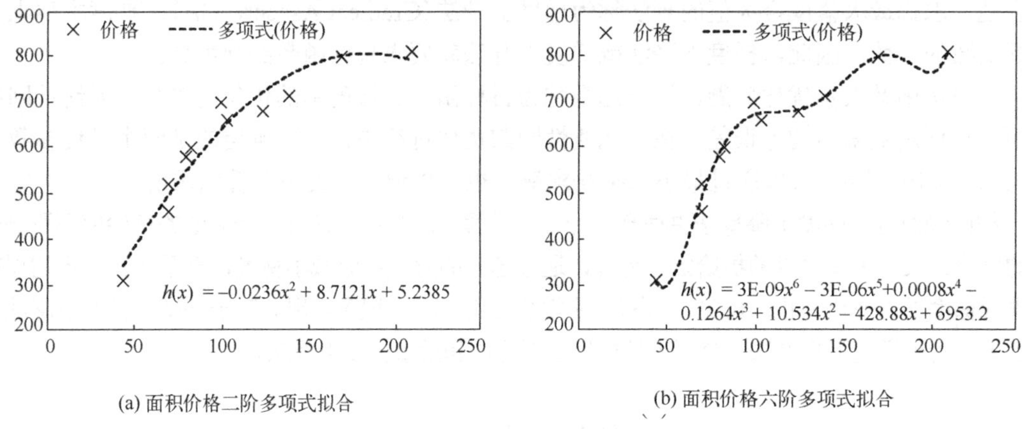

(a) 面积价格二阶多项式拟合　　(b) 面积价格六阶多项式拟合

图 10-2　一元多项式非线性拟合

无论是一元一次还是一元多次拟合，都要事先确定一个函数。以一元一次拟合为例，假设这个函数形式如下：

$$h(x)=wx+b \tag{10-1}$$

根据公式可知，只要确定了 w 和 b，就可以确定 $h(x)$，一旦确定了 $h(x)$，就可以进行房价预测了。观察一下，根据前面例子拟合结果 $h(x)=2.7105x+326.66$，需要确定的其实是 $w=2.7105$、$b=326.66$ 两个参数，前者称为斜率或权重，后者为偏置或截距。

问题归结为：如何确定 $h(x)$ 中的参数 w 和 b？根据前面的讨论可知，可以采用最小二乘法求解。但是，最小二乘法的本质是求解线性方程组，其存在的问题是在多元情况下需要确定每个特征的权重 w，这时采用最小二乘法求解就会非常繁琐，而多元情况在实际生活中是常见的。例如，描述一个学生的全貌，需要有性别、年龄、身高、专业等多个特征，这就需要有 $w_0,w_1,w_2,\cdots,w_n$ 等多个特征的权重。由于这种方法太过复杂，且不适合计算机程序求解，因此，在实际中一般不会采用最小二乘法，而是采用梯度下降法。

10.2　梯度下降法的基本原理

10.2.1　公式变换

现在把一元线性回归的目标函数公式修改为

$$\min_{w,b} J(w,b) \quad 简写为 \min J(w,b)$$

$$J(w,b)=\frac{1}{2m}\sum_{i=1}^{m}(wx_i+b-y_i)^2 \tag{10-2}$$

其中，m 表示样本数量；x_i、y_i 表示第 i 个样本的特征值和标签值。

显然，目标是要找到使得 $J(w, b)$ 最小的 w 和 b，这里的 w 和 b 是变量。如果将 w 视为变量，其他均为常数，则公式变化为

$$J(w)=\frac{1}{2m}\sum_{i=1}^{m}(wx_i+b-x_i)^2 \tag{10-3}$$

整理上述公式得到

$$J(w)=c_1w^2+c_2w+c_3 \tag{10-4}$$

其中，c_1、c_2、c_3 均为常数；而将 w 视为变量时，b 也视为常数。显然，$J(w)$ 是一个二次函数，图像为二次曲线，如图 10-3 所示。

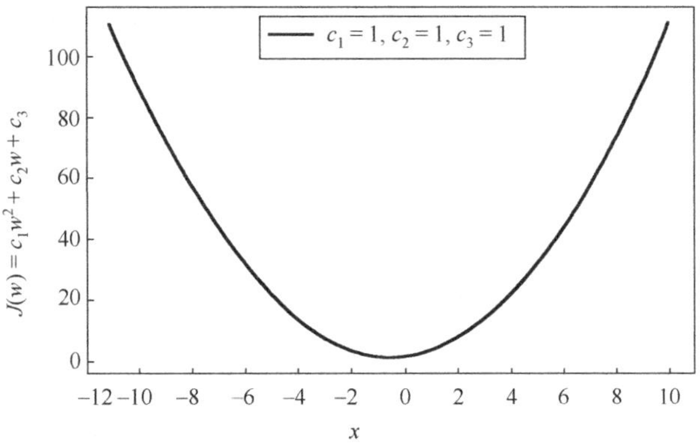

图 10-3　二次函数 $J(w)$ 的曲线

同样，如果将 b 视为变量，其他均为常数，则公式变化为

$$J(b)=c_1b^2+c_2b+c_3 \tag{10-5}$$

到目前为止，求解 $J(w, b)$ 最小值的问题转化为求解函数 $J(w)$ 和 $J(b)$ 的最小值问题。

10.2.2　方向导数与梯度

在数学中，函数的斜率 k 定义为

$$k=\frac{\Delta y}{\Delta x}=\frac{y_0-y_1}{x_0-x_1}=\frac{\text{Height}}{\text{Width}} \tag{10-6}$$

如图 10-4 所示，当斜率公式的分子与分母均取极限时，就可以得到该函数在点 (x_0, y_0) 处的导数。显然，沿着斜率方向走，就会走到曲线的最低点，朝相反方向则可以走到曲线的最高点，方向可以通过符号判断。一个形象的例子是，一个空降兵执行任务，到一个山谷底取情报，被空降到了山坡的某一个位置 (x_0, y_0)，那么他每次都沿着他所在的地点 (x, y) 的斜率方向走，就一定可以达到谷底。换句话说，如果沿斜率方向走，可得到达到山谷底的最短路径，是最好的策略。

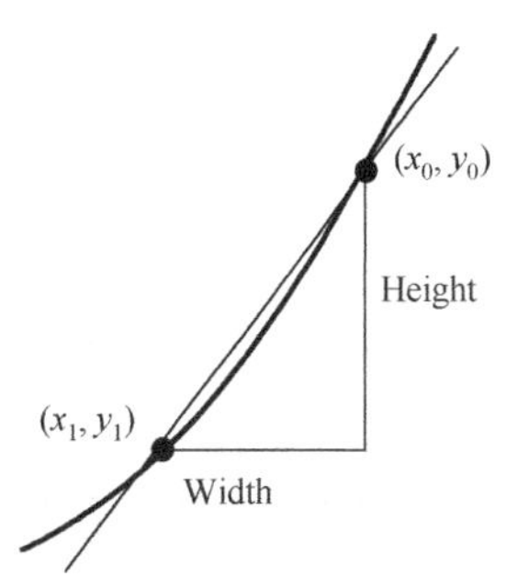

图 10-4　梯度与斜率

在数学上，将函数在某个点 (x, y) 的导数称为梯度。准确地

说，上面讨论的导数是方向导数，是在特定方向上函数的变化率，即导数是函数在 x 和 y 轴的方向上的变化率。方向导数在各个方向上的变化有时是不一样的。为了研究方便，就有了梯度的定义。梯度的本意是一个向量，表示某一函数在该点处的方向导数，沿着该方向取得最大值或最小值的效率最高，即函数在该点处沿着梯度方向变化最快，变化率最大。梯度实际上是以对 x 的偏导为横坐标，以对 y 的偏导为纵坐标的一个向量，而方向导数就等于这个向量乘以指定方向的单位向量。根据向量乘积的定义可知，对于一个给定的函数，它的偏导是一定的，所以当给定方向与梯度方向一致时变化最快。

总之，梯度是为了研究方向导数的大小方便而定义的。

10.2.3　梯度表示与计算

在单变量函数的情况下，梯度只是导数，或者对于一个线性函数，梯度就是斜率，也就是一个曲面沿着给定方向的倾斜程度。

梯度记为 grad $f(x)$ 或 $\nabla f(x)$，∇ 称为梯度算子，为讨论方便，这里用 ∇x 表示 $J(x)$ 对 x 的导数，即

$$\nabla x = J'(x) = \frac{\mathrm{d}J(x)}{\mathrm{d}x} \tag{10-7}$$

称 ∇x 为函数 $J(x)$ 在点 $P(x)$ 处的梯度。

对于一元线性回归，梯度的计算公式为 $J(w, b)$ 分别对 w 和 b 求偏导，即

$$\nabla w = \frac{\partial J(w,b)}{\partial w} = \frac{1}{m}\sum_{i=1}^{m}\left(h(x_i) - y_i\right)x_i \tag{10-8}$$

$$\nabla b = \frac{\partial J(w,b)}{\partial b} = \frac{1}{m}\sum_{i=1}^{m}\left(h(x_i) - y_i\right) \tag{10-9}$$

其中，x_i、y_i 表示第 i 个样本的特征值和标签值；$h(x_i) = wx_i + b$ 表示第 i 个样本的标签预测值。

10.2.4　算法描述

用梯度下降法求极值的基本思路：沿着梯度往下走，每走一段，重新计算梯度；然后沿着更新后的梯度继续走，直至走到最低点，即为 $J(w, b)$ 的最小值。这时就找到了最好的一组 (w, b) 值。

这里的收敛条件是梯度不再发生变化，因为最低点的梯度不再变化。梯度下降法的前提是梯度会从变到不变。由于梯度是斜率，图像是一条斜线，但走的路线是曲线。当到了曲线的谷底，此时梯度为 0，图像是一条水平直线，这时梯度就不再变化了。

为了求梯度 ∇w 和 ∇b，需要一个起点 (x_0, y_0)。根据梯度下降法的思想可知，起点不影响最终的 $J(w, b)$ 的最小值求解。换句话说，随机给定一个初始值，都可以得到同样的最优解，即满足“初始值无关原则”和“随机性原则”。

梯度下降法具体描述为：

(1) 随机给定初始值 x_0，计算向量 w、b，迭代步骤 (2)～(5)，直至 w、b 达到最逼近训练值，如 $\varepsilon = |J(w_t, b_t) - J(w_{(t-1)}, b_{(t-1)})| \leqslant \theta$，其中，$w_t$、$b_t$ 表示第 t 次迭代的值，θ 为设定的阈值；或者达到设定的迭代次数。

(2) $\nabla w = \dfrac{\partial J(w,b)}{\partial w}$。

(3) $\nabla b = \dfrac{\partial J(w,b)}{\partial b}$。

(4) $w := w - \alpha \nabla w$，α 表示步长(又称学习率)。

(5) $b := b - \alpha \nabla b$。

总之，在已知梯度∇w和∇b的情况下，就可以基于上述梯度下降的思想，通过迭代的方式求解$J(w, b)$的最小值了。而计算机程序擅长迭代计算，这样就可以得到(w, b)的一组最优解或次优解。注意，在第(4)和第(5)步参数更新时，梯度上升法用加法，即$w := w + \alpha \nabla w$和$b := b + \alpha \nabla b$，符号“:=”表示赋值。

例 10.1　用梯度下降法求函数$J(x) = (x-2.5)^2 + 3$ 的最小值。

(1) 对函数$J(x)$求导得到梯度∇x

$$\nabla x = J'(x) = \frac{\mathrm{d}J(x)}{\mathrm{d}x} = 2 \times (x - 2.5)$$

(2) 设置初始值：

①任取一个 x 作为初始值；

②步长 $\alpha = 0.002$；

③收敛条件 $e = 0.0000001$。

(3) 迭代直至$(J(x') - J(x) < e)$。

①$x' := x$；(注：x'始终保存最后一个 x 取值)

②$x := x - \nabla x$

如图 10-5 所示为梯度下降法从两个不同起点得到的结果。当自变量 $x = 2.5$ 时，因变量$J(x)$的最小值为 3。可见，无论初始值为$P_0(4.14, 5.69)$还是$P_0(0.71, 6.19)$均可得到$J(x)$的最小值。

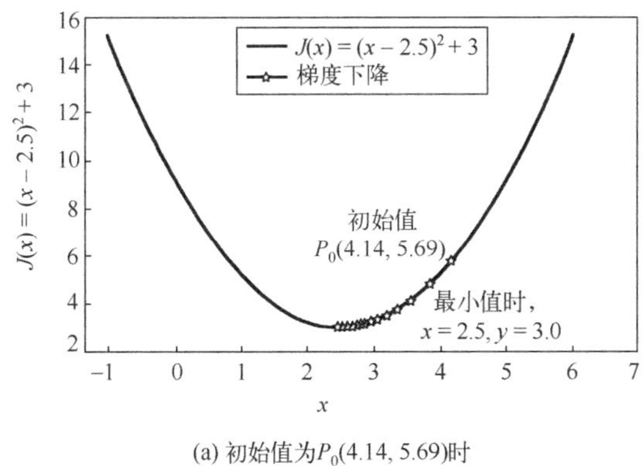

(a) 初始值为$P_0(4.14, 5.69)$时

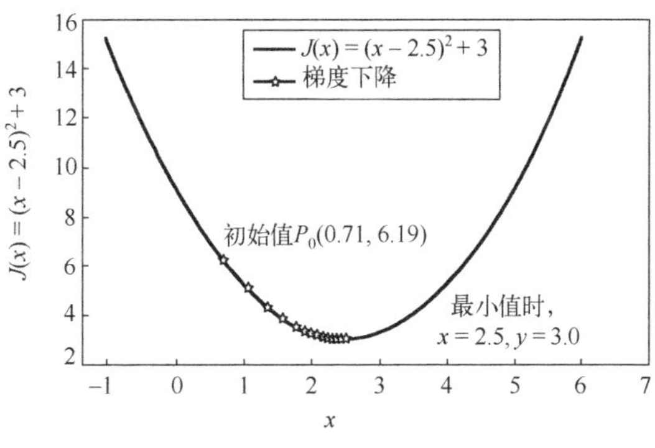

(b) 初始值为$P_0(0.71, 6.19)$时

图 10-5　梯度下降求函数$J(x) = (x-2.5)^2 + 3$的最小值

在梯度下降过程中，越接近$J(x)$的最小值或极小值时，变化也越缓慢，这是因为梯度越来越小，即梯度不断下降。如果改变步长 α，可以调整变化的速度。如果步长 α 设置的值比较大，会加大下降的速度。但是，如果 α 值设置过大，容易导致在$J(x)$的某个极值附近震荡，如图 10-6(a)所示。如果步长 α 设置过小，可以避免震荡程度，但下降速度也会变慢，算法性能会下降，如图 10-6(b)所示。因此，步长 α 也称为学习率。总之，需要给定一个合适的

步长 α 值，一般采用试验的方式优化 α 取值，例如从一个比较小的值开始，然后不断按倍数增大，直至得到一个比较合适的值。在此过程中，还需要考虑样本及 $J(x)$ 的实际情况。

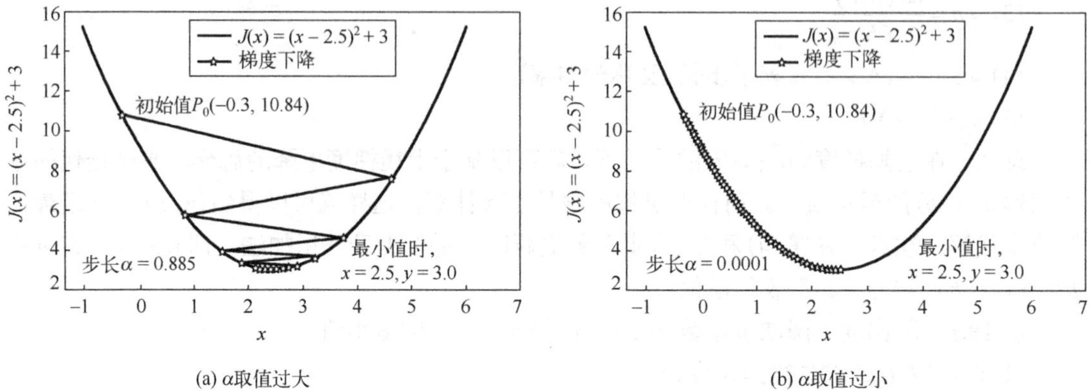

(a) α取值过大　　(b) α取值过小

图 10-6　学习率 α 对求解过程的影响

例 10.2　用梯度下降法求函数 $J(x)=10\sin(5x)+7\cos(4x)$ 在区间[−1.5, 2]上的最小值。

(1) 针对函数 $J(x)$ 求导

$$\nabla x = J'(x) = \frac{\mathrm{d}J(x)}{\mathrm{d}x} = 50\cos 5x - 28\sin 4x$$

(2) 设置初始值。

①任取一个 x 作为初始值

②步长 $\alpha=0.002$

③收敛条件 $e=0.0000001$

(3) 迭代直至 $(J(x')-J(x)<e)$。

① $x':=x$;

② $x:=x-\nabla x$

可见，求解过程与例 10.1 是一致的。由于例 10.2 中存在多个“谷底”，因此求得的函数最小值有可能是极值，即极小值。如图 10-7 所示的优化结果中，有两个极值，其中一个为

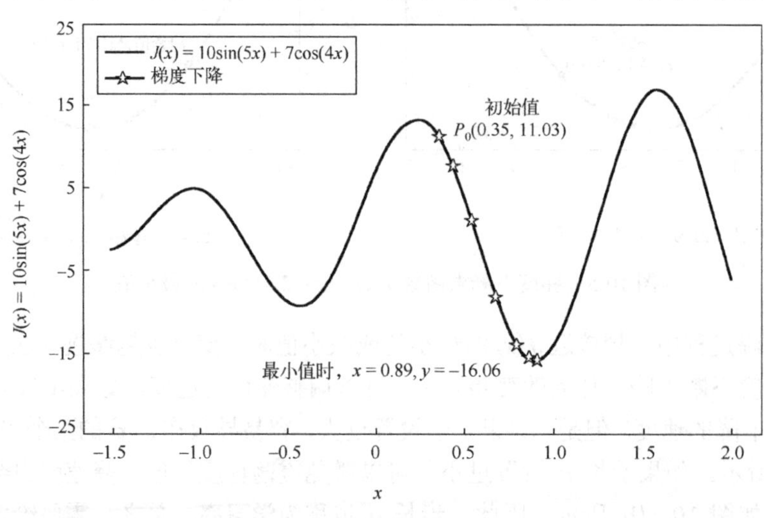

(a) 最小值

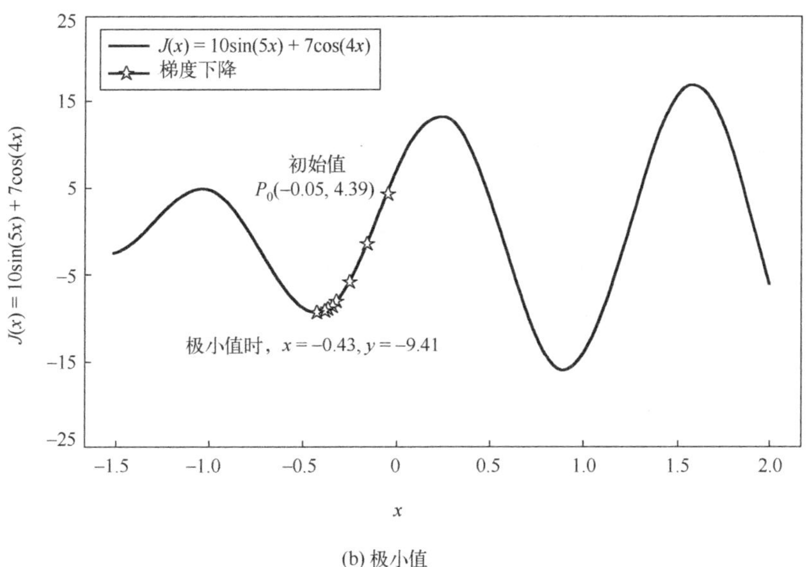

(b) 极小值

图 10-7 多极值函数的梯度下降法求解

最小值，另一个为极小值。极小值时的自变量 $x = -0.43$，因变量 $J(x) = -9.41$；而最小值时的自变量 $x = 0.89$，因变量 $J(x) = -16.06$。

可见，梯度下降法不保证总能求得函数的最小值，但总能求得一个极小值。一般情况下，可以通过多次尝试改变 x 初始值的方式来寻找最小值，但不保证总有效。而且，在极小值非常多的情况下，使用这种方法需要投入过多的资源。当然，也可以通过自动化的方式遍历 x，寻找最优的或接近最优的 $J(x)$ 值。如图 10-8 所示，可以增加随机初始位置的数量，提高找到最小值的可能性。由于多个梯度下降同时进行，因此这种情况下，可以通过并行的方法来提升效率。

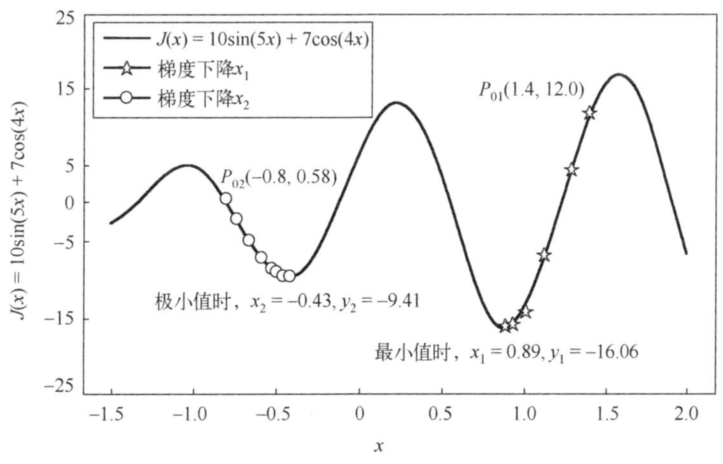

图 10-8 多个初始值迭代的结果

例 10.3 有一组样本如表 10-1 所示。其中 x 为自变量，即特征；y 为因变量，即标签。用梯度下降法求解这组数据的一元线性回归模型。

表 10-1 样本集

序号 i	x_i	y_i
1	1.2	1
2	1.9	2
3	3.3	3

这道例题与前面两题的差别是，x_i、y_i 不再是恒定值，而是随着序号 i 而变化的。由于需要用一元线性回归拟合，因此，模型对应的函数为 $h(x^{(i)})=wx^{(i)}+b$，需要确定的是参数 w 和 b。

根据式(10-2)可知，这组样本对应的一元线性回归的目标函数为

$$\begin{aligned}J(w,b)&=\frac{1}{2m}\sum_{i=1}^{m}(wx_i+b-y_i)^2=\frac{1}{2\times 3}\sum_{i=1}^{3}(wx_i+b-y_i)^2\\&=\frac{1}{6}((wx_1+b-1)^2+(wx_2+b-2)^2+(wx_3+b-3)^2)\\&=\frac{1}{6}((w\cdot 1.2+b-1)^2+(w\cdot 1.9+b-2)^2+(w\cdot 3.3+b-3)^2)\\&=15.94w^2+(12.86b-29.8)w+3b^2-12b+14\end{aligned}$$

如果将 w 或 b 其中一个视为常量，这个式子仍然是一个一元二次函数，只是这是一个二维空间下的最小值求解。

根据式(10-8)和式(10-9)分别求梯度

$$\begin{aligned}\nabla w&=\frac{\partial J(w,b)}{\partial w}=\frac{1}{m}\sum_{i=1}^{m}\big(h(x_i)-y_i\big)x_i\\&=\frac{1}{3}((wx_1+b-1)x_1+(wx_2+b-2)x_2+(wx_3+b-3)x_3)\\&=\frac{1}{3}((1.2w+b-1)\times 1.2+(1.9w+b-3)\times 1.9+(3.3w+b-3)\times 3.3)\\&=5.31w+1.86b-4.97\end{aligned}$$

$$\begin{aligned}\nabla b&=\frac{\partial J(w,b)}{\partial b}=\frac{1}{m}\sum_{i=1}^{m}(h(x_i)-y_i)\\&=\frac{1}{3}((wx_1+b-1)+(wx_2+b-2)+(wx_3+b-3))\\&=\frac{1}{3}((1.2w+b-1)+(1.9w+b-2)+(3.3w+b-3))\\&=2.13w+b-2\end{aligned}$$

同样，用梯度下降法执行以下步骤：

(1) 设置初始值。

①任取一组 w 和 b 作为初始值

②步长 $\alpha=0.002$

③收敛条件 $e=0.0000001$

(2) 迭代直至 $(J(w')-J(w)<e)$。

① $w' := w$; $w := w - \alpha\nabla w$，α 为学习率

② $b' := b$; $b := b - \alpha\nabla b$

得到如图 10-9(a)所示的结果，其中，图 10-9(a)为三维空间下的梯度下降曲线，图 10-9(b)为图 10-9(a)在二维空间下的近似投影。可见，无论在 w 或是 b 上，梯度下降的结果均为近似沿抛物线逐步逼近最低点。

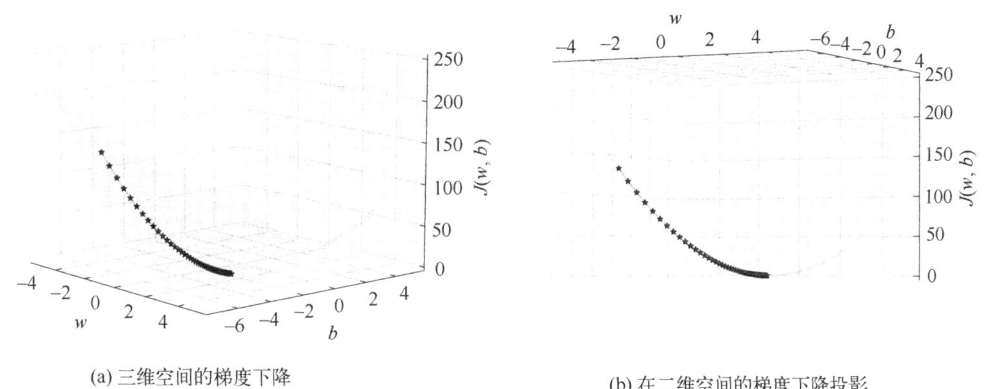

(a) 三维空间的梯度下降

(b) 在二维空间的梯度下降投影

图 10-9 多样本下的梯度下降法

10.2.5 随机梯度下降法

在梯度下降法中，每次迭代需要遍历所有样本，当样本集合规模庞大时，计算量会急剧上升，迭代效率会迅速下降。随机梯度下降(Stochastic Gradient Descent，SGD)法是用来解决这一问题的算法。

随机梯度下降法的基本思路是在每一次梯度迭代计算时，只随机选取训练样本集中的一个样本进行梯度下降的计算。由于每一次的迭代不再需要遍历所有样本，因此算法的性能得到提升。可见，随机梯度下降法适用于大规模的样本集。

与梯度下降算法不同，由于训练样本从样本集中随机选取，随机梯度下降法中的损失函数值可能会出现忽高忽低的现象，但总的趋势是呈现梯度下降的，最终会在靠近最小值附近停止。因此，随机梯度下降法也不保证总能获得参数的最优值，但可以更快地获得次优值。

根据随机梯度下降法的思路可知，其与梯度下降法区别之处在于参数计算。以一元线性回归为例，梯度的计算公式为 $J(w,b)$ 分别对 w 和 b 求偏导，即

$$\nabla w = \frac{\partial J(w,b)}{\partial w} = \left(h(x_i) - y_i\right)x_i \tag{10-10}$$

$$\nabla b = \frac{\partial J(w,b)}{\partial b} = h(x_i) - y_i \tag{10-11}$$

参数更新公式与梯度下降相同，即

$$w := w - \alpha\nabla w$$

$$b := b - \alpha\nabla b$$

其中，α 表示学习率。

随机梯度下降法步骤与梯度下降法相同。

例 10.4　针对例 10.3 的数据用随机梯度下降法求解 w 和 b。

将梯度公式按式(10-10)、式(10-11)修正后求解，可以得到如图 10-10 所示的结果。可见梯度的变化会有忽高忽低的情况，有时甚至跳出 $J(w, b)$ 函数曲面，但总趋势是呈梯度逐渐降低的。

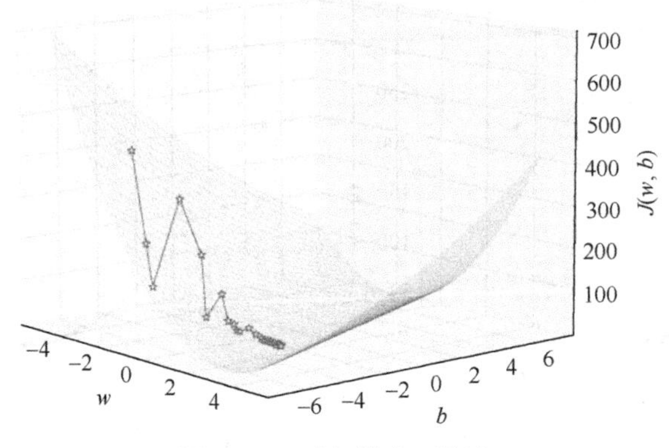

图 10-10　随机梯度下降法

除了随机梯度下降法外，还有其他如小批量梯度下降(Mini-Batch GD)法等，均为基于梯度下降法的改进。需要说明的是，优化方法有很多，如常用的牛顿法，还有启发式的优化算法，包括遗传算法、粒子群算法、蚁群算法及模拟退火算法等。梯度下降法适用于大规模样本集，尤其是随机梯度下降法适合于更大规模的数据集。并且，梯度下降法有很好的数学理论支撑，还具有原理简单、可解释性好和效率高等优点，所以，在工程中应用非常广泛。

10.3　模 型 函 数

10.3.1　假设函数

在建模时，需要事先指定一个函数用来拟合样本数据，要尽可能地代表数据的分布，这个函数称为假设函数(Hypothesis Function)。假设函数用 h 表示，对于一个输入数据 x_i，假设函数值为 $h(x_i)$。例如，一元线性回归的函数 $h(x)=wx+b$ 就是一个假设函数。假设函数是根据样本数据设计的，可以有很多种形式，例如，$h(x)=wx^2+b$ 也可以作为假设函数。假设函数本质上是我们要确定的模型。

10.3.2　损失函数

损失函数(Loss Function)是指一个样本的真实标签 y_i 值和模型的预测值 $\hat{y}_i=h(x_i)$ 之间的差异，用 L 表示。损失函数表示的是单个样本的误差，而不是所有样本的误差。例如，一元线性回归的一个样本 x_i，其模型输出值为 $\hat{y}_i - h(x_i)= wx_i+b$，那么它与这个样本的真实标签值 y_i 之间的差异即为损失函数值，用二者的平方误差表示为 $L=(wx_i+b-\hat{y}_i)^2$。可见，损失函数值越小，说明模型拟合得越好。

常见损失函数可分为两大类：用于回归模型的损失函数和用于分类模型的损失函数。回归模型的常用损失函数包括平方误差(Squared Error，SE)、绝对误差(Absolute Error，AE)和Huber损失等；分类模型的常用损失函数包括交叉熵(Cross Entropy，CE)和Hinge损失等。

1. 平方误差损失

平方误差是预测值和真实值之差的平方，也是回归模型中最常用的损失函数。

$$L(\hat{y}_i, y_i) = (\hat{y}_i - y_i)^2 \tag{10-12}$$

其中，i表示训练样本集中的第i个样本；$\hat{y}_i$表示模型的预测值；y_i表示真实值。

如图10-11所示为当真实值$y = 0.3$时，预测值在区间[−5, 5]的平方误差损失变化情况，这里的真实值只有一个值0.3。可见，平方误差损失函数曲线光滑，连续可导，且存在最小值，因此非常适合作为回归分析中的损失函数。如前面讨论的线性回归模型采用的就是平方误差函数。

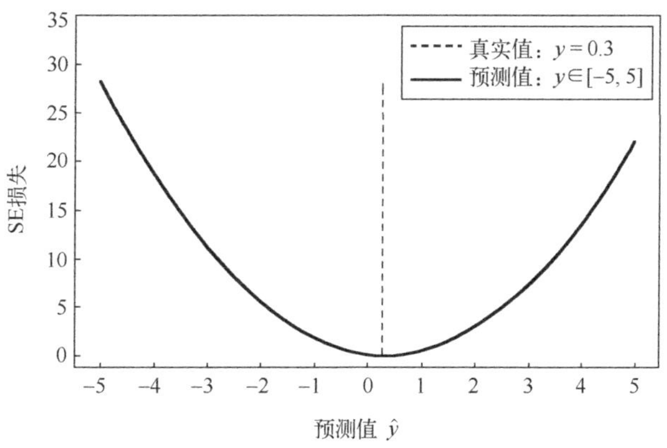

图10-11 平方误差损失函数曲线

由于平方误差损失函数是误差的平方，因此总为正值，而且会放大或缩小误差，当存在异常值时，容易产生更大的波动。

2. 绝对误差损失

绝对误差也称绝对偏差。绝对误差也是一种常用的回归损失函数，是预测值和真实值之差的绝对值，即

$$L(\hat{y}_i, y_i) = |\hat{y}_i - y_i| \tag{10-13}$$

如图10-12所示为真实值$y = 0.3$时，预测值在区间[−5, 5]的绝对误差损失函数曲线。绝对误差损失反映了预测值的误差幅度，但是考虑误差的正负，绝对误差的值总是大于或等于0。

由于绝对误差损失函数在$\hat{y}_i = y_i$处存在拐点，此处不可导，梯度在拐点处会有突变，这不利于优化。针对这个问题的一个解决方法是在接近拐点处动态地减小学习率α。

相比平方误差损失函数，绝对误差损失函数对异常值更为鲁棒。例如，有一组误差ε = [0.1, 0.2, 0.21, − 0.14, 12]，这里有一个异常值12。根据平方误差损失函数和绝对误差损失函数计算的结果分别为$L_{SE}(\hat{y}, y)$ = [0.01, 0.04, 0.0441, 0.0196, 144]，$L_{AE}(\hat{y}, y)$ = [0.1, 0.2, 0.21, 0.14, 12]。显然，针对异常值12，$L_{SE}(\hat{y}, y)$比$L_{AE}(\hat{y}, y)$放大了12倍。所以，当训练数据中含有较多的异常点时，用绝对误差作为损失函数对异常的容忍度更高，即鲁棒性更好。

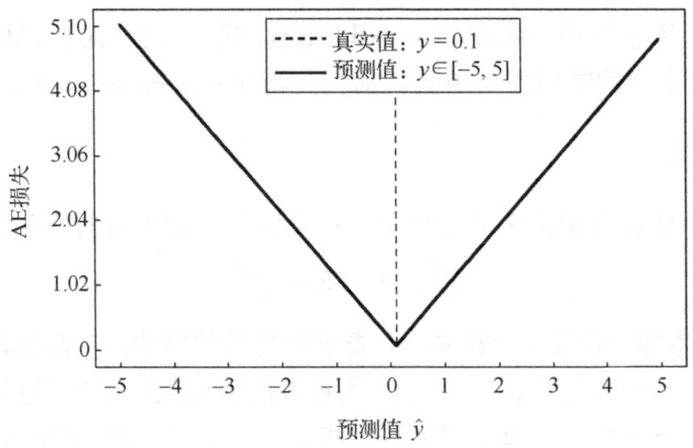

图 10-12　绝对误差损失函数曲线

3. Huber 损失

Huber 损失有两个分支函数，其中一个分支函数为平方误差损失函数，作用于符合期望值的样本；另一个分支函数为绝对误差损失函数，作用于异常样本。

Huber 损失函数表示为

$$L(\hat{y}_i, y_i) = \begin{cases} \frac{1}{2}(\hat{y}_i - y_i)^2, & |\hat{y}_i - y_i| \leqslant \delta \\ \delta|\hat{y}_i - y_i| - \frac{1}{2}\delta^2, & |\hat{y}_i - y_i| > \delta \end{cases} \tag{10-14}$$

Huber 损失函数引入了一个超参数 δ，起到选择作用，可称为选择参数。当预测偏差$|\hat{y}_i - y_i| \leqslant \delta$ 时，采用平方误差损失函数，否则采用绝对误差损失函数。如图 10-13 所示，当 $\delta = 3$ 时，$|\hat{y}_i - y_i| \leqslant 3$ 部分是二次曲线；当 $\delta = 1.5$ 时，$|\hat{y}_i - y_i| \leqslant 1.5$ 部分是二次曲线，其余部分为斜线。可见，δ 取值越小，二次曲线部分越少，函数曲线看起来越平缓，Huber 损失越趋向于绝对误差损失；当 $\delta = 0$ 时，Huber 损失函数为 $L(\hat{y}_i, y_i) = 0$ 的一条水平线；反之，δ 取值越大，二次曲线部分越多，函数曲线看起来越陡峭，Huber 损失越趋向于平方误差损失。δ 的参考取值为 $\delta = 1.35\times$ 平均绝对误差(Mean Absolute Error，MAE)，MAE 是指绝对误差的平均值。

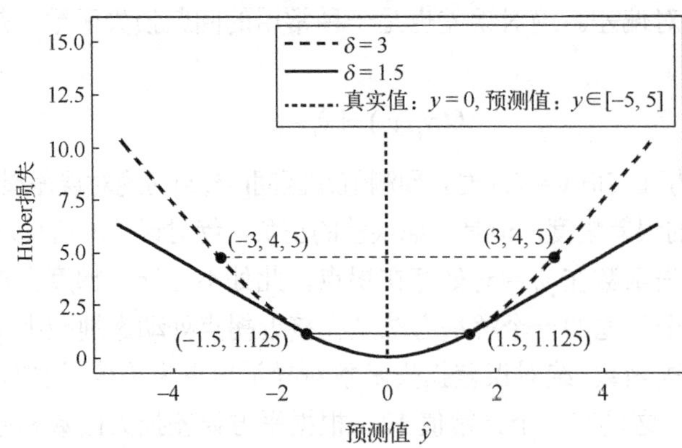

图 10-13　Huber 损失函数曲线

可见，Huber 损失函数本质上是将绝对误差损失函数的底部更换为平方误差损失函数，因此，Huber 损失函数综合了绝对误差和平方误差两个损失函数的优点，克服了平方误差损失函数对异常点的敏感性和绝对误差损失函数在最低端的拐点处不可导的问题。但由于引入了一个超参数 δ，所以，增加了额外的工作。Huber 是一种常用的鲁棒的回归模型的损失函数。

4. 交叉熵损失

交叉熵是信息论中的一个重要概念，用来度量两个分布的差异。与 MSE 类似，交叉熵是误差的一种度量。交叉熵也是机器学习中一种重要的、应用广泛的损失函数。

信息熵是信息不确定性的度量，简称熵。计算信息熵需要先计算信息量，信息量又称为自信息(Self-information)。假设 x 是一个离散型随机变量，其对应的概率为 $p(x)$，则 x 的信息量为

$$I(x) = -\log_2 p(x) \quad 或 \quad I(x) = -\ln p(x) \tag{10-15}$$

若一个事件发生的概率越大，则它所携带的信息量就越小，当 $p(x)=1$ 时，信息量等于 0，即该事件的发生不会导致任何信息量的变化。换句话说，一个不太可能发生的事件发生了，要比一个非常可能发生的事件能提供更多的信息量。

由于 $p(x)$ 是概率，因此取值区间为[0, 1]，对应的信息量 $I(x)$ 的取值区间为[0, ∞)。如图 10-14 所示，随着 $p(x)$ 取值不断增大，对应的事件发生的可能性越来越大，其信息量会越来越小。

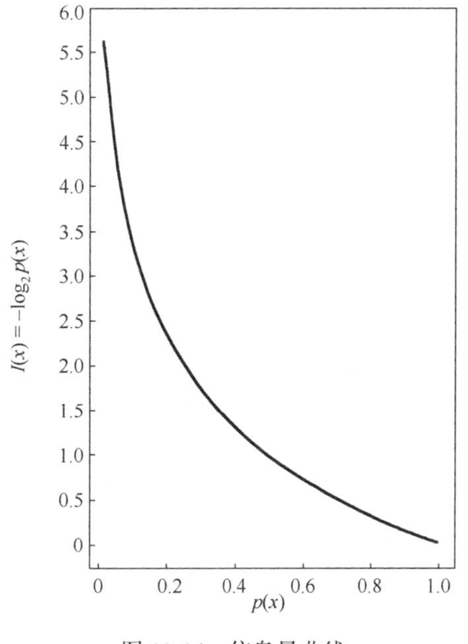

图 10-14　信息量曲线

将所有可能情况的信息量期望称为信息熵。假设变量 x 取值集合为 $X=\{x_1, x_2, \cdots, x_n\}$，对应的概率分布为 $\{p(x_1), p(x_2), \cdots, p(x_n)\}$，则 X 的熵为

$$H(p(x)) = -\sum_{i=1}^{n} p(x_i) \cdot \log_2 p(x_i) \tag{10-16}$$

在二分类中，由于只有两种情况{0, 1}，因此信息熵可以写为

$$H(p(x)) = -[p(x) \cdot \log_2 p(x) + (1-p(x))\log_2(1-p(x))] \tag{10-17}$$

公式中的第 2 项为第 1 项的相反情况。

例 10.5　某工程项目的一个小组由两位员工组成，由于其中一位是新员工(序号为 2)，对工作还不十分熟悉，所以完成一项任务时两位员工的成功率如表 10-2 所示。试计算成功完成某项任务两位员工的信息量及信息熵。

表 10-2　小组员工成功率概率分布

员工编号	工龄	成功率
1	10 年	0.95
2	1 年	0.10

信息量计算如下。

事件 1：员工 1 成功完成该任务的概率为 $p(x_1)=0.95$，信息量 $I(x_1)=-\log_2 0.95\approx 0.074$；

事件 2：员工 2 成功完成该任务的概率为 $p(x_2)=0.10$，信息量 $I(x_2)=-\log_2 0.10\approx 3.322$。

可见，员工 2 成功完成该任务产生的信息量要比员工 1 大得多，即不确定性高得多；而员工 1 成功完成该任务的不确定性很小，几乎可以肯定会成功完成。这个结论与实际情况是相符的。

信息熵计算如下。

员工 1 完成该任务的信息熵，一共有两种可能情况，即成功和未成功，因此采用式(10-17)计算：

$$H(p(x_1))=-[p(x_1)\log_2 p(x_1)+(1-p(x_1))\log_2(1-p(x_1))]=0.286$$

$p(x_1)$表示成功的概率，$1-p(x_1)$表示未成功的概率。

同样，员工 2 完成该任务的信息熵如下：

$$H(p(x_2))=-[p(x_2)\log_2 p(x_2)+(1-p(x_2))\log_2(1-p(x_2))]=0.469$$

结果与信息量情况基本一致。

信息熵可以度量一个随机变量或系统的不确定性，熵越大则表示随机变量或系统的不确定性就越大。信息熵具有单调性，即发生概率越高的事件，其所携带的信息熵越低，而确定的事件则不携带任何信息量。信息熵不能为负，因为负的信息表示获得某个信息后，却增加了不确定性，这是不合逻辑的。信息熵可以累加，表示多个随机事件同时发生存在的总不确定性可以表示为各事件不确定性的和。

相对熵是两个概率分布 p 和 q 间差异或距离的度量，又称 KL 散度(Kullback-Leibler Divergence)、KL 距离或信息散度，记为 $KL(p(x)\|q(x))$。在信息论中，相对熵等价于两个概率分布的信息熵的差值。参与相对熵计算的一个概率分布为真实分布 $p(x)$，另一个为拟合分布(或称假设分布、预测分布)$q(x)$，相对熵表示用预测分布拟合真实分布时产生的信息损耗，这个损耗越小表明拟合得越好。相对熵的计算公式为

$$KL\left(p(x)\|q(x)\right)=\sum_{i=1}^{n}p(x_i)\cdot\log_2\left(\frac{p(x_i)}{q(x_i)}\right) \tag{10-18}$$

其中，$p(x)$表示真实的概率分布；$q(x)$表示拟合概率分布。

通过相对熵的公式可以看出，拟合概率分布 $q(x)$与真实的概率分布 $p(x)$越接近，相对熵越小。

将相对熵的公式整理为

$$KL(p(x)\|q(x))=\sum_{i=1}^{n}p(x_i)\cdot\log_2 p(x_i)+\sum_{i=1}^{n}p(x_i)\cdot\log_2\frac{1}{q(x_i)} \tag{10-19}$$

式子中右侧第 1 项为真实概率分布的信息熵 $H(p(x))$的负数，$p(x)$是确定的分布，所以$-H(p(x))$是一个常量，因此，只要计算公式的第 2 项就可以度量两个分布的差异。第 2 项称为交叉熵 $H(p(x),q(x))$，即

$$H(p(x),q(x))=\sum_{i=1}^{n}p(x_i)\cdot\log_2\frac{1}{q(x_i)}=-\sum_{i=1}^{n}p(x_i)\cdot\log_2 q(x_i) \tag{10-20}$$

由于交叉熵与相对熵表达了相同功能，都是用来度量两个概率分布的差异的，因此，交叉熵越低，说明两个分布的差越小，表明拟合的效果越好。降低两个概率分布的交叉熵本质上是消除拟合的不确定性。

例 10.6 已知某工厂生产零件的实际需求比例情况如表 10-3 所示。现有两个模型给出了相应的拟合结果，请用交叉熵对比两个拟合结果的优劣。

表 10-3 某工厂零件需求拟合情况

零件编号	实际需求占比($p(x)$)	拟合结果 1($q_1(x)$)	拟合结果 2($q_2(x)$)
1	0.5	0.25	0.45
2	0.25	0.25	0.25
3	0.125	0.25	0.13
4	0.125	0.25	0.17
合计	1	1	1

利用交叉熵的公式分别计算真实分布 $p(x)$ 与拟合 $q_1(x)$、$q_2(x)$ 的交叉熵：

$$H(p(x), q_1(x)) = -[0.5\times\log_2 0.25 + 0.25\times\log_2 0.25 + 0.125\times\log_2 0.25 + 0.125\times\log_2 0.25] \approx 2$$

$$H(p(x), q_2(x)) = -[0.5\times\log_2 0.45 + 0.25\times\log_2 0.25 + 0.125\times\log_2 0.13 + 0.125\times\log_2 0.17] \approx 1.76$$

由于 $H(p(x), q_2(x)) < H(p(x), q_1(x))$，所以拟合分布 $q_2(x)$ 要优于 $q_1(x)$。

交叉熵越低，就说明由算法所产生的结果越接近真实，即算法所算出的非真实分布越接近真实分布。当预测分布与真实分布相同时，即 $p(x)=q(x)$，可以得到最低的交叉熵，其值等于信息熵。

根据交叉熵的定义，可得交叉熵损失函数。

二分类情况的损失函数为

$$L(\hat{y}_i, y_i) = -[y_i \log_2 \hat{y}_i + (1-y_i)\log_2(1-\hat{y}_i)] \tag{10-21}$$

多分类情况的损失函数为

$$L(\hat{y}_i, y_i) = -\sum_{i=1}^{n} y_i \log_2 \hat{y}_i \tag{10-22}$$

其中，n 表示类别的数量。

如图 10-15 所示是二分类的情况的交叉熵损失函数曲线。可见，交叉熵损失函数是连续

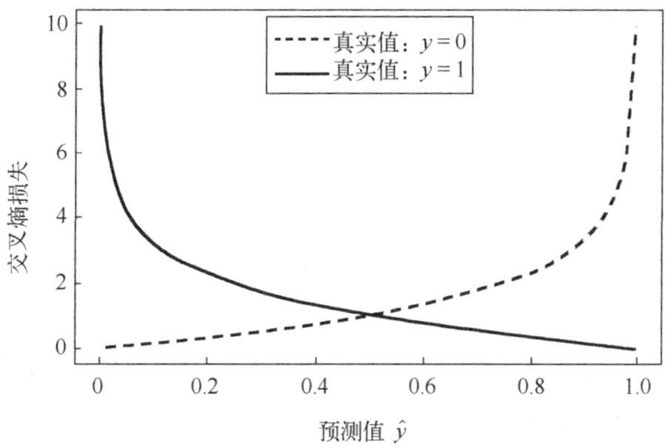

图 10-15 二分类交叉熵损失函数曲线

可导的，并且在真实值 $y \in \{0, 1\}$ 时存在最小值。当真实值 $y = 0$ 时，预测值 $\hat{y}$ 偏离 0 越远，损失 $L(\hat{y}, y)$ 值就越大；同样，当真实值 $y = 1$ 时，预测值 $\hat{y}$ 偏离 1 越远，损失 $L(\hat{y}, y)$ 值就越大。

交叉熵损失函数的基础是统计学中的最大似然估计法，其原理简单、易于理解、可解释性好，在逻辑回归、神经网络等分类算法中应用非常广泛。

5. Hinge 损失

由于函数图像类似于一本要合上的书，所以 Hinge 损失又称为合页函数或铰链函数。Hinge 损失最早用于 SVM。根据类别的不同，合页损失函数的表达式分为二分类和多分类两种情况。

1) 二分类情况

二分类情况的 Hinge 损失函数表达式为

$$L(\hat{y}_i, y_i) = \max(0, 1 - \hat{y}_i \cdot y_i) \tag{10-23}$$

其中，真实类别标签 $y_i \in \{-1, 1\}$。

如图 10-16 所示为真实值 $y = 1$ 和 $y = -1$ 情况下的 Hinge 损失函数曲线。如图 10-16(a) 所示，当 $y_i = 1$ 时，预测类别标签 $\hat{y}_i = 1$ 时出现拐点，$\hat{y}$ 取值越小，$L(\hat{y}, y)$ 值越大，说明 $\hat{y}$ 偏离真实值的程度增大。从拐点处开始，不论 $\hat{y}$ 取值怎么增大，$L(\hat{y}, y) = 0$ 都保持值不变。

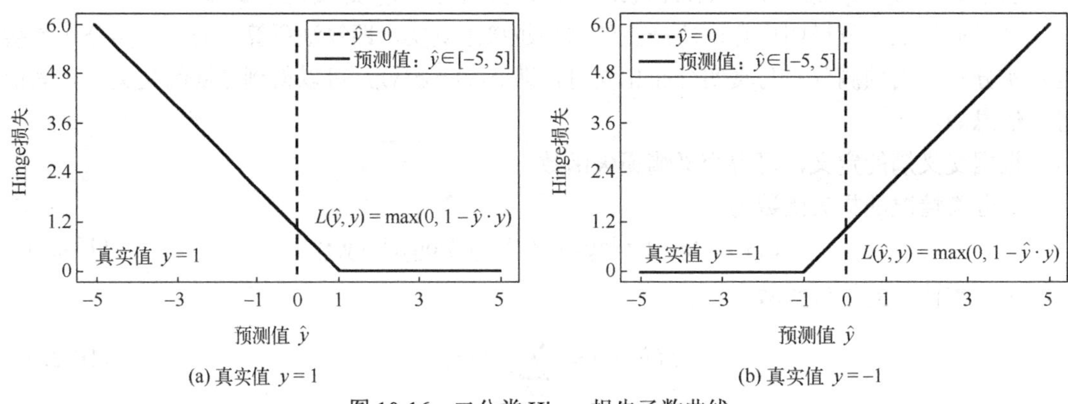

(a) 真实值 $y=1$　　(b) 真实值 $y=-1$

图 10-16　二分类 Hinge 损失函数曲线

类似地，如图 10-16(b) 所示，当 $y_i = -1$ 时，预测类别标签 $\hat{y}_i = -1$ 时出现拐点，$\hat{y}$ 取值越大，$L(\hat{y}, y)$ 值增大，说明 $\hat{y}$ 偏离真实值的程度增大；从拐点处开始，不论 $\hat{y}$ 取值怎么减小，$L(\hat{y}, y) = 0$ 值都保持恒定，因此，Hinge 函数是一个乐观自信的函数。

2) 多分类情况

多分类情况的 Hinge 函数表达式为

$$L_i(s_j, s_{yi}) = \sum_{j \neq y_i} \max(0, s_j - s_{yi} + 1) \tag{10-24}$$

其中，s_{yi} 指第 i 个样本对应的其正确标签的得分；s_j 指这个样本对应的第 j 个标签的得分。

式(10-24)表明，只要其他类别的得分大于正确标签的得分，损失就会增大。图 10-17 描述了函数拐点随着正确标签得分增大而向右移动，即正确分类标签得分越高，损失越小，损失函数就更为自信。

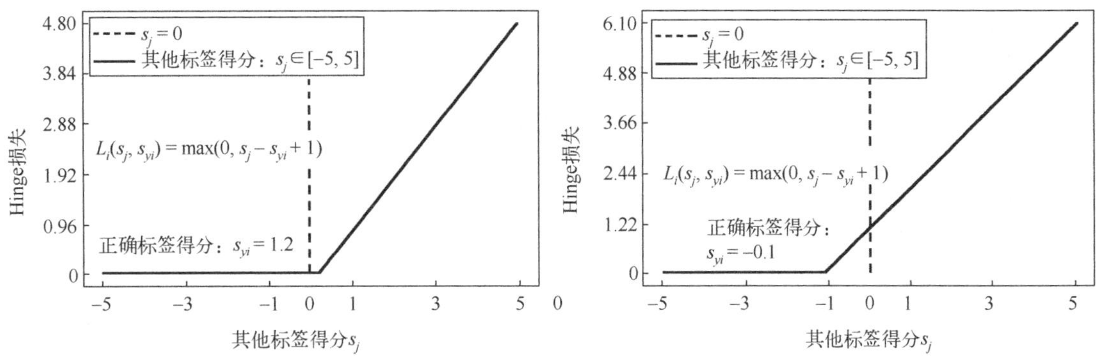

图 10-17　多分类 Hinge 损失函数曲线

例 10.7　针对一个多分类问题，一个分类器得到如表 10-4 所示的结果。其中每一列是分类器为该类别的各类的打分，分值最高的为分类器的分类结果，“→”指向为正确分类的得分。计算每个预测结果的合页损失。

表 10-4　分类器结果

	Cat	Car	Frog
Cat	→3.2	1.3	2.2
Car	5.1	→4.9	2.5
Frog	−1.7	2.0	→−3.1

(1) 分别计算每列的 Hinge 损失。

根据式(10-24)计算如下：

第 1 列正确分类的得分为 $s_{y1}=3.2$，错误分类得分为 $s_2=5.1$、$s_3=-1.7$，则 Hinge 损失值为

$$L_1=\sum_{j\neq y_1}\max(0,s_j-s_{y1}+1)=\max(0,5.1-3.2+1)+\max(0,-1.7-3.2+1)=2.9$$

第 2 列正确分类的得分为 $s_{y2}=4.9$，错误分类得分为 $s_1=1.3$、$s_3=2.0$，则 Hinge 损失值为

$$L_2=\sum_{j\neq y_2}\max(0,s_j-s_{y2}+1)=\max(0,1.3-4.9+1)+\max(0,2.0-4.9+1)=0$$

第 3 列正确分类的得分为 $s_{y3}=-3.1$，错误分类得分为 $s_1=2.2$、$s_2=2.5$，则 Hinge 损失值为

$$L_3=\sum_{j\neq y_3}\max(0,s_j-s_{y3}+1)=\max(0,2.2+3.1+1)+\max(0,2.5+3.1+1)=12.9$$

(2) 求总体平均值。

Hinge 损失的总体平均值为代价函数值，为上述各值的平均，即

$$L=\frac{1}{N}\sum_{i=1}^{N}L_i=\frac{1}{3}\times(2.9+0+12.9)\approx 5.27$$

可见，一个分类器对一个 n 分类问题会得到 n 个分值，其中，第 k 个正确分类的得分是 s，则合页函数描述的是除了 k 之外其他 $n-1$ 个错误分类得分中大于 s 的分类与 k 之间的距离之和。期望得分 s 是所有得分中最大的，此时合页函数的值为 0，即分类正确、没有损失。

max 函数式中第 2 项中的 1 表示误差上限，例如，对于 Cat 的预测结果为 Car 和 Frog 的最大限度为 2.2，由于 max(0, 2.2−3.2+1) = 0，小于或等于 2.2 时损失值均为 0，而超过这个值

就会产生误差损失。

Hinge 损失函数非常简洁，通常用于最大间隔的超平面计算，当损失大于 0 时，是一个线性函数，因此非常便于梯度计算。Hinge 损失函数存在损失为 0 的情况，可以减少计算量。Hinge 损失函数在拐点处不可导，这导致在所有取值范围内无法直接使用梯度下降法，但是可以通过分段求导方式加以解决。Hinge 损失在 SVM、神经网络等模型中均有应用。

10.3.3　代价函数与目标函数

1. 期望风险

通过损失函数可以度量模型的预测值与真实值的差距，如果能够缩小这个差距，就可以优化模型了。这个方法之所以可行，是因为构成模型的自变量 X 与因变量 Y 存在依赖关系，即遵循某一联合概率分布 $P(X, Y)$。描述依赖关系的 $P(X, Y)$ 不仅体现在历史数据集上，还体现在未来的预测数据集上，在这两个数据集上的损失最小化是对模型更为全面的评价，也是优化的目标。这种在总体样本集合上的损失函数均值表示为

$$R_{\exp}(y,\hat{y})=\int L(y,\hat{y})P(x,y)\mathrm{d}x\mathrm{d}y=\int L\big(y,h(x)\big)P(x,y)\mathrm{d}x\mathrm{d}y \tag{10-25}$$

$R_{\exp}(y,\hat{y})$ 称为期望风险(Expected Risk)或期望损失(Expected Loss)，反映了模型在所有可能出现的样本总体(包括训练样本集、测试样本集和未知样本集)上的误差的均值。显然，最小化 $R_{\exp}(y,\hat{y})$ 可以得到最优的模型。

2. 经验风险

在实际中，只能获得训练集和测试集上的联合概率分布 $P(X, Y)$，而未知样本集上的 $P(X, Y)$ 是无法获得的。由于模型是基于训练集建立的，而测试集仅用于验证，并且样本是离散的，因此，模型在训练集上的损失函数均值为

$$R_{\mathrm{emp}}(y,\hat{y})=\frac{1}{N}\sum_{i=1}^{N}L(y_i,\hat{y}_i)=\frac{1}{N}\sum_{i=1}^{N}L\big(y_i,h(x_i)\big) \tag{10-26}$$

$R_{\mathrm{emp}}(y,\hat{y})$ 称为经验风险(Empirical Risk)或经验损失(Empirical Loss)，它描述模型在训练样本集上的误差的均值。显然，最小化 $R_{\mathrm{emp}}(y,\hat{y})$ 也可以得到最优的模型。在经验风险的公式中，可视为 $P(X,Y)=\dfrac{1}{N}$。

根据大数定律可知，当训练样本容量 N 趋近于无穷时，$R_{\mathrm{emp}}(y,\hat{y})\to R_{\exp}(y,\hat{y})$。

3. 结构风险

通过经验风险训练模型，容易导致在训练集上过拟合，即模型在训练集上表现好，而在未知数据上表现差，就是说模型在测试集上或投产后的效果远低于在训练集上的效果。结构风险(Structural Risk)最小化可以有效避免出现这种情况，结构风险最小化是在经验风险基础上增加正则化(Regularization)，即结构风险等同于正则化

$$R_{\mathrm{stru}}=R_{\mathrm{emp}}(y,\hat{y})+\lambda\cdot\Omega(w,b) \tag{10-27}$$

其中，$\lambda \cdot \Omega(w, b)$为正则化项，表示结构风险；$\lambda$为正则化参数；$\Omega(w, b)$是一个表示模型复杂度的函数，其自变量为模型参数。

正则化的本质是对模型的约束。$\Omega(w, b)$明确了模型的惩罚项，λ表示对模型的惩罚程度，λ值越大表示惩罚越严厉。因此，结构风险$\lambda \cdot \Omega(w, b)$明确了惩罚对象和惩罚程度。降低结构风险不是一味地降低经验风险，而是降低经验风险至一个合理值，以避免过拟合。

例如，A地距离B地25公里，现在从A地驾车到B地，为了尽快赶到，应最小化时间t。t是关于速度v的函数，在不考虑其他因素的情况下，目标函数为

$$\min_v t(v) = \frac{25}{v}$$

显然，为了使时间函数$t(v)$尽量小，就要增大速度v。但是，如果速度v过大，容易出交通事故，所以，需要将速度控制在一定范围内，改造一下目标函数

$$\min_v t(v) = \frac{25}{v} + \lambda \cdot v^2$$

增加正则化项$\lambda \cdot v^2$后可以很好地控制速度不能过快。如图10-18所示为行程时间函数$t(v)$曲线，其中，图10-18(a)的实线部分为经验风险函数$t(v) = 25/v$，随着速度v的增大，用时t不断减少，这时v是不受控制的，可以无限增长；虚线部分为经验风险增加了正则化项$\lambda \cdot v^2$后的两条结构风险函数曲线。由图10-18(a)可见，当速度v增大到23.2左右时，如果继续增大速度，用时不再减少，反而会不断增加。因此，正则化项$\lambda \cdot v^2$可以很好地控制速度v的过度增大。$\lambda = 0.002$要比$\lambda = 0.001$时的惩罚程度要大，即在$\lambda = 0.002$时，速度v增大时，时长t增大的幅度要大于$\lambda = 0.001$时的情况。

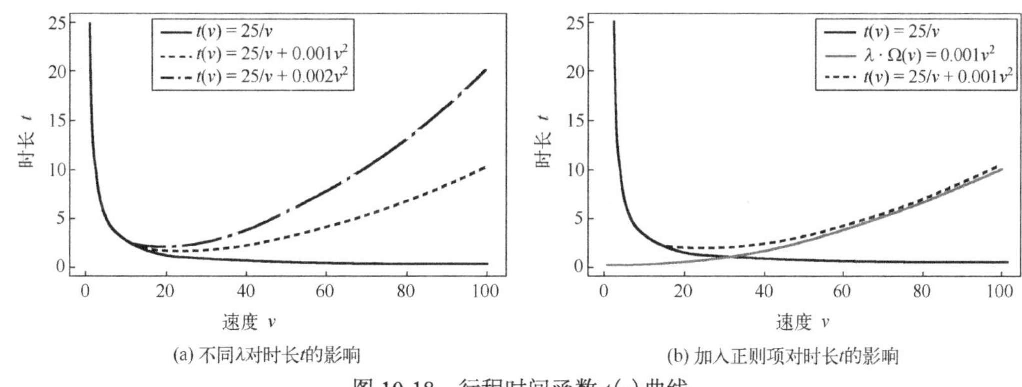

(a) 不同λ对时长t的影响　　(b) 加入正则项对时长t的影响

图10-18　行程时间函数$t(v)$曲线

图10-18(b)描述了加入正则项后时长t变化的原因。正则项函数值随速度v增大而不断增大，与随速度v不断减小的经验风险函数值相加后就出现了虚线部分描述的“先降后升”的情况。

在实际工程中，由于训练集的样本数量的限制导致模型过拟合的情况经常发生，而过拟合意味着模型不可用，正则化则可以有效避免模型的过拟合。因此，它在机器学习的模型中应用广泛。

4. 代价函数

代价函数(Cost Function)又称成本函数，是样本集中所有样本损失函数值的平均值，一

般用 J 表示，有时也用 C 表示。代价函数是样本总体误差的描述，其自变量是需要确定的参数。例如，式(10-28)为一元线性回归的代价函数，描述了所有样本的均方误差。

简单地说，代价函数是所有样本损失函数的平均值，即

$$J(w,b)=\frac{1}{N}\sum_{i=1}^{N}L_i(w,b) \tag{10-28}$$

注意：这里的损失函数 $L_i(w,\ b)$ 的自变量为待优化参数 w 和 b，与损失函数的一般表示 $L(y_i,\hat{y}_i)=L(y_i,h(w,b))$ 是一致的。

损失函数是模型的基础，只要确定了损失函数就可以确定代价函数。但是，建模过程中应用的是代价函数，因为代价函数能够描述样本的总误差。

5. 目标函数

目标函数(Objective Function)是指求得结构风险的最小值，在代价函数上加上正则项后的最优形式的函数。目标函数的一般表达式为

$$\min_{w,b}J(w,b)=\frac{1}{N}\sum_{i=1}^{N}L_i(w,b)+\lambda\cdot\Omega(w,b) \tag{10-29}$$

目标函数用于建模，在建模过程中优化的对象是参数。目标函数一般会带有约束条件，例如参数的取值范围约束、参数之间的关系约束等。另外，目标函数的收敛是求解的前提，不收敛的目标函数是无法求解的。总之，目标函数是代价函数的最值函数。

10.4 本章小结

在建立机器学习模型的过程中，优化是核心工作。梯度下降法具有很好的数学基础，简单可靠，并具有良好的可解释性和收敛性能，是机器学习乃至深度学习中一种常见的优化算法。只要一个问题可以转化为目标函数，就可以采用梯度下降法求解。

在样本数据规模较大的情况下，经常选用随机梯度下降法。由于随机选取训练集中的一个样本进行梯度下降的计算，因此，算法的性能得到大幅提升。随着应用的不断深入，针对不同场景的问题，涌现出一些新的梯度下降法，如小批量梯度下降法等。

模型的损失函数是一个关键，优化的目标本质上是找到最小损失函数值的参数。不同的损失函数适用于不同的问题求解，常见损失函数分为回归模型的损失函数和分类模型的损失函数。损失函数是代价函数的基础，为避免过拟合，经常采用结构风险作为目标函数，即代价函数叠加正则项。

习　题

10-1　画图说明什么是梯度。

10-2　优化方法有很多，例如遗传算法、粒子群算法、最小二乘法等。讨论这些算法与梯度下降算法有什么不同。

10-3　随机梯度和批量梯度区别是什么？什么情况下适合采用随机梯度下降法？

10-4　当数据过大以至于无法在内存中同时处理时，使用哪种梯度下降法更加有效？

10-5　梯度下降法为什么要在迭代中使用步长系数 α？

10-6　梯度下降法的收敛条件是什么？

10-7　如何对梯度下降法进行参数调优？

10-8　在一元线性回归建模中，应用梯度下降法优化的对象是什么？

10-9　使用梯度下降法求解 $J(x)=(x-2.5)^2+3$ 最小值的过程中，即使步长系数 α 保持常数，越接近最优值处，每次迭代移动的距离也会越小。说明原因。

10-10　举例说明什么是假设函数。

10-11　分析损失函数与代价函数、目标函数之间的关系。

10-12　平方误差和交叉熵是常用的两个损失函数，讨论二者的区别和联系。

10-13　梯度与代价函数是什么关系？

10-14　模型的经验风险与结构风险是什么关系？

10-15　结合生活或工作举例说明正则项的作用。

10-16　试着将梯度下降法改造为梯度上升法。

10-17　对于单极值问题，为什么无论初始值取什么值，都可以应用梯度下降法找到最小值？

10-18　设计一个应对多极值情况的最小值求解方法。

10-19　图 10-19 中表示两个类别用 3 个不同的目标函数划分开的情况。分析哪一个目标函数的正则项值设置过大、哪一个设置过小？

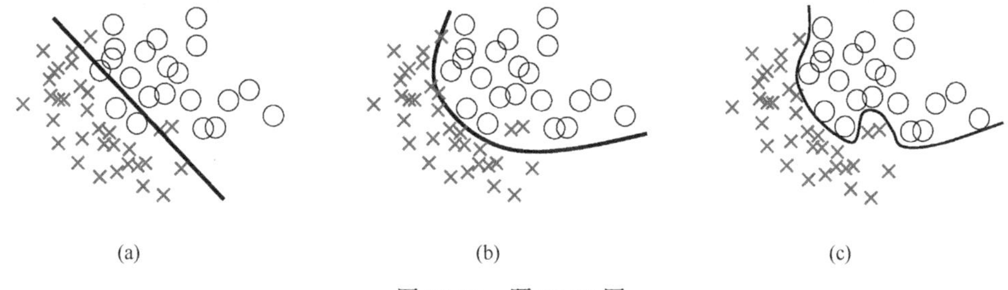

图 10-19　题 10-19 图

第 11 章　逻 辑 回 归

逻辑回归(Logistic Regression)是广义的线性模型(Generalize Linear Model，GLM)的一种特殊形式，结合逻辑函数(Logistic Function) $y = \dfrac{1}{1+\mathrm{e}^{-z}}$ 和回归函数 $z = \omega^{\mathrm{T}} + b$ 实现分类任务。因此，逻辑回归实际上是典型的分类模型，常用于解决二分类问题。由于原理简单、可并行化、可解释强，所以逻辑回归在工业界应用广泛。同时，逻辑回归也是人工神经元网络的基础，通过逻辑回归可以很好地理解神经网络。

依据因变量不同，GLM 有以下常见类型：

(1) 如果 y 是连续的，即为线性回归。

(2) 如果 y 是二项分布，即为逻辑回归。

(3) 如果 y 是泊松(Poisson)分布，即为泊松回归。

(4) 如果 y 是负二项分布，即为负二项回归。

逻辑回归的因变量可以是二分类的，也可以是多分类的。对于多分类问题，则需要建立多个逻辑回归模型，这会带来诸如样本偏斜及模型过多等问题。实际中，二分类的更为常见，也更容易解释，所以最常见的是二分类的逻辑回归。对于多分类的问题，则采用逻辑回归的推广模型——Softmax 回归。在 Softmax 回归中，将用于归一化的 Softmax 函数作为代价函数，通过多分类概率映射的方法解决多分类问题。

11.1　逻 辑 分 布

在数学上，有很多分布函数，如高斯分布、伯努利分布等属于指数分布家族，逻辑分布(Logistic Distribution，LD)与高斯分布相似，同属指数分布家族。

设 X 是连续随机变量，X 服从逻辑分布是指 X 具有下列分布函数和密度函数：

逻辑分布函数为

$$F(x) = P(X \leqslant x) = \frac{1}{1+\mathrm{e}^{-\frac{x-\mu}{\gamma}}} \tag{11-1}$$

逻辑分布密度函数为

$$f(x) = F'(x) = \frac{\mathrm{e}^{-\frac{x-\mu}{\gamma}}}{\gamma\left(1+\mathrm{e}^{-\frac{x-\mu}{\gamma}}\right)^2} \tag{11-2}$$

其中，μ为位置参数；$\gamma>0$，为形状参数，表示散布程度，γ 越大，散布程度也越大。

逻辑分布函数 $F(x)$ 是一个概率值，函数图像为一条 S 形曲线，如图 11-1(a)所示。该函数曲线以点$(\mu, 1/2)$为中心对称，曲线在中心附近增长速度较快，到两端增长速度逐渐变慢。

形状参数 γ 的值越小，函数值在曲线的中心附近增长速度越快，如图 11-1(b)所示。逻辑分布密度函数 $f(x)$ 是一条关于 μ 对称的钟形曲线，是分布函数 $F(x)$ 求导所得，描述了某个确定的取值点附近的可能性的函数，如图 11-1(c)、图 11-1(d)所示。

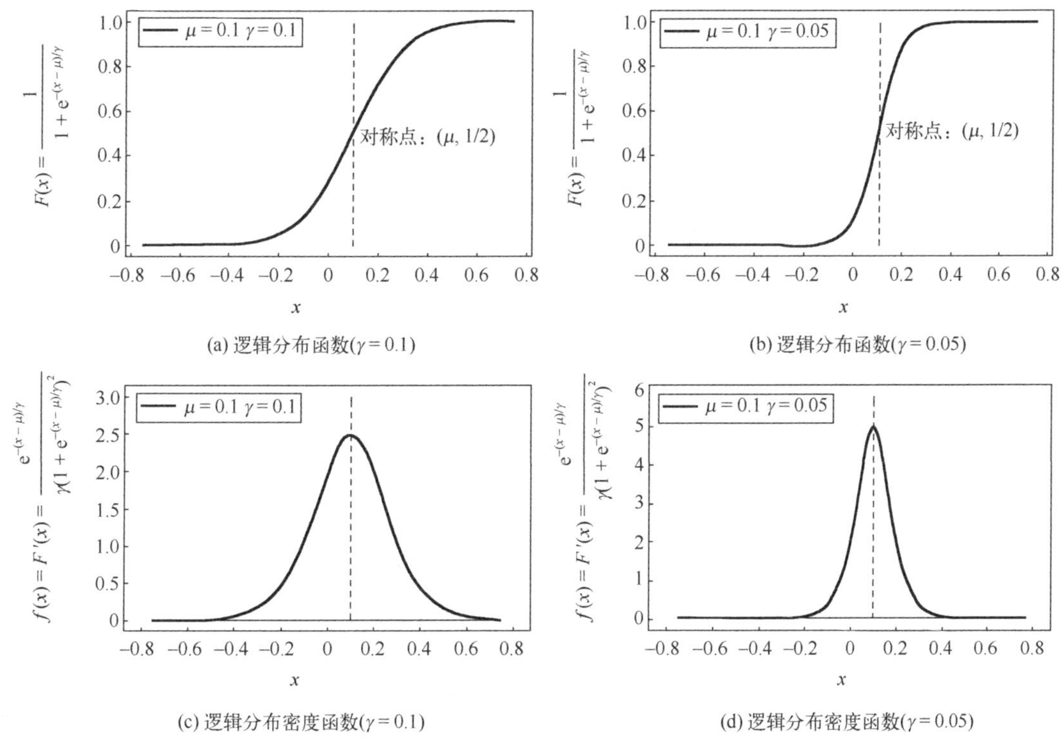

(a) 逻辑分布函数($\gamma = 0.1$)　(b) 逻辑分布函数($\gamma = 0.05$)

(c) 逻辑分布密度函数($\gamma = 0.1$)　(d) 逻辑分布密度函数($\gamma = 0.05$)

图 11-1　逻辑函数

形状参数 γ 的值越小，$F(x)$ 中 S 形曲线越为陡峭；γ 的值越大，$F(x)$ 中 S 形曲线则越为扁平，如图 11-1(a)和 11-1(b)所示。同样，形状参数 γ 的值越小，$f(x)$ 钟形曲线越为陡峭；γ 的值越大，$f(x)$ 钟形曲线则越为扁平，如图 11-1(c)和图 11-1(d)所示。

逻辑分布函数具有几个很好的性质。函数取值范围是(0, 1)，除了边界值，恰好与概率的取值空间一致，因此，逻辑分布函数可以表示概率，这是一个很好的性质。另外，逻辑分布函数是连续可导的，利用好这个性质可以实现梯度下降优化。

11.2　决 策 边 界

在具有两个类别的分类问题中，决策边界(或称决策表面、划分边界)是将类别空间划分为两个集合的超曲面。在二维空间中决策边界是直线或曲线，在高维空间中决策边界则是超曲面。将决策边界一侧的所有点的类别归属于一个类，而将另一侧所有点的类别归属于另一个类。

决策边界主要有以下两种类型：

(1) 线性决策边界。

(2) 非线性决策边界。

如图 11-2(a)所示，划分两个类别的边界是一条直线，是线性决策边界，可以用一次函数描述。如图 11-2(b)所示的决策边界是一条曲线，是非线性决策边界，用二次及以上的函数描述。无论是线性还是非线性，落在决策边界上的点都无法确定属于哪一个类别，或者属于边界两侧类别的概率相等。

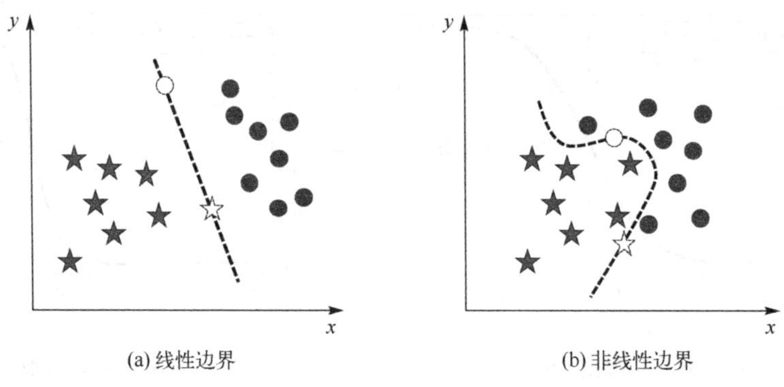

图 11-2　决策边界

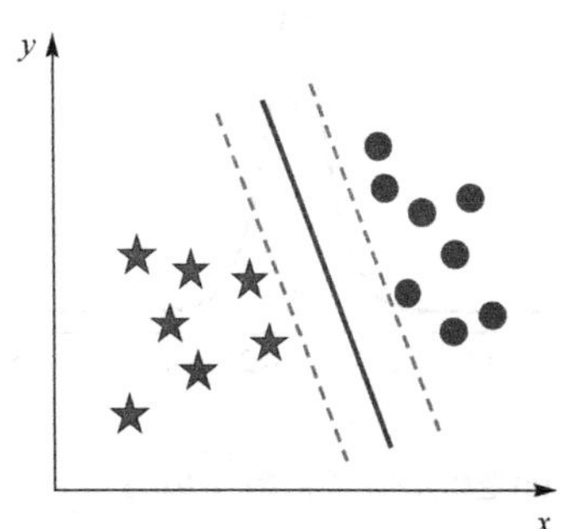

图 11-3　线性分类器的多个决策边界

线性分类器是指决策边界用一个一次函数描述的分类器，是一个二分类器。如果可以用一次函数进行划分，说明待解决的问题是一个线性可分问题。在一个线性分类器中，如果有无数条直线都可以完成这个任务，那么就需要选择一条最合适的直线。由图 11-3 可知，很显然中间实线的那条线最合适，因为它离两边的最近的点最远，即所有正分类点到该直线的距离与所有负分类点到该直线的距离的总和达到最大，这条直线就是最优分类直线。如果能确定这条直线，即决策边界，那么也就完成了划分任务。

非线性分类器是决策边界用一个二次及以上的函数描述的分类器，由于用一次函数无法解决这种分类问题，因此，这是一个非线性分类问题。如图 11-2(b)所示，需要采用一条曲线将两个类别分开。如果针对每个非线性问题都要找到对应的非线性函数，显然，这不是一个理想的方法。

11.3　线性模型与非线性模型

根据上述讨论可知，从决策边界的角度看，机器学习模型可分为线性模型与非线性模型。如果决策边界是一个超平面则为线性模型，否则为非线性模型。需要注意的是，线性模型、非线性模型与线性函数、非线性函数是有区别的。例如，在二维空间中，线性模型的决策边界是一条直线，可以用一次函数描述这条直线，这个函数可能不是线性函数，但却是一个一元线性方程式。

对于一组样本$\{(x_0, y_0), (x_1, y_1), \cdots, (x_n, y_n)\}$，如果求解 x_i 与 y_i 的对应关系，则需要用方程组

$$\begin{cases} y_0 = wx_0 + b + e_0 \\ y_1 = wx_1 + b + e_1 \\ \cdots\cdots \\ y_n = wx_n + b + e_n \end{cases} \tag{11-3}$$

这个方程组为线性方程组，描述的是样本中两列之间的关系。建模的目的是找到满足方程组中 $e_0+e_0+\cdots+e_n$ 值最小的 w 和 b 值，最终用一个函数 $f(x)=wx+b$ 来简化这种关系的描述。这里，$f(x)$ 是函数值，而不是真实值 y。虽然函数 $f(x)=wx+b$ 并不满足线性函数的条件，即齐次性和可加性，但是，函数图像为一条直线。

例 11.1 证明 $f(x)=3x$ 是线性函数。

根据线性函数的齐次性和可加性判断。

任取常数 a，则 $f(ax)=3\cdot(ax)=a\cdot 3x=a\cdot f(x)$，满足齐次性。

令 $x=x_1+x_2$，则 $f(x_1+x_2)=3\cdot(x_1+x_2)=3x_1+3x_2=f(x_1)+f(x_2)$，满足可加性。

所以，$f(x)$ 是线性函数。

例 11.2 证明一次函数 $f(x)=3x+2$ 是非线性函数。

任取常数 2，则

$f(2x)=3\cdot(2x)+2=6x+2$

$2\cdot f(x)=2\cdot(3x+2)=6x+4$

显然，二者不相等，因此不满足齐次性。所以，$f(x)$ 不是线性函数，是非线性函数。

如果变量 x、y 是向量，即有方向的变量，f 是向量变换，那么 $f(x)$ 也是向量。两个向量相等的条件是：

(1) 方向相同。

(2) 长度相等。

从这个角度看，$f(x)=3x+2$ 满足两个向量相等的条件。

如图 11-4 所示，$f(2x)=6x+2$ 和 $2f(x)=6x+4$ 都可以通过向量 $6x$ 平移得到。由于平移不改变向量的方向和长度，所以，不考虑平移时，向量 $f(2x)=2f(x)=6x$。

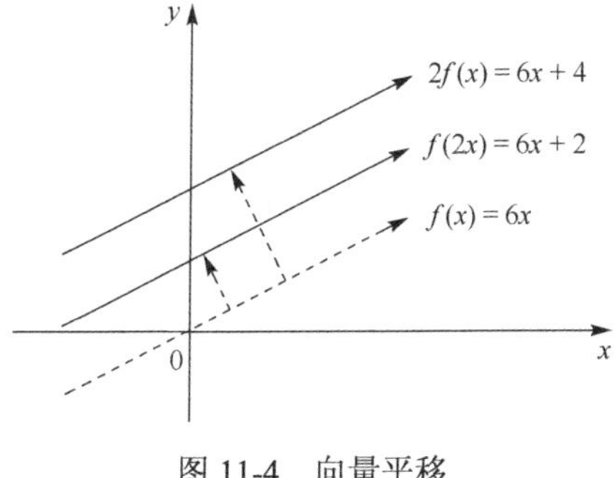

图 11-4 向量平移

推广一下，所有的形如 $f(x)=wx+b$ 的一次函数在向量空间内与向量 $f(x)=wx$ 相等，函数图像为一条直线，其中，k 和 b 为常数。

非线性函数是指不满足线性定义的函数，即只要不满足齐次性和可加性的函数都是非线性函数。

常见的非线性函数包括：

(1) 指数函数

$$f(y)=a^x, a>0, a\neq 1$$

(2) 对数函数

$$f(x)=\log_2 ax, a>0, a\neq 1$$

(3) 幂函数

$$f(x)=x^a, a\text{为有理数}$$

(4) 多项式函数

$$f(x)=a_n x^n+a_{n-1}x^{n-1}+\cdots+a_1x^1+a_0x^0$$

上述讨论的是一元的情况，对于多元的情况，线性模型的划分边界为平面或超平面，非线性模型的划分边界为曲面或超曲面，原理是一样的。

在机器学习中，线性模型主要用于解决线性可分问题，而非线性模型则主要用于非线性可分问题。决策边界函数决定了一个模型是线性的还是非线性的。

11.4　逻辑回归算法

逻辑回归模型是在线性回归的基础上，套用了一个逻辑函数，将线性回归的输出值映射到(0,1)区间上，同时将一个分类问题转化为概率问题。由于这样的处理方式简单、有效、可解释性强，使得逻辑回归模型在工程中应用非常广泛。

11.4.1　逻辑回归模型的假设函数

逻辑回归解决的是二分类问题，即因变量取值是{0, 1}，显然，因变量是一个离散的量。描述二分类问题比较理想的假设函数是单位阶跃函数，单位阶跃函数图像如图 11-5 所示。

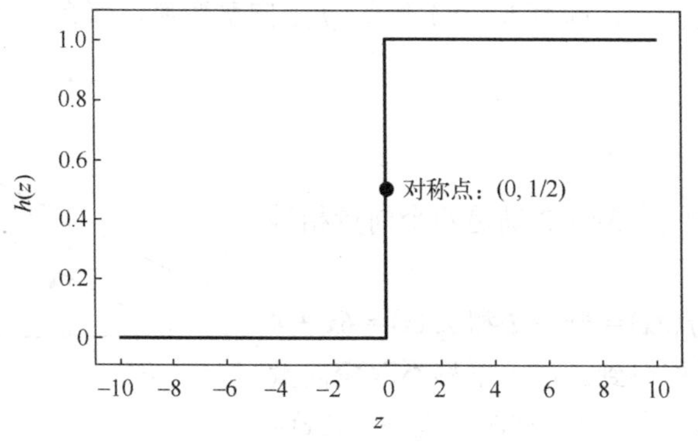

图 11-5　单位阶跃函数

单位阶跃函数是分段函数，作为假设函数的表达式为

$$h(z)=P(y=1\mid x)=\begin{cases}0, & z<0\\ 0.5, & z=0, \quad z=w^{\mathrm{T}}x+b\\ 1, & z>0\end{cases} \tag{11-4}$$

这里说明一下，如果考虑的是多元情况，即一个样本有多个特征 $x_1, x_2,\cdots, x_n$，用向量 x 表示自变量，$x=[x_1, x_2,\cdots, x_n]^{\mathrm{T}}$，用向量 w 表示特征的权重向量，$w=[w_1, w_2,\cdots, w_n]^{\mathrm{T}}$，则自变量转换为 $z=w^{\mathrm{T}}x+b$，假设函数 $h(z)$ 作为因变量。

根据单位阶跃函数式可知，当自变量 x 的取值使得 $z<0$ 时，假设函数 $h(z)=0$，即将这个 x 归类为类别 $y=0$；同样，当自变量 x 的取值使得 $z>0$ 时，假设函数 $h(z)=1$，即将这个 x 归类为类别 $y=1$；而当 $z=0$ 时，自变量 x 落在了决策边界上，无法判断类别归属。注意，这里引入了一个概率 $P(y=1\mid x)$，其取值只有 0、0.5 和 1 三个值。

由于单位阶跃函数在 $z=0$ 处不可微，而参数优化过程中如果采用梯度下降法则需要函数可导；另外，单位阶跃函数的瞬间跳跃过程很难控制，因此，单位阶跃函数不适合作为二分类问题的假设函数，需要寻找相应的替代函数。

考虑到假设函数 $h(x)=w^{\mathrm{T}}x+b$ 是连续的，不能拟合离散变量，因此不能作为二分类问题的假设函数。但是，可以用 $h(x)=w^{\mathrm{T}}x+b$ 拟合条件概率 $P(y=1\mid x)$，因为概率的取值也是连续的。如果能找到一个函数能够将 $h(x)=w^{\mathrm{T}}x+b$ 的取值映射为概率，就可以解决二分类问题了。令式(11-1)中的位置参数μ=0，形状参数γ=1，则得到逻辑函数——Sigmoid 函数。在逻辑回归算法中，将 Sigmoid 函数作为假设函数 $h(z)$，一般用$\sigma(z)$表示。

$$h(z)=\sigma(z)=\frac{1}{1+\mathrm{e}^{-z}} \tag{11-5}$$

Sigmoid 函数与逻辑分布函数 $F(x)$ 的曲线是一致的，即 Sigmoid 函数曲线是 $F(x)$ 在$\mu=0$，形状参数$\gamma=1$ 下的曲线，因变量值域仍为(0, 1)，如图 11-6 所示。

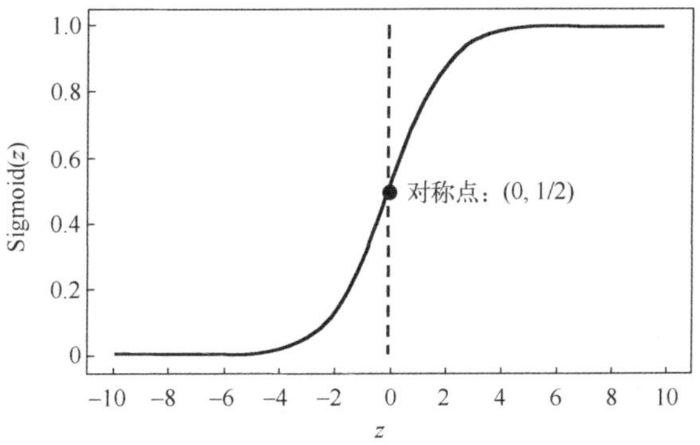

图 11-6 Sigmoid 函数曲线

逻辑回归所使用的 Sigmoid 函数与单位阶跃函数类似。当 z 的取值范围扩大后，Sigmoid 函数与单位阶跃函数非常类似，如图 11-7 所示。但是，Sigmoid 函数是连续可微的。因此，Sigmoid 函数是单位阶跃函数的很好替代。

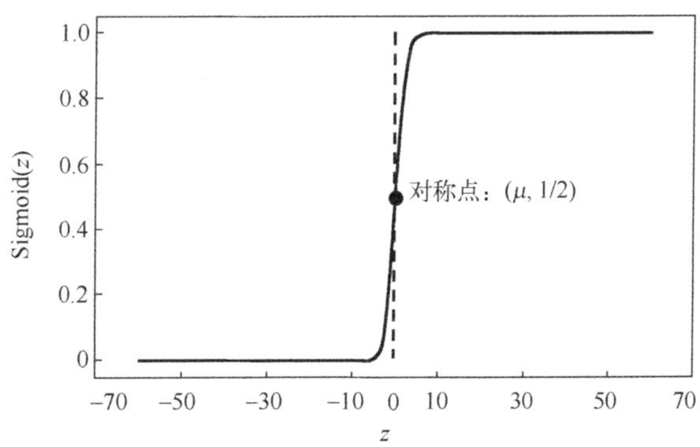

图 11-7 扩大 z 取值范围后的 Sigmoid 函数

在 Sigmoid 函数中，如果将自变量 z 用多元线性回归方程表示，即

$$z=w^{\mathrm{T}}x+b=w_0x_0+w_1x_1+w_2x_2+\cdots+w_nx_n+b \tag{11-6}$$

则假设函数 $h(x)$ 表示为

$$h(x)=\sigma(z)=\frac{1}{1+\mathrm{e}^{-(w^{\mathrm{T}}x+b)}}=\frac{1}{1+\mathrm{e}^{-(w_0x_0+w_1x_1+w_2x_2+\cdots+w_nx_n+b)}} \tag{11-7}$$

由于因变量 $h(x)$ 的取值空间为 $(0, 1)$，因此，可以将其视为概率，等价于

$$h(x)=\sigma(z)=P(y=1|x)=\frac{1}{1+\mathrm{e}^{-(w^{\mathrm{T}}x+b)}} \tag{11-8}$$

即，$\sigma(z)$ 表示的是 x 取某个值使得 $y=1$ 的概率，$y=0$ 的概率则为 $1-\sigma(z)$ 。

(1) 当预测值为 1 时，即 $if\ \sigma(z)=P(y=1|x)\geqslant 0.5,\ i.e.\ w^{\mathrm{T}}x+b\geqslant 0$。

(2) 当预测值为 0 时，即 $if\ \sigma(z)=P(y=1|x)<0.5,\ i.e.\ w^{\mathrm{T}}x+b<0$。

也就是说，$w^{\mathrm{T}}x$ 值越大，$\sigma(z)$ 的值越接近 1。给定一个训练集，如果能够找到 w、b 使得当真实值 $y=1$ 时，$w^{\mathrm{T}}x+b>>0$，此时 $\sigma(z)=P(y=1|x)\geqslant 0.5$；并且当真实值 $y=0$ 时，$w^{\mathrm{T}}x+b<<0$，此时 $\sigma(z)=P(y=1|x)<0.5$，那么这就是所需要的训练结果。

归纳一下，逻辑回归的假设函数为

$$h(x)=\sigma(z)=\frac{1}{1+\mathrm{e}^{-(w^{\mathrm{T}}x+b)}}=\begin{cases}1, & \sigma(z)\geqslant 0.5, \quad w^{\mathrm{T}}x+b\geqslant 0\\ 0, & \sigma(z)<0.5, \quad w^{\mathrm{T}}x+b<0\end{cases} \tag{11-9}$$

$\sigma(z)$ 是预测值，是样本 x 的对应取值 $y=1$ 或 $y=0$ 的概率，即当 $\sigma(z)\geqslant 0.5$ 时，预测值为 1，否则预测值为 0，如图 11-8 所示。

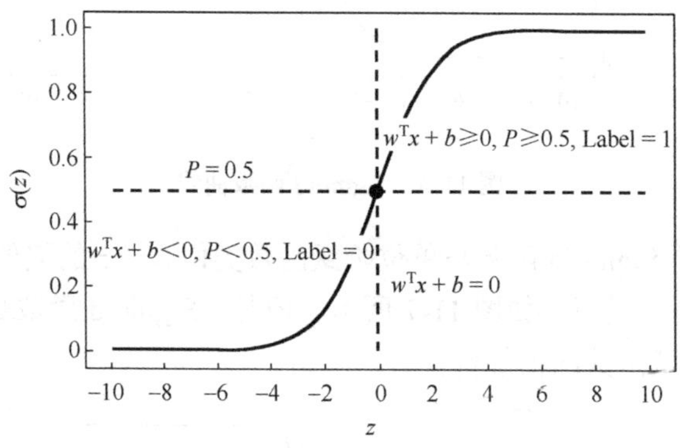

图 11-8　逻辑回归 Sigmoid 函数概率取值

对于输入向量为 x，则 $z=w^{\mathrm{T}}x+b=w_0x_0+w_1x_1+w_2x_2+\cdots+w_nx_n+b$，$x$ 可以表示指标集，而 w 表示对应的权重向量，b 则表示偏置。

可见，通过 Sigmoid 函数可以将线性回归函数 $h(x)=w^{\mathrm{T}}x+b$ 的取值映射为概率，这样既可以仍然使用 $w^{\mathrm{T}}x+b$ 来表示输入特征及其权重、偏置，还可以实现概率映射，只要设定概率的阈值(一般取 0.5)就可以拟合离散的因变量 y。

例 11.3　银行贷款业务需要考虑客户的最小贷款额度、贷款周期、资产情况、……、上月销售收入等指标。试写出逻辑回归的自变量 z 的表达式。

客户的最小贷款额度、贷款周期、资产情况、……、上月销售收入等指标设为 $x_0, x_1, x_2,\cdots, x_n$，每个指标对应的权重为 $w_0, w_1, w_2,\cdots, w_n$，假设偏置为 b，那么，可以得到 z 的表达式为

$$z=w^{\mathrm{T}}x+b=w_0x_0+w_1x_1+w_2x_2+\cdots+w_nx_n+b$$

其中，

w_0x_0 表示最小贷款额度的权重与值的积；

w_1x_1 表示贷款周期的权重与值的积；

w_2x_2 表示资产的权重与值的积；

……

w_nx_n 表示上月销售收入的权重与值的积。

将 z 代入 Sigmoid 函数表达式即可得到逻辑回归的假设函数。

总之，逻辑回归模型以向量 x 为输入样本的特征或指标，向量 w、b 是参数集合，以 $\sigma(z)$ 为输出。在训练过程中，根据向量 x 和已知类别 $\hat{y}$ 确定参数。Sigmoid 函数的一个重要功能是将概率问题转化为函数问题，一旦转化为函数，尤其是转化为一个连续可导的函数，就可以通过梯度下降法优化参数了。

11.4.2　逻辑回归的代价函数与目标函数

根据前面的讨论，逻辑回归模型最终要获得最佳的向量 w 和 b。显然，这是一个优化问题。在讨论具体优化方法前，先确定逻辑回归的目标函数。

逻辑回归的代价函数表示为

$$J(w,b)=\frac{1}{m}\sum_{i=1}^{m}L\left(h(x_i),y_i\right) \tag{11-10}$$

其中，x_i 表示第 i 个样本的特征向量，即第 i 个输入向量；$L(h(x_i),y_i)$ 为损失函数。

一般情况下，损失函数可以用均方误差的形式表示为

$$L(\hat{y}_i,y_i)=\frac{1}{2}(\hat{y}_i-y_i)^2=\frac{1}{2}(h(x_i)-y_i)^2 \tag{11-11}$$

其中，$\hat{y}_i$ 表示第 i 个样本的模型计算值，即 $\hat{y}_i=h(x_i)$；y_i 表示第 i 个样本的真实值。

在采用梯度下降法优化参数的过程中，需要损失函数对参数求导。如果采用 MSE 作为逻辑回归的损失函数，其梯度值可能会迅速减小，从而导致收敛变慢，而训练途中也可能因为该值过小而提早终止训练，这就是所谓的“梯度消失”现象。因此，为了规避这个问题，在逻辑回归模型中，采用的目标函数是另一种形式，这里针对多样本情况，采用的损失函数为

$$L\left(h(x_i),y_i\right)=\begin{cases}h(x_i), & y_i=1\\ 1-h(x_i), & y_i=0\end{cases} \tag{11-12}$$

采用对数形式，则损失函数调整为

$$L(h(x_i),y_i)=\begin{cases}-\ln h(x_i), & y_i=1\\ -\ln(1-h(x_i)), & y_i=0\end{cases} \tag{11-13}$$

取对数的目的是将多样本情况下的乘法运算转变为加法运算，因为加法更容易计算。另外，一个变量的对数与它本身具有相同的单调性。根据逻辑回归的假设函数定义可知，$h(x_i)$ 是一个概率值，取值范围为 $(0, 1)$，因此，采用负对数形式可以使结果为正值，与 $h(x_i)$ 值保持一致，同时也使式(11-12)的求最大值转化为式(11-13)的求最小值。

将上面的式子用下面的公式统一起来

$$L(h(x_i),y_i)=-y_i\ln h(x_i)-(1-y_i)\ln(1-h(x_i)) \tag{11-14}$$

其中，y_i是第 i 个样本的标签，取值为{0, 1}，分别代入上式与式(11-13)可知，二式等价。上式是逻辑回归的交叉熵形式的损失函数。

上述讨论的损失函数针对的是一个样本的情况，当考虑多样本的情况时，所采用的方法为将所有样本的损失的平均值作为模型的代价函数。因此，多样本情况下的逻辑回归的代价函数表示为

$$J(w,b)=\frac{1}{m}\sum_{i=1}^{m}[-y_i\ln h(x_i)-(1-y_i)\ln(1-h(x_i))] \tag{11-15}$$

其中，m 表示样本的数量。

这样就得到了逻辑回归的目标函数

$$\min_{w,b} J(w,b) \qquad \text{可简写为} \min J(w,b) \tag{11-16}$$

逻辑回归的优化对象仍然是参数 w 和 b。对比线性回归的代价函数与目标函数可知，逻辑回归的目标函数和代价函数与线性回归是一致的。

11.4.3 计算参数 *w*、*b*：梯度下降

逻辑回归的参数 w、b 的优化采用梯度下降算法，即

$$\nabla w=\frac{\partial J(w,b)}{\partial w}=\frac{1}{m}\sum_{i=1}^{m}\left(h(x_i)-y_i\right)x_i \tag{11-17}$$

$$\nabla b=\frac{\partial J(w,b)}{\partial b}=\frac{1}{m}\sum_{i=1}^{m}\left(h(x_i)-y_i\right) \tag{11-18}$$

对比线性回归的梯度，可见，二者的梯度计算公式是相同的。逻辑回归的梯度下降法与线性回归相同，详见第 10 章相关部分的内容。

逻辑回归是线性分类器。判断一个分类器是线性还是非线性的依据是决策边界是否是线性的，即如果决策边界可以用一个一次函数来表示，则为线性分类器；否则为非线性分类器。

根据式(11-8)逻辑回归的假设函数的概率表示形式可得

$$h(x)=\sigma(z)=\begin{cases}P(y=1|x)=\dfrac{1}{1+\mathrm{e}^{-(w^{\mathrm{T}}x+b)}}\\[2ex] P(y=0|x)=1-P(y=1|x)=\dfrac{\mathrm{e}^{-(w^{\mathrm{T}}x+b)}}{1+\mathrm{e}^{-(w^{\mathrm{T}}x+b)}}\end{cases} \tag{11-19}$$

由于决策边界上的点属于两侧类别的概率相等，即概率 $P(y=1|x)=P(y=0|x)=0.5$，所以，决策边界上的点 x 存在以下关系：

$$\frac{P(y=1|x)}{P(y=0|x)}=1$$

则有

$$\frac{\dfrac{1}{1+\mathrm{e}^{-(w^{\mathrm{T}}x+b)}}}{\dfrac{\mathrm{e}^{-(w^{\mathrm{T}}x+b)}}{1+\mathrm{e}^{-(w^{\mathrm{T}}x+b)}}}=1$$

即

$$e^{-(w^{\mathrm{T}}x+b)}=1$$

两边取对数得 $w^{\mathrm{T}}x+b=0$，这就是逻辑回归的决策边界方程。根据线性模型的定义可知，$f(x)=w^{\mathrm{T}}x+b$ 是一次函数，即在二维空间下，逻辑回归的决策边界是一条直线，在高维空间下则为超平面。因此，逻辑回归是线性分类器。

逻辑回归算法适合二分类问题，其原理简单易理解、可解释性非常好，从特征的权重就可以看出不同的特征对最后结果的影响。作为一种线性模型，逻辑回归计算量仅与特征的数量相关，因此训练的效率高。因为只需要存储各个维度的特征值，所以模型占用内存资源小。但是，逻辑回归不能解决复杂的非线性问题，并且对多重共线性数据较为敏感，很难处理数据不平衡的问题。另外，由于逻辑回归建模过程不筛选特征，所以当存在冗余特征时，需要增加额外的数据预处理工作。

11.5　Softmax 回归

11.5.1　多分类问题

逻辑回归适用于二分类问题，但是在实际中有很多多分类问题。Softmax 回归是逻辑回归在多分类上的一个推广，主要用于解决多分类问题，因此称 Softmax 回归为多元逻辑回归。

逻辑上，只要逻辑回归能够解决二分类问题就可以解决多分类问题，因为多分类问题可以转化为多个二分类问题。如图 11-9 所示，假设有一个三分类问题，将类别①作为一类，然后将类别②、③作为一类，这样就转化为一个二分类问题。同样还可以有其他两种分类方法。

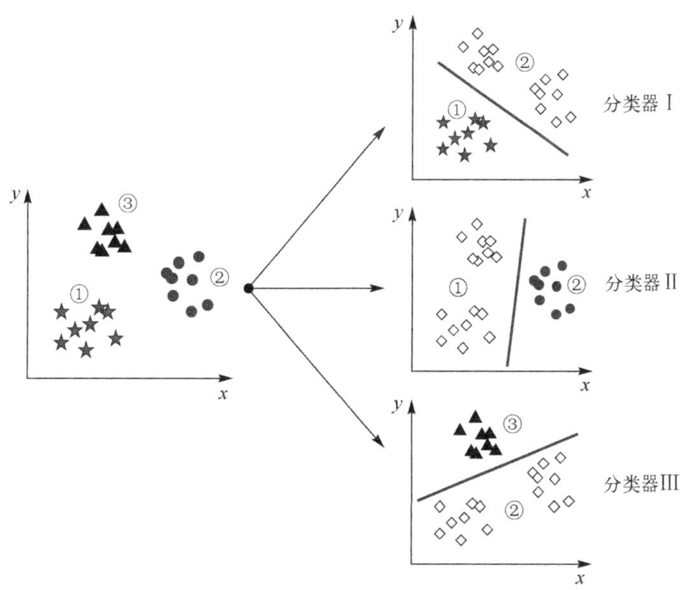

图 11-9　逻辑回归解决多分类问题 1：*n* 方式

转化为二分类问题后，就可以应用逻辑回归算法训练分类器。由图 11-9 可知，三分类问题有 3 种二分类问题的划分方法，这样就需要训练出 3 个逻辑回归分类器，分别为“分类器

Ⅰ”“分类器Ⅱ”“分类器Ⅲ”。对于一个新样本的分类过程是将该样本分别输入Ⅰ、Ⅱ、Ⅲ分类器，由于逻辑回归的假设函数 $h(x)$ 输出结果视为概率，因此将概率值大的那个类别作为该样本的类别。因为上述方法是固定一个类别的样本，而将其他所有类别作为一个类别，因此，这是一种“1∶n”方式。

显然，对于 k 类的多分类问题，应用“1∶n”方式需要构建 k 个分类器。在类别不是很多的情况下，这种方法的效率可以接受。但是，这种方法容易出现样本偏斜的问题，当固定其中一类后，其他类作为一类的规模往往会远超前一类，这将影响最终的模型效果。

除了上述“1∶n”方式外，还有一种“1∶1”方式。如图 11-10 所示，采用 1∶1 组合方式，即分别将①、②作为一组，①、③作为一组，②、③作为一组，这样就得到了 3 个二分类问题，同样，每组构建一个逻辑回归模型，共构建了Ⅰ、Ⅱ、Ⅲ三个分类器。如果有一个新样本，分别输入 3 个分类器，最终取输出值最大的作为最终类别。

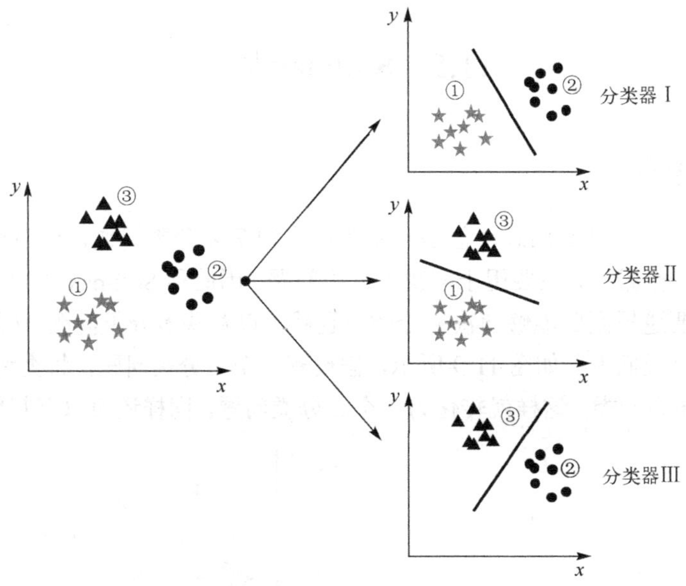

图 11-10　逻辑回归解决多分类问题 1∶1 方式

可见，“1∶1”方式可以有效避免“1∶n”方式的样本偏斜问题。但是，如果有 k 个类别，采用上述“1∶1”方式建模需要构建分类器的数量为

$$C_k^2 = \frac{k!}{2!(k-2)!} \tag{11-20}$$

当 $k=3$ 时，上述 $C_k^2=3$，但是，当 k 的值较大时，显然构建的分类器数量要多于“1∶n”方式。由于每次建模的样本规模远小于样本全集，所以建立每个模型的效率较高。

上述两种方法都可以用逻辑回归模型解决多分类问题，但是当类别数量较多时，这两种方法都面临建立模型过多的问题。

11.5.2　Softmax 回归模型

针对多分类问题建立一个统一模型是 Softmax 回归的目标，其基本原理是给定一个样本 x，建立一个模型输出 k 个类别的每个类的分数，然后对这些分数进行归一化处理。实现归一化的函数称为 Softmax 函数，将最大值对应的类别作为最终该样本的最终类别。根据上述思路可知，Softmax 回归是将多个逻辑回归分类器统一到一个模型中，然后通过统一训练参数的方式实现多分类，最后根据分数确定样本类别。

逻辑回归模型通过 Sigmoid 函数将一个输出值映射到(0, 1)区间，Softmax 函数可以将多个输出值映射到(0, 1)区间，即前者输出的是一个(0, 1)区间值，后者则是多个(0, 1)区间值。对具有 k 个类别的多分类问题，重新定义假设函数为

$$h(x_i)=\begin{bmatrix} P(y_i=1\mid x_i;\theta) \\ P(y_i=2\mid x_i;\theta) \\ \vdots \\ P(y_i=k\mid x_i;\theta) \end{bmatrix}=\frac{1}{\sum_{j=1}^{k}\mathrm{e}^{\theta_j^{\mathrm{T}}x_i}}\begin{bmatrix} \mathrm{e}^{\theta_1^{\mathrm{T}}x_i} \\ \mathrm{e}^{\theta_2^{\mathrm{T}}x_i} \\ \vdots \\ \mathrm{e}^{\theta_k^{\mathrm{T}}x_i} \end{bmatrix} \tag{11-21}$$

其中，θ 是参数 w 和 b 的统一写法。

假设函数 $h(x_i)$ 即为 Softmax 函数，某一样本 i 的类别 $\hat{y}_i$ 的 Softmax 回归分类预测的计算式为

$$\hat{y}_i=\arg\max(h(x_i)) \tag{11-22}$$

例 11.4　如图 11-11 所示为一个 Softmax 回归模型的结构，试写出输出的表达式，即假设函数。

先写出每个 Softmax 输出的线性方程

$$\begin{cases} o_1=x_1w_1+x_2w_2+b_1 \\ o_2=x_1w_3+x_2w_4+b_2 \\ o_3=x_1w_5+x_2w_6+b_3 \end{cases}$$

然后用 Softmax 函数进行归一化处理，即

$$\hat{y}_1,\hat{y}_2,\hat{y}_3=\mathrm{Softmax}(o_1,o_2,o_3)$$

依据式(11-21)可得

$$\hat{y}_1=\frac{\mathrm{e}^{o_1}}{\sum_{i=1}^{k=3}\mathrm{e}^{o_i}},\hat{y}_2=\frac{\mathrm{e}^{o_2}}{\sum_{i=1}^{k=3}\mathrm{e}^{o_i}},\hat{y}_3=\frac{\mathrm{e}^{o_3}}{\sum_{i=1}^{k=3}\mathrm{e}^{o_i}}$$

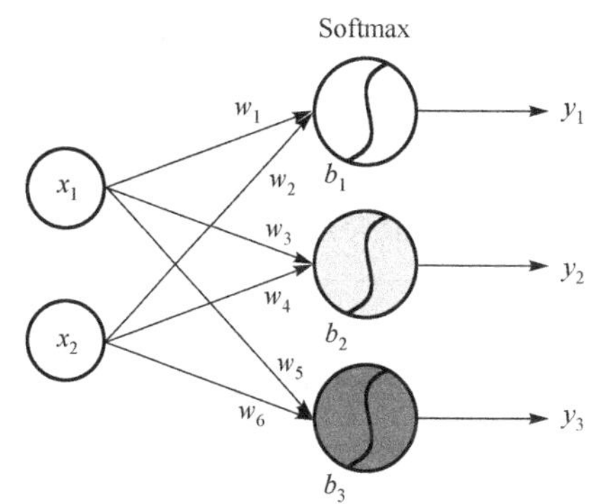

图 11-11　Softmax 回归多分类

不难看出，$\hat{y}_1+\hat{y}_2+\hat{y}_3=1$ 且 $0<\hat{y}_1,\hat{y}_2,\hat{y}_3<1$，这样就将输出映射为多个概率值。3 个输出中概率中最大的那个即为输入样本(x_1, x_2)对应的类别。

逻辑回归解决二分类问题时是将两个类别用概率 P 和 $1-P$ 表示，这里只用了一个概率 P，如果用两个概率表示则为$[P_1, P_2]^{\mathrm{T}}$，那么一个样本仍然归属于概率大的类别。假设类别为{0, 1}，计算得出一个样本的类别概率为 $P_1=0.9$、$P_2=0.1$，由于 $P_1>P_2$，所以这个样本的标签为 0。重新观察式(11-19)，令 $P_1=P(y=0\mid x)$，$P_2=P(y=1\mid x)$，不难发现，假设函数 $h(x)$ 在 $P(y=1|x)$时的表达式与在 $P(y=0|x)$时表达式的分母$1+\mathrm{e}^{-(w^{\mathrm{T}}x+b)}$是两个式子分子之和，因此可以变换表示为

$$h(x)=\begin{cases}P(y=1\mid x)=\dfrac{e^{-0}}{e^{-0}+e^{-(w^{T}x+b)}}\\[2ex] P(y=0\mid x)=\dfrac{e^{-(w^{T}x+b)}}{e^{-0}+e^{-(w^{T}x+b)}}\end{cases} \tag{11-23}$$

可见，上式与 Softmax 回归公式是一致的，因此，逻辑回归是 Softmax 回归的一个特例。

根据交叉熵式(10-20)可知，样本 i 的实际值 y_i 和预测值 $\hat{y}_i$ 的交叉熵形式为

$$H(y_i,\hat{y}_i)=-\sum_{j=1}^{c}y_{ij}\ln\hat{y}_{ij} \tag{11-24}$$

其中，c 表示类别数量。

那么，在多样本情况下，以交叉熵作为损失函数，则 Softmax 回归的代价函数是所有样本的交叉熵误差的平均值，即

$$J(w,b)=\frac{1}{m}\sum_{i=1}^{m}H(y_i,\hat{y}_i) \tag{11-25}$$

其中，m 为样本的数量。

最后，可得 Softmax 回归的目标函数为 $\min\limits_{w,b}J(w,b)$，与逻辑回归保持一致。根据代价函数可计算梯度∇w 和∇b，然后应用梯度下降算法优化参数 w 和 b，相关计算方法参见第 10 章。

如图 11-12 所示为一组具有 3 个类别的样本集的 Softmax 回归结果，不同颜色深浅背景相接的直线表示决策边界，可见，任何两个类别之间都是线性的。图 11-12(a)中的折线表示属于类别①的概率，例如标记为 0.45 的线表示 45%的概率边界。也可以得到属于类别②的概率及概率边界，如图 11-12(b)所示，与①的情况类似。以此类推，可以得到属于类别③的概率。若任意一个区域的样本均属于该类别，图 11-12 中 3 个区域面积基本相等，因此，一个样本属于 3 个类别之一的概率约为 33.33%。

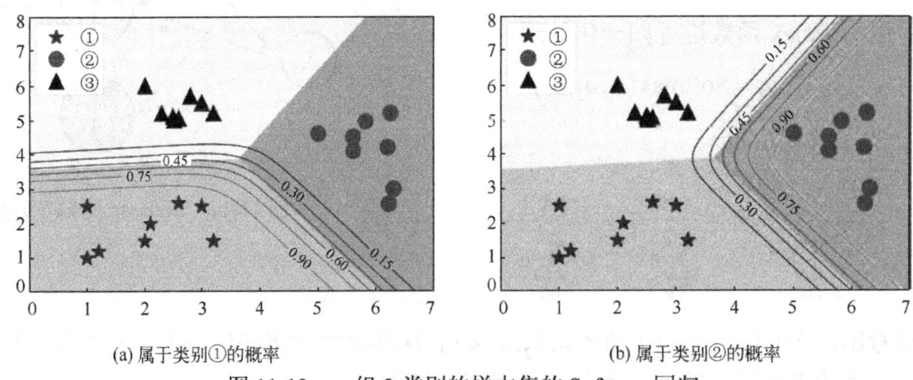

图 11-12　一组 3 类别的样本集的 Softmax 回归

Softmax 回归可视为一个单层神经网络，且直接对各个原始特征的线性组合进行归一化处理，因此，逻辑回归和 Softmax 可以理解为最简单的神经网络。实际中，Softmax 函数常用于深度学习的最后一层的归一化操作。

11.6　判别模型与生成模型

按建模的分布，机器学习模型可以分类为生成模型(Generative Model)和判别模型

(Discriminative Model)。在有监督学习中，生成模型和判别模型都有应用，而在无监督学习中，更多的是生成模型。二者的区别主要体现在判别模型学习到的是类别之间的差别，而生成模型学习到的是类别的特征。

11.6.1 判别模型

判别模型的数学表示为

$$P(y|x) \tag{11-26}$$

即给定观测 x 得到 y 的概率。

逻辑回归和 Softmax 回归直接对 $P(y=1|x)$ 建模，因此是典型的判别模型，即当某一条样本 x 的标签为 1，则优化参数集合 θ，使得 $P(y=1|x)$ 尽量大。这个过程没有计算 $P(x)$ 和 $P(x, y)$，其中，$P(x)$ 表示样本 x 服从的概率分布，$P(x, y)$ 表示满足 x、y 条件下的联合概率分布。

决策树可以看作一组"if x then y"的规则集合，构建决策树过程中没有计算概率，但是可以理解为以 $P(y|x)$ 作为判断标准执行每个判别单元，因此，决策树模型也是判别模型。其他如支持向量机、随机森林、k-NN、AdaBoost、xgboost、多层感知机及一些深度网络等也属于判别模型。

11.6.2 生成模型

在概率统计理论中，生成模型是指能够随机生成观测数据的模型，尤其是在给定某些隐含参数的条件下。生成模型是概率生成模型(Probabilistic Generative Model)的简称，关注的是数据的分布。换句话说，生成模型根据数据的概率分布可以生成新的符合分布的样本。

生成模型表示为

$$\begin{cases} P(x); & \text{无标签 } y \text{ 情况, 即观测 } x \text{ 出现的概率(先验概率)} \\ P(x|y); & \text{有标签 } y \text{ 情况, 即根据标签 } y \text{ 生成 } x \text{ 的概率(条件概率)} \end{cases} \tag{11-27}$$

生成模型是所有变量的全概率模型，可用于模拟(即生成)模型中任意变量的分布情况；而判别模型是在给定观测变量值的前提下的目标变量条件概率模型，只能根据观测变量得到目标变量的采样。

生成模型关注的是总体数据集 D 的概率分布 $P_D(x)$，但是 $P_D(x)$ 是无法得到的，不过可以方便地得到一批从 $P_D(x)$ 中采样的样本数据。假设采样样本集记为 X，那么定义分布 $P(x)$ 拟合数据集 X，如果能求解 $P(x)$，那么就可以从符合 $P(x)$ 的数据中采样，生成类似 $P_D(x)$ 分布规律的样本数据。因此，$P(x)$ 是似然函数。

如图 11-13 所示是生成模型根据已知的分布生成的样本。具体需要以下两步操作：

(1) 概率密度估计，即求解似然函数 $P(x)$。

(2) 生成样本，即根据 $P(x)$ 从数据中采样。

其中，步骤(1)可以根据历史数据求得 $P(x)$。

朴素贝叶斯模型可以根据历史数据学习到历史数据的分布，那么就可以生成符合该分布的样本，即贝叶斯模型可以做到"无中生有"，所以贝叶斯模型是典型的生成模型。其他如隐马尔可夫模型(HMM)、高斯混合模型、文档主题生成模型(LDA)、生成对抗网络(GAN)等均属于生成模型。

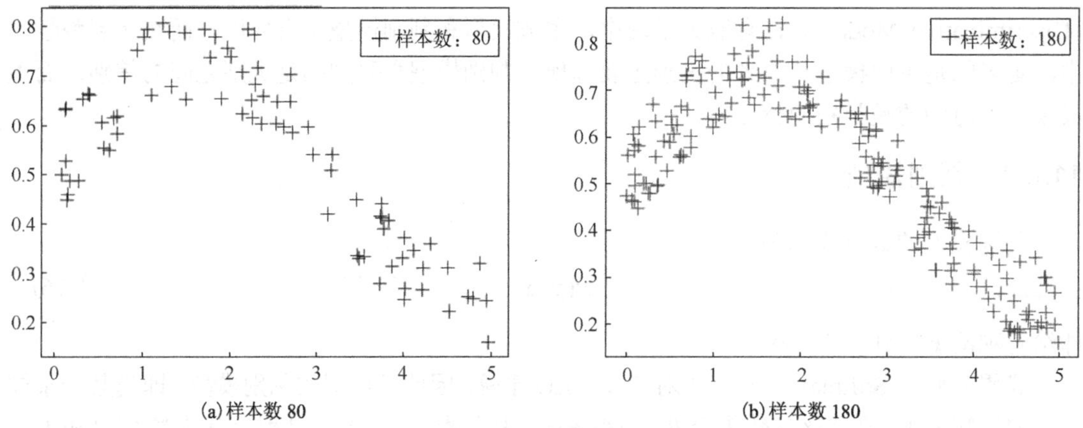

(a) 样本数 80　(b) 样本数 180

图 11-13　生成模型：按数据分布生成样本

11.7 本章小结

逻辑回归是常用的机器学习算法，同时也是神经网络和深度学习的基础。逻辑回归算法主要用于解决二分类问题，如果多分类问题可以转化为二分类问题，也可以用逻辑回归解决。逻辑回归算法采用 Sigmoid 函数作为假设函数，Sigmoid 函数的取值区间为(0, 1)，因此可以映射为概率。

为了规避“梯度消失”问题，逻辑回归算法采用交叉熵作为损失函数。与 MSE 类似，交叉熵是误差的一种度量。最终，将逻辑回归模型转化为函数参数 w、b 的优化，可采用梯度下降法优化这两个参数。

Softmax 回归是逻辑回归的扩展形式，主要用于解决多分类问题。逻辑回归的输出是一个概率值，主要用于解决二分类问题。对于多分类问题，如果采用逻辑回归则需要建立多个模型，这样会导致样本偏斜或模型数量过多等问题。Softmax 回归采用一个模型结构，多组参数 w、b 同时优化训练，获得一个统一的多分类模型。Softmax 函数对多个类别进行归一化处理，使得输出为一个概率分布，并取其中最大概率值对应类别作为样本的类别。Softmax 函数常用于深度学习输出层的归一化处理，因此是一个非常重要的函数。

判别模型学习到的是类别之间的差别，而生成模型学习到的是类别的特征。逻辑回归和 Softmax 回归是典型的判别模型。

习　　题

11-1　逻辑回归为什么称为“逻辑”？为什么称为“回归”？

11-2　逻辑回归算法是用来做回归分析的吗？

11-3　什么是决策边界？主要有哪两种类型？举例说明它们分别适用于什么场景。

11-4　解决二分类问题比较理想的假设函数是单位阶跃函数，为什么逻辑回归中没有采用这一函数，而是选用了 Sigmoid 函数？

11-5　分别写出逻辑回归的假设函数、损失函数、代价函数和目标函数。

11-6　决策边界具有什么特点？描述决策边界的函数和假设函数是什么关系？讨论找到决策边界函数表示的一般方法。

11-7　如何判定一个二分类模型是线性的还是非线性的？

11-8　逻辑回归为什么采用交叉熵损失函数而不用平方误差损失函数？如果采用平方误差损失函数会有什么问题吗？

11-9　写出逻辑回归的梯度下降法，并对比分析其与线性回归的梯度下降法有什么异同。

11-10　逻辑回归是线性分类器还是非线性分类器？为什么？

11-11　分析逻辑回归模型会陷入局部最小值吗？

11-12　讨论逻辑回归与 SVM 的关系。

11-13　用逻辑回归解决多分类问题有哪两种方法？各有什么优缺点？

11-14　Softmax 函数是如何将一个样本映射到一个概率分布的？

11-15　Softmax 回归为什么采用交叉熵作为损失函数？

11-16　试计算数组[1.5, 2.3, 0.8, 1, 2.3]的 Softmax 值，如果这个数组对应类别 A、B、C、D、E，而且是一个样本的输出，那么这个样本应该归属于哪一类？

11-17　试推导 Softmax 回归的梯度∇w 和∇b 的公式，并写出梯度下降算法。

11-18　为什么说逻辑回归是 Softmax 回归的一个特例？

11-19　为什么说逻辑回归和 Softmax 回归是简单的神经网络？

11-20　试写出逻辑回归、Softmax 回归的随机梯度下降、小批量梯度下降算法。

11-21　为什么说贝叶斯模型是生成模型？查阅资料整理其他的生成模型。

11-22　说明判别模型与生成模型的区别，并结合生活或工作举几个例子。

11-23　查阅资料，分析 ChatGPT 是判别模型还是生成模型。

第 12 章　BP 神经网络

BP 神经网络是一种通过误差反向传播算法训练的多层前馈神经网络，是应用最为广泛的神经网络模型之一。反向传播算法是神经网络中最重要的算法之一，是指误差从模型输出端向输入端反向优化模型参数的过程，其核心是复合函数的梯度计算，主要用于神经网络优化。

根据梯度下降算法可知，通过代价函数 $J(w, b)$ 将参数 w 和 b 的梯度（即 ∇w 和 ∇b）求解出来后，才可以通过迭代的方式优化 w 和 b，最终获得优化后的模型。同样，对于多节点的神经网络来说，只有计算出每个节点的激活函数参数的梯度，才可以通过梯度下降算法更新参数 w 和 b。逻辑回归模型可以视为一个节点的 BP 神经网络，逻辑回归函数也是一种常见的激活函数。因此，本章以逻辑回归模型中的各参数的梯度计算为例，讨论反向传播算法。

12.1　复合函数梯度计算

1. 简单函数梯度计算

根据梯度下降算法可知，通过求导的方式求解参量 w 和 b 的梯度，严格地说是求解方向导数。实际中，我们更习惯于简单函数的求导，即可以应用求导公式直接得到结果。例如，表 12-1 给出一部分简单函数的导数计算公式，根据公式可以直接得到梯度。

表 12-1　简单函数梯度计算

原函数	导数公式	梯度
$f(x)=c$	$f'(x)=0$	$\nabla x=0$
$f(x)=x$	$f'(x)=1$	$\nabla x=1$
$f(x)=ax$	$f'(x)=a$	$\nabla x=a$
$f(x)=x+a$	$f'(x)=1$	$\nabla x=1$
$f(x)=x^2$	$f'(x)=2x$	$\nabla x=2x$
$f(x)=\sin x$	$f'(x)=\cos x$	$\nabla x=\cos x$
…	…	…

若代价函数为简单函数，梯度计算会非常简单。但是，实际中的代价函数往往比较复杂，如线性回归的一些代价函数和逻辑回归的代价函数都不是简单函数。

2. 链式法则求解复合函数梯度

观察函数 $J(x)$，它是由函数 $f(x)$ 和 $u(x)$ 构成的，形成了一个嵌套关系，即

$$J(x)=u\big(f(x)\big) \tag{12-1}$$

称这种由两个或多个简单函数组合形成的函数为复合函数。复合函数可以表示为

$$f_1(f_2(\cdots f_{n-1}(f_n(x)))) \tag{12-2}$$

相比于简单函数求导，复合函数 $J(x)$ 的求导要复杂一些。如上面例子中的导数 $J'(x)$，需要先求解导数 $f'(x)$ 和 $u'(x)$，即

$$J'(x) = u'(f(x))f'(x) \tag{12-3}$$

1) 复合函数求导

假设函数 $J(a, b, c) = 3\cdot(a + bc)$，求当 $a = 5$、$b = 3$、$c = 2$ 时的导数，即分别求

$$\frac{\partial J}{\partial a} = ?\quad \frac{\partial J}{\partial b} = ?\quad \frac{\partial J}{\partial c} = ?$$

容易计算得

$$\frac{\partial J}{\partial a} = 3\times\frac{\partial(a+bc)}{\partial a} = 3\times 1 = 3$$

$$\frac{\partial J}{\partial b} = 3\times\frac{\partial(a+bc)}{\partial b} = 3\times c = 6$$

$$\frac{\partial J}{\partial c} = 3\times\frac{\partial(a+bc)}{\partial c} = 3\times b = 9$$

3 个导数表示 a、b、c 的变化对函数值 J 的影响，即 a 变化一个单元，J 会随之变化 3 个单元，这是导数的含义。

2) 链式法则

上述求导过程实际上应用了微积分中的链式法则。所谓链式法则是将一个复合函数构建成一个计算图，根据计算图逐层反向计算导数，最终得到这个复合函数的导数。如图 12-1 所示为求解上述函数 $J(a, b, c) = 3\cdot(a + bc)$ 的链式法则求导的计算图。

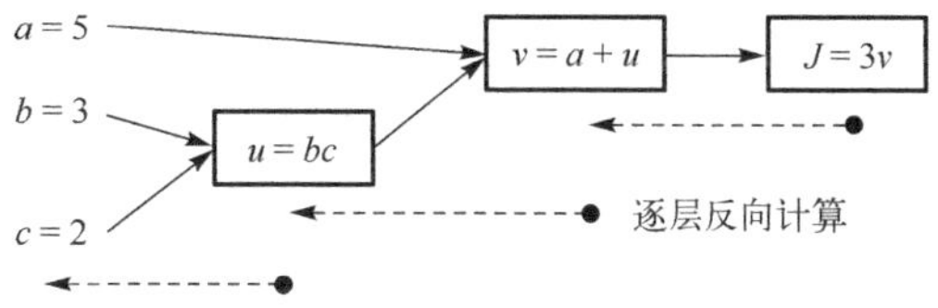

图 12-1　链式法则求导数

具体的计算过程为

$$\frac{\partial J}{\partial a} = \frac{\mathrm{d}J}{\mathrm{d}v}\cdot\frac{\mathrm{d}v}{\mathrm{d}a} = 3\times 1 = 3$$

$$\frac{\partial J}{\partial b} = \frac{\mathrm{d}J}{\mathrm{d}v}\cdot\frac{\mathrm{d}v}{\mathrm{d}u}\cdot\frac{\mathrm{d}u}{\mathrm{d}b} = 3\times 1\times c = 3\times 1\times 2 = 6$$

$$\frac{\partial J}{\partial c} = \frac{\mathrm{d}J}{\mathrm{d}v}\cdot\frac{\mathrm{d}v}{\mathrm{d}u}\cdot\frac{\mathrm{d}u}{\mathrm{d}c} = 3\times 1\times b = 3\times 1\times 3 = 9$$

可见，利用链式法则可以将一个复合函数导数转化为多个简单函数导数相乘的形式。这种方法在反向传播算法中会经常用到。假设 a、b、c 是权重变量，J 是神经网络的代价函数，上述的求导结果即为变量 a、b、c 的梯度。

12.2 逻辑回归函数梯度计算

逻辑回归函数是一个由 Sigmoid 函数和线性回归函数组合而成的复合函数，可以应用链式法则进行梯度计算。逻辑回归可以视为一个单节点的神经网络，其反向传播过程是通过梯度下降法迭代更新参数 w 和 b。如图 12-2 所示，将具有两个输入特征的逻辑回归视为一个单节点的神经网络，该节点为一个神经元。

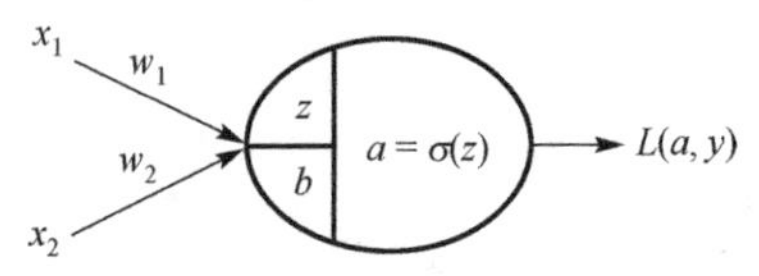

图 12-2　逻辑回归：单节点的神经网络

在神经网络中，有很多激活函数，逻辑回归函数是其中常用的一种。在只有单节点神经网络中，假设函数 $h(x)$ 即为激活函数。注意，$h(x)$ 与网络输出端的代价函数 $L(a, y)$ 是不同的，如图 12-2 所示的 $\sigma(z)$ 为节点的激活函数。这里以逻辑回归函数为例讨论梯度计算。

12.2.1 单样本情况的梯度计算

将逻辑回归的假设函数作为激活函数，则有

$$a=h(x) \tag{12-4}$$

$$a=\sigma(z)=\frac{1}{1+\mathrm{e}^{-z}},\quad z=w^{\mathrm{T}}x+b \tag{12-5}$$

对应的损失函数为

$$L(\hat{y},y)=-(y\ln\hat{y}+(1-y)\ln(1-\hat{y}))=-(y\ln a+(1-y)\ln(1-a)) \tag{12-6}$$

其中，y 是真实值；$\hat{y}$ 是逻辑回归的输出，即预测值，这里令 $\hat{y}=a$。

假设一个样本只有两个特征 x_1 与 x_2，根据逻辑回归的假设函数，可得逻辑回归梯度计算的链式法则计算图，如图 12-3 所示。这里将输出结果 $a=\sigma(z)$ 送入损失函数 $L(a, y)$ 以便进行梯度计算。

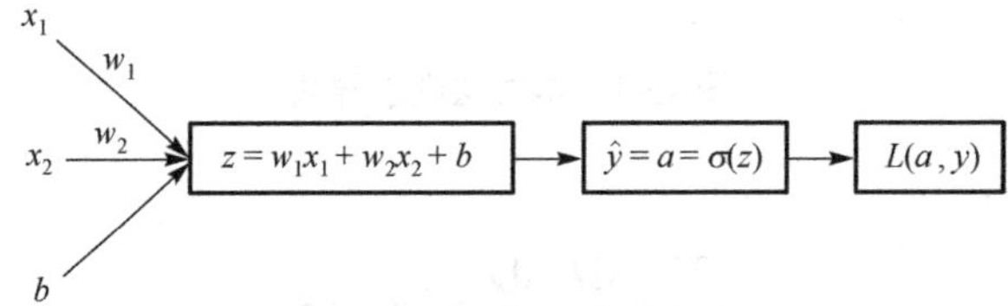

图 12-3　单样本情况下逻辑回归链式法则计算图

通过链式法则分别计算权重 w_1、w_2 和 b 的梯度。

$$\nabla a=\frac{\partial L(a,y)}{\partial a}=-\frac{y}{a}+\frac{1-y}{1-a}$$

$$\nabla z=\frac{\partial L(a,y)}{\partial z}=\frac{\partial L(a,y)}{\partial a}\cdot\frac{\partial a}{\partial z}=\left(-\frac{y}{a}+\frac{1-y}{1-a}\right)a(1-a)=a-y$$

$$\nabla w_1=\frac{\partial L(a,y)}{\partial w_1}=\frac{\partial L(a,y)}{\partial z}\cdot\frac{\partial z}{\partial w_1}=(a-y)x_1$$

其中，

$$a=\sigma(z)=\frac{1}{1+\mathrm{e}^{-z}}=(1+\mathrm{e}^{-z})^{-1}$$

$$\frac{\partial a}{\partial z}=(-1)\cdot(1-\mathrm{e}^{-z})^{-2}\cdot(\mathrm{e}^{-z})\cdot(-1)=\frac{\mathrm{e}^{-z}}{(1+\mathrm{e}^{-z})^2}=\frac{1+\mathrm{e}^{-z}-1}{(1+\mathrm{e}^{-z})^2}=\frac{1+\mathrm{e}^{-z}}{(1+\mathrm{e}^{-z})^2}-\frac{1}{(1+\mathrm{e}^{-z})^2}$$

$$=\frac{1}{1+\mathrm{e}^{-z}}-\frac{1}{(1+\mathrm{e}^{-z})^2}=\frac{1}{1+\mathrm{e}^{-z}}\left(1-\frac{1}{1+\mathrm{e}^{-z}}\right)=a(1-a)$$

同样方法可求得∇w_2和∇b。

按梯度下降法进行梯度更新：

$$w_1 := w_1-\alpha\nabla w_1$$

$$w_2 := w_2-\alpha\nabla w_2$$

$$b := b-\alpha\nabla b$$

单样本情况下的损失函数$L(a, y)$等价于代价函数$J(w, b)$。由于每次迭代只有一个样本输入，因此不需要计算平均损失函数，这种情况下的损失函数即为代价函数。每次迭代先对代价函数$L(a, y)$反向计算 3 个参数的梯度，然后更新参数w_1、w_2、b。

12.2.2　多样本情况的梯度计算

若每次迭代过程中，输入为多个样本，此时需要计算多个样本的损失的平均值，即需要增加一个代价函数计算环节。同样，假设样本只有两个特征x_1和x_2，第i个样本输入情况下的逻辑回归梯度计算的链式法则计算图如图 12-4 所示。这里将输出结果$\sigma(z)$作为损失函数$L(a, y)$的输入，以此计算代价函数$J(w, b)$。

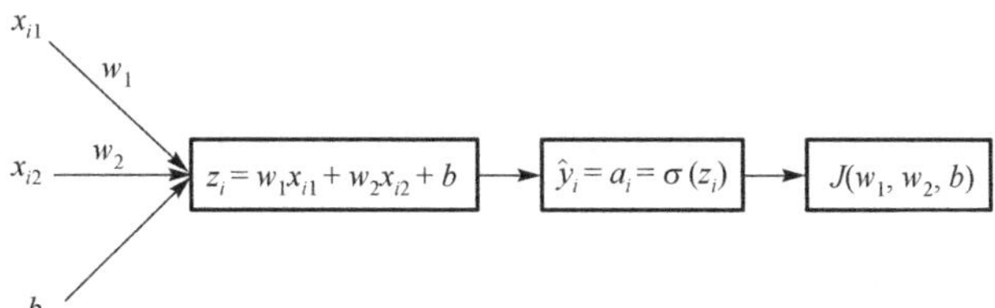

图 12-4　多样本情况下逻辑回归链式法则计算图

同样，将样本集合中的m个样本的逻辑回归代价函数变形为

$$J(w,b)=\frac{1}{m}\sum_{i=1}^{m}L(a_i,y_i) \tag{12-7}$$

其中，第i个样本的输出为

$$a_i=\hat{y}_i=\sigma(z_i)=\sigma(w^{\mathrm{T}}x_i+b) \tag{12-8}$$

通过链式法则计算权重w_1的梯度

$$\nabla w_1=\frac{\partial}{\partial w_1}J(w,b)=\frac{1}{m}\sum_{i=1}^{m}\frac{\partial}{\partial w_1}L(a_i,y_i)$$

$$=\frac{1}{m}\sum_{i=1}^{m}\frac{\partial L(a_i,y_i)}{\partial a_i}\cdot\frac{\partial a_i}{\partial z_i}\cdot\frac{\partial z_i}{\partial w_1}=\frac{1}{m}\sum_{i=1}^{m}(a_i-y_i)x_{i1}$$

其中，

$$\nabla a_i = \frac{\partial L(a_i, y_i)}{\partial a_i} = -\frac{y_i}{a_i} + \frac{1-y_i}{1-a_i}$$

$$\nabla z_i = \frac{\partial L(a_i, y_i)}{\partial z_i} = \frac{\partial L(a_i, y_i)}{\partial a_i} \cdot \frac{\partial a_i}{\partial z_i} = \left(-\frac{y_i}{a_i} + \frac{1-y_i}{1-a_i}\right) \cdot a_i(1-a_i) = a_i - y_i$$

同理可求∇w_2和∇b，即分别计算$\frac{\partial}{\partial w_2} J(w,b)$和$\frac{\partial}{\partial b} J(w,b)$。

每次迭代过程中，在有多个样本输入情况下，其梯度下降算法的具体描述为

$J = 0, \nabla w_1 = 0, \nabla w_2 = 0, \nabla b = 0$（初始化）

for $i = 1$ to m（m 表示样本数量）

　$z_i = w^{\mathrm{T}} x_i + b$

　$a_i = \sigma(z_i)$

　$J := J - [y_i \ln a_i + (1 - y_i) \ln(1 - a_i)]$

　$\nabla z_i = a_i - y_i$

　$\nabla w_1 := \nabla w_1 + x_{i1} \nabla z_i$

　$\nabla w_2 := \nabla w_2 + x_{i2} \nabla z_i$

　$\nabla b := \nabla b + \nabla z_i$

　$J := J/m, \nabla w_1 := \nabla w_1/m, \nabla w_2 := \nabla w_2/m, \nabla b := \nabla b/m$（求平均值）

　$w_1 := w_1 - \alpha \nabla w_1, w_2 := w_2 - \alpha \nabla w_2, b := b - \alpha \nabla b$

可见，多样本情况下的梯度下降算法比单样本情况下的复杂，增加了样本损失迭代过程。每次样本迭代过程中，均需计算损失和各参数梯度的平均值，然后用梯度的均值进行下一轮的迭代。

12.3　BP 神经网络的基本原理

BP 神经网络是 1986 年由鲁梅哈特、辛顿和罗纳德·威廉姆斯(Ronald Williams)提出的概念，是一种按照误差逆向传播算法训练的多层前馈神经网络。而马文·明斯基和大卫·帕克(David Parker)认为，简单的感知器只能求解线性问题，能够求解非线性问题的网络应该具有隐藏层，但是对隐藏层神经元的学习规则还没有合理的理论依据。

20 世纪 80 年代中期，鲁梅哈特、辛顿、威廉姆斯和帕克等人分别独立发现了误差反向传播算法，系统地解决了多层神经网络隐含层连接权重的学习问题，给出了完整的数学推导，使得 BP 神经网络成为应用最为广泛的神经网络模型之一。

12.3.1　BP 神经网络的假设函数

逻辑回归模型可视为输入层、隐含层和输出层均只有一个节点所组成的神经网络，其中，输入层 x 和输出层 y 不作处理。逻辑回归的假设函数即为神经网络隐含层节点的激活函数。

为了讨论方便，约定$a_n^{(m)}$表示神经网络的激活单元，如激活函数为 Sigmoid 函数时，用$a_n^{(m)} = \sigma(\cdot)$表示，其中，$n$ 表示同层的激活单元编号；m 表示该节点所在神经网络的层数。如

图 12-5 所示为第 2 层的第 1 个激活单元。其他如权重 w、偏置 b 等参量也按相同方式表示。

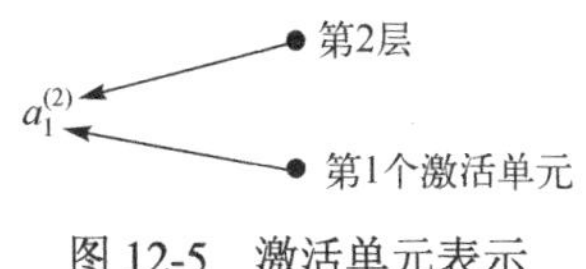

图 12-5　激活单元表示

如图 12-6 所示为一个 3 层的神经网络，输入为某个样本的 4 个特征值，仍然以 Sigmoid 函数作为激活函数。该神经网络的假设函数为

$$h(x)=\sigma(w^{(2)}\sigma(w^{(1)}x))$$

其中，

$$w^{(1)}=\begin{bmatrix} w_{10}^{(1)} & w_{11}^{(1)} & w_{12}^{(1)} & w_{13}^{(1)} \\ w_{20}^{(1)} & w_{21}^{(1)} & w_{22}^{(1)} & w_{23}^{(1)} \\ w_{30}^{(1)} & w_{31}^{(1)} & w_{32}^{(1)} & w_{33}^{(1)} \end{bmatrix},\quad x=\begin{bmatrix} x_0 \\ x_1 \\ x_2 \\ x_3 \end{bmatrix},\quad w^{(2)}=[w_{10}^{(2)} \quad w_{11}^{(2)} \quad w_{12}^{(2)} \quad w_{13}^{(2)}]$$

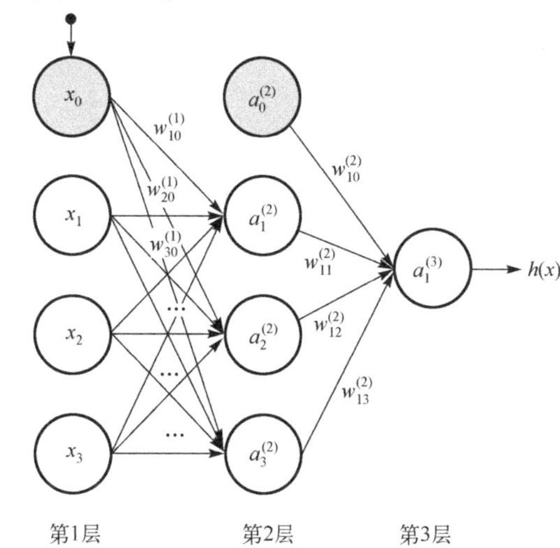

图 12-6　3 层神经网络的假设函数

展开后各节点的激活单元及网络的假设函数为

$$a_1^{(2)}=\sigma(w_{10}^{(1)}x_0+w_{11}^{(1)}x_1+w_{12}^{(1)}x_2+w_{13}^{(1)}x_3)$$

$$a_2^{(2)}=\sigma(w_{20}^{(1)}x_0+w_{21}^{(1)}x_1+w_{22}^{(1)}x_2+w_{23}^{(1)}x_3)$$

$$a_3^{(2)}=\sigma(w_{30}^{(1)}x_0+w_{31}^{(1)}x_1+w_{32}^{(1)}x_2+w_{33}^{(1)}x_3)$$

$$h(x)=a_1^{(3)}=\sigma(w_{10}^{(2)}a_0^{(2)}+w_{11}^{(2)}a_1^{(2)}+w_{12}^{(2)}a_2^{(2)}+w_{13}^{(2)}a_3^{(2)})$$

可见，相比于一元线性回归、逻辑回归等模型，由于神经网络是由多个节点组成的，其假设函数更为复杂，所包含的参数更多。因此，神经网络的参数优化也更为繁杂。

12.3.2　BP 神经网络的代价函数

1. 损失函数

考察上述例子的二分类情况，假设激活函数仍然使用 Sigmoid 函数，输出节点为一个节

点，其损失函数的交叉熵形式为

$$L(h(x),y)=L(a_1^{(3)},y)=-y\ln a_1^{(3)}-(1-y)\ln(1-a_1^{(3)})$$

其中，x 与 y 是任意一个样本的特征和标签。

当有多个层次时，损失函数的表示方式类似。为简化起见，一般化处理得到

$$L(h(x),y)=L(a,y)=-y\ln a-(1-y)\ln(1-a) \tag{12-9}$$

这里的 $L(a,y)$ 仍然是针对一个样本的损失函数。

2. 代价函数描述

根据前面的讨论可知，代价函数是各样本损失函数的平均值，当激活函数是 Sigmoid 函数时，BP 神经网络的代价函数与逻辑回归相同，其他激活函数以此类推。

$$J(w,b)=\frac{1}{m}\sum_{i=1}^{m}L(h(x_i),y_i)=\frac{1}{m}\sum_{i=1}^{m}L(a_i,y_i) \tag{12-10}$$

显然，神经网络的损失函数或代价函数都是复合函数。

12.3.3　前向传播

对于一个神经网络来说，前向传播(Forward Propagation，FP)是指从输入端的 $x_0, x_1,\cdots, x_n$ 开始，将上一层的输出作为下一层的输入，逐层通过各个神经元的激活函数计算，直至计算得到 $h(x)$ 的过程。因此，前向传播也称为正向传播。

前向传播是反向传播计算的前提。前向传播的已知量是反向传播的计算依据，这些已知量中的一部分是作为条件给定的，另一部分则是随机给定的。已知量包括以下 3 项。

(1) 输入量：$x_0, x_1,\cdots, x_n$，输入样本的特征值，作为条件给定，一个样本的特征值是常量。

(2) 权重：$w_0, w_1,\cdots, w_m$，各节点之间的连接参数变量，是优化的目标之一，初始值通过随机方式给定。

(3) 偏置：$b_0, b_1,\cdots, b_k$，各层的偏差参数变量，也是优化的目标之一，初始值通过随机方式给定。

总之，前向传播是计算 $h(x)$ 的过程，根据这些已知量，总能计算出网络的输出值。

12.3.4　反向传播

反向传播算法的核心任务是计算神经网络中的参数 w 和 b 的梯度。由于神经网络的损失函数是复合函数，因此，可以采用链式法则求解参数的梯度。

1. 单链情况

如图 12-7 所示是一个典型单链情况的神经网络。该网络只包含一个隐藏层，每层只有一个节点。输入 x 仅有一个特征，输出为一个 y 值。

假设激活函数是 Sigmoid 函数，根据逻辑回归的损失函数公式及链式法则，可以求解该网络的各个参数梯度。

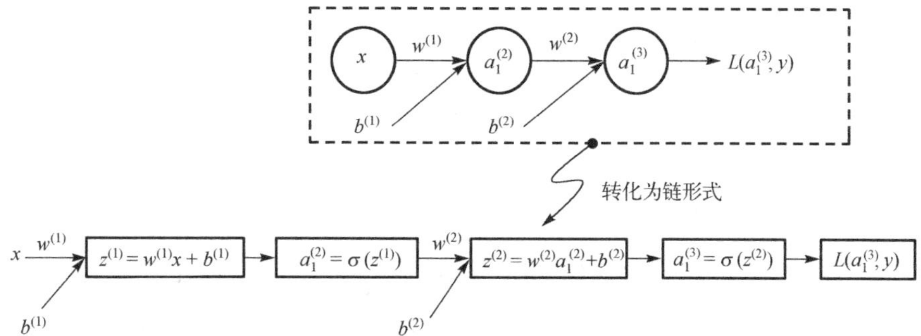

图 12-7　单链神经网络链式法则求梯度

1) 前向传播

图 12-7 中的链式法则计算图部分给出了前向传播过程，损失函数为交叉熵。

$$z^{(1)}=w^{(1)}x+b^{(1)},\quad a_1^{(2)}=\sigma(z^{(1)})=\frac{1}{1+\mathrm{e}^{-z^{(1)}}}$$

$$z^{(2)}=w^{(2)}a_1^{(2)}+b^{(2)},\quad a_1^{(3)}=\sigma(z^{(2)})=\frac{1}{1+\mathrm{e}^{-z^{(2)}}}$$

$$L(a_1^{(3)},y)=-y\ln a_1^{(3)}-(1-y)\ln(1-a_1^{(3)})$$

2) 反向传播

根据链式法则分别计算各参数的梯度

$$\begin{aligned}\nabla w^{(2)}&=\frac{\partial L(a_1^{(3)},y)}{\partial w^{(2)}}=\frac{\partial L(a_1^{(3)},y)}{\partial a_1^{(3)}}\cdot\frac{\partial a_1^{(3)}}{\partial z^{(2)}}\cdot\frac{\partial z^{(2)}}{\partial w^{(2)}}\\&=\left(-\frac{y}{a_1^{(3)}}+\frac{1-y}{1-a_1^{(3)}}\right)\cdot(a_1^{(3)}(1-a_1^{(3)}))\cdot a_1^{(2)}\\&=(a_1^{(3)}-y)a_1^{(2)}\end{aligned}$$

$$\begin{aligned}\nabla b^{(2)}&=\frac{\partial L(a_1^{(3)},y)}{\partial b^{(2)}}=\frac{\partial L(a_1^{(3)},y)}{\partial a_1^{(3)}}\cdot\frac{\partial a_1^{(3)}}{\partial z^{(2)}}\cdot\frac{\partial z^{(2)}}{\partial b^{(2)}}\\&=\left(-\frac{y}{a_1^{(3)}}+\frac{1-y}{1-a_1^{(3)}}\right)\cdot(a_1^{(3)}(1-a_1^{(3)}))\cdot 1\\&=a_1^{(3)}-y\end{aligned}$$

其中，$a_1^{(3)}$ 为模型输出；y 为标签。$a_1^{(3)}$、$a_1^{(2)}$ 可通过前向传播计算求得。

$$\begin{aligned}\nabla w^{(1)}&=\frac{\partial L(a_1^{(3)},y)}{\partial w^{(1)}}=\frac{\partial L(a_1^{(3)},y)}{\partial a_1^{(3)}}\cdot\frac{\partial a_1^{(3)}}{\partial z^{(2)}}\cdot\frac{\partial z^{(2)}}{\partial a_1^{(2)}}\cdot\frac{\partial a_1^{(2)}}{\partial z^{(1)}}\cdot\frac{\partial z^{(1)}}{\partial w^{(1)}}\\&=\left(-\frac{y}{a_1^{(3)}}+\frac{1-y}{1-a_1^{(3)}}\right)\cdot(a_1^{(3)}(1-a_1^{(3)}))\cdot w^{(2)}\cdot(a_1^{(2)}(1-a_1^{(2)}))\cdot x\\&=(a_1^{(3)}-y)\cdot w^{(2)}\cdot(a_1^{(2)}(1-a_1^{(2)}))\cdot x\end{aligned}$$

$$\nabla b^{(1)}=\frac{\partial L(a_1^{(3)},y)}{\partial b^{(1)}}=\frac{\partial L(a_1^{(3)},y)}{\partial a_1^{(3)}}\cdot\frac{\partial a_1^{(3)}}{\partial z^{(2)}}\cdot\frac{\partial z^{(2)}}{\partial a_1^{(2)}}\cdot\frac{\partial a_1^{(2)}}{\partial z^{(1)}}\cdot\frac{\partial z^{(1)}}{\partial b^{(1)}}$$
$$=\left(-\frac{y}{a_1^{(3)}}+\frac{1-y}{1-a_1^{(3)}}\right)\cdot(a_1^{(3)}(1-a_1^{(3)}))\cdot w^{(2)}\cdot(a_1^{(2)}(1-a_1^{(2)}))$$
$$=(a_1^{(3)}-y)\cdot w^{(2)}\cdot(a_1^{(2)}(1-a_1^{(2)}))$$

其中，$w^{(2)}$的初始值随机给定，然后通过梯度下降 $w^{(2)}:=w^{(2)}-\nabla w^{(2)}$迭代求得，通过求得的 $w^{(2)}$可以求得$\nabla w^{(1)}$，同样 $w^{(1)}:=w^{(1)}-\nabla w^{(1)}$。$\nabla w^{(2)}$、$\nabla b^{(2)}$可直接求得，$\nabla w^{(1)}$、$\nabla b^{(1)}$需要借助 $w^{(2)}$求得，$w^{(2)}$通过迭代求得。

可见，逻辑回归的梯度计算本质上也是 BP 算法，即一个节点情况的反向传播算法。多样本情况的逻辑回归代价函数变形为

$$J(w,b)=\frac{1}{m}\sum_{i=1}^{m}L(a_1^{(3)},y_i)$$

$$a_1^{(3)}=\frac{1}{1+\mathrm{e}^{-\left\{w^{(2)}\left[\frac{1}{1+\mathrm{e}^{-(w^{(1)}x_i+b^{(1)})}}\right]+b^{(2)}\right\}}}$$

$$\nabla w^{(1)}=\frac{\partial}{\partial w^{(1)}}J(w,b)=\frac{1}{m}\sum_{i=1}^{m}\frac{\partial}{\partial w^{(1)}}L(a_1^{(3)},y^{(i)})$$

同理可求得$\frac{\partial}{\partial w^{(2)}}J(w,b)$、$\frac{\partial}{\partial b^{(1)}}J(w,b)$和$\frac{\partial}{\partial b^{(2)}}J(w,b)$。

链式法则求梯度算法描述为：

$w^{(1)}, w^{(2)}, b^{(1)}, b^{(2)}$随机赋值

$J=0, \nabla w^{(1)}=0, \nabla w^{(2)}=0, \nabla b^{(1)}=0, \nabla b^{(2)}=0$

for $i=1$ to m (m 为样本数量)

$z^{(1)}=w^{(1)}x_i+b^{(1)}$

$a_1^{(2)}=\sigma(z^{(1)})$

$z^{(2)}=w^{(2)}a_1^{(2)}+b^{(2)}$

$a_1^{(3)}=\sigma(z^{(2)})$

$J:=J+(-[y_i\ln a_1^{(3)}+(1-y_i)\ln(1-a_1^{(3)})])$

$\nabla z^{(2)}:=a_1^{(3)}-y_i$；$\nabla w^{(2)}:=\nabla w^{(2)}+\nabla z^{(2)}a_1^{(2)}$；$\nabla b^{(2)}:=\nabla b^{(2)}+\nabla z^{(2)}$

$\nabla z^{(1)}:=\nabla z^{(2)}w^{(2)}a_1^{(2)}(1-a_1^{(2)})$；$\nabla w^{(1)}:=\nabla w^{(1)}+\nabla z^{(1)}x_i$；$\nabla b^{(1)}:=\nabla b^{(1)}+\nabla z^{(1)}$

$J:=J/m, \nabla w^{(1)}:=\nabla w^{(1)}/m, \nabla w^{(2)}:=\nabla w^{(2)}/m, \nabla b^{(1)}:=\nabla b^{(1)}/m, \nabla b^{(2)}:=\nabla b^{(2)}/m$

根据前面的讨论可知，BP 神经网络的梯度下降算法仍然是参数更新：

$w:=w-\alpha\nabla w$

$b:=b-\alpha\nabla b$

例 12.1 两个特征的单链网络结构如图 12-8 所示，初始值 $b^{(2)}=b^{(3)}=1$，$x_1=a_1^{(1)}=0.55$，$x_2=a_2^{(1)}=0.2$，$w_1^{(2)}=0.1$，$w_2^{(2)}=0.2$，$w^{(3)}=0.5$，激活函数为 Sigmoid 函数，$y=0$。求梯度下降算法一次迭代后$\nabla b^{(2)}$、$\nabla b^{(3)}$、$\nabla w_1^{(2)}$、$\nabla w_2^{(2)}$、$\nabla w^{(3)}$的值(保留 4 位有效数字)。

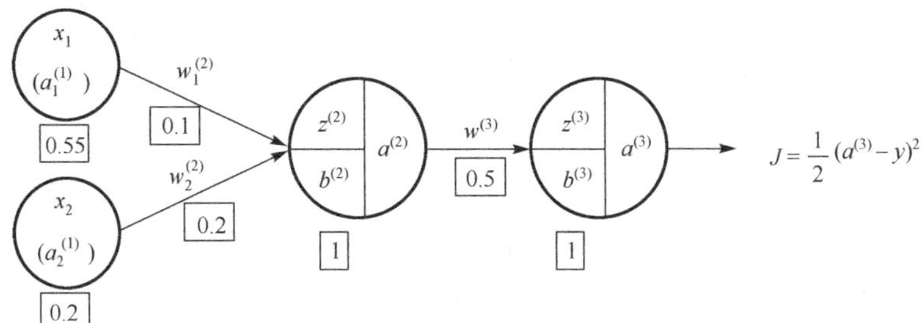

图 12-8　两个特征的单链网络结构

1) 前向传播

$$\begin{aligned}z^{(2)}&=w_1^{(2)}x_1+w_2^{(2)}x_2+b^{(2)}=w_1^{(2)}a_1^{(1)}+w_2^{(2)}a_2^{(1)}+b^{(2)}\\&=0.1\times0.55+0.2\times0.2+1=1.095\end{aligned}$$

$$a^{(2)}=\sigma(z^{(2)})=\frac{1}{1+\mathrm{e}^{-z^{(2)}}}=\frac{1}{1+\mathrm{e}^{-1.095}}=0.7493$$

$$z^{(3)}=w^{(3)}a^{(2)}+b^{(3)}=0.5\times0.7493+1=1.3747$$

$$a^{(3)}=\sigma(z^{(3)})=\frac{1}{1+\mathrm{e}^{-z^{(3)}}}=\frac{1}{1+\mathrm{e}^{-1.3747}}=0.7981$$

2) 反向传播

$$\begin{aligned}\nabla w^{(3)}&=\frac{\partial J}{\partial w^{(3)}}=\frac{\partial J}{\partial a^{(3)}}\cdot\frac{\partial a^{(3)}}{\partial z^{(3)}}\cdot\frac{\partial z^{(3)}}{\partial w^{(3)}}=a^{(3)}\cdot a^{(3)}(1-a^{(3)})\cdot a^{(2)}\\&=0.7981\times0.7981\times(1-0.7981)\times0.7493=0.0964\end{aligned}$$

$$\begin{aligned}\nabla b^{(3)}&=\frac{\partial J}{\partial b^{(3)}}=\frac{\partial J}{\partial a^{(3)}}\cdot\frac{\partial a^{(3)}}{\partial z^{(3)}}\cdot\frac{\partial z^{(3)}}{\partial b^{(3)}}=a^{(3)}\cdot a^{(3)}(1-a^{(3)})\cdot1\\&=0.7981\times0.7981\times(1-0.7981)\\&=0.1286\end{aligned}$$

$$\begin{aligned}\nabla w_1^{(2)}&=\frac{\partial J}{\partial w_1^{(2)}}=\frac{\partial J}{\partial a^{(3)}}\cdot\frac{\partial a^{(3)}}{\partial z^{(3)}}\cdot\frac{\partial z^{(3)}}{\partial a^{(2)}}\cdot\frac{\partial a^{(2)}}{\partial z^{(2)}}\cdot\frac{\partial z^{(2)}}{\partial w_1^{(2)}}\\&=a^{(3)}\cdot a^{(3)}(1-a^{(3)})\cdot w^{(3)}\cdot a^{(2)}(1-a^{(2)})\cdot a_1^{(1)}\\&=0.7981\times0.7981\times(1-0.7981)\times0.5\times0.7493\times(1-0.7493)\times0.55\\&=0.0066\end{aligned}$$

同样算法可得

$$\begin{aligned}\nabla w_2^{(2)}&=\frac{\partial J}{\partial w_2^{(2)}}=a^{(3)}\cdot a^{(3)}(1-a^{(3)})\cdot w^{(3)}\cdot a^{(2)}(1-a^{(2)})\cdot a_2^{(1)}\\&=0.7981\times0.7981\times(1-0.7981)\times0.5\times0.7493\times(1-0.7493)\times0.2\\&=0.0024\end{aligned}$$

$$\begin{aligned}\nabla b^{(2)}&=\frac{\partial J}{\partial b^{(2)}}=a^{(3)}\cdot a^{(3)}(1-a^{(3)})\cdot w^{(3)}\cdot a^{(2)}(1-a^{(2)})\\&=0.7981\times0.7981\times(1-0.7981)\times0.5\times0.7493\times(1-0.7493)\\&=0.0121\end{aligned}$$

每一次迭代后，$\nabla b^{(2)}$、$\nabla b^{(3)}$、$\nabla w_1^{(2)}$、$\nabla w_2^{(2)}$、$\nabla w^{(3)}$的值都会发生变化，这就导致$z^{(2)}$、$b^{(2)}$、$a^{(2)}$、$z^{(3)}$、$b^{(3)}$、$a^{(3)}$和J的变化。运用梯度下降法不断进行迭代，最终获得最优的一组参数。

总之，正向传播可以将输入经过激活函数计算获得每一层的输出。反向传播是指误差逐层向输入端进行传播计算，即逐层计算参数梯度的过程，这个过程中不断调用前向传播的计算结果。有了参数的梯度，就可以应用梯度下降法进行接下来的优化工作。

2. 多链情况

多链情况是单链情况的组合。如果能够计算出单链情况下的∇w和∇b，则采用同样的方法就可以计算多链情况下的各个∇w和∇b。每一条链上的w和b都求解出来，那么所有的∇w和∇b均能求解，模型即$h(x)$函数也随之确定。

注意：与线性回归和逻辑回归不同，神经网络的$h(x)$需要根据具体的网络结构、激活函数确定，相对复杂一些，一般式为

$$h(x)=f(w^{(n)}f(w^{(n-1)}f(w^{(n-2)}f(\cdots w^{(1)}f(X)))))\tag{12-11}$$

其中，n表示网络的最大层数。

例 12.2　两个特征一个输出的多链网络结构如图 12-9 所示，初始值$b_1^{(2)}=b_2^{(2)}=b^{(3)}=1$，$x_1=a_1^{(1)}=0.55$，$x_2=a_2^{(1)}=0.2$，$w_{11}^{(2)}=0.1$，$w_{12}^{(2)}=0.2$，$w_{21}^{(2)}=0.2$，$w_{22}^{(2)}=0.4$，$w_1^{(3)}=0.5$，$w_2^{(3)}=0.6$，激活函数为 Sigmoid 函数，$y=0$。求梯度下降算法一次迭代后的$\nabla b_1^{(2)}$、$\nabla b_2^{(2)}$、$\nabla b^{(3)}$、$\nabla w_{11}^{(2)}$、$\nabla w_{12}^{(2)}$、$\nabla w_{21}^{(2)}$、$\nabla w_{22}^{(2)}$、$\nabla w_1^{(3)}$、$\nabla w_2^{(3)}$的值。

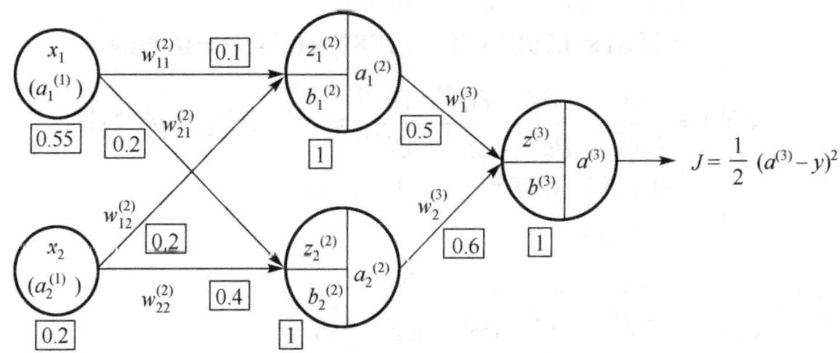

图 12-9　两个特征一个输出的多链结构

1) 前向传播

$$\begin{aligned}z_1^{(2)}&=w_{11}^{(2)}x_1+w_{12}^{(2)}x_2+b_1^{(2)}=w_{11}^{(2)}a_1^{(1)}+w_{12}^{(2)}a_2^{(1)}+b_1^{(2)}\\&=0.1\times0.55+0.2\times0.2+1=1.095\end{aligned}$$

$$a_1^{(2)}=\sigma(z_1^{(2)})=\frac{1}{1+\mathrm{e}^{-z_1^{(2)}}}=\frac{1}{1+\mathrm{e}^{-1.095}}=0.7493$$

$$\begin{aligned}z_2^{(2)}&=w_{21}^{(2)}x_1+w_{22}^{(2)}x_2+b_2^{(2)}=w_{21}^{(2)}a_1^{(1)}+w_{22}^{(2)}a_2^{(1)}+b_2^{(2)}\\&=0.2\times0.55+0.4\times0.2+1=1.19\end{aligned}$$

$$a_2^{(2)}=\sigma(z_2^{(2)})=\frac{1}{1+\mathrm{e}^{-z_2^{(2)}}}=\frac{1}{1+\mathrm{e}^{-1.19}}=0.7667$$

$$z^{(3)} = w_1^{(3)} a_1^{(2)} + w_2^{(3)} a_2^{(2)} + b^{(3)} = 0.5 \times 0.7493 + 0.6 \times 0.7667 + 1 = 1.8347$$

$$a^{(3)} = \sigma(z^{(3)}) = \frac{1}{1+\mathrm{e}^{-z^{(3)}}} = \frac{1}{1+\mathrm{e}^{-1.8347}} = 0.8623$$

2)反向传播

$$\begin{aligned}\nabla w_1^{(3)} &= \frac{\partial J}{\partial w_1^{(3)}} = \frac{\partial J}{\partial a^{(3)}} \cdot \frac{\partial a^{(3)}}{\partial z^{(3)}} \cdot \frac{\partial z^{(3)}}{\partial w_1^{(3)}} = a^{(3)} \cdot a^{(3)}(1-a^{(3)}) \cdot a_1^{(2)} \\ &= 0.8623 \times 0.8623 \times (1-0.8623) \times 0.7493 \\ &= 0.0767\end{aligned}$$

$$\begin{aligned}\nabla w_2^{(3)} &= \frac{\partial J}{\partial w_2^{(3)}} = \frac{\partial J}{\partial a^{(3)}} \cdot \frac{\partial a^{(3)}}{\partial z^{(3)}} \cdot \frac{\partial z^{(3)}}{\partial w_2^{(3)}} \\ &= a^{(3)} \cdot a^{(3)}(1-a^{(3)}) \cdot a_2^{(2)} \\ &= 0.8623 \times 0.8623 \times (1-0.8623) \times 0.7667 = 0.0785\end{aligned}$$

$$\begin{aligned}\nabla b^{(3)} &= \frac{\partial J}{\partial b^{(3)}} = \frac{\partial J}{\partial a^{(3)}} \cdot \frac{\partial a^{(3)}}{\partial z^{(3)}} \cdot \frac{\partial z^{(3)}}{\partial b^{(3)}} \\ &= a^{(3)} \cdot a^{(3)}(1-a^{(3)}) \times 1 \\ &= 0.8623 \times 0.8623 \times (1-0.8623) \times 1 \\ &= 0.1024\end{aligned}$$

$$\begin{aligned}\nabla w_{11}^{(2)} &= \frac{\partial J}{\partial w_1^{(2)}} = \frac{\partial J}{\partial a^{(3)}} \cdot \frac{\partial a^{(3)}}{\partial z^{(3)}} \cdot \frac{\partial z^{(3)}}{\partial a_1^{(2)}} \cdot \frac{\partial a_1^{(2)}}{\partial z_1^{(2)}} \cdot \frac{\partial z_1^{(2)}}{\partial w_{11}^{(2)}} \\ &= a^{(3)} \cdot a^{(3)}(1-a^{(3)}) \cdot w_1^{(3)} \cdot a_1^{(2)}(1-a_1^{(2)}) \cdot a_1^{(1)} \\ &= 0.8623 \times 0.8623 \times (1-0.8623) \times 0.5 \times 0.7493 \times (1-0.7493) \times 0.55 \\ &= 0.0053\end{aligned}$$

$$\begin{aligned}\nabla w_{12}^{(2)} &= \frac{\partial J}{\partial w_{12}^{(2)}} = \frac{\partial J}{\partial a^{(3)}} \cdot \frac{\partial a^{(3)}}{\partial z^{(3)}} \cdot \frac{\partial z^{(3)}}{\partial a_1^{(2)}} \cdot \frac{\partial a_1^{(2)}}{\partial z_1^{(2)}} \cdot \frac{\partial z_1^{(2)}}{\partial w_{12}^{(2)}} \\ &= a^{(3)} \cdot a^{(3)}(1-a^{(3)}) \cdot w_1^{(3)} \cdot a_1^{(2)}(1-a_1^{(2)}) \cdot a_2^{(1)} \\ &= 0.8623 \times 0.8623 \times (1-0.8623) \times 0.5 \times 0.7493 \times (1-0.7493) \times 0.2 \\ &= 0.0019\end{aligned}$$

$$\begin{aligned}\nabla b_1^{(2)} &= \frac{\partial J}{\partial w_1^{(2)}} = \frac{\partial J}{\partial a^{(3)}} \cdot \frac{\partial a^{(3)}}{\partial z^{(3)}} \cdot \frac{\partial z^{(3)}}{\partial a_1^{(2)}} \cdot \frac{\partial a_1^{(2)}}{\partial z_1^{(2)}} \cdot \frac{\partial z_1^{(2)}}{\partial b_1^{(2)}} \\ &= a^{(3)} \cdot a^{(3)}(1-a^{(3)}) \cdot w_1^{(3)} \cdot a_1^{(2)}(1-a_1^{(2)}) \times 1 \\ &= 0.8623 \times 0.8623 \times (1-0.8623) \times 0.5 \times 0.7493 \times (1-0.7493) \times 1 \\ &= 0.0096\end{aligned}$$

$$\begin{aligned}\nabla w_{21}^{(3)} &= \frac{\partial J}{\partial w_{21}^{(3)}} = \frac{\partial J}{\partial a^{(3)}} \cdot \frac{\partial a^{(3)}}{\partial z^{(3)}} \cdot \frac{\partial z^{(3)}}{\partial a_2^{(2)}} \cdot \frac{\partial a_2^{(2)}}{\partial z_2^{(2)}} \cdot \frac{\partial z_2^{(2)}}{\partial w_{21}^{(2)}} \\ &= a^{(3)} \cdot a^{(3)}(1-a^{(3)}) \cdot w_2^{(3)} \cdot a_2^{(2)}(1-a_2^{(2)}) \cdot a_1^{(1)} \\ &= 0.8623 \times 0.8623 \times (1-0.8623) \times 0.6 \times 0.7667 \times (1-0.7667) \times 0.55 \\ &= 0.006\end{aligned}$$

$$\nabla w_{22}^{(2)} = \frac{\partial J}{\partial w_{22}^{(2)}} = \frac{\partial J}{\partial a^{(3)}} \cdot \frac{\partial a^{(3)}}{\partial z^{(3)}} \cdot \frac{\partial z^{(3)}}{\partial a_2^{(2)}} \cdot \frac{\partial a_2^{(2)}}{\partial z_2^{(2)}} \cdot \frac{\partial z_2^{(2)}}{\partial w_{22}^{(2)}}$$
$$= a^{(3)} \cdot a^{(3)}(1-a^{(3)}) \cdot w_2^{(3)} \cdot a_2^{(2)}(1-a_2^{(2)}) \cdot a_2^{(1)}$$
$$= 0.8623 \times 0.8623 \times (1-0.8623) \times 0.6 \times 0.7667 \times (1-0.7667) \times 0.2$$
$$= 0.0022$$

$$\nabla b_2^{(2)} = \frac{\partial J}{\partial b_2^{(2)}} = \frac{\partial J}{\partial a^{(3)}} \cdot \frac{\partial a^{(3)}}{\partial z^{(3)}} \cdot \frac{\partial z^{(3)}}{\partial a_2^{(2)}} \cdot \frac{\partial a_2^{(2)}}{\partial z_2^{(2)}} \cdot \frac{\partial z_2^{(2)}}{\partial b_2^{(2)}}$$
$$= a^{(3)} \cdot a^{(3)}(1-a^{(3)}) \cdot w_2^{(3)} \cdot a_2^{(2)}(1-a_2^{(2)}) \times 1$$
$$= 0.8623 \times 0.8623 \times (1-0.8623) \times 0.6 \times 0.7667 \times (1-0.7667)$$
$$= 0.011$$

3. 函数拟合

BP 神经网络可以用于函数拟合，基本思路是在拟合函数 $f(x)$ 的定义域采集一定数量的数据作为网络的样本自变量输入，将值域作为因变量，这样就得到了一个样本集合，然后基于这个样本集训练神经网络模型。

总之，函数拟合问题关键在于样本，给定了拟合函数 $f(x)$ 及其定义域也就间接地给出了样本集合。

例 12.3 函数 $f(x)=\cos(x)+\sin(x)$，$x\in[-3.14, 3.14]$，试设计一个神经网络进行拟合，给出每次迭代的损失值，训练过程不考虑过拟合。

这是一个单特征的神经网络函数拟合问题，设计网络结构如图 12-10 所示，输入层为一个节点，输出层为一个节点，隐含层 6 个节点。节点的激活函数采用 Sigmoid，损失函数采用均方误差，迭代次数设置为 20000。

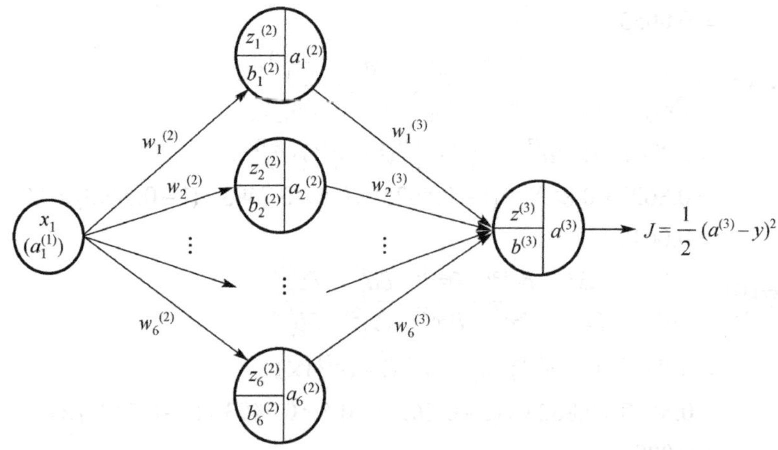

图 12-10 单特征神经网络结构

这里直接应用现有的工具包 PyTorch 的神经网络模型，在[-3.14, 3.14]区间上均匀地取 100 个样本进行拟合。结果如图 12-11 所示，经过 20000 次迭代后误差已经非常小，此时，用神经网络拟合出的假设函数 $h(x)$ 在区间[-3.14, 3.14]上可以近似取代函数 $f(x)$。

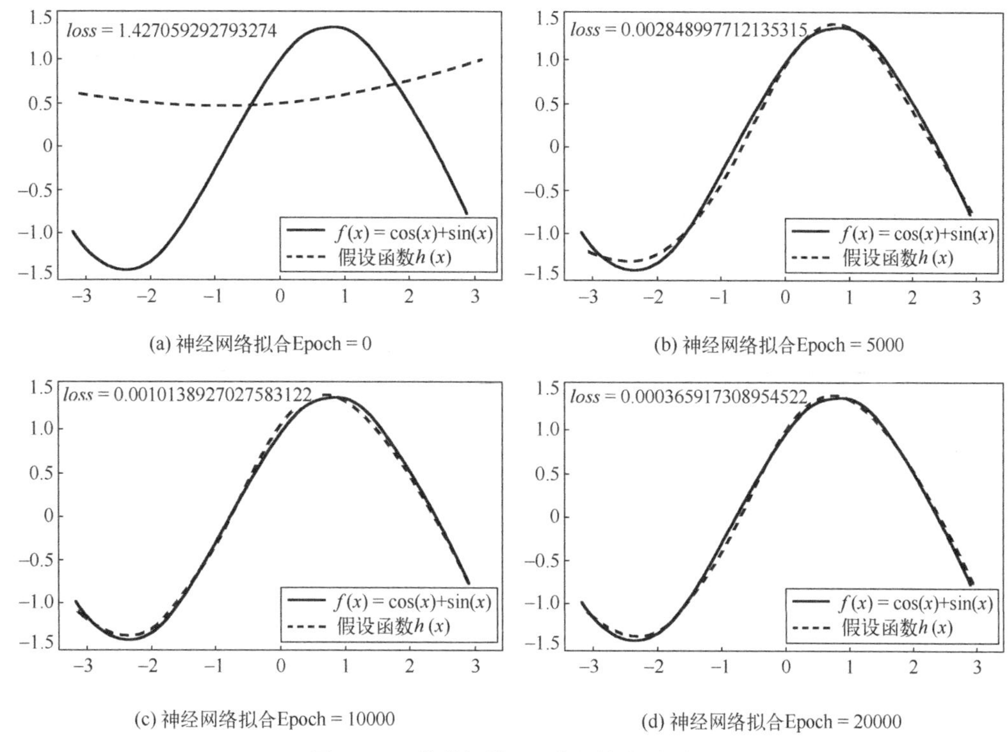

(a) 神经网络拟合Epoch = 0　　(b) 神经网络拟合Epoch = 5000

(c) 神经网络拟合Epoch = 10000　　(d) 神经网络拟合Epoch = 20000

图 12-11 单特征情况逻辑回归拟合结果

4. 样本拟合

多数情况下，拟合函数是未知的，但是可以通过给出的样本集合拟合出神经网络模型。拟合出的神经网络模型描述了自变量与因变量的关系。

在单样本情况下，由于只有一组自变量 x 和因变量 y，因此梯度下降法中不需要计算样本损失和梯度的总体情况，只需要多次迭代进行梯度更新即可确定模型参数。

在多样本情况下，存在多组自变量 x 和因变量 y，因此，在梯度下降法中采用均值的方式，将两个循环嵌套起来，外层循环是梯度下降次数迭代，内层循环为样本损失和梯度均值的计算。

例 12.4 某小区的在售房屋价格经过处理后的结果如表 12-2 所示。房屋价格与面积和楼层相关，价格为因变量，面积和楼层为自变量。试基于表格中数据训练神经网络模型。

(1)任选其中一个样本的面积和价格训练一个神经网络模型。

(2)用所有样本的面积和价格训练一个神经网络模型。

(3)用所有样本的面积、楼层和价格训练一个神经网络模型。

表 12-2 处理后的房屋价格表

序号	面积	楼层	价格
1	0.21	0.71	0.38
2	0.33	0.86	0.57
3	0.33	0.29	0.64
4	0.38	0.43	0.72

续表

序号	面积	楼层	价格
5	0.4	0.71	0.74
6	0.48	0.43	0.86
7	0.5	0.86	0.81
8	0.6	1	0.84
9	0.67	0.86	0.88
10	0.81	0.71	0.99
11	1	0.86	1

1) 单样本单特征拟合

从中选择第 7 条数据面积 $x = 0.5$，价格 $y = 0.81$，以面积作为特征列，以价格作为预测列。神经网络仍然采用图 12-10 的结构，损失函数采用均方误差。拟合对象为一个点，由于拟合的数据少，因此迭代次数设置为 100。

拟合的结果如图 12-12 所示。当迭代次数 = 25 时，损失已经非常小；当迭代次数 = 100 时，损失接近 0。

这是一个简单的神经网络单样本单特征拟合问题。如果只用一个隐含节点，激活函数为一元一次函数，损失函数采用均方误差，则与一元线性回归是相同的。因此，可以选用更为简单的神经网络结构。

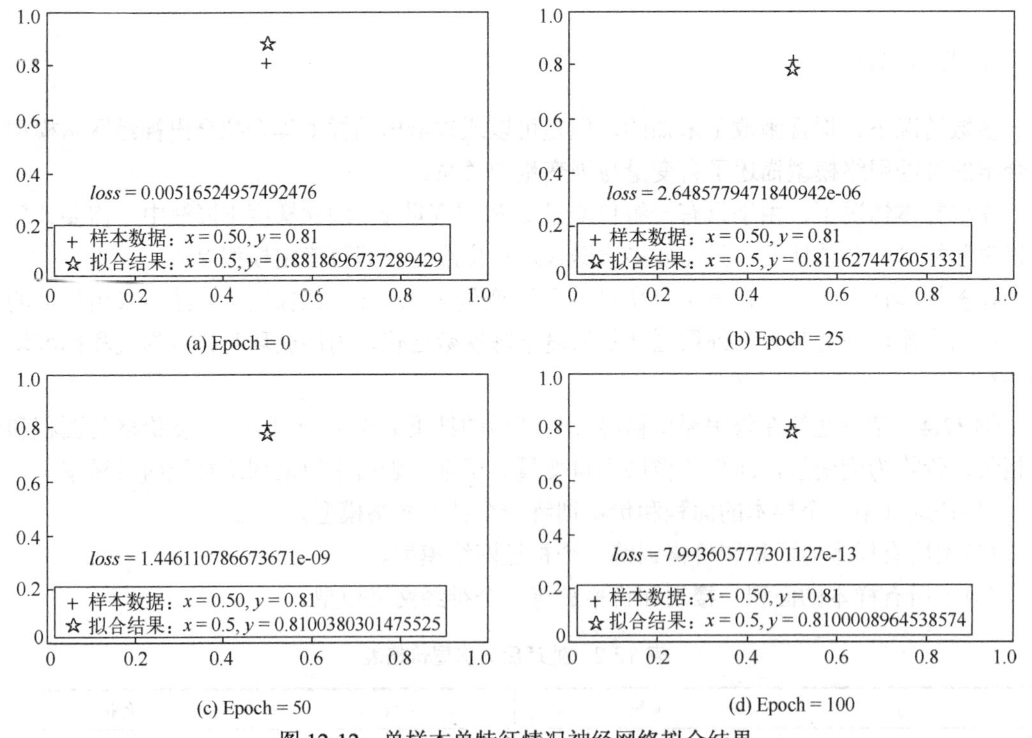

图 12-12　单样本单特征情况神经网络拟合结果

2) 多样本单特征拟合

由于涉及多个样本，训练样本的特征列为面积，预测列为价格，其图像如图 12-13(a) 所示。显然，这个样本集合可以用一元线性回归或非线性回归进行拟合。如图 12-13(b)所示为多项式拟合的结果，拟合函数为 $y = 2.2719x^3 - 5.3557x^2 + 4.4301x - 0.3365$，拟合结果为一条曲线。

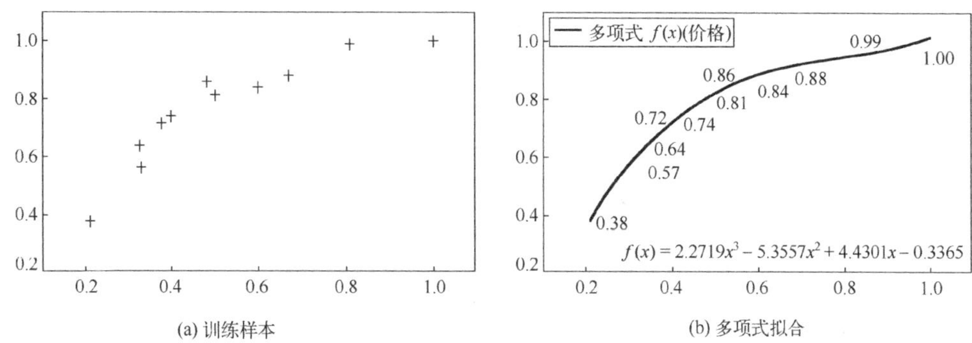

(a) 训练样本　(b) 多项式拟合

图 12-13　多样本单特征情况多项式拟合结果

由于是多个样本情况，因此，如果应用神经网络进行拟合则与例 12.3 类似。与单样本单特征情况不同的是，在多个样本情况下，需要计算梯度和样本损失的总体情况，并多次迭代进行梯度更新来确定模型参数。这里神经网络仍然采用如图 12-10 所示的结构，损失函数采用均方误差，激活函数选用 Sigmoid 函数，迭代次数设置为 100000，拟合的结果如图 12-14(b)、图 12-14(c)、图 12-14(d)所示。初始参数随机给定，开始迭代时生成了一条直线，如图 12-14(a)所示。随着迭代次数的增加，拟合效果不断提升。当迭代次数 =50000 时，损失已经非常小；当迭代次数 =100000 时，损失虽然进一步减小，但是提升幅度远比 Epoch = 1 ～ 50000 时要小。

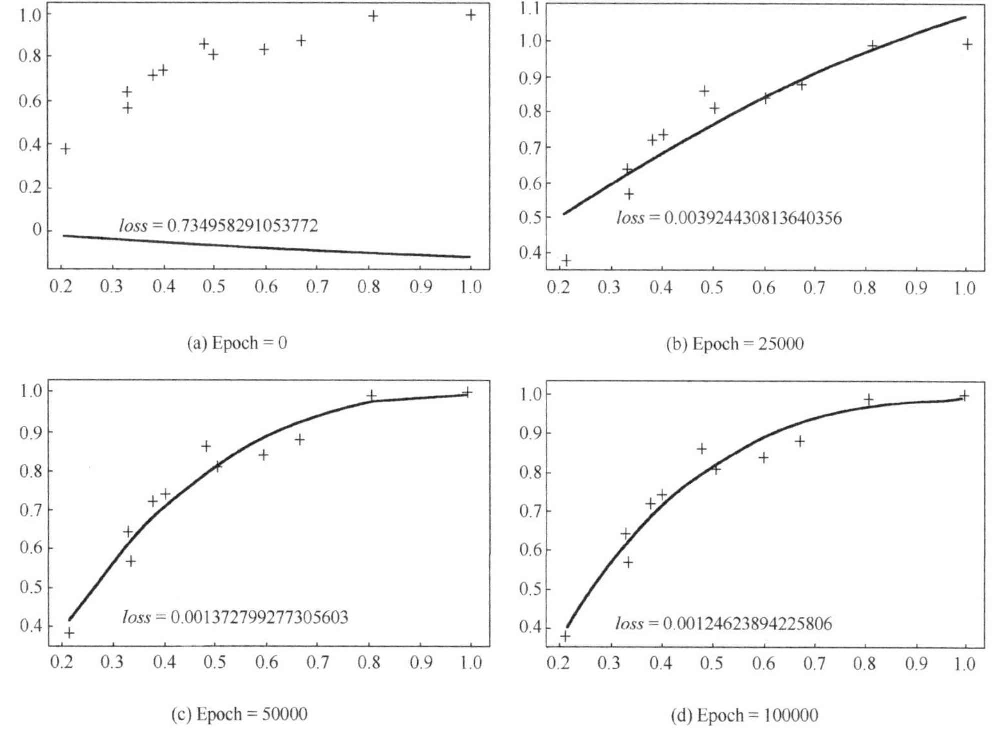

(a) Epoch = 0　(b) Epoch = 25000

(c) Epoch = 50000　(d) Epoch = 100000

图 12-14　多样本单特征情况神经网络拟合结果

3）多样本多特征拟合

选择表中的所有样本作为训练集，特征列为面积和楼层，预测列为价格。由于有两个特征，因此，神经网络的输入端需要有两个节点，在图 12-10 结构的基础上增加一个输入节点，如图 12-15 所示。激活函数仍然选用 Sigmoid 函数，损失函数选用均方误差。

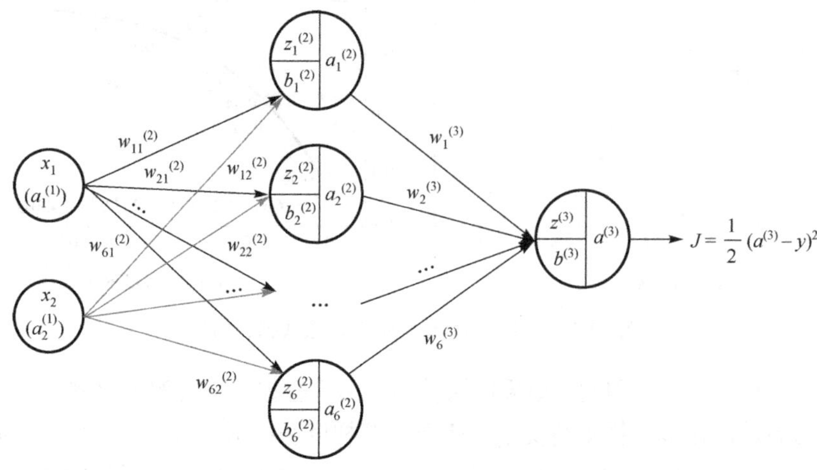

图 12-15　多样本多特征情况神经网络结构

同样，这个问题也属于多个样本的神经网络拟合，需要遍历所有样本计算损失及梯度的均值。由于涉及 3 个维度，所以在三维坐标系中展示迭代结果，如图 12-16 所示。其中坐标 x 表示面积，y 表示楼层，z 表示房屋价格。

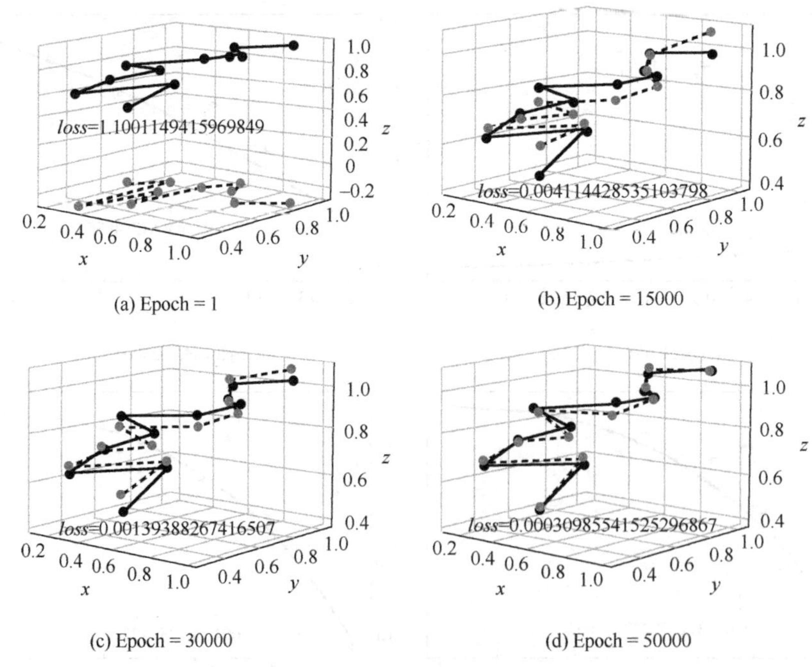

图 12-16　多样本多特征情况神经网络拟合结果

当迭代次数 = 50000 时，达到了一个很好的拟合结果，表明神经网络在复杂数据拟合方面具有很好的表现。需要说明的是，上述几个例子均没有考虑过拟合的问题，目的是说明神经网络的拟合能力。而在实际应用中，应该增加模型验证和测试的环节，以避免过拟合。

12.4　应用 BP 神经网络的步骤

在实际工程中，应用 BP 神经网络首先需要对样本情况有充分的了解，在多数情况下，样本数据属于多样本多特征的情况；其次，需要根据样本特点确定网络结构；第三，进行网络训练，并将训练后的神经网络作为模型存储起来备用；最后，将模型部署到生产环境中完成新样本的预测任务。

主要步骤如下。

1) 确定网络结构

确定 BP 神经网络的输入层节点数、隐藏层层数和每层节点数、输出层节点数。

(1) 第 1 层的节点数为训练集的特征数 n，或 $n+1$，多出的一个节点用于偏置 b 输入。

(2) 最后一层的节点数为类别数量 $m-1$ 或 m，例如，如果是二分类问题，节点数可以是一个节点，如果是三分类可以是两个节点，这是 $m-1$ 的情况；如果用 m，则最后一层用 Softmax 函数确定类别。

(3) 如果隐藏层的数量大于 1，应尽量确保每层节点数相同，一般情况下设置多层效果要好。

2) 训练网络

优化并确定参数 w 和 b。

(1) 参数 w 和 b 随机初始化。

(2) 利用前向传播计算所有的 $h(x)$。

(3) 编写计算代价函数 J 的代码。

(4) 用 BP 算法计算所有 w 和 b 的梯度。

(5) 用梯度下降法优化 w 和 b。

(6) 模型检验，如果达到标准则结束训练，否则进入下一轮迭代。

3) 模型存储及发布

将训练好的模型存储起来，然后按照要求发布到生产环节投入应用。

由于新的样本可能会随时增加进来，原有的模型训练没有基于新的样本集合，因此模型的效果会随着应用逐渐退化。此时，需要根据实际情况进行模型的重新训练和部署。

在实际应用中，样本的质量往往决定了模型的最终效果，虽然网络结构设计、算法设计和训练方法有一些技巧可以提升模型效果，但是，往往不如提升数据质量的效果好。

12.5　本 章 小 结

前向传播本质上是从输入端到输出端的单向样本数据处理，或者说是计算假设函数值 $h(x)$ 的过程。反向传播算法的目标是计算神经网络中各参数的梯度，只有求得梯度后才能应用梯度下降法优化网络参数，即优化参数 w、b，这也是神经网络反向传播算法的目标。由于反向传播算法需要用到前向传播的值，因此这是一个迭代的过程。

最初网络参数的初始值是随机给定的，所以结构确定下来后，网络就可以进行前向传播，只是效果可能不好。而梯度下降法应用反向传播计算的梯度不断优化参数，这个过程即为模型训练。训练好的模型经过测试即可部署到生产环境投入应用，但随着新样本的不断增加，模型还需要重新训练。

习　题

12-1　为什么 BP 神经网络要应用反向传播？反向传播的求解对象是什么？

12-2　链式法则和反向传播的关系是什么？

12-3　举例说明如何利用链式法则求解复杂函数的导数。

12-4　反向传播和梯度下降的关系是什么？

12-5　正向传播和反向传播是什么关系？

12-6　反向传播算法通常包括哪些步骤？

12-7　神经网络中反向传播的目的是什么？

12-8　反向传播的损失函数可以是什么形式？

12-9　假设一个神经网络有一个输入层、一个输出层和一个隐藏层，每层分别有 3 个、2 个和 1 个神经元，并使用 Sigmoid 作为激活函数。现在已经得到了一组训练样本 {(0.1, 0.2, 0.13), 0.3}，网络结构及初始权重取值如图 12-17 所示。

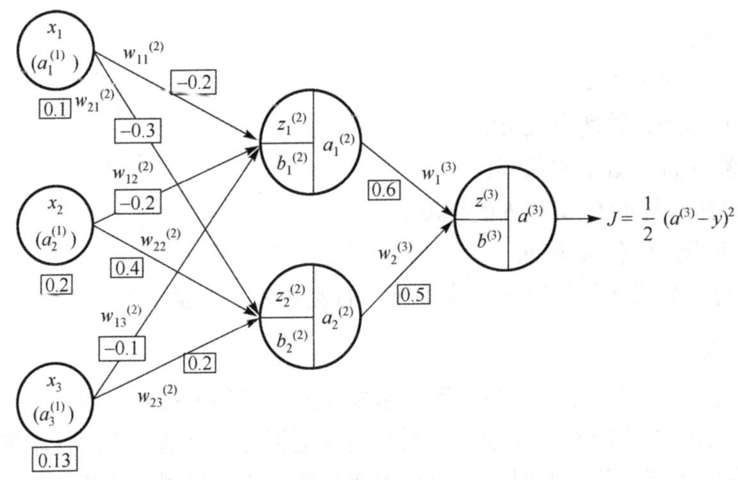

图 12-17　题 12-9 图

假设学习率 $\alpha = 0.5$，在通过一轮正向传播和反向传播后，连接第 1 个输入神经元和第 1 个隐藏层神经元的权重 $w_{11}^{(2)}$ 的梯度 $\nabla w_{11}^{(2)}$ 是多少？

12-10　讨论一下逻辑回归和 BP 神经网络之间有什么联系。

12-11　思考一下 BP 神经网络各层之间是否要保证全连接。

12-12　结合一个多样本多特征的样本集，设计一个 BP 神经网络，计算一轮反向传播后各权重，并观察权重梯度的变化情况。

第13章 深度学习

相对传统的浅层神经网络而言，深度学习是深层神经网络的一个代名词，有时也简称深度网络或深层网络。深度学习是机器学习领域中的一个热点研究方向，代表着目前神经网络最新的研究成果。随着数据规模的增大，传统机器学习模型的效果趋于饱和。当隐含层逐渐增加后，神经网络可以拟合更为庞大和复杂的数据，同时，模型也更为复杂，对计算性能也提出了更高的要求。深度学习的主流做法是通过对训练样本自动降维的方法，减小模型复杂度，提升模型的效率。2006 年 7 月，深度学习的概念被提出后，在图像识别、自然语言处理等领域取得了突破性的进展，基于深度学习开发的围棋系统被证明已经超越了人类棋手，引起了学术界和工业界的广泛关注。

13.1 发展背景

机器学习模型的训练离不开样本的支持，样本是以数据的方式表现的，离开样本则无法建立机器学习模型。在实际应用中，根据数据情况选用和训练模型是通用的做法，很多情况下面临有效样本数据匮乏的问题，这也导致很多模型无法顺利实现，或者在投产后因实际样本质量问题导致模型的效果不佳。

随着信息化建设的不断深入及网络应用的普及，业界所产生的数据在规模上不断膨胀，但传统机器学习模型的效果却趋于饱和，即当模型效果达到某个峰值后，随着样本的增加，模型效果不再有明显的提升。全连接的神经网络具有参数多、效果好和优化成本高等特点，在拟合复杂的大规模数据时，也具有很好的效果。不同于其他机器学习模型，神经网络适合大规模的样本数据。随着样本数据的增加，模型的效果也会不断提升。但是，建立面向复杂的大规模数据的神经网络模型，往往需要更为复杂的网络结构，例如更多的隐含层、更多的节点及更为复杂的激活函数等。这就导致在模型训练过程中要消耗更多的资源，甚至训练时间远远超出可以接受的范围，同时也会面临诸如梯度消失等算法问题。另外，这种大模型也对硬件系统的算力提出了更高的要求，算力是指计算能力，即系统每秒执行数据运算次数的能力。训练一个庞大的神经网络需要更高性能的 CPU，更大的内存和磁盘空间，甚至需要多个系统形成计算机集群并行完成训练任务。总之，当隐含层逐渐增加后，模型变得更为复杂，虽然可以拟合更为庞大和复杂的数据，但同时也对计算性能也提出了更高的要求。除了对硬件系统的算力方面进行提升外，解决这一问题的另一种方法是针对大数据设计更加适合的算法，如提取特征、降维等。

由于深度学习本质上是多层次的神经网络，神经网络是机器学习中一个代表性的模型，而机器学习是人工智能的一个重要分支，所以，深度学习是人工智能体系的一部分而不是全部。三者之间的关系如图 13-1 所示。神经网络的反向传播算法、梯度下降法，以及知识表示方法等仍然是深度学习的基础。

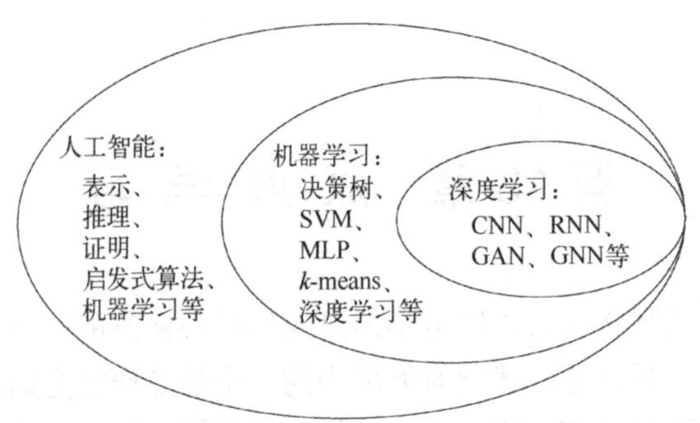

图 13-1　人工智能、机器学习和深度学习之间的关系

具有代表性的深度学习模型包括卷积神经网络、循环神经网络、生成式对抗网络(Generative Adversarial Networks，GAN)、图神经网络(Graph Neural Network，GNN)等，其中，卷积神经网络、循环神经网络最具代表性。同时，围绕深度学习衍生出强化学习、迁移学习、表示学习等方法，这些方法进一步拓展了深度学习的理论和技术边界。近几年，深度学习在搜索引擎、人脸识别、机器翻译、语音识别、个性化推荐等领域均取得较好的应用，有力推动了人工智能技术的发展。

13.2　神经网络的兴起

由于存在可解释性弱、梯度消失等问题，神经网络曾经一度陷入发展低谷。深度学习的出现使得神经网络再次兴起，其中一个重要原因是大数据时代的到来，另一个原因是传统的机器学习方法遇到了瓶颈。

13.2.1　大数据的支撑

大数据(Big Data)是指规模庞大、类型多样，以至于超出了传统数据处理工具能力范围的数据集。目前，大数据并没有统一的定义，无法定量衡量一个数据集是否是大数据，因此大数据还只是一个定性的概念。大数据存在的意义在于隐藏在数据背后的价值，深度学习可以实现这一目标，因此二者是相辅相成的关系。

大数据是信息化的产物，其数据来源具有多样性，主要包括：

(1)信息化系统产生的事务数据，如企业资源计划(Enterprise Resource Planning，ERP)系统、企业客户关系管理(Customer Relationship Management，CRM)系统、供应链管理(Supply Chain Management，SCM)系统、人力资源管理(Human Resource Management，HRM)系统及电子商务(Electronic Commerce，EC)系统等产生的用于事务处理的数据，一般是结构化的数据，并存储在数据库中。

(2)人工产生的数据，如移动通信数据、邮件、文档、图片、微信、博客等产生的结构化或非结构化的数据，一般存储在数据库或文件系统中。

(3)机器产生的数据，如来自感应器、量表、GPS 系统数据、系统日志等设施的数据，一般为结构化或非结构化数据，存储在数据库或文件系统中。

(4)网络数据，如互联网或局域网上的开放数据，包括政府机构、非营利组织和企业免费提供的数据。

这些大规模的数据经过处理后均可用于深度学习建模。与神经网络一致，深度学习的输入仍然是结构化的数据，区别在于浅层网络在数据规模达到一定程度时，模型效果趋于饱和，而大型的深层网络则可以继续提升。同时，深度学习对硬件系统的性能要求也相应提升。另外，特征的增加也同样会提升模型的效果，这与 SVM、浅层网络等传统的机器学习模型是一致的。深层网络的一个重要功能是特征提取，同时也是一个重要的特点。由于深度学习的效果提升，所以其应用场景相比于传统的模型更为丰富。

13.2.2　全连接网络的缺陷

1. 参数规模大

假设使用全连接 BP 神经网络对 1000×1000(像素)的彩色图片进行分类，第 1 个隐藏层神经元个数为 3000，如图 13-2 所示。由于是三通道的 RGB 图像，所以 $w^{(1)}$ 的参数个数为

$$w^{(1)} = 1000 \times 1000 \times 3 \times 3000 = 9 \times 10^9$$

仅第 1 个隐藏层的参数数量就达 90 亿个！那么就需要收集远超过这个规模的样本，而收集到这样巨大规模的样本是不现实的，即使收集到如此大规模的样本数据，模型的训练速度也是不可接受的。

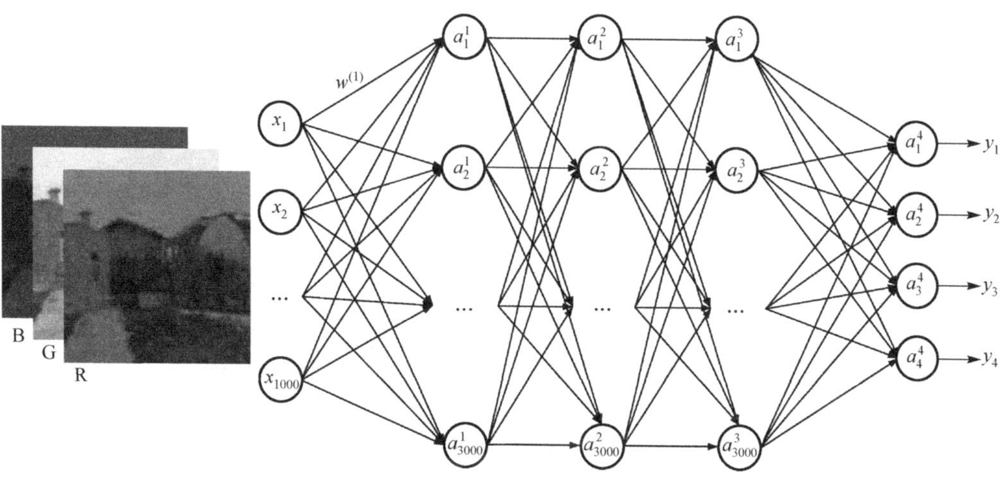

图 13-2　全连接网络参数规模

总之，虽然全连接网络可以拟合更为复杂的数据集，但是，巨大的参数规模导致全连接网络的训练成为在现有资源条件下无法完成的任务。因此，需要设计既可以减少样本规模或者参数规模来提升训练效率，同时效果又可以接受的新型算法。

2. 无法实现不变性

不变性是指当检测对象的外观发生了某种变化时，依然可以将它识别出来。这是一个很好的特性。例如，当图像中一条狗的位置移动或者转动后，一个系统仍然能够将它识别出来，那么这个系统就具有平移不变性和旋转不变性。

不变性分类如图 13-3 所示。主要包括：

(1) 平移不变性(Translation Invariance)，是指对象仅在位置上发生了变化，仍然能被识别。

(2) 旋转/视角不变性(Rotation/Viewpoint Invariance)，是指对象仅在角度上发生了变化，即发生了旋转，仍然能被识别。

(3) 光照不变性(Illumination Invariance)，是指对象仅在光照上发生了变化，仍然能被识别。

(4) 尺度不变性(Size Invariance)，是指对象仅在大小尺寸上发生了变化，仍然能被识别。

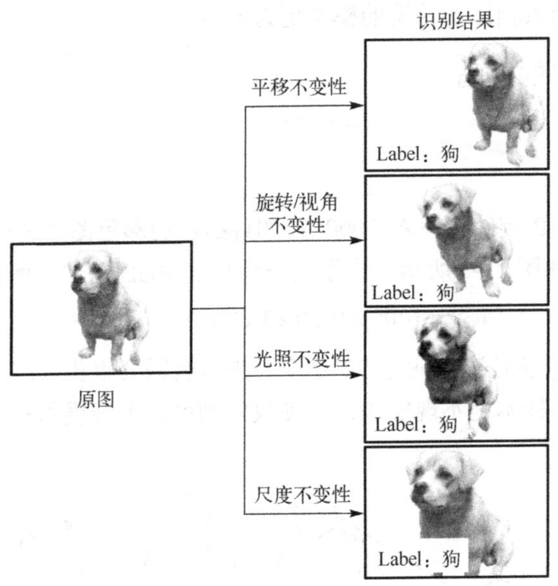

图 13-3　不变性分类

全连接 BP 神经网络不能解决不变性的问题，而深度网络具有一定程度的不变性特征。深度网络通过卷积和最大池化可实现平移不变性；通过数据增强和大规模的样本学习可解决旋转不变性问题；而对于尺度不变性和光照不变性则需要通过一些特殊的变换实现。

总之，当层次增加后，全连接 BP 神经网络将面临训练参数过多而导致的效率下降问题，同时无法解决图像识别中的不变性问题。深度网络通过卷积、池化等操作对数据进行了降维处理，在很大程度上减少了训练参数的规模，有效提升了训练的效率，同时在一定程度上实现了不变性。

13.3　卷积神经网络结构

卷积神经网络是一类包含卷积计算且具有深度结构的神经网络，也是比较有代表性的深度学习算法，是当前图像识别领域的研究热点之一。卷积神经网络是为识别二维形状而特殊设计的一个多层感知机，在图像识别领域已经有很多成功应用。

卷积神经网络的结构由以下 6 个层次构成。

(1) 输入层(Input Layer)：用于输入原始图片。

(2) 卷积层(Convolutional Layers)：由卷积运算构成的层，主要功能是提取特征，也是卷积神经网络名称的由来。

(3) 非线性层(Non-linearity Layers)：分布在卷积、池化、全连接层，由非线性的激活函数构成。由于常用 ReLU 函数作为激活函数，因此非线性层又常被称为 ReLU 层。

(4) 池化层(Pooling Layers)：主要功能为通过聚合进行降维，即池化操作，池化层也称为下采样层。

(5) 全连接层(Fully Connected Layer)：由全连接神经网络构成的层。

(6) 输出层(Softmax Layer)：应用 Softmax 函数对输出结果归一化处理，因此又称为 Softmax 层。

如图 13-4 所示为一个识别图片中数字的卷积神经网络结构，网络中的卷积、池化及非线性层可以重复交替出现，如图中池化后可以继续加入卷积层、非线性层和池化层等。

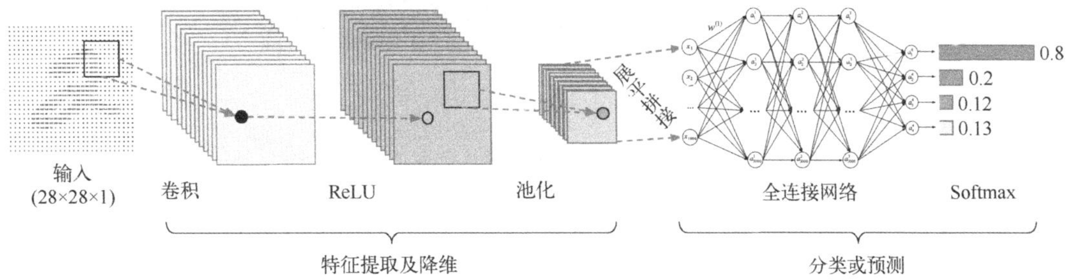

图 13-4　识别数字卷积神经网络结构

13.3.1　输入层

对于神经网络来说，输入是一个 $n\times1$ 维的向量，由于图片是二维的，所以，如果输入的是一张图片则需要转化。不同于传统的神经网络，卷积神经网络的输入层是 $n\times m\times3$ 的 RGB 彩色图像或 $n\times m\times1$ 的单色图像，其中的数字 3 和 1 表示通道。图像是由二维的像素集构成的，而像素由整数表示，因此图像本质上为二维整数矩阵。

如图 13-5 所示为一个 12 × 12 的矩阵转为一个单色图像的例子，矩阵中的数字表示颜色值。对于单色图像来说，值越大颜色越接近白色(255)，值越小越接近黑色(0)。单色图像的通道数是 1。

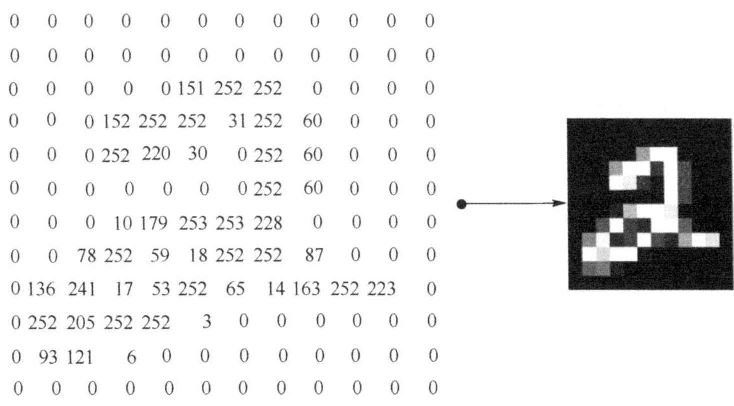

图 13-5　单色图像的矩阵

彩色图像有 3 个通道，分别为 Red(红色)、Green(绿色)、Blue(蓝色)，简称 RGB。每个通道都是一个二维矩阵，即一张 RGB 彩色图像是由 3 个二维矩阵构成的。同样，3 个同维度的二维矩阵合成后会形成一张彩色图像，如图 13-6 所示。

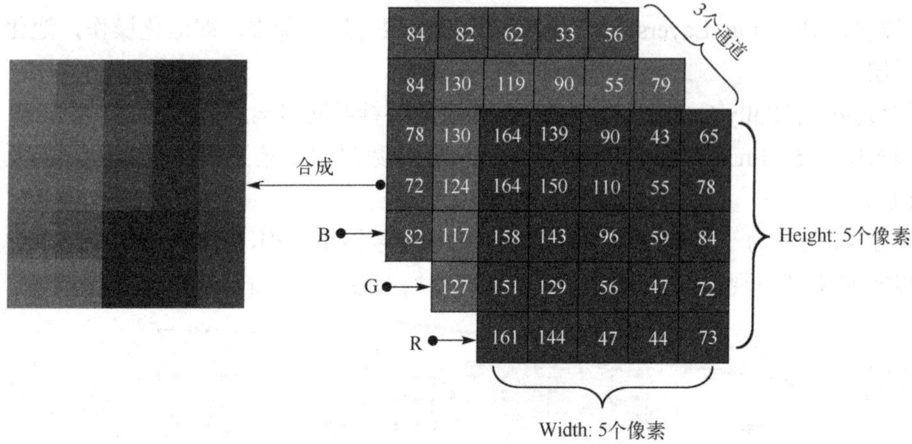

图 13-6　彩色图像的 3 个通道

13.3.2　卷积层

卷积层的任务是对输入层的图像数据进行卷积操作，目标是提取特征。它也是深度网络的一个非常重要的层次。

1. 卷积计算

一个 $m\times n$ 矩阵 M 乘以一个常数 k 的结果仍然是一个 $m\times n$ 的矩阵 M'，M'的每个元素值等于矩阵 M 的对应元素值乘以 k，即矩阵与 k 相乘相当于矩阵的全部元素与 k 相乘。例如，

$$\begin{bmatrix} 2 & 1 & 5 \\ 3 & 7 & 2 \\ 4 & 3 & 1 \end{bmatrix}\times 3=\begin{bmatrix} 6 & 3 & 15 \\ 9 & 21 & 6 \\ 12 & 9 & 3 \end{bmatrix}$$

常数 k 从左到右自上而下滑动遍历矩阵 M，计算对应元素的乘积。该操作即为一种类型的卷积。

在数学上，称 $f(n)*g(n)$ 为函数 f 和 g 的卷积，其中 f 和 g 均为可积函数，g 称为卷积核。卷积可以视为移动平均的推广。

连续卷积的定义为

$$f(n)*g(n)=\int_{-\infty}^{\infty} f(\tau)g(n-\tau)\mathrm{d}\tau \tag{13-1}$$

离散卷积的定义为

$$f(n)*g(n)=\sum_{\tau=-\infty}^{\infty} f(\tau)g(n-\tau) \tag{13-2}$$

例 13.1　$f(\tau)=[0.5, 1, 1.2, 3, 2, 3, 1, 3, 2.3]$，$g(\tau)=[0.1, 0.3, 0.22]$，函数图像如图 13-7 所示。求 $f(1)*g(1)$ 的值。

先求 $g(-\tau)$。对 $g(\tau)$ 做水平翻转得到 $g(-\tau)=[0.22, 0.3, 0.1]$，如图 13-8(a)所示。$n=1$，即将 $g(-\tau)$ 向右移动 1 个单位得到 $g(1-\tau)$，如图 13-8(b)所示。

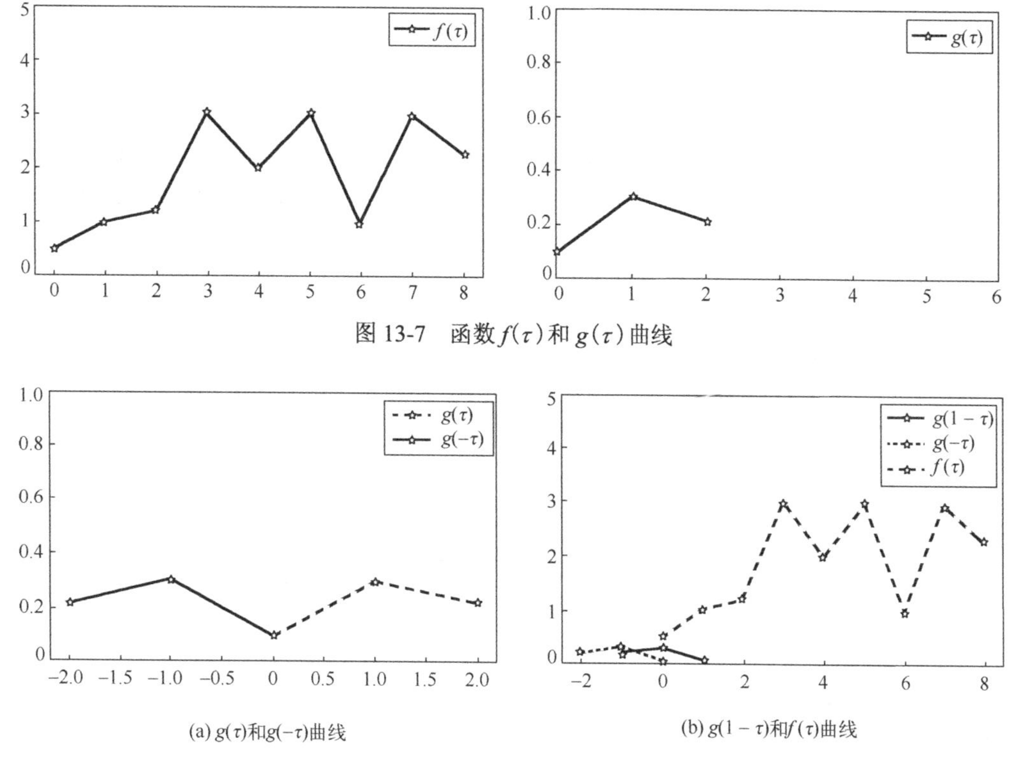

图 13-7　函数 $f(\tau)$ 和 $g(\tau)$ 曲线

图 13-8　$g(\tau)$、$g(-\tau)$、$g(1-\tau)$ 和 $f(\tau)$ 曲线

由图 13-8 可见，在有效区间[0, 1]上，$g(-\tau)$ 与 $f(\tau)$ 乘积并求和得：$0.5\times0.3+1\times0.1=0.25$，即 $f(1)*g(1)=0.25$。经过计算后，$f(\tau)$ 的第 0、第 1 个元素被改变。

在二维矩阵上的卷积与上述一维卷积函数保持一致。如图 13-9 左图所示，在二维矩阵上，卷积过程是先将矩阵 $g(\tau)$ 翻转 180° 后得到 $g(-\tau)$，移动 n 后与矩阵 $f(\tau)$ 对应元素相乘后求和。与卷积操作类似的是互相关操作，二者的区别是互相关操作中的 $g(\tau)$ 不做翻转，仅移动到 $f(\tau)$ 矩阵的位置上与对应元素相乘后求和，如图 13-9 的右图所示。

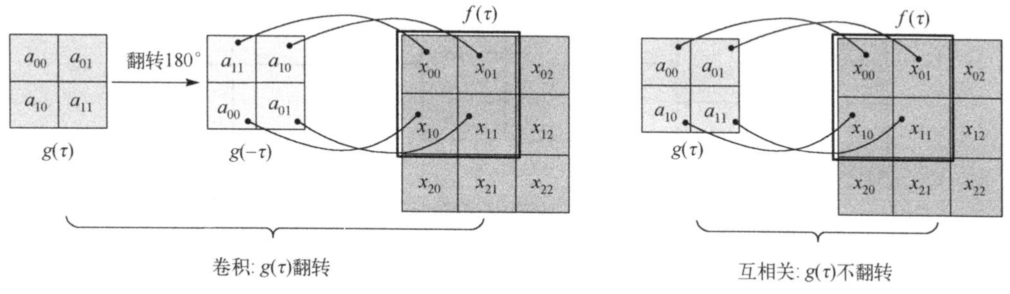

图 13-9　二维矩阵卷积与互相关

显然，卷积是矩阵 $g(n-\tau)$ 从左到右自上而下滑动遍历矩阵 $f(\tau)$ 对应元素乘积求和的过程，类似于滤波器的作用，因此工程中也将 $g(\tau)$ 称为滤波器或过滤器。

在卷积神经网络中，与输入层对应，卷积操作分为单通道和多通道两种情况。

1) 单通道情况

单通道情况下，输入为单色图像，是一个二维矩阵 $f(\tau)$，卷积过程是计算 $f(\tau)$ 的区域和

滤波器 $g(\tau)$ 的权重矩阵之间的点积(或称内积、点乘，是指对应元素乘积后求和)，重复上述过程直至遍历整个图像，将其结果作为该层的输出。由于 $g(\tau)$ 是一个权重矩阵，相比于 $f(\tau)$ 规模小，因此一般称其为卷积核。

卷积过程如图 13-10 所示。卷积核 $g(\tau)$ 是一个 2×2 的矩阵，$f(\tau)$ 是一个 3×3 的矩阵。$g(\tau)$ 从矩阵 $f(\tau)$ 左上角开始自左向右、自顶向下每次移动一个单元，对应的元素相乘后加和作为输出矩阵的一个元素，最后得到一个 2×2 的矩阵。这个卷积过程在矩阵 $f(\tau)$ 上做了降维操作，但是并不是所有的卷积都可以降维。

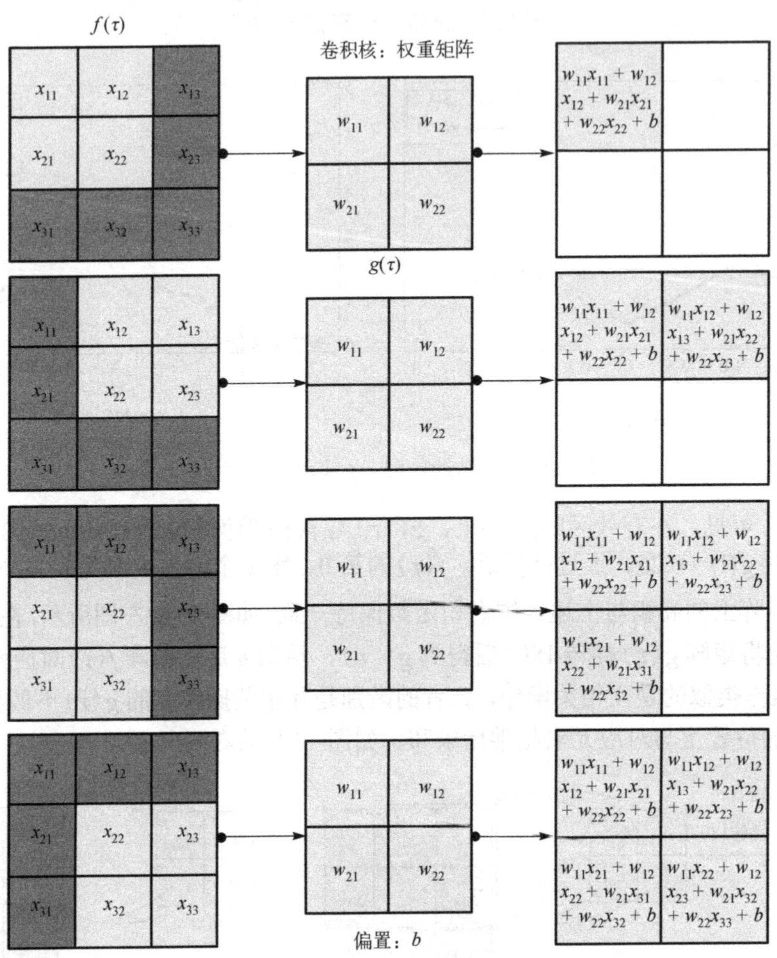

图 13-10　二维矩阵卷积与互相关

与上述数学定义上的卷积不同，卷积神经网络中对卷积核不做翻转，应用卷积是为了提取特征，卷积核是否翻转与其特征抽取的能力无关。为讨论方便，这里用互相关代替卷积。另外，之所以称为权重矩阵，是因为矩阵中的元素均为权重 w，同时，每个卷积还要加上偏置 b，二者均为卷积神经网络的优化对象。

卷积的一个主要功能是提取特征，如图 13-11 所示。矩阵 M 与卷积核 k 经过卷积运算后得到矩阵 M'。矩阵 M 的左上角区域为 1，其他部分为 0，卷积后 M' 的左上角区域也是非 0 数据，其他部分为 0。可见，合适的卷积操作可以保留原数据的特征。

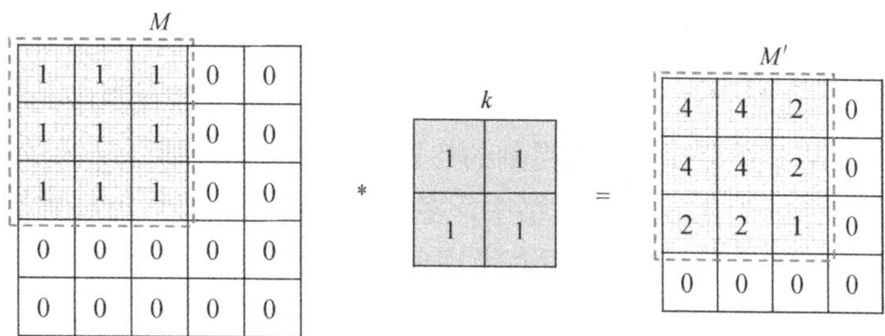

图 13-11 提取特征

设计一个合理的卷积核可以有效地提取图像的特征，对于后续分类任务具有很好的支持作用。总之，一个好的特征集合可以建立更高效的模型。

2) 多通道情况

多通道情况是单通道情况的推广。由于在多通道情况下，有多个同维度的二维矩阵，对应地，也应该有相同数量的卷积核。彩色图像具有 R、G、B 三个通道，因此需要 3 个卷积核。

如图 13-12 所示，将原始图像分解为 R、G、B 三个通道，每个通道为一个 5 × 5 的二维矩阵，共有 3 个相同维度的矩阵。卷积核为 3 个 3 × 3 的二维矩阵，分别与 R、G、B 三个通道的矩阵对应。每个通道的矩阵与对应的卷积核进行卷积计算，算法与单通道情况相同。

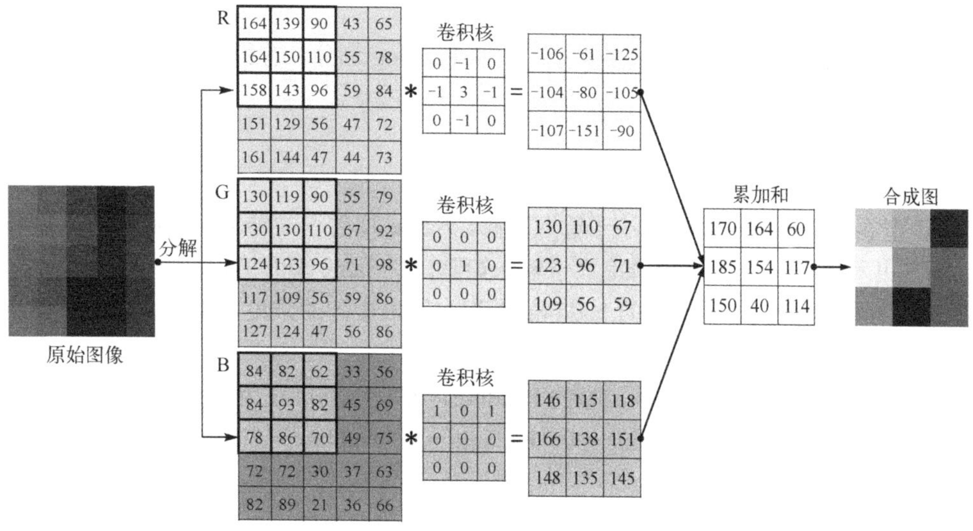

图 13-12 多通道情况的卷积

以 R 通道的矩阵为例，第 1 次卷积值 $=0-139+0-164+3\times150-110+0-143+0=-106$。同样的方法可以计算输出矩阵的其他元素值，输出结果为一个 3 × 3 的矩阵。相同的方法计算 G、B 通道的卷积，同样获得两个 3 × 3 的矩阵。最后，将 3 个 3 × 3 矩阵对应元素相加，得到累加后的矩阵，维度仍然是 3 × 3。最后，将累加后的矩阵合成图像。由图 13-12 可见，与原图在色深位置上基本保持一致，卷积后保留了原图的一些特征，实现了特征的映射，同时也实现了降维，即由原图 5 × 5 的维度降至 3 × 3 维度。当应用不同的卷积核进行计算时，可能获得不同的结果，有的卷积核可能得到与上述相反的结果，而有的卷积核则可能定向获得特定的特征。因此，卷积核对结果有比较大的影响。

通过增加一组卷积核进行第 2 轮的卷积操作，卷积核的数量仍然为 3，同样会获得另一个 3 × 3 的矩阵。这样通过多组卷积核的多轮卷积操作，就可以获得更多的卷积结果。如果每一组卷积核负责提取某一类特征，那么得到的卷积结果矩阵集合则可以保存多个维度的特征。

与单通道情况一致，在卷积神经网络中，多通道的卷积核仍然为权重矩阵 w，每个卷积核带有一个偏置 b。注意，上述例子中没有考虑偏置 b。可以将多通道情况下的卷积视为多个单通道情况，多通道情况下需要优化的参数更多，因此所需资源也更多。

2. 卷积类型

在卷积神经网络中，卷积核可以从卷积矩阵的左上角开始至右下角，既可以在矩阵边界内，也可以在矩阵边界外。超出边界的大小称为填充(Padding)，超出 1 个填充单位为 1 个 Padding，超出 2 个填充单位为 2 个 Padding，以此类推。除了 Padding 外，卷积核每次移动的步幅(Stride)也会影响输出矩阵的大小。

根据 Padding 和 Stride 可以得到卷积输出矩阵维度的公式

$$D_{\text{out}} = \frac{D_{\text{in}} - D_{\text{kernel}} + 2 \cdot P}{S} + 1 \tag{13-3}$$

其中，D_{in} 为原图片的维度；D_{out} 为卷积后图片的维度；D_{kernel} 为卷积核维度；P 为 Padding 的大小；S 为步幅的大小。

根据不同划分标准，卷积有很多类型。按照 Padding 划分，卷积可以分为以下 3 种类型。

(1) Valid 型：Padding = 0。

(2) Same 型：Padding = 1。

(3) Full 型：Padding = $D_{\text{kernel}} - 1$。

Valid 型卷积的结果矩阵维度小于输入矩阵，Same 型卷积的结果矩阵则与输入矩阵维度相等，而 Full 型卷积的结果矩阵维度大于输入矩阵。在 Same 型和 Full 型中，Padding 部分的填充元素值为 0。虽然在 Valid 型的 Padding 卷积中输出矩阵的维度小于输入矩阵，但是，卷积的目标是提取特征，而不是降维。

例 13.2 图 13-13 给出了 3 种类型的 Padding，原矩阵的维度为 5 × 5，卷积核的维度为 3 × 3，步幅 S = 1。分别计算 Padding = 0、Padding = 1、Padding = 2 时的输出矩阵维度，并说明分别属于何种类型的卷积。

根据卷积输出计算公式可得：

(1) Padding = 0 时，为 Valid 型卷积，卷积核(Kernel)大小为 3、步幅(Stride)为 1。卷积后的矩阵维度为

$$D_{\text{out}} = \frac{5 - 3 + 2 \times 0}{1} + 1 = 3$$

(2) Padding = 1 时，为 Same 型卷积，卷积核(Kernel)大小为 3、步幅(Stride)为 1。卷积后的图片大小与矩阵维度相同，即

$$D_{\text{out}} = \frac{5 - 3 + 2 \times 1}{1} + 1 = 5$$

(3) Padding = 2 时，为 Full 型卷积，卷积核(Kernel)大小为 3、步幅(Stride)为 1，卷积后的矩阵维度为

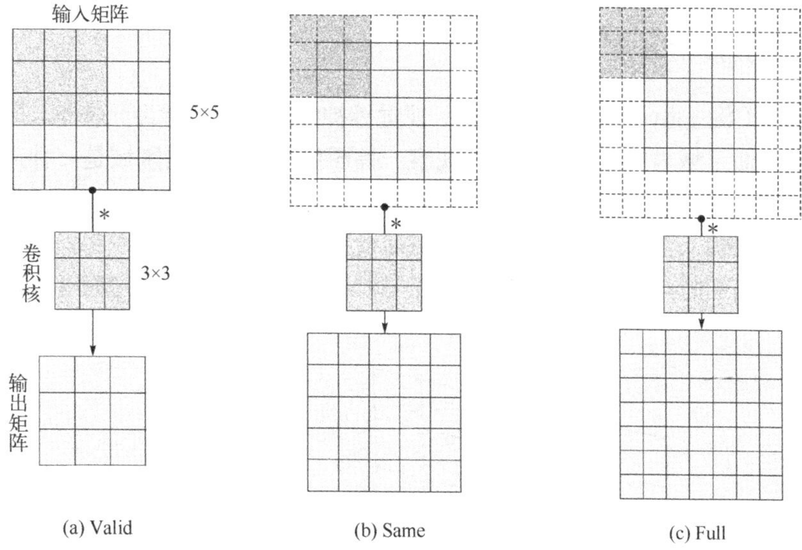

(a) Valid　　(b) Same　　(c) Full

图 13-13　卷积类型

$$D_{\text{out}} = \frac{5-3+2\times 2}{1}+1=7$$

可见，不同的卷积核会得到不同的卷积结果。在图像处理中，卷积经常作为特征提取的有效方法。一幅图像经过卷积操作后得到的结果称为特征映射(Feature Map)，卷积操作越多，获得的特征就越多。除了上述对一幅彩色图像的 3 个通道采用不同的卷积核提取特征外，还可以对一幅图像应用多个卷积核从不同维度提取特征。如图 13-14 所示，针对一幅图像用多个卷积核提取多个维度的特征，其中，最上方的卷积核可以提取图像中物体的边缘特征，中间的卷积核则提取图像锐化特征，最下方的卷积核则获取到了图像的水平特征。

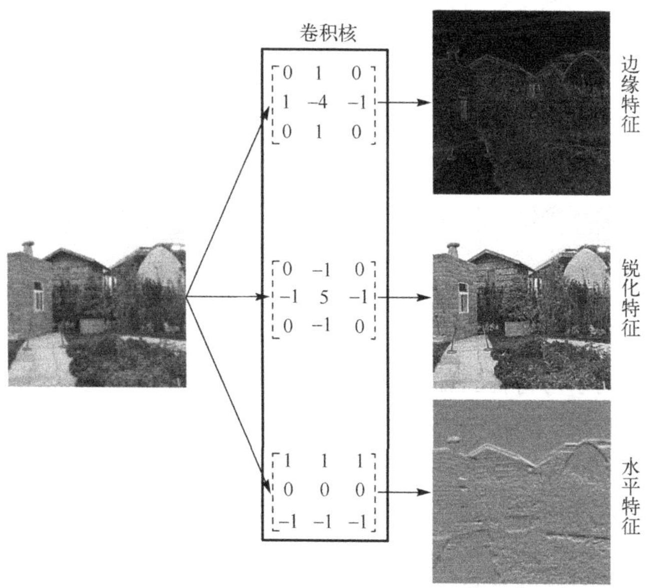

图 13-14　不同卷积核提取不同特征

3. 感受野与局部连接

感受野机制(Receptive Field)是指听觉、视觉等神经系统中的神经元特性，即神经元只接受其所支配的刺激区域内的信号。例如，观察一幅图像所能看到的区域是一种局部感知。对于卷积神经网络，与神经元连接的空间大小称为神经元的感受野，通俗的解释是指输出特征图上的一个点对应输入图上的区域，其大小是需要通过人为设置的，即卷积核的宽和高。如图 13-15 所示，感受野与卷积核在维度上是相等的，在深度上与输入的深度也是相等的，即通道数相同。

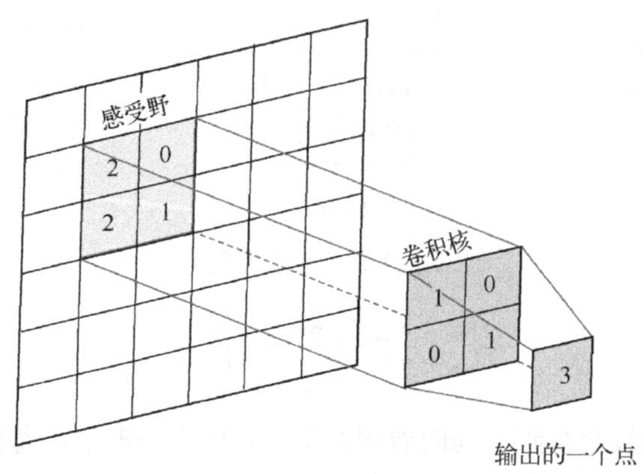

图 13-15　感受野与卷积核

所谓局部连接是指神经网络中每个神经元只与输入数据的一个局部区域连接，因为卷积提取到的是图像的局部特征。

一般认为，图像中距离近的像素联系比较密切，而距离较远的像素相关性较弱。因此，每个神经元没必要对全局图像进行感知，只需要对局部进行感知，即通过卷积实现局部感知，然后在更高层上将局部的信息综合起来即可得到全局信息。

4. 参数共享

在卷积层使用参数共享机制可以有效地减少参数的个数。之所以能够共享，是由于特征的相同性，即一个特征在不同的位置表现是相同的。

在局部连接中，每个神经元的参数是一样的，即同一个卷积核在图像中的卷积过程中是共享的。卷积操作实际上是在提取每个局部信息，而局部信息的一些统计特征和其他部分是一样的，这也就意味着在这部分学到的特征也可以用到其他部分上。因此，对图像上的所有位置，都能使用同样的学习特征。如果卷积核提取特征不充分，可以通过增加多个卷积核来弥补，以此学习多种特征。

例如，对于一个 100×100 像素的图像，如果用一个神经元来对图像进行操作，这个神经元参数规模是 100×100 = 10000。但是，如果使用 10×10 的卷积核，虽然需要计算多次卷积，但需要的参数只有 10×10 = 100 个，加上一个偏向 b，一共只需要 101 个参数。因此，参数共享在一定程度上减少了参数的数量，这对于后期的网络训练来说可以有效提升效率。

5. 卷积层参数和计算量

在卷积神经网络中，由于卷积核由权重 w 构成，每个卷积核通道包含偏置 b，这些都属于卷积参数。对于普通卷积操作，卷积参数量的计算公式为

$$N_p = k \cdot k \cdot c_{\text{in}} \cdot c_{\text{out}} + c_{\text{out}} \tag{13-4}$$

其中，

N_p：表示卷积的参数量；

k：表示卷积核的长度或宽度，卷积核为方阵；

c_{in}：表示输入的通道数；

c_{out}：表示输出的通道数。

式子中最后一项 c_{out} 表示偏置的数量，即每个通道有 1 个偏置。

卷积计算量是指卷积计算过程中的乘法的次数，计算公式为

$$N_c = n_{\text{out}} \cdot n_{\text{out}} \cdot c_{\text{out}} \cdot k \cdot k \cdot c_{\text{in}} \tag{13-5}$$

其中，n_{out} 表示输出矩阵的维度。

例 13.3　如图 13-16 所示，一个输入为 7 × 7 的矩阵，共有 3 个通道；卷积核为 3 × 3 的矩阵；输出为 5 × 5 的矩阵，共 2 个通道，填充 Padding = 0，步幅 Stride = 1。其中，

$$\begin{aligned}
O_{11}^{1} = &\begin{bmatrix} 0 & 0 & 0 \\ 0 & 1 & 0 \\ 0 & 1 & 2 \end{bmatrix} * \begin{bmatrix} w_{11}^{11} & w_{12}^{11} & w_{13}^{11} \\ w_{21}^{11} & w_{22}^{11} & w_{23}^{11} \\ w_{31}^{11} & w_{32}^{11} & w_{33}^{11} \end{bmatrix} + \begin{bmatrix} 0 & 0 & 0 \\ 0 & 0 & 0 \\ 0 & 2 & 2 \end{bmatrix} * \begin{bmatrix} w_{11}^{12} & w_{12}^{12} & w_{13}^{12} \\ w_{21}^{12} & w_{22}^{12} & w_{23}^{12} \\ w_{31}^{12} & w_{32}^{12} & w_{33}^{12} \end{bmatrix} \\
&+ \begin{bmatrix} 0 & 0 & 0 \\ 0 & 1 & 2 \\ 0 & 0 & 1 \end{bmatrix} * \begin{bmatrix} w_{11}^{13} & w_{12}^{13} & w_{13}^{13} \\ w_{21}^{13} & w_{22}^{13} & w_{23}^{13} \\ w_{31}^{13} & w_{32}^{13} & w_{33}^{13} \end{bmatrix} + b_1 \\
&= w_{22}^{11} + w_{32}^{11} + 2w_{33}^{11} + 2w_{32}^{12} + 2w_{33}^{12} + w_{22}^{13} + 2w_{23}^{13} + w_{33}^{13} + b_1
\end{aligned}$$

其他输出值按同样的方式计算，所有权重 w 的上标表示通道。

试计算卷积的参数量和计算量。

根据已知可得，卷积核 $k = 3$，输入通道数 $c_{\text{in}} = 3$，输出通道数 $c_{\text{out}} = 2$，根据卷积参数量公式计算可知，卷积参数量为

$$N_p = k \cdot k \cdot c_{\text{in}} \cdot c_{\text{out}} + c_{\text{out}} = 3 \times 3 \times 3 \times 2 + 2 = 56$$

即，共 56 个参数。根据图 13-16 可知，需要 6 个 3 × 3 的卷积核，权重数量为 54 个，再加上 2 个偏置，与上述计算结果相同。

根据卷积计算量的公式可知

$$N_{\text{c}} = n_{\text{out}} \cdot n_{\text{out}} \cdot c_{\text{out}} \cdot k \cdot k \cdot c_{\text{in}} = 5 \times 5 \times 2 \times 3 \times 3 \times 3 = 1350$$

即，每个输出元素值都是由 3 次卷积计算后求和的结果，总计算量为 1350 次。

卷积核中的权重 w 和偏置 b 的初始值一般是随机给定的，通过反向传播算法和梯度下降算法进行迭代优化，这和 BP 神经网络中的优化方法一致。训练卷积神经网络的目标之一是优化卷积核中每个元素，参数通过优化后才能更好地提取特征。

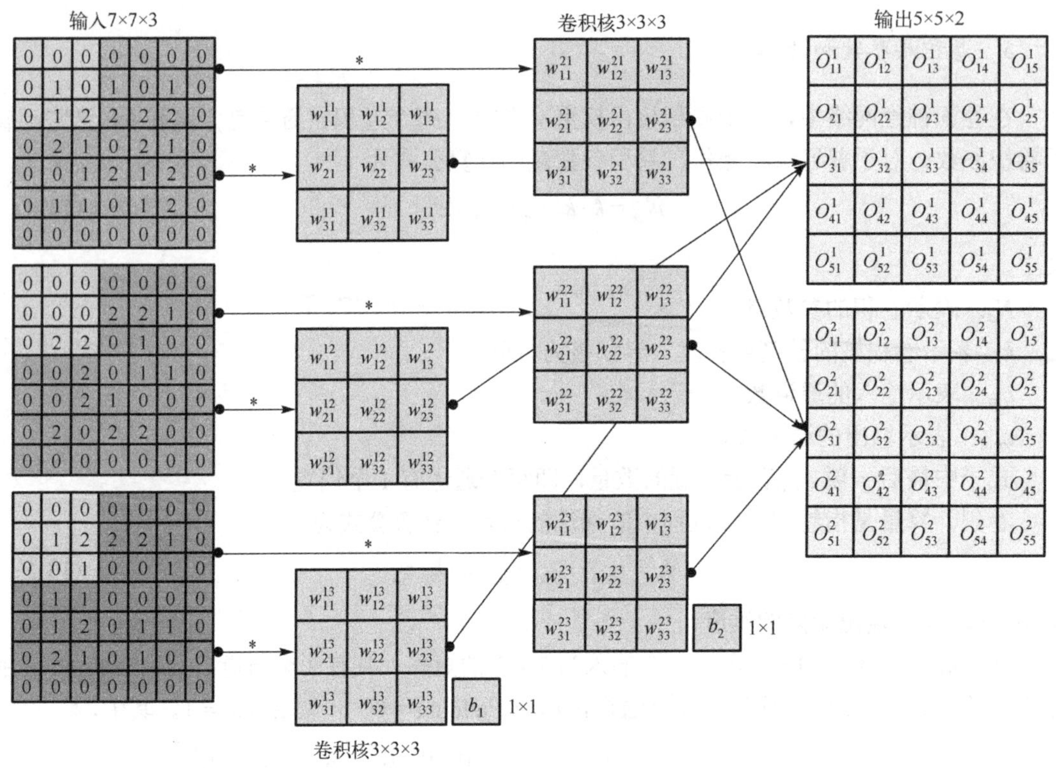

图 13-16　卷积参数量和计算量

13.3.3　非线性层

在非线性层中，一般使用 ReLU 激活函数对数据进行处理，所以又称 ReLU 层。如图 13-17 所示，ReLU 函数针对图像矩阵的每个值做如下处理：

(1) 对于输入图像矩阵中的每个负值，都返回 0 值。

(2) 对于输入图像矩阵中的每个正值，都返回相同的值。

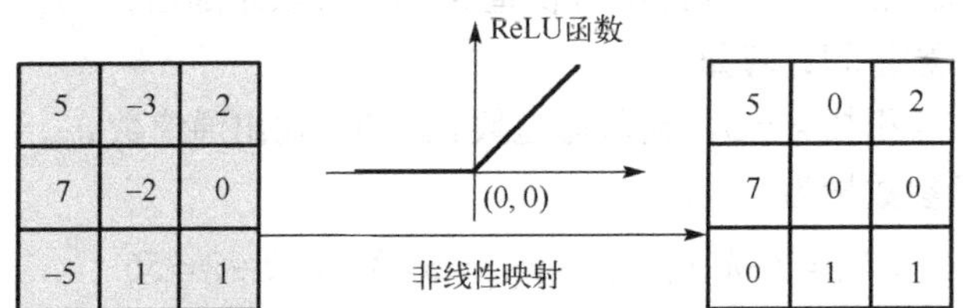

图 13-17　使用 ReLU 函数处理数据

非线性层的激活函数又称非线性映射，顾名思义，激活函数的引入是为了增加整个网络的非线性表达能力。如果没有激活函数，那么该网络仅能够表达线性映射，此时即便有再多的隐藏层，其整个网络与单层神经网络也是等价的。因此，也可以认为，只有加入了激活函数之后，深度神经网络才具备了分层的非线性映射学习能力。

激活函数应该具有以下性质。

(1) 非线性映射：具备复杂的非线性的学习能力，增强了网络的表达能力。

(2) 连续可微：满足梯度下降法函数连续可微的要求。

(3)范围不饱和：当有饱和的区间段时，若系统优化进入该段，梯度近似为 0，网络的学习就会停止。激活函数具有范围不饱和的性质，可以有效避免这种情况发生。

(4)单调性：当激活函数单调时，单层神经网络的误差函数易于优化。

(5)在原点处近似线性：当权值初始化为接近 0 的随机值时，可以提高学习效率。

目前，常用的激活函数都只具有上述中的部分性质。

常见的激活函数包括 ReLU 函数、Leaky ReLU 函数、ELU 函数、Tanh 函数、Sigmoid 函数、PReLU 函数、Swish 函数等，其中 ReLU 及改进函数在深度神经网络中应用最为广泛。

1. ReLU 函数

修正线性单元(Rcctified Linear Units，ReLU)是近年出现的一种单侧抑制激活函数，在深度神经网络中应用最为广泛。

ReLU 函数表达式为

$$f(x)=\max(0,x)=\begin{cases}x, & x\geqslant 0\\ 0, & x<0\end{cases} \tag{13-6}$$

如图 13-18 所示，当 $x<0$ 时，ReLU 函数硬饱和，函数值直接为 0。这会使一部分神经元的输出为 0，网络的稀疏性提高，减少了参数的相互依存关系，缓解了过拟合问题的发生。与硬饱和对应的是软饱和，指函数趋近于 0 但不为 0。

当 $x \geqslant 0$ 时，函数值为 x，不存在饱和问题。ReLU 能够在 $x \geqslant 0$ 时保持梯度不衰减，从而缓解了梯度消失问题。由于 $x \geqslant 0$ 时只存在线性关系，因此它比 Sigmoid 等函数的计算效率更高。

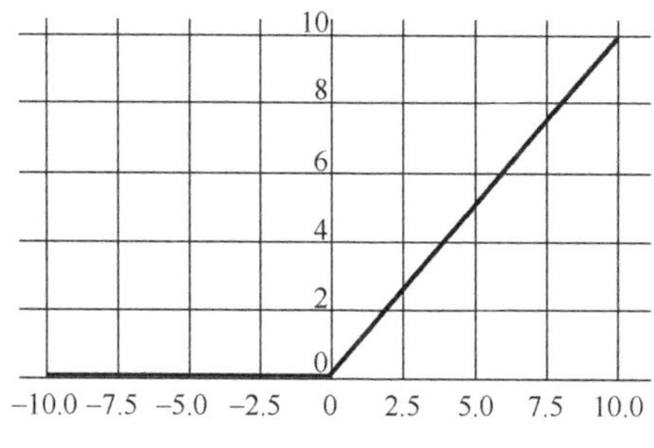

图 13-18 ReLU 函数

ReLU 函数的缺点主要表现在神经元会出现“坏死”情况。在 $x<0$ 时，ReLU 函数值为 0，这就意味着梯度为 0，即导致负的梯度被置为 0，而且这个神经元有可能再也不会被任何数据激活，即出现梯度消失。针对这一问题，人们提出了一些改进的 ReLU 函数，其中典型代表为 Leaky ReLU、ELU 等函数。

Leaky ReLU 函数的改进重点是将 ReLU 函数中的 $x<0$ 部分用一个很小的函数值取代，函数的表达式为

$$f(x)=\begin{cases}x, & x\geqslant 0\\ \alpha x, & x<0\end{cases} \tag{13-7}$$

其中，α 是一个学习参数。

如图 13-19(a)所示，Leaky ReLU 函数通过把 x 中非常小的线性分量给予负数来调整负值的零梯度问题，这种处理有助于扩大 ReLU 函数的应用范围，通常 α 的取值为 0.01 左右。Leaky ReLU 具有 ReLU 的所有优点，而且不会有“坏死”问题。但在实际操作中，尚未完全证明 Leaky ReLU 总是比 ReLU 更好。

指数线性单元(Exponential Linear Unit，ELU)函数的表达式为

$$f(x)=\begin{cases}x, & x\geqslant 0\\ \alpha(e^x-1), & x<0\end{cases} \tag{13-8}$$

与 Leaky ReLU 类似，ELU 也存在负值，也解决了 ReLU 的神经元“坏死”问题。不同的是，ELU 函数不存在拐点，在所有点都是连续可微的，如图 13-19(b)所示。因此 ELU 是不饱和函数，不会遇到梯度爆炸或消失的问题。由于函数负值的存在，激活的平均值接近零，可以使学习效率更高。

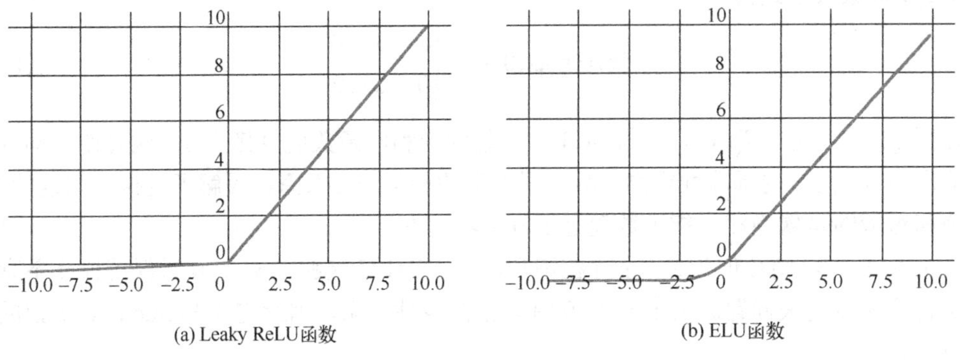

(a) Leaky ReLU函数　　(b) ELU函数

图 13-19　ReLU 函数变体

2. Sigmoid 函数

Sigmoid 是逻辑回归模型的假设函数，也可以作为卷积神经网络非线性层的激活函数。Sigmoid 函数是指数函数，具有连续可导、严格单调的特点，是最接近生物神经元的一种函数。

Sigmoid 函数最明显的问题是饱和性，即两侧的导数逐渐趋近于 0，从而导致梯度消失，如图 13-20 所示。一般来说，Sigmoid 函数在网络超过 5 层后就会产生梯度消失。因此，在深度网络中，一般不建议使用 Sigmoid 函数作为激活函数。

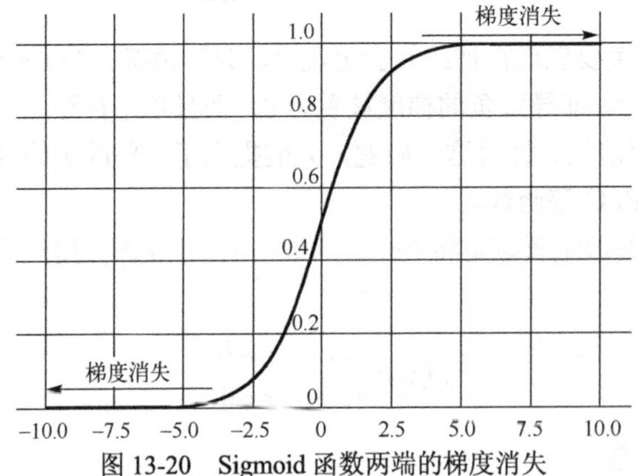

图 13-20　Sigmoid 函数两端的梯度消失

3. Tanh 函数

Tanh 也是一种常见的激活函数。与 Sigmoid 相比，Tanh 函数的输出均值是 0，这使得其收敛速度要比 Sigmoid 函数更快，迭代次数更少。然而，与 Sigmoid 函数一样，Tanh 函数也具有饱和性。如图 13-21 所示，其两端也出现了梯度消失现象。

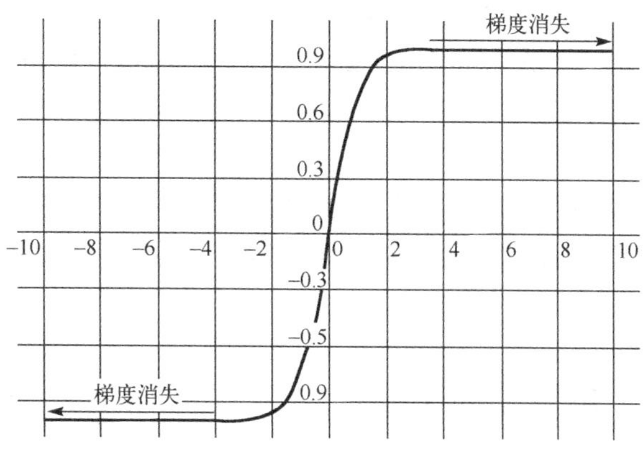

图 13-21 Tanh 函数两端的梯度消失

在应用中如何选择合适的激活函数并没有固定的方法，以下是一些经验参考：

(1) 由于 ReLU 函数在 $x < 0$ 时出现梯度消失，所以选用 ReLU 作为激活函数一定要慎重设置学习率，同时要注意网络可能会出现很多“坏死”神经元。如果这个问题突出，可以尝试选用 Leaky ReLU、ELU 等改进的 ReLU 函数。

(2) 不建议选用 Sigmoid 作为激活函数。深度学习往往需要大量时间处理数据，模型的收敛速度尤为重要。所以，总体上来讲，训练深度学习网络尽量选用均值为 0 的激活函数以加快模型的收敛速度，显然 Sigmoid 函数不满足，可以尝试使用 Tanh 函数，一般情况下，效果不会弱于 ReLU 函数。

13.3.4 池化层

在卷积神经网络中，池化层的作用是减小特征空间的维度，但该操作不会减小深度。特征空间是指经过卷积后得到的特征图，也称特征矩阵。目前，最大池化和平均池化是两种广泛使用的池化操作，如图 13-22 所示。

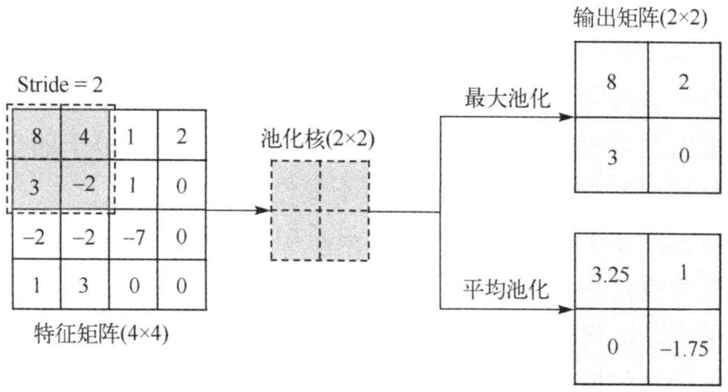

图 13-22 常用池化操作

(1) 最大池化(Max Pooling)：取池化矩阵中所有元素中的最大值，应用最广泛。

(2) 平均池化(Average Pooling)：取池化矩阵中所有元素的平均值。

除此之外，还有随机池化、求和区域池化等池化操作。

与卷积操作类似，池化操作的步骤是在给定的特征图上用池化核从左到右、自上而下地遍历，按池化操作指定的计算方法获取数值，最终输出为一个矩阵。池化核与卷积核不同，池化核中没有值，是一个虚拟的矩阵，只需要给出矩阵的形状。另外，步长为约定值，需要事先给定。

池化的主要作用是降维、降噪和降低计算量。由于池化过程忽略了一些信息，因此可以防止模型过拟合。最大池化可以保留主要的前景特征，抑制一部分噪声；而平均池化则可以保留背景信息，平滑掉一部分噪声。如图 13-23 所示，用一个 2 × 2 的池化核作用于 5 × 5 的输入图片上，池化操作将输入的 5 × 5 矩阵维度压缩到了 3 × 3，且主要特征得以保留。最大池化消除了输入图片中左上角的噪声点；平均池化虽然没有完全消除噪声，但是已经平滑掉很多影响。

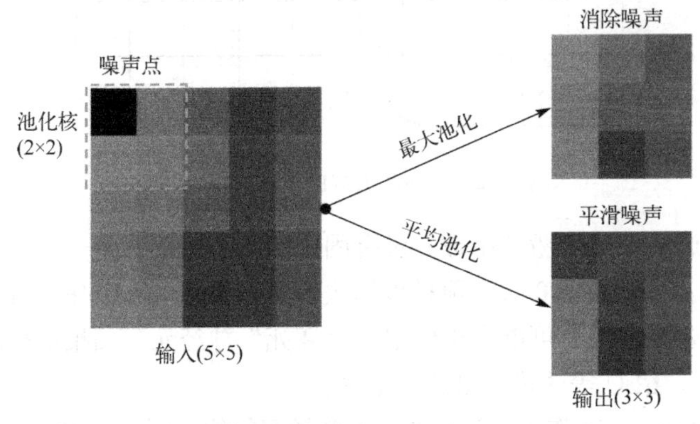

图 13-23　池化降维降噪

池化操作通常也叫作子采样(Subsampling)或下采样(Down Sampling)。采样是指从总体中抽取个体、样品或样本的过程，即对总体进行试验或观测的过程。在卷积神经网络中，池化层本质是下采样过程。除了下采样，还有上采样(Up Sampling)，上采样可以增大样本规模，主要通过插值法实现，以满足更高分辨率任务的要求。下采样可以减小样本规模，常用的实现方法包括随机、最大值、最小值和平均等，其主要目标是降维，同时要保证不变性等要求。

池化的一个重要特性是可以在一定程度上保持平移不变性、尺度不变性与旋转不变性。在最大池化操作中，目标是返回感受野中的最大值，如果最大值在这个感受野中被移动了，那么池化层也仍然会捕获到最大值，使得输出值没有变化，这样就实现了不变性。

如图 13-24(a)所示，输入为 20 × 20 的图像，池化核为 3 × 3 的矩阵，即使图像水平移动了，但是池化后的结果没有变化，因此具有平移不变性。同样，图 13-24(b)中的矩形框尺寸发生了变化，但是输出没有变化，实现了尺度不变性。图 13-24(c)中的“一”字垂直翻转，旋转了 180°，但是输出没有变化，实现了旋转不变性。

但是这些不变性仅存在于有限范围内，如果希望更多程度的不变性，则需要采取特殊的方法，如经过多次最大池化操作等。

池化的反向传播可以优化卷积核参数。通过反向传播将梯度传给前向传播的卷积输出矩阵，然后继续回传优化卷积核参数。如图 13-25 所示，在最大池化的反向传播过程中需要借助最大标记矩阵，该矩阵在前向传播时做标记，而在反向传播时将数据填充在标记位置。

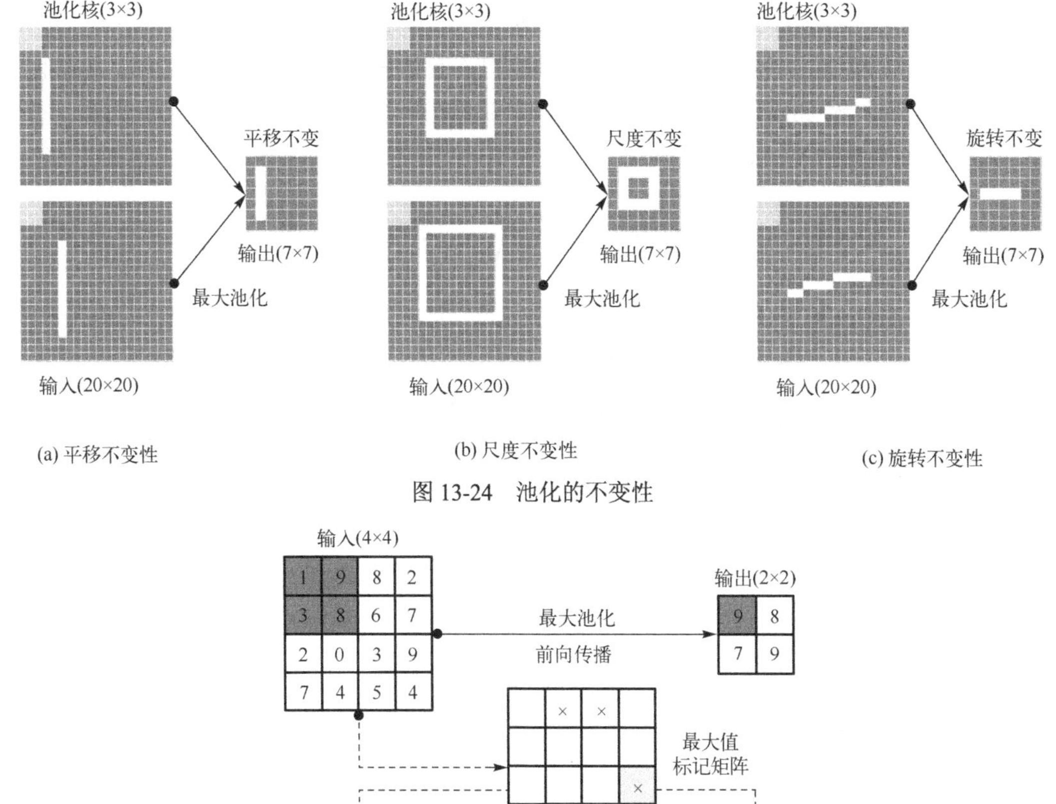

图 13-24　池化的不变性

图 13-25　最大池化梯度反向传播

不同池化方法的反向传播方式也不尽相同，例如，与最大池化的反向传播不同，平均池化在反向传播时则不需要标记矩阵，而是将池化值平均分配到对应矩阵中。

将卷积和池化结合可以实现图像的特征提取和降维，既保留了特征又降低了数据规模，可有效提高接入分类器的训练效率，同时还保证了分类的效果。总之，卷积和池化本质上是在做数据处理工作。

13.3.5　全连接层

全连接层是一个常规的神经网络，只是换了一种说法，即作为卷积神经网络的一个层次，其作用也与传统神经网络一致。经过多个卷积层、非线性层和池化层所得到的高层特征数据输入全连接层，完成最后的分类或预测工作。全连接层的输入是之前最后一个卷积层或池化层的输出经过展平、拼接形成的向量化数据，每个向量 x_i 分量作为全连接层的一个输入节点，并将输入层的每个节点与下一层的隐含层节点连接起来，输出层是分类或预测的概率。

在卷积神经网络的全连接层中，为了提升泛化能力，前向传播过程中以一定概率暂时删除一些神经元及其连边，这个过程称为 Dropout，如图 13-26 所示。Dropout 是一种正则化的方法，应用在卷积神经网络中的主要目标是解决过拟合的问题。Dropout 不是一个独立层次，而是一种泛化技术，一般应用于全连接层，也可以在其他层次(如卷积层等)应用。神经网络的输入单元是否归零应服从伯努利分布，以概率随机地将神经网络的输入神经元归零，神经元归零后相当于该神经元被删除。

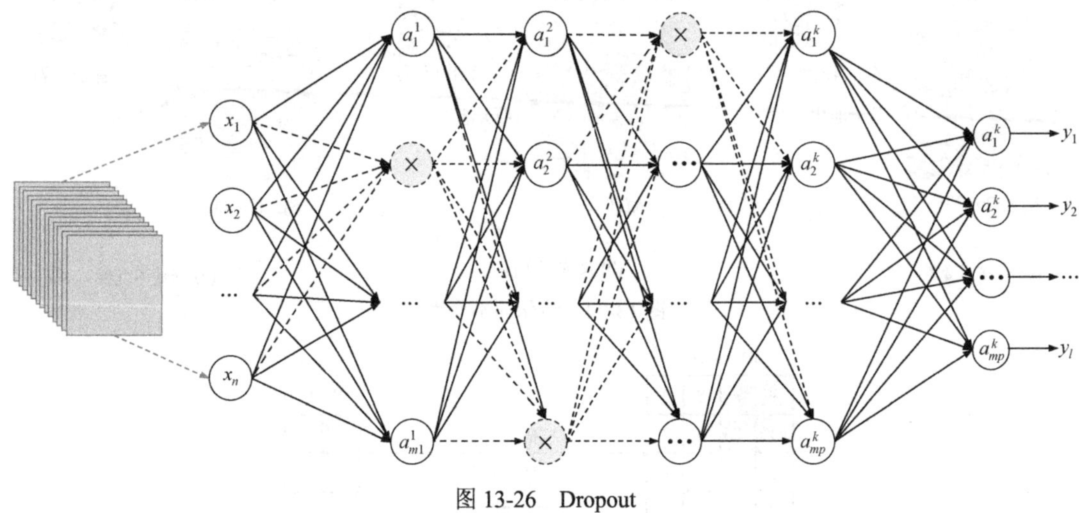

图 13-26 Dropout

例 13.4 已知矩阵 $M = [1.2, 0.32, 2.3, 0.46, 1.5, 2.6]$，Dropout 概率 $P = 0.4$，求 Dropout 操作后的矩阵。

从 M 中随机选 40%的元素置为 0，元素个数为 6，计算得 $6 \times 0.4 = 2.4$，因此，可以选 2 个或 3 个元素置为 0。例如选中了第 2 个和第 6 个，则 Dropout 后的矩阵应该为[1.2, 0, 2.3, 0.46, 1.5, 0]。但是，直接使用这个结果可能会导致训练和测试过程不一致，因此，需要对结果进行处理。

M 作为神经网络某一层的输入，即

$$z = w_1x_1 + w_2x_2 + \cdots + w_6x_6$$

现在将其中 40%归零，保留下来的概率为 1 – 40% = 60%，即每个值保留下来的概率。那么上述 z 值表达式变形为

$$z = (1-P)\cdot\left(w_1\cdot\frac{x_1}{1-P} + w_2\cdot\frac{x_2}{1-P} + \cdots + w_6\cdot\frac{x_6}{1-P}\right)$$

也就是说，在 Dropout 操作过程中，只有当 M 中的每个元素除以 $(1-P)$ 才能与 z 值的原始形态保持一致。因此，Dropout 后的矩阵为[2, 0, 3.83, 0.77, 2.5, 0]。

例 13.4 中的方法也保证了训练和测试过程的一致性，即训练时输入每个元素除以 $(1-P)$ 后，测试时则不必考虑 Dropout 概率问题。

Dropout 的大致流程是先随机删掉网络中一部分的隐藏神经元，输入输出神经元保持不变，然后通过反向传播训练网络，在没有被删除的神经元上更新参数 w、b。之后再恢复被删除的神经元保持原参数，不断重复这一过程。每次迭代对没有被删除的那一部分参数进行更新，而被删除的神经元参数则保持被删除前的结果。

13.3.6 输出层

一般会在卷积神经网络的全连接层结果输出的基础上增加一个 Softmax 层。在数学上，Softmax 函数也称为归一化指数函数。Softmax 函数用于多分类过程，将多个神经元的输出映射到[0, 1]区间内，即每个分类对应一个概率值，选取概率值高的作为最终类别。

如图 13-27 所示，在二分类任务中，事件 x 属于类别 A 表示为 $P(A=1|x)$，不属于类别 A 表示为 $P(A\neq 1|x)=1-P(A=1|x)$，因此神经网络的输出层设置一个节点即可，如图 13-27(a) 所示。如果用两个节点输出表示二分类结果，则要增加一个 $P(A=1|x)+P(A\neq 1|x)=1$ 的约束条件，这个约束条件将输出值变成了一个概率分布，如图 13-27(b)所示。简单来说，是将各个输出节点的输出值范围映射到[0, 1]，并且约束各个输出节点的输出值的和为 1，从而将输出为两个节点的二分类推广为拥有 n 个输出节点的 n 分类问题。

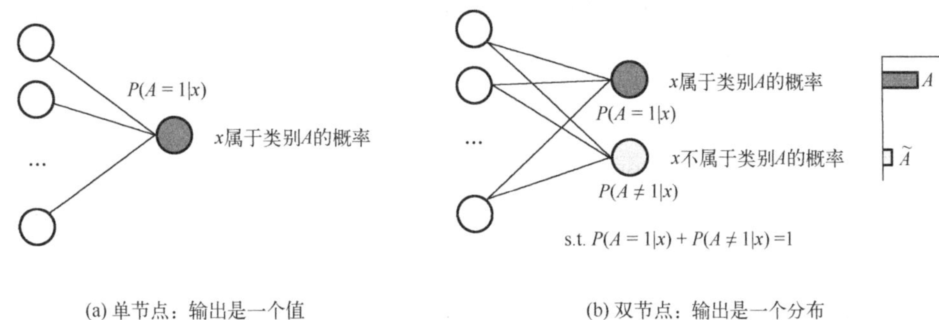

图 13-27 多分类概率表示

Softmax 函数适合表示多分类。Softmax 函数的表达式为

$$P(y=i)=\frac{\mathrm{e}^{z_i}}{\sum_{i=1}^{n}\mathrm{e}^{z_i}} \tag{13-9}$$

关于 Softmax 的更多内容可参见 11.5.2 节的 Softmax 回归模型部分。

如图 13-28 所示，全连接层的最后输出为$[z_1, z_2,\cdots, z_n]$，经过 Softmax 函数处理后得到的

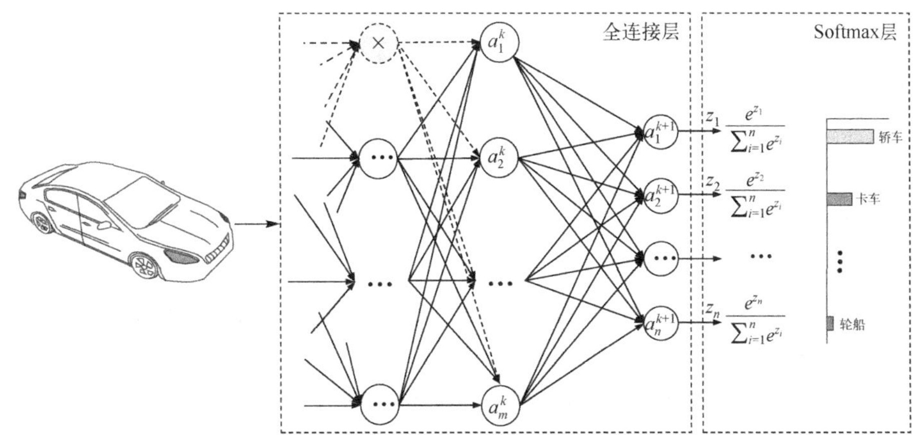

图 13-28 Softmax 函数用于轿车多分类任务

结果为一个概率分布。从概率分布可知，网络判断为“轿车”类别的概率最高，判断为“卡车”类别的其次，而输入的图片是轿车。

可见，Softmax 函数不再是仅仅给出最大值的类别，而是给出了一个所有可能类别的概率分布，描述了判别对象具有所有类别的可能性及类别间的相关性，如输入的是“轿车”，输出也包括了判断为“卡车”的概率。

13.4 网 络 训 练

深度网络的参数优化同样是通过反向传播计算各参数的梯度，然后采用梯度下降法优化参数。由于卷积核是由权重 w 和 b 组成的，而非线性层及池化层是对 w 和 b 构成的元素的进一步处理，全连接层可视为一个 BP 神经网络，输入是带有 w 和 b 的变量。与 BP 神经网络类似，反向传播可以求得 BP 神经网络的参数梯度，同样也可以求得卷积层 w 和 b 的梯度。因此，训练深度网络仍然是求解最优 w 和 b 的过程。

13.4.1 训练方法

目前，深度网络训练主要有以下 3 种方式。

(1) 批梯度下降 (Batch Gradient Descent)。遍历全部数据集计算一次损失函数，然后通过反向传播法计算损失函数对各个参数的梯度，用梯度下降法更新梯度。这种方法每更新一次参数都要读取数据集中的所有样本，不但计算开销大，而且速度慢。

(2) 随机梯度下降 (Stochastic Gradient Descent)。选择一个样本计算一次损失函数，然后求梯度并更新参数。这种方法的优势是速度比较快，但是收敛性能有时不理想。由于两次参数的更新可能互相抵消，所以有可能在最优点附近震荡而不能收敛。

(3) 小批量梯度下降 (Mini-batch Gradient Descent)。小批量梯度下降是为了克服上述两种方案的缺点而采用的一种折中方案。具体做法是将样本数据集划分为若干个小批次，然后按批次来更新参数。

目前，常用的优化器大多采用小批量梯度下降方法，原因如下：

(1) 一个批次中的一组样本共同决定了本次梯度的方向，所以梯度下降的方向不容易偏，减少了随机性。

(2) 批次的样本数与整个数据集相比小了很多，计算量也不是很大，效率得到了保证。

关于深度网络训练的几个常见概念如下。

(1) Epoch：使用训练集的全部数据对模型进行一次完整的训练，称为“一代训练”。

(2) Batch：当训练集数据量很大时，每个 Epoch 很难将所有的数据一次读到内存中，这就需要将数据集划分为几个“批次”。使用训练集中的一部分样本对模型权重进行一次反向传播的参数更新，这部分样本称为“一个批次”。如果是很小的样本集合，则这一小部分样本称为“一小批 (mini-batch)”数据。使用 Batch 训练可以提高模型的训练效率，减小随机性。每批样本的大小被称为“批大小 (Batch Size)”。

(3) Iteration：使用一个 Batch 数据对模型进行一次参数更新的过程，被称为“一次训练”。

例 13.5 训练集有 500 个样本，Batch Size = 10，求两次训练完样本集的 Iteration 和 Epoch。

根据题意计算可得：

Epoch = 2

Iteration = Epoch × 500 ÷ 10 = 100

13.4.2 预训练与微调

1. 预训练

预训练(Pre-training)的结果是一个阶段性的模型，可以有效提高深度学习模型的训练效率和效果。由于深度学习模型的规模较大，因此训练模型往往需要投入更多资源。预训练的基本思路是将模型训练任务分成了两个阶段，第 1 个阶段完成初步训练，所得到的模型称为预训练模型；第 2 个阶段针对具体任务在预训练模型的基础上进一步训练模型，这个过程称为微调(Fine-tuning)。预训练的目标是使模型能够复用，这与软件工程中的复用概念基本一致。这个过程类似于将一个大学生的知识结构分为两个部分，初等教育阶段(小学、初中和高中)积累的知识和高等教育(大学)阶段学习的知识，完成前者的任务相当于预训练模型，完成后者的任务相当于微调模型。

对于图像分类任务，可以搭建一个深度网络模型来完成。一种自然的想法是，通过大量的训练样本一次完成从初始状态模型到最终模型的训练工作。但这种方法耗时耗力，每个任务都是从头开始训练，模型不能复用。同时，在很多情况下并不具备充足的样本，尤其是一般化特征抽取样本匮乏导致模型训练最终不能实现。另一种是预训练的思路，首先，随机初始化网络的参数，然后输入大量样本开始训练网络，不断调整直到网络的损失越来越小。在训练过程的开始阶段，初始化的参数会不断变化，当模型结果达到满意的效果时，就可以将训练模型的参数保存下来，以便训练好的模型可以在下次执行类似任务时获得较好的结果，所得到的模型即为预训练模型。从微观上看，预训练模型学习到的是一般特征，可以有效提高后续针对特定任务的模型训练效率。预训练模型可以反复使用，因此是一种模型复用的方法。

目前，在一些领域范围内，有些机构提供了预训练模型，如图像处理领域的预训练模型 VGG-16、ResNet50、AlexNet 等，自然语言处理领域的 Bert、GloVe 等。

2. 微调

微调是指在预训练模型的基础上应用少量特定的样本进一步训练模型的过程，由于训练过程用时少，因此称为模型微调。

模型微调大致分为以下 3 种情况：

1) 完全复用

这种情况不需要再次训练预训练模型，直接应用即可。在当前任务的目标与预训练模型的目标一致时，这种方法效率高，而且可以达到不错的效果。

2) 微调训练

这种情况下只训练预训练模型的最后全连接层，或者在预训练模型的基础上再增加少量层次训练，训练过程样本具有针对性且规模小，属于部分复用。这种方式比较常见，最符合微调的思想，既复用了大部分模型结构又复用了模型参数。

3)仅复用结构

这种情况只是复用了预训练模型的结构，需要重新训练模型。所有参数需要通过大量样本重新训练，耗时耗力。但是由于针对性强，因此训练出的模型效果好。

目前，在深度网络应用中，完全训练一个大型网络的情况已经很少见，其中一个主要原因是训练一个大模型需要足够大的训练集，而小规模的数据集又极易导致过拟合。在已有的预训练模型上微调已经成为主流模式，既节省了时间和计算资源，又能很快达到较好的效果。

13.5 小 结

卷积神经网络是一个具有代表性的且应用广泛的深度学习模型，本质上仍然是一种输入到输出的映射，只是能够学习大量的输入与输出之间的映射关系。卷积神经网络的输入为图像的矩阵数据，卷积层完成特征提取，非线性层负责非线性处理，池化层则降低数据规模。经过多轮处理后得到含有输入数据特征的、非线性的并且低维的数据输入全连接层。最后，通过 Softmax 层给出输出结果的类别概率分布完成分类或识别任务。为了克服过拟合风险，在网络训练中引入了 Dropout 技术。

卷积神经网络的训练仍然采用反向传播算法和梯度下降法，前者用于参数的梯度计算，后者用于参数优化。为了提高训练效率，一般采用小批量随机梯度下降的方法。另外，在实际应用中，通过预训练模型复用的方式可以提高训练速度和效果，应用较为广泛。

相比于传统的神经网络，深度模型的表达能力更强，能够从大量的样本数据中自动提取特征，从而处理复杂的任务。但是也存在训练难度大、模型过于复杂、局部最优点较多和理论基础有待提升等问题。

习 题

13-1 人工智能、机器学习和深度学习之间是什么关系？

13-2 卷积神经网络与 BP 神经网络在拓扑上有什么区别？

13-3 全连接网络存在哪些缺陷？

13-4 为什么说大数据促进了神经网络的再次兴起？

13-5 一个典型的 CNN 由几个层次组成？每层的作用是什么？

13-6 举例说明卷积计算。卷积核的作用是什么？

13-7 一个 6×6 的输入矩阵，采用一个 3×3 的卷积核，分别计算该矩阵的 Valid 型、Same 型和 Full 型($D_{\text{kernel}} = 3$)卷积的输出矩阵维度。

13-8 在卷积神经网络中，单通道和多通道卷积操作分别适用于什么场景？

13-9 在 CNN 中，感受野与卷积核是什么关系？

13-10 为什么说在 CNN 的卷积层中每个神经元与输入数据是局部连接？

13-11 什么是参数共享？在 CNN 中如何实现参数共享？

13-12 一个通道数为 3 的 7×7 的输入矩阵，输出为 2 通道的 5×5 矩阵，应用 3×3 卷积核，请计算参数量。如果不用卷积而是将输入矩阵直接输入到一个神经元，参数量是多少？

13-13 Sigmoid、Tanh、ReLU 这 3 个激活函数各有什么缺点或不足？有哪些改进的激活函数？

13-14 为什么 ReLU 函数作为深层网络的激活函数要好于 Tanh 和 Sigmoid 函数？

13-15 深度学习模型中为什么引入非线性激活函数？线性函数是否可以作为激活函数？

13-16 什么样的数据集不适合采用深度学习算法？

13-17 卷积操作的作用是什么？

13-18 池化操作的目的是什么？池化有几种类型？各有何特点？

13-19 池化是如何实现不变性的？举例说明。

13-20 输入图片大小为 200×200，依次经过一层卷积(卷积核的维度为 5×5，Padding = 1，Stride = 2)，一层池化(池化核的维度为 3×3)之后，求输出特征图的维度。

13-21 卷积核和池化核的维度属于超参数。根据已学知识，讨论确定这两个参数有哪些方法。

13-22 举例说明什么是上采样，什么是下采样，各有何作用。

13-23 在卷积神经网络中，Softmax 函数是激活函数吗？原理是什么？作用是什么？

13-24 什么是梯度爆炸？什么是梯度消失？模型训练过程中，发生梯度爆炸或梯度消失会带来什么后果？

13-25 深度神经网络的层次是不是越多越好？为什么？

13-26 训练好一个深度学习模型往往需要足够数量的样本。在样本量不足的情况下，请给出数据处理的建议。

13-27 在实际中，经常会遇到样本偏斜的情况，如一个数据集中的负样本很少，如果用这样的数据集训练深度学习模型会产生什么后果？从数据的角度，分析该如何解决这个问题？

13-28 解释 Dropout 的方法和作用。

13-29 根据所学知识，归纳总结一下避免模型过拟合的方法。

13-30 已知矩阵 M = [1.3, 0.3, 2.3, 0.46, 1.5, 2.26]，Dropout 概率 $P = 0.35$，求 Dropout 后的一个矩阵。

13-31 查阅资料总结一下 CNN 常用的几个模型。

13-32 什么是预训练？什么情况下需要预训练模型？应用预训练模型有什么好处？

13-33 预训练模型是迁移学习的一种方法。调研一下迁移学习的概念、原理和方法等。

13-34 微调有几种方式？

13-35 从复用的角度解释预训练和微调的优点。

13-36 调研目前常见的预训练模型，并分析各自的适用场景。

13-37 讨论：在未来的某个时间，若样本规模足够大，计算性能足够好，是否就可以不再应用深度网络，而直接应用全连接神经网络？

13-38 思考一下，如何将深度学习模型与工程实践相结合。

第 14 章　自然语言处理

自然语言处理(Nature Language Processing，NLP)是人工智能领域中历史较为悠久的研究领域之一。语言的产生促进了人类智能的发展，同时语言也是人类智能的一个主要表现。语言是人们表达和沟通的重要手段，具有精确性，但是，却很少有人可以非常精确地使用语言。随着网络的发展，新的交流形式不断涌现，但是语言的歧义性不但没有减少，反而有扩大的趋势。如近几年的即时消息系统由于受长度限制导致表达不清晰、上下文理解错误甚至误解等问题出现。总之，语言的模糊性是一个当前不得不面对的问题，也为人工智能系统处理语言问题带来挑战。

计算机系统能够接受的输入是数值化数据，而语言是非数值的，这就需要将语言转化为数值。由于构成语言的文字或词汇是有顺序的，所以表示语言的数值也应该有序，这种转化称为“向量化”。自然语言向量化的方法有很多，常见的如 one-hot、TF-IDF、skip-gram 等。分布式词向量可以表示词的语义相似性，是一种应用广泛的词嵌入方法。

14.1　发 展 背 景

自然语言处理的历史可以追溯到计算机科学发展之初，是计算机科学中一个富有挑战性的子领域。1948 年，数学家克劳德·艾尔伍德·香农(Claude Elwood Shannon)在有限自动机中引入概率，建立了马尔可夫模型和噪声通道模型。前者描述了稳态上下文，后者则刻画了输入与可能词之间的最佳匹配。这些方法成为基于概率的语言模型的基础。1956 年，诺姆·乔姆斯基(Noam Chomsky)发明了计算语言学，提出了上下文无关语法，使用有限自动机描述形式语法，建立了形式语言理论，即语言被视为一组字符串，每个字符串可以被视为由有限自动机产生的符号序列。两项工作直接导致了基于规则的符号派和基于概率的随机派(又称概率派或统计派)两种不同的自然语言处理技术的产生。在早期的自然语言处理领域，这两种方法都取得了长足的发展，基于规则方法的效果优于基于概率方法。

随机派采用基于贝叶斯的统计学研究方法也取得了很大的进步。典型的工作包括 1959 年美国宾夕法尼亚大学研制成功的 TDAP 系统、布朗美国英语语料库的建立等。1967 年，美国心理学家 Neisser 提出认知心理学的概念，直接把自然语言处理与人类的认知联系起来。20 世纪 70 年代，基于隐马尔可夫模型(Hidden Markov Model，HMM)的统计方法在语音识别领域获得成功。

从 20 世纪 90 年代中期后，随着计算机算力的不断提升，包括自然语言处理在内的人工智能研究得到复苏。同时，互联网的发展使得基于自然语言处理技术的信息检索和信息抽取的需求变得更加突出。2000 年后，互联网发展逐步加快，提出了很多自然语言处理的新方法和新技术，主要特点是与机器学习方法融合。尤其是近几年，先后提出了神经网络在自然语言处理中的应用、词向量、注意力机制、预训练模型等方法。从此，以词嵌入等方法为代表的随机派处于领先地位，尤其是目前与深度学习算法的不断融合，取得了很好的效果。例如，以 ChatGPT 为代表的大型语言模型采用的主要技术就源于随机派的方法。

14.2 语 言 模 型

14.2.1 基础模型

基于规则的自然语言处理面临许多问题，其中一个问题是常识的处理。1966 年，人工智能专家马文•明斯基用一个简单的例子阐明了这一问题：

“ The pen is in the box ”（这支钢笔在盒子里面）

“ The box is in the pen ”（这个盒子在栅栏里面）

这个问题的关键在于 pen 表达的意思的确定：这里既不能从上下文获取信息，也无法从句子本身确定，需要的是钢笔通常比盒子小而栅栏比盒子大的常识，这里的翻译需要基于这样的常识对 pen 的意思做出选择。若仍采用基于规则的自然语言处理方法，不但难度大而且会增加问题的规模。

常识是人工智能系统需要面对的一个难题，一直没有得到很好的解决。在自然语言处理领域，经过漫长时间的探索后，人们发现常识最终来源于语料。基于概率统计的自然语言处理方法基于语料库来描述语言的规律，这个规律表现的是一种可能性，而常识是可能性在现实中的表现。自然语言处理领域学者弗莱德里克 · 贾里尼克(Frederick Jelinek)提出了一个极为简单但又有效的思想：“一个句子是否合理，就看看它的可能性大小如何。”

在数学中，可能性用概率描述。那么作为一种概率的常识则来自语料，而语料是由经过积累和整理的文字、语音等组成的资料集，本质上是样本集。语料库在计算机系统中表现为数据集或数据库。

根据贾里尼克的思想，假设 S 为来自某个语料库中的一个句子，由一连串特定排列顺序的单词 $w_1, w_2, w_3,\cdots, w_n$ 组成。句子 S 在语料库中出现的概率为

$$P(S)=P(w_1,w_2,\cdots,w_n) \tag{14-1}$$

这个概率值越大，说明在现实中越可能存在。例如，在语料中，P(“这个盒子在栅栏里面”)会远远大于 P(“这个盒子在钢笔里面”)，因此，“这个盒子在栅栏里面”更符合常识。

根据条件概率公式可知

$$P(w_1,w_2,\cdots,w_n)=P(w_1)\cdot P(w_2\mid w_1)\cdot P(w_3\mid w_1,w_2)\cdots P(w_n\mid w_1,w_2,\cdots,w_{n-1}) \tag{14-2}$$

最终得到的是联合概率，这就是自然语言处理中的统计语言模型，有时简称为语言模型。语言模型是目前自然语言处理领域中最为基础、最为重要的一个模型。

式(14-2)中的概率 $P(w_1)$、$P(w_2| w_1)$、$P(w_3| w_1, w_2)$、…、$P(w_n| w_1, w_2,\cdots, w_{n-1})$可以通过语料进行统计得到具体的值。在数学上，适合描述这一思想的是贝叶斯定理，$P(w_1)$为先验概率，$P(w_2| w_1)$、$P(w_3| w_1, w_2)$、…、$P(w_n| w_1, w_2,\cdots, w_{n-1})$则为条件概率。与贝叶斯模型的区别是，这里没有计算后验概率。

例 14.1　用语言模型描述句子“今晚吃烧烤”。

由于是中文，先将“今晚吃烧烤”进行分词，结果假设为：‘今晚’、‘吃’、‘烧烤’，则根据语言模型定义可知

$$P(\text{'今晚吃烧烤'}) = P(\text{'今晚'},\text{'吃'},\text{'烧烤'})$$
$$= P(\text{'今晚'}) \times P(\text{'吃'}|\text{'今晚'}) \times P(\text{'烧烤'}|\text{'今晚'},\text{'吃'})$$

其中，概率值 P（‘今晚’）、P（‘吃’ | ‘今晚’）、P（‘烧烤’ | ‘今晚’，‘吃’）通过语料统计获得。

14.2.2 *n*-gram 模型

用语言模型可以量化地描述一个句子是否符合常识。但是如果一个句子的词汇越多，条件概率部分的计算难度及计算规模就会越大。例如，$P(w_n|w_1,w_2,\cdots,w_{n-1})$ 在 n 值较大时，$w_1,w_2,\cdots,w_{n-1}$ 中的一些词可能不会同时出现。解决这种稀疏性问题的方法是增加语料规模来提高语料的质量，或者使用马尔可夫模型。

马尔可夫模型是俄国数学家安德烈·马尔可夫(Andrey Markov)于 1913 年提出的一个统计模型。简单地说，马尔可夫模型的基本思想是：一个系统在 $t+1$ 时刻状态只与 t 时刻的状态有关，而与 t 时刻以前的状态无关。依据马尔可夫模型可知，任意一个词 w_i 出现的概率仅与第 w_{i-1} 个词有关，而与 w_{i-1} 之前的词无关。这样，就可以得到语言模型的马尔可夫简化模型

$$P(S) = P(w_1, w_2, \cdots, w_n) = P(w_1) \cdot P(w_2 \mid w_1) \cdot P(w_3 \mid w_2) \cdots P(w_n \mid w_{n-1}) \tag{14-3}$$

当联合概率中只有两个词 w_i 与 w_{i-1} 时，称为二元语言模型(Bi-gram)；如果考虑任意一个词 w_i 出现的概率仅与第 w_{i-1} 个和第 w_{i-2} 个词有关，而与再之前的词无关，则为三元语言模型(Tri-gram)；以此类推，则可得 n 元语言模型，即 *n*-gram。一般情况下，在工程中，三元模型基本上可以满足大部分需求。马尔可夫模型简化语言模型有效解决了稀疏性问题，同时保证了计算的准确性，在工程上具有重要意义。

例 14.2　有这样一个由以下 3 句话组成的语料库。

句子 1：I am Gloria

句子 2：We like Gloria

句子 3：I do not like eggs

试结合 Bi-gram 模型计算 P（‘I do not like Gloria’）。

‘I’ 出现了 2 次，‘I do’ 出现了 1 次，因此条件概率

$$P(\text{'do'}|\text{'I'}) = \frac{1}{2} = 0.5$$

‘do’ 出现了 1 次，‘do not’ 出现了 1 次，因此条件概率

$$P(\text{'not'}|\text{'do'}) = \frac{1}{1} = 1$$

同理，可计算出如下条件概率：

P（‘like’ | ‘not’）= 1，P（‘Gloria’ | ‘like’）= 0.5，P（‘I’ |<s>）≈ 0.67、P(<s>| ‘Gloria’）≈ 0.67

注：P（‘I’ |<s>）表示给定一个句子 s，‘I’ 作为首词的概率；P(<s>| ‘Gloria’）表示给定一个句子 s，‘Gloria’ 作为尾词的概率。

根据 Bi-gram 模型可得，

P(“I do not like Gloria”)
$=P$(‘I’ |<s>)·P(‘do’ | ‘I’)·P(‘not’ | ‘do’)·P(‘like’ | ‘not’)·
P(‘Gloria’ | ‘like’)·P(<s>| ‘Gloria’)
$\approx 0.67\times0.5\times1\times1\times0.5\times0.67$
≈ 0.112

n-gram 模型可以用于分词、词性标注、消息过滤等任务。

1. 中文分词

在自然语言处理领域，分词的效果在很大程度上影响着最终模型的性能，分词可以视为一项非常重要的数据处理工作。与英文句子的单词由空格分开不同，中文句子中没有空格分隔单词，因此中文的分词显得更为重要。

采用 *n*-gram 模型可以实现一个简单的分词器，基本思路是将分词理解为多分类问题，假设输入 S 表示待分词的句子，Y_i 表示该句子的一个分词方案，目标是要找到那个最可能的 Y_i。一个句子分词后，每个词或符号称为一个 token，这里用 *n*-gram 计算的是相邻 token 的条件概率，然后计算分词后句子的联合概率，概率越大说明分词效果越好。

例如，有一个句子 $S=$“我爱深度学习”，有以下 3 种分词结果：

$Y_1=${‘我’，‘爱深’，‘度学习’}
$Y_2=${‘我爱’，‘深’，‘度学’，‘习’}
$Y_3=${‘我’，‘爱’，‘深度学习’}

假设选用 Bi-gram 分别计算 3 个分词结果的概率：

$P(Y_1)=P$(‘我’)·P(‘爱深’ | ‘我’)·P(‘度学习’ | ‘爱深’)
$P(Y_2)=P$(‘我爱’)·P(‘深’ | ‘我爱’)·P(‘度学’ | ‘深’)·P(‘习’ | ‘度学’)
$P(Y_3)=P$(‘我’)·P(‘爱’ | ‘我’)·P(‘深度学习’ | ‘爱’)

在 3 个概率中，计算 $P(Y_2)$ 时，‘我爱’可能在语料库中比较常见，因此 P(‘我爱’)会比较大。然而‘我爱深’这样的组合比较少见，于是 P(‘爱深’ | ‘我’)、P(‘深’ | ‘我爱’)都比较小，最终导致 $P(Y_1)$、$P(Y_2)$ 都比 $P(Y_3)$ 小，因此，Y_3 的分词方案最佳。

2. 词性标注

词性标注是指根据单词的含义和上下文内容标记词性，它既是文本数据处理技术，也是自然语言处理中一项常见的基础工作。*n*-gram 可以实现词性标注，基本思路是根据一个词的前一个词的词性判断该词的词性。根据语料计算词性的公式为

$$P(\text{词性}_i \mid \text{前词的词性}_j)=\frac{\text{前词为词性}_j\text{,作为词性}_i\text{出现的次数}}{\text{前词作为词性}_j\text{,该词出现的次数}} \tag{14-4}$$

例如，‘爱’这个词，既可以是动词，也可以是名词。现有一个句子“我爱祖国的蓝天”，现在要判断‘爱’的词性。

动词 ㊀ 我爱家乡

名词 ㊀ 对家乡的爱

同样，将词性标注看成一个多分类问题，从语料中按照 Bi-gram 模型统计‘爱’的每个词性的概率

$$P(\text{‘爱’}=\text{名词}\mid\text{代词‘我’})=\frac{\text{前词是代词‘我’,‘爱’作为名词出现的次数}}{\text{前词是代词‘我’,‘爱’出现的次数}}$$

$$P(\text{‘爱’}=\text{动词}\mid\text{代词‘我’})=\frac{\text{前词是代词‘我’,‘爱’作为动词出现的次数}}{\text{前词是代词‘我’,‘爱’出现的次数}}$$

如果统计结果 P(‘爱’=动词|代词‘我’)>>P(‘爱’=名词|代词‘我’)，那么，句子“我爱祖国的蓝天”中‘爱’的词性为动词，即选取概率更大的词性作为这句话中‘爱’字的词性。

3. 消息过滤

由于 *n*-gram 本质上是贝叶斯模型，贝叶斯模型可以作为分类器，所以，*n*-gram 模型可以做分类。*n*-gram 的一个典型应用是欺诈短信过滤，方法是计算包含关键句子的短信是欺诈短信的概率。例如，在很多欺诈短信中包含了‘喜中大奖’这一关键词，计算条件概率可得

$$P(\text{欺诈短信}\mid\text{‘喜中大奖’})=P(\text{欺诈短信})\cdot P(\text{‘喜中大奖’}\mid\text{欺诈短信})$$

对比贝叶斯公式可知，P(欺诈短信|‘喜中大奖’)正比于贝叶斯公式的分子部分，分母部分为一个常量，因此不必考虑。

P(欺诈短信)在语料中容易获得，对于 P(‘喜中大奖’|欺诈短信)，先将‘喜中大奖’分成字 token 为‘喜’、‘中’、‘大’、‘奖’，然后根据语料采用 Bi-gram 模型计算，计算公式为

P(‘喜中大奖’|欺诈短信)

=P(‘喜’,‘中’,‘大’,‘奖’|欺诈短信)

=P(‘喜’|欺诈短信)·P(‘中’|‘喜’,欺诈短信)·P(‘大’|‘中’,欺诈短信)·P(‘奖’|‘大’,欺诈短信)

这样就可以计算出 P(欺诈短信|‘喜中大奖’)。用同样的方法计算 P(正常短信|‘喜中大奖’)，如果 P(欺诈短信|‘喜中大奖’)>P(正常短信|‘喜中大奖’)，则含有‘喜中大奖’的短信即为欺诈短信，否则为正常短信。

总结一下，通过 *n*-gram 模型进行短信过滤的过程如下：

(1) 给短信的每个句子分词。

(2) 用 *n*-gram 判断每个句子是否是欺诈短信中的敏感词汇。

(3) 若敏感词汇概率超过一定阈值，则认为整个短信为欺诈短信。

总之，*n*-gram 模型是一种非常重要的语言模型，也是一种基于概率的判别模型。*n*-gram 模型的输入是一句话，句子可视为单词的顺序序列，输出是这句话的概率，即这些单词的联合概率。*n*-gram 本身也指一个由 *n* 个单词组成的集合，各单词具有先后顺序，且不要求单词之间互不相同。常用的有二元模型 Bi-gram($n=2$)和三元模型 Tri-gram($n=3$)，相比而言，Tri-gram 更为常用。

14.3 词向量

文本表示的目的是把字词处理成向量，以便计算机处理，词向量也是诸如文本分类等下

游任务的基础。文本表示是自然语言处理的开始环节，只有表示之后才可以送入模型进行训练，这和前面讨论的知识表示是一致的。

文本表示按照粒度的大小可划分为以下 3 个级别。

(1) 字级别 (Char Level)：如把“海的尽头是草原”这句话分词为字 token[海，的，尽，头，是，草，原]，每个字 token 用一个向量表示，则这个句子由 7 个向量组成。

(2) 词级别 (Word Level)：如果将上述 (1) 中的句子拆分成[海，的，尽头，是，草原]，每个词 token 用一个向量表示，那么这个句子由 5 个向量组成。

(3) 句级别 (Sentence Level)：如果将上述 (1) 中的句子用一个句子 token [海的尽头是草原] 表示，则由 1 个向量组成。字级别和词级别可以通过计算合成一个向量表示句子。

文本表示本质是编码，词编码方式主要有以下两种。

(1) 离散式编码：有时也称为词袋模型，是一种稀疏表示。常见的离散式编码包括 one-hot 编码、count2vec 编码、TF-IDF 编码。

(2) 分布式编码：有时也称为词嵌入 (Word Embedding) 模型，是一种稠密表示，也是目前深度网络中常用的编码方式。常见的分布式编码包括 Skip-gram 编码、CBOW 编码、GloVe 编码等。

14.3.1　离散式表示

1. 词袋模型

词袋 (Bag-of-Words，BOW) 模型是一种从文本中提取特征的方法，具有简单灵活的特点，词袋是描述文档中单词的一种形象说法。词袋模型中的词袋是一张由训练语料得到的词汇表，也称为词典。给出一篇文本后，通过计算词汇表中每个词语的数值来表示文本。总之，词袋模型将文本看作一系列词的集合。

例如，句子“时间管理是确保项目按时完成的关键”分词的结果是‘时间’、‘管理’、‘是’、‘确保’、‘项目’、‘按时’、‘完成’、‘的’、‘关键’，由这些词构成的集合称为词袋。但是，计算机只能处理数值，这些单词无法在计算机中直接处理，因此需要向量化，例如，给每个词加一个位置或索引，词袋就变成了一串数字 (索引) 的集合，这样计算机就能进行处理了，如图 14-1 所示。

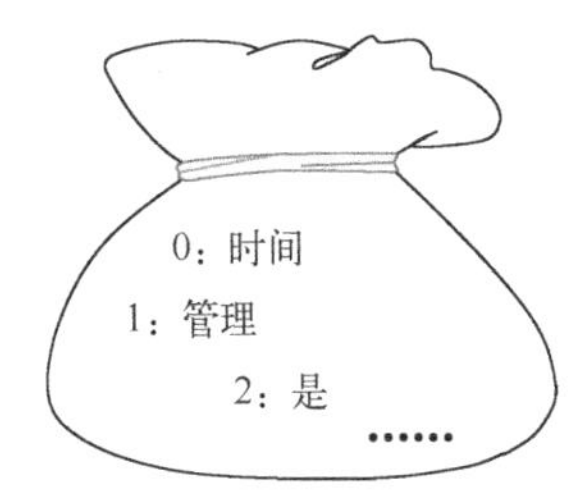

图 14-1　词袋索引编码实例

但是，这种用索引编码的表示方法带有随机性，不能表示词与词相互之间的关系，索引计算往往没有实际意义。因此，还需要其他更好的编码方式。

2. one-hot 编码

one-hot 编码的中文为独热编码，是一种只有一个比特为 1 或 0 的二进制码制，长度为状态数量，比特为 1 表示存在这个状态，为 0 表示不存在这个状态。码制是指编码方法，编码一般具有唯一性、持久性、无语义的特点。one-hot 编码是一种简单常用的表示文本的码制，也是基础的文本向量化方法。

假设一个语料库中共有 1000 个词，这些词形成一个词表，每个词所在位置不变，其中

‘北京’、‘上海’、‘成都’、‘青岛’ 4 个词各对应一个 one-hot 编码的向量，向量中只有一个值为 1，表示这个词在这个位置上，其余都为 0，则编码结果如下：

北京 [0 0 0 0 0 0 0 0 0 … 1 0 0 0 0 0 0]

上海 [0 0 0 0 0 0 0 1 0 … 0 0 0 0 0 0 0]

成都 [0 0 0 0 1 0 0 0 0 … 0 0 0 0 0 0 0]

青岛 [0 0 0 1 0 0 0 0 0 … 0 0 0 0 0 0 0]

其中，任意一个词的 one-hot 编码的长度等于词表的长度。

比特位为 1 的位置即为该词在词表中的位置，如‘上海’在词表中的第 8 个位置，则‘上海’的 one-hot 编码的第 8 个位置为 1，其余为 0。这样就可以将词表中所有的词用 one-hot 编码形成 1000 个向量。

例 14.3 假设语料库中有 4 个文档，限于篇幅，这里用句子表示文档。

S1：昨天的天气不错

S2：人工智能概论课程有趣

S3：今天的天气不错

S4：人工智能中的知识表示

试求句子“人工智能概论课程不错”的 one-hot 编码。

由于语料库中只有这 4 个句子，因此只处理这 4 个句子即可。

(1)对语料库中的 4 个句子分词并获取其中所有的词，然后对每个词进行编号形成词表。

{0-人工智能，1-今天，2-昨天，3-中，4-概论，5-的，6-天气，7-知识，8-课程，9-不错，10-有趣，11-表示}

这个词典中包括 12 个单词，每个单词有一个位置编号。

(2)用 one-hot 对词典中的每个词进行编码，得到每个词的 one-hot 编码表示

0-人工智能 1 0 0 0 0 0 0 0 0 0 0 0

1-今天 0 1 0 0 0 0 0 0 0 0 0 0

2-昨天 0 0 1 0 0 0 0 0 0 0 0 0

3-中 0 0 0 1 0 0 0 0 0 0 0 0

4-概论 0 0 0 0 1 0 0 0 0 0 0 0

5-的 0 0 0 0 0 1 0 0 0 0 0 0

6-天气 0 0 0 0 0 0 1 0 0 0 0 0

7-知识 0 0 0 0 0 0 0 1 0 0 0 0

8-课程 0 0 0 0 0 0 0 0 1 0 0 0

9-不错 0 0 0 0 0 0 0 0 0 1 0 0

10-有趣 0 0 0 0 0 0 0 0 0 0 1 0

11-表示 0 0 0 0 0 0 0 0 0 0 0 1

(3)对句子“人工智能概论课程不错”分词得到‘人工智能’、‘概论’、‘课程’、‘不错’，这 4 个词的 one-hot 编码分别为

0-人工智能 1 0 0 0 0 0 0 0 0 0 0 0

4-概论 0 0 0 0 1 0 0 0 0 0 0 0

8-课程 0 0 0 0 0 0 0 0 1 0 0 0

9-不错　0 0 0 0 0 0 0 0 0 1 0 0

对应列加起来得到句子‘人工智能概论课程不错’的 one-hot 编码为

人工智能概论课程不错：1 0 0 0 1 0 0 0 1 1 0 0

显然，最后得到的是一个句子的 one-hot 编码向量。

one-hot 编码的优点是解决了分类器不适合处理离散数据的问题，同时在一定程度上也起到了扩充特征的作用，例如上述例子中的‘人工智能’、‘概论’、‘课程’、‘不错’是由 4 维特征扩展到了 11 维特征的编码。one-hot 编码比较突出的缺点是具有编码的随机性和向量的孤立性，无法表示各词之间可能存在的关联关系等。另外，这样得到的特征是离散稀疏的，容易导致维度爆炸。

3. one-hot 改进：count2vec

one-hot 编码只关注一句话(或一个文档)中某个词在词表中的比特位形式是否存在，而不关注其在句子中出现的次数，即 one-hot 编码没有统计一个词在句子中出现的次数。但是，词语在句子中的出现次数往往代表其重要性，出现次数越多，表明该词越重要。

count2vec 是 one-hot 编码的一种改进，是一种典型的词袋模型。在 one-hot 编码的基础上，count2vec 增加了词频统计，并将统计值作为相应词的表示，如果一个单词在一个文档中出现不止一次，则应统计其出现的次数或频数。

例 14.4　有两个句子如下。

S1：明天的明天是后天

S2：明天后天放假

求 S1 和 S2 的 count2vec 编码。

(1) 对两个句子分词。

S1：‘明天’、‘的’、‘明天’、‘是’、‘后天’

S2：‘明天’、‘后天’、‘放假’

(2) 形成词表。

D：{0-是, 1-后天, 2-明天, 3-的, 4-放假}

(3) 计算 S1 和 S2 的 count2vec 编码。

S1：[1 1 2 1 0]

S2：[0 1 1 0 1]

句子 S1 中有两个‘明天’，所以，count2vec 编码后的 S1 在第 3 个比特位上的值为 2，如果是 one-hot 编码，这个位置的值则为 1。可见，count2vec 编码突出了句子 1 中‘明天’一词的重要性。

count2vec 编码在 one-hot 编码的基础上增加词频统计，从本质上改变了某个词的权重。但是，count2vec 编码仅仅考虑了一个文档中的词频或权重，并没有考虑其他文档的情况。

例如，有一个句子如下。

S：我今天的心情超级坠诸渊坠诸渊坠诸渊

分词后的结果为：‘我’、‘今天’、‘的’、‘心情’、‘超级’、‘坠诸渊’、‘坠诸渊’、‘坠诸渊’。‘坠诸渊’在 S 句子中出现了 3 次，说明很重要。但是，不能断定这个词在语料中就是重要的。因为‘坠诸渊’可能为误输入的词，也可能是个生僻词，在其他文档中没有出现过。

如果考虑其他文档情况，为了更客观地表示某个词的权重，则需要采用其他方法，如TF-IDF 编码。

4. TF-IDF 编码

词频-逆文档频率(Term Frequency-Inverse Document Frequency，TF-IDF)是一种信息检索领域常用的加权技术，用于描述某个词对某文档的重要性，在自然语言处理领域常用于词向量编码。在 TF-IDF 中，词频(Term Frequency，TF)是指某一个给定的词语 t 在文档 D 中出现的频率与 D 的总词数的比。TF 是一个归一化的结果，以防止其值偏向长的文档。具体计算公式为

$$\mathrm{TF}(t)=\frac{\text{词 } t \text{ 在文档} D \text{ 中出现的次数}}{\text{文档} D \text{ 的总词数}} \tag{14-5}$$

词汇‘诸葛亮’在《三国演义》的第 37 回开始出现，TF(‘诸葛亮’)在这一回的值很大，说明‘诸葛亮’在第 37 回很重要。而在第 1～36 回中词汇‘诸葛亮’出现的次数为 0，但并不是说他不重要。

逆文本频率指数(Inverse Document Frequency，IDF)是一个词语普遍重要性的度量，即在整个语料中的重要性。某一个特定词语的 IDF 可以由文档总数除以包含该词语的文档的数目，然后再取对数。一个变量的对数与它本身具有单调一致性，而且还可以减小取值范围。

IDF 的具体计算公式为

$$\mathrm{IDF}(t)=\ln\frac{\text{文档总数}}{\text{出现词} t \text{ 的文档数}} \tag{14-6}$$

由于分母“出现词 t 的文档数”有可能为 0，这样 IDF(t)公式就没有意义了。为了避免出现这种情况，在 IDF 公式的分子和分母上各加 1，这种操作称为平滑处理。IDF(t)平滑处理后的公式为

$$\mathrm{IDF}(t)=\ln\frac{\text{文档总数}+1}{\text{出现词} t \text{ 的文档数}+1}+1 \tag{14-7}$$

IDF(t)描述了一个词在所有语料中的重要性。例如，词汇“刘备”在第 1～85 回都出现了，但 IDF(‘刘备’)的值却较小，因此称为“逆文本频率指数”。TF 和 IDF 相乘的结果反映了一个词在某文档中的重要性，即

$$\mathrm{TF\text{-}IDF}(t)=\mathrm{TF}(t)\times\mathrm{IDF}(t) \tag{14-8}$$

从 TF-IDF 编码公式可以很容易看出，TF-IDF 的值与该词所在文档中出现的频率成正比，与该词在整个语料库中出现的频率成反比。因此用 TF-IDF 可以很容易提取文档中的关键词。

例 14.5　求例 14.3 语料库中各句子的 TF-IDF 编码。

与例 14.3 求解类似。首先，对语料库中的 4 个句子分词，限于篇幅，这里过滤掉高频的虚词或停用词，并获取剩余所有的词，然后对每个词进行编号，形成词表为

{0-人工智能, 1-不错, 2-知识, 3-表示, 4-今天, 5-课程, 6-天气, 7-有趣, 8-概论, 9-昨天}

最后，计算每个句子的 TF-IDF 编码，以词表中第 1 个词‘人工智能’、第 2 个语料 S2 为例，由于词‘人工智能’在 S2 中出现了 1 次，S2 的总词数为 4，所以，TF(‘人工智能’)的值为

$$\mathrm{TF}(\text{‘人工智能’})=\frac{\text{词‘人工智能’在文档} S2 \text{ 中出现的次数}}{\text{文档} S2 \text{ 的总词数}}=\frac{1}{4}$$

由于词‘人工智能’在 S2 和 S4 中都出现了，所以出现词“人工智能”的文档数为 2。文档总数为 4，所以，IDF(‘人工智能’)的值为

$$\text{IDF}(\text{‘人工智能’}) = \ln\frac{4+1}{2+1}+1 \approx 1.511$$

TF-IDF 值为

$$\text{TF-IDF}(\text{‘人工智能’}) = \text{TF}(\text{‘人工智能’}) \times \text{IDF}(\text{‘人工智能’}) = 1.511 \times \frac{1}{4} \approx 0.378$$

同样的方法计算其他词的 TF-IDF 值，4 个句子的 TF-IDF 为：

昨天 天气 不错	0 0.504 0 0 0 0 0.504 0 0 0.639
人工智能 概论 课程 有趣	0.378 0 0 0 0 0.479 0 0.479 0.479 0
今天 天气 不错	0 0.504 0 0 0.639 0 0.504 0 0 0
人工智能 知识 表示	0.504 0 0.639 0.639 0 0 0 0 0 0

与 one-hot 一致，词表中没有出现的词的 TF-IDF 值为 0。

总之，TF-IDF 本质上是在 one-hot 表示的基础上为每个维度加权的一种编码方法，其优点是简单快速，不仅考虑了词所在文档的出现频率，而且也考虑了词在整个语料中的重要程度，所以结果比较符合实际。由于 TF-IDF 编码仅仅计算词频，因此忽略了词与词的位置信息及词与词之间的相互关系，语义上还存在缺陷。另外，维度爆炸问题依然存在。

14.3.2 分布式表示

分布式表示(Distributed Representation)是人工神经网络与自然语言处理结合产生的一种向量化的方法。脑神经科学证明，大脑对于事物和概念的记忆，不是存储在某个单一的位置，而是分布存在于一个巨大的神经元网络之中。简单来说，分布式表示是指当表达一个概念时，神经元和概念之间不是一一对应的，而是多对多的关系。具体而言，一个概念可以用多个神经元共同定义表达，同时，一个神经元也可以参与多个不同概念的表达，只是权重不同。

1. 词嵌入

与 one-hot 表示不同，分布式表示是将每个词映射到一个较短的向量上，同时，这个过程也实现了表示的降维。由于分布式词向量中没有 0 值，因此，词向量是稠密的。同一个词用 one-hot 表示要远比用分布式表示长得多，因此一般也将词的分布式表示称为词嵌入，即将词的表示嵌入一个较小的向量上，所有词的分布式表示向量构成了词嵌入的向量空间。

词向量维度的长度由训练阶段来指定。例如，指定用 2 个维度来表示一个词，‘King’这个词对应的词向量可能是(0.2, 0.05)，如图 14-2 所示，将‘King’这个词由 one-hot 编码表示的三维特征嵌入到了二维向量空间中。

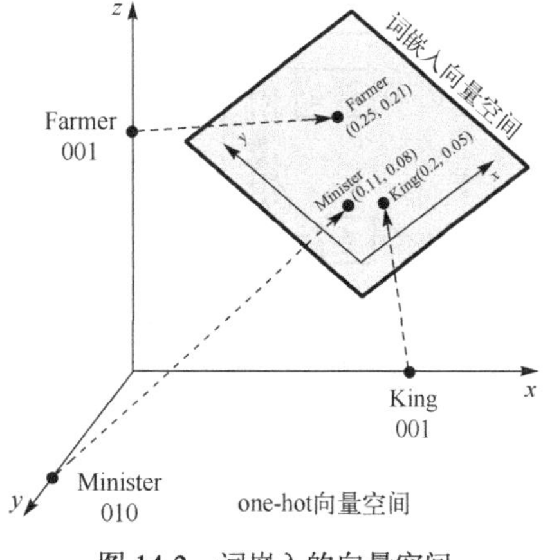

图 14-2 词嵌入的向量空间

在实际中，词嵌入得到的词向量的每个维度没有具体的语义，但是可以做到将相似的词聚在一起，这个特点非常重要，称为语义相似性，这也是 one-hot 编码所不具备的。例如，图 14-2 中的词‘King’、‘Minister’和‘Farmer’在 one-hot 空间中距离相等，但是在词嵌入向量空间中，‘King’与‘Minister’近些，而这两个词离‘Farmer’很远。这与实际的语义是符合的。

在词嵌入向量空间中，语义相似性还体现在相关词之间更为复杂的关系上。例如，词‘King’、‘Man’、‘Woman’和‘Queen’在嵌入新的向量空间中后，4 个向量可能存在如下关系：

$$\overrightarrow{\text{King}} - \overrightarrow{\text{Man}} + \overrightarrow{\text{Woman}} = \overrightarrow{\text{Queen}}$$

上述词向量的加减法意味着特征的增加或删除，即‘King’去除‘Man’的特征，然后加上‘Woman’的特征后与‘Queen’的特征相等。这与实际语义是一致的。

2. word2vec

word2vec 是托马斯·米科洛夫(Tomas Mikolov)等人于 2013 年给出的一个概念，是词嵌入思想的具体实现技术。word2vec 的直观解释是将词转化为分布式的向量，其核心思路是，通过词的上下文得到词的向量化表示，目标是获得一个低维稠密的连续向量。

word2vec 主要有以下两种方法。

(1)连续词袋(Continuous Bag-of-Word，CBOW)模型：是一种通过上下文预测中心词的分布式向量的求解方法。

(2)跳字模型(skip-gram)：是一种通过中心词预测上下文词汇的分布式词向量的求解方法。

CBOW 与 skip-gram 的相同点是都是根据上下文来预测词汇，都可以得到词的分布式表示；区别是输入和输出的词不同，前者输入的是上下文的词汇，预测对象是中心词；后者的输入是中心词，预测对象是中心词的上下文词汇。

如图 14-3 所示，假设有一个完整的句子，经过分词并剔除高频虚词后为

S：我 一直 以为 水 是 青山 故事

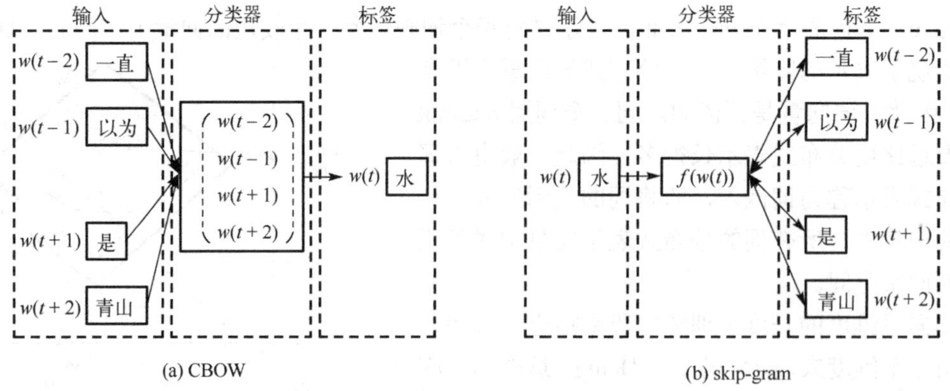

图 14-3　CBOW 与 skip-gram

假设以‘水’作为中心词，窗口宽度为 5，CBOW 模型的输入是‘水’的上下文词‘一直’、‘以为’、‘是’和‘青山’，输出是‘水’，即

CBOW：我 一直 以为 ____ 是 青山 故事

如果用神经网络作为分类器，如图 14-3(a)所示，由于‘水’作为标签是已知的，因此可以训练分类器。

同样，如果以‘水’作为中心词，那么 skip-gram 模型的输入是‘水’，输出为‘水’的上下文词‘一直’、‘以为’、‘是’和‘青山’，即

skip-gram：我 ____ ____ 水 ____ ____ 故事

如图 14-3(b)所示，由于‘水’的上下文词‘一直’、‘以为’、‘是’和‘青山’作为标签是已知的，因此同样可以训练分类器。

word2vec 能够实现词嵌入的语义相似性，通过 CBOW 或 skip-gram 模型获得的近义词向量的欧氏距离比较小，词向量之间的加减法有实际物理意义。在 skip-gram 模型中，每个词作为中心词时，预测上下文词汇至少两个，而 CBOW 则需要预测一个中心词，因此，skip-gram 模型的训练需要更长的时间。但是，skip-gram 模型可以获得更多的语义信息，当语料较少或者语料库中有大量低频词时，更适合选用 skip-gram 模型。

3. skip-gram 模型

下面以 skip-gram 模型为例，讨论分布式向量的具体实现方法。如图 14-4 所示，skip-gram 是基于语料建模的，根据语料分词后形成带有位置索引的词表，将每个词用 one-hot 编码表示，训练的对象是中心词向量矩阵 W 和上下文向量矩阵 W'，其中增加了一些技巧。一个词的 one-hot 编码乘以中心词向量矩阵便可得到这个词的分布式向量。

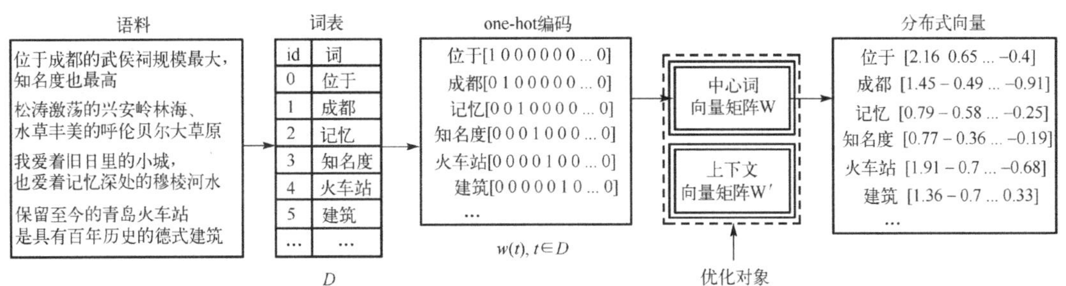

图 14-4　skip-gram 模型训练流程

1) 中心词向量矩阵 W

初始化中心词向量矩阵 W。中心词向量矩阵 W 是输入层到隐含层的 $d\times V$ 矩阵，其中，V 为词表的单词数量，d 是一个超参数，表示拟嵌入的词向量的维度。W 在初始化时随机给定。采用 skip-gram 模型建模，则将中心词的 one-hot 编码作为输入样本，将上下文词作为标签。显然，这是一个多分类问题。

中心词 t 的 one-hot 编码和中心词向量矩阵 W 相乘就得到中心词向量，用 V_c 表示为

$$V_c(t)=W\cdot w(t) \tag{14-9}$$

对上述 V_c 做归一化为

$$x_i'=\frac{x_i}{\sum_{j=0}^{n-1}x_j} \tag{14-10}$$

词表中任意一个词乘以中心词向量矩阵 W 都可以得到这个词的嵌入向量，所以 W 是一个共享的矩阵，而矩阵中的权重 w 则是优化目标。

2) 上下文向量矩阵 W'

类似于中心词向量矩阵 W，上下文向量矩阵 W'是一个 $V\times d$ 的权重矩阵。但 W'中的词向量中的 d 个维度储存的是抽象信息，是相对上下文词汇而言的，与中心词之间是对应关系，即对于词表中的每一个词都对应一个上下文向量矩阵 W'。将中心词 t 的词向量和上下文向量矩阵 W'相乘，这样就得到了 t 与每个词的相关值。为了方便计算，一般也会对 $W'\cdot V_c(t)$ 结果进行归一化处理。

3) Softmax 函数

输出层是一个 Softmax 回归分类器，每个节点将会输出一个 Softmax 值。Softmax 值是 0～1 的值，可视为词典中每个词成为当前指定中心词的上下文的概率，所有输出层节点的概率之和为 1。

根据 Softmax 回归可知，这里 Softmax 函数的计算公式为

$$\mathrm{Softmax}(z_i)=\frac{\mathrm{e}^{z_i}}{\sum_{c=1}^{C}\mathrm{e}^{z_c}} \tag{14-11}$$

其中，C 表示输出中心词的数量。由于式子的分母相同，概率值的大小顺序主要取决于分子。

4) 目标函数

skip-gram 模型的目标函数是最大化中心词 t 的上下文词的 Softmax 函数值。由于 Softmax 值为概率，因此，目标函数是 t 的上下文词的 Softmax 值的乘积，训练的目标是最大化这个乘积。这里用概率 $P(u|c)$ 表示 Softmax 值，则目标函数为

$$\max_{u,c}\prod_{u,c\in D}P(u|c) \tag{14-12}$$

其中，c 表示中心词；u 表示中心词 c 的上下文词；D 表示语料。

根据逻辑回归模型可知，Sigmoid 函数可以用于描述概率，因此，也可以将概率 $P(u|c)$ 映射为 Sigmoid 函数，即

$$P(u|c)=\sigma(V_uV_c)=\frac{1}{1+\mathrm{e}^{-V_uV_c}} \tag{14-13}$$

其中，V_c 和 V_u 分别代表中心词向量和上下文向量。

那么，目标函数转化为

$$\max\left(\prod_{u,c\in D}\frac{1}{1+\mathrm{e}^{-V_uV_c}}\right),\ \text{或}\max\left(\sum_{u,c\in D}\ln\sigma(V_uV_c)\right) \tag{14-14}$$

只要找到目标函数就可以优化中心词向量和上下文向量。注意，这里的目标函数不是误差函数，而是一个概率函数。误差函数的优化目标是最小化，概率函数则是求最大值。

5) 参数优化：梯度上升算法

由于目标是最大化 Softmax 概率转化后的 Sigmoid 函数，而且 Sigmoid 函数是可导的，

而求函数最小值用梯度下降算法，求最大值则用梯度上升算法，因此这里用梯度上升算法优化参数。

根据上述讨论可知，优化中心词向量矩阵 W 和上下文向量矩阵 W'是要更新目标函数的 V_u 和 V_c，这两个参数是 skip-gram 模型的参数 θ。为简便起见，用 $J(\theta)$ 表示目标函数，分别计算这两个参数的梯度，即

$$\frac{\partial J(\theta)}{\partial V_u}=\frac{\sigma(V_uV_c)[1-\sigma(V_uV_c)V_c]}{\sigma(V_uV_c)}=[1-\sigma(V_uV_c)]V_c \tag{14-15}$$

$$\frac{\partial J(\theta)}{\partial V_c}=\frac{\sigma(V_uV_c)[1-\sigma(V_uV_c)V_u]}{\sigma(V_uV_c)}=[1-\sigma(V_uV_c)]V_u \tag{14-16}$$

通过梯度上升算法更新 V_u 和 V_c

$$V_u:=V_u+\alpha\cdot\frac{\partial J(\theta)}{\partial V_u} \tag{14-17}$$

$$V_c:=V_c+\alpha\cdot\frac{\partial J(\theta)}{\partial V_c} \tag{14-18}$$

注意：这里用的是梯度上升算法，V_u 和 V_c 是加上梯度，而不是减去梯度。

每一次迭代均需学习词表中的所有的词，并更新这两个向量矩阵，当达到最大迭代次数或满足某个阈值时，也就完成了 word2vec 的工作。模型训练完成后，将一个词的 one-hot 编码与中心词向量矩阵 W 相乘即可得到这个词的向量，这个过程也称为查表(Lookup Table)。

总结一下，skip-gram 模型的具体训练过程如图 14-5 所示。

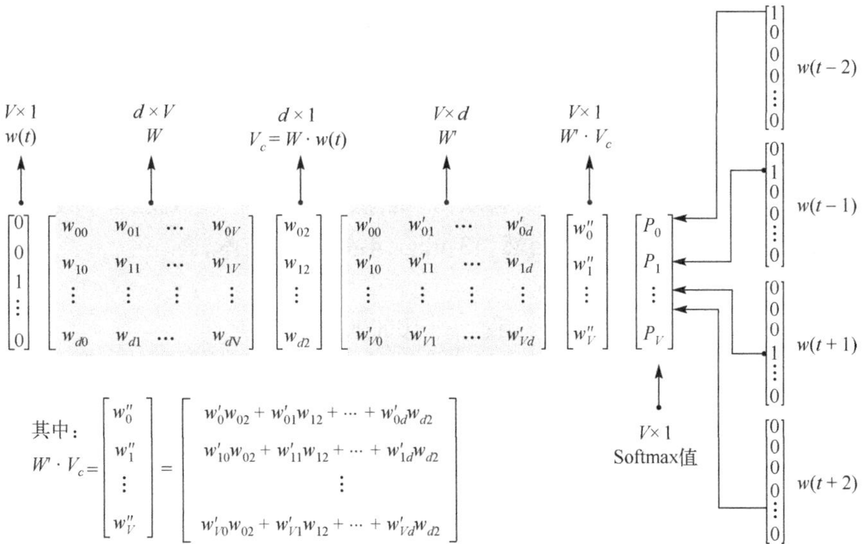

图 14-5　skip-gram 模型的前向传播

输入：中心词 $w(t)$ 及其上下文词的 one-hot 词向量、滑动窗口分布(每个中心词的窗口内的上下文词)、指定输出向量的维度。

输出：更新后的分布式词向量。

(1)将 one-hot 编码的词向量与中心词向量矩阵 W 相乘得到 $w(t)$ 的分布式表示 V_c，即前

向传播过程。

(2) 将 V_c 与上下文向量矩阵 W'相乘得到 $w(t)$ 与上下文词的相关值。

(3) 对相关值归一化后输入 Softmax 函数，计算概率值 P_0、P_1、…、P_V。

(4) 最大化滑动窗口内与上下文词 one-hot 编码的对应的 P_{t-2}、P_{t-1}、P_{t+1}、P_{t+2}，即 $\max(P_{t-2}\cdot P_{t-1}\cdot P_{t+1}\cdot P_{t+2})$，用 Sigmoid 函数表示概率得到代价函数 $J(V_c, V_u)$。

(5) 用反向传播算法计算中心词向量 V_c 和上下文向量 V_u 的梯度，并用梯度上升算法优化 V_c 和 V_u。

(6) 不断重复上述过程，最后得到更新后的词表中的每个词的向量，即为 skip-gram 向量。

例 14.6　已知：

(1) 语料 D，“我喜欢自然语言处理技术”。

(2) 中心词为‘自然’，滑动窗口长度为 5。

(3) 中心词向量矩阵 W 为

$$W=\begin{bmatrix}23 & 2 & 18 & 8 & 14 & 3\\ 3 & 11 & 6 & 13 & 18 & 12\\ 6 & 4 & 15.5 & 30 & 7 & 19\end{bmatrix}$$

(4) 上下文向量矩阵 W'为

$$W'=\begin{bmatrix}3 & 12 & 8\\ 13 & 11 & 26\\ 6 & 4 & 5\\ 20 & 32 & 23\\ 8 & 22 & 12\\ 10 & 9 & 27\end{bmatrix}$$

结合 skip-gram 模型的前向传播算法，计算中心词‘自然’的 Sigmoid 目标函数值。

(1) 对给定文本分词后得：‘我’、‘喜欢’、‘自然’、‘语言’、‘处理’、‘技术’。

(2) 构建词表：{0-我, 1-喜欢, 2-自然，3-语言, 4-处理, 5-技术}。

(3) 词表中每个词的 one-hot 编码。

$$\begin{bmatrix}\text{我}\\ \text{喜欢}\\ \text{自然}\\ \text{语言}\\ \text{处理}\\ \text{技术}\end{bmatrix}=\begin{bmatrix}100000\\ 010000\\ 001000\\ 000100\\ 000010\\ 000001\end{bmatrix}$$

用 $w(t)$ 表示中心词 t 的 one-hot 向量，t = ‘自然’，则 $w(t)$ = w(‘自然’)表示‘自然’的 one-hot 向量，即 w(‘自然’)= $[0\ 0\ 1\ 0\ 0\ 0]^{\mathrm{T}}$。由于窗口长度为 5，则‘自然’的上文词‘我’、‘喜欢’的向量为 $w(t-1)$ = w(‘喜欢’)= $[0\ 1\ 0\ 0\ 0\ 0]^{\mathrm{T}}$、$w(t-2)$ = w(‘我’)= $[1\ 0\ 0\ 0\ 0\ 0]^{\mathrm{T}}$，同样，下文词为‘语言’、‘处理’的向量为 $w(t+1)$ = w(‘语言’)= $[0\ 0\ 0\ 1\ 0\ 0]^{\mathrm{T}}$、$w(t+2)$ = w(‘处理’)= $[0\ 0\ 0\ 0\ 1\ 0]^{\mathrm{T}}$。

(4) 中心词‘自然’的 one-hot 向量和中心词向量矩阵 W 相乘得到中心词向量 V_c

$$V_c(\text{‘自然’}) = W \cdot w(\text{‘自然’}) = \begin{bmatrix} 23 & 2 & 18 & 8 & 14 & 3 \\ 3 & 11 & 6 & 13 & 18 & 12 \\ 6 & 4 & 15.5 & 30 & 7 & 19 \end{bmatrix} \begin{bmatrix} 0 \\ 0 \\ 1 \\ 0 \\ 0 \\ 0 \end{bmatrix} = \begin{bmatrix} 18 \\ 6 \\ 15.5 \end{bmatrix}$$

V_c（‘自然’）的值做归一化后得

$$V_c(\text{‘自然’}) = \begin{bmatrix} 0.46 \\ 0.15 \\ 0.39 \end{bmatrix}$$

(5) 根据中心词‘自然’的上下文向量矩阵是 W'，可知所有上下文‘我’、‘喜欢’、‘语言’、‘处理’、‘技术’的向量为

‘我’：[3 12 8]　　　　‘语言’：[20 32 23]
‘喜欢’：[13 11 26]　　　　‘处理’：[8 22 12]
‘自然’：[6 4 5]　　　　‘技术’：[10 9 27]

将中心词‘自然’的词向量和上下文向量矩阵 W' 相乘，可得‘自然’与每个词的相关值为

$$W' \cdot V_c(\text{‘自然’}) = \begin{bmatrix} 3 & 12 & 8 \\ 13 & 11 & 26 \\ 6 & 4 & 5 \\ 20 & 32 & 23 \\ 8 & 22 & 12 \\ 10 & 9 & 27 \end{bmatrix} \begin{bmatrix} 0.46 \\ 0.15 \\ 0.39 \end{bmatrix} = \begin{bmatrix} 6.3 & 17.77 & 5.31 & 22.97 & 11.66 & 16.48 \end{bmatrix}^{\mathrm{T}}$$

为了方便计算，将结果进行归一化得

$$W' \cdot V_c(\text{‘自然’}) = \begin{bmatrix} 0.08 & 0.22 & 0.07 & 0.29 & 0.14 & 0.2 \end{bmatrix}^{\mathrm{T}}$$

(6) 根据 Softmax 公式，计算结果为

$$P(\text{‘我’}|\text{‘自然’}) = \frac{e^{0.08}}{e^{0.08} + e^{0.22} + e^{0.74} + e^{0.29} + e^{0.14} + e^{0.2}} = 0.15$$

$$P(\text{‘喜欢’}|\text{‘自然’}) = \frac{e^{0.22}}{e^{0.08} + e^{0.22} + e^{0.74} + e^{0.29} + e^{0.14} + e^{0.2}} = 0.18$$

$$P(\text{‘自然’}|\text{‘自然’}) = \frac{e^{0.07}}{e^{0.08} + e^{0.22} + e^{0.74} + e^{0.29} + e^{0.14} + e^{0.2}} = 0.15$$

$$P(\text{‘语言’}|\text{‘自然’}) = \frac{e^{0.29}}{e^{0.08} + e^{0.22} + e^{0.74} + e^{0.29} + e^{0.14} + e^{0.2}} = 0.19$$

$$P(\text{‘处理’}|\text{‘自然’}) = \frac{e^{0.14}}{e^{0.08} + e^{0.22} + e^{0.74} + e^{0.29} + e^{0.14} + e^{0.2}} = 0.16$$

$$P(\text{'技术'}|\text{'自然'}) = \frac{e^{0.2}}{e^{0.08} + e^{0.22} + e^{0.07} + e^{0.29} + e^{0.14} + e^{0.2}} = 0.17$$

分母可以是包括中心词在内的 6 个数的和，或者不包括中心词也可以。

这样就得到了一个 6×1 的概率矩阵输出

$$[0.15 \quad 0.18 \quad 0.15 \quad 0.19 \quad 0.16 \quad 0.17]^{\mathrm{T}}$$

由于窗口尺寸为 5，因此可以直接最大化上述‘自然’上下文词‘我’、‘喜欢’、‘语言’、‘处理’的 Softmax 函数值，即

$$\max(P(\text{'我'}|\text{'自然'}) \cdot P(\text{'喜欢'}|\text{'自然'}) \cdot P(\text{'语言'}|\text{'自然'}) \cdot P(\text{'处理'}|\text{'自然'}))$$

可以通过‘自然’上下文词的 one-hot 编码直接求得相应概率。

(7) 中心词‘自然’的 Sigmoid 的目标函数值

根据窗口尺度 5，可得中心词‘自然’的上下文向量为

$$V_u(\text{'自然'}) = \begin{bmatrix} 3 & 12 & 8 \\ 13 & 11 & 26 \\ 20 & 32 & 23 \\ 8 & 22 & 12 \end{bmatrix}$$

中心词‘自然’的词向量为

$$V_c(\text{'自然'}) = \begin{bmatrix} 0.46 \\ 0.15 \\ 0.39 \end{bmatrix}$$

则 V_u(‘自然’)$\cdot V_c$(‘自然’)为

$$V_u(\text{'自然'}) \cdot V_c(\text{'自然'}) = \begin{bmatrix} 3 & 12 & 8 \\ 13 & 11 & 26 \\ 20 & 32 & 23 \\ 8 & 22 & 12 \end{bmatrix} \begin{bmatrix} 0.46 \\ 0.15 \\ 0.39 \end{bmatrix} = \begin{bmatrix} 6.3 \\ 17.77 \\ 22.97 \\ 11.66 \end{bmatrix}$$

归一化后为

$$[0.107 \quad 0.303 \quad 0.391 \quad 0.199]^{\mathrm{T}}$$

(8) 根据公式计算中心词‘自然’的 Sigmoid 的目标函数值为

$$\begin{aligned} \prod_{u,c \in Text} \frac{1}{1 + e^{-V_u \cdot V_c}} &= \prod_{u,c \in Text} \frac{1}{1 + e^{-[0.107 \quad 0.303 \quad 0.391 \quad 0.199]^{\mathrm{T}}}} \\ &= \frac{1}{1 + e^{-0.107}} \cdot \frac{1}{1 + e^{-0.303}} \cdot \frac{1}{1 + e^{-0.391}} \cdot \frac{1}{1 + e^{0.199}} \\ &\approx 0.527 \times 0.575 \times 0.597 \times 0.550 \\ &\approx 0.099 \end{aligned}$$

如图 14-6 所示是通过中文语料训练的 skip-gram 模型生成的词嵌入向量。为了方便直观显示，设定向量维度 $d = 2$，并以维度值作为坐标。由图 14-6 结果可知，相关的词汇聚集在一起，如‘北京’、‘上海’、‘成都’等城市聚集在一起，而‘客厅’、‘房间’、‘电视’等相

关词聚集在一起，表示时间的‘上午’、‘中午’、‘下午’聚集在一起。需要说明的是，个别词没有与相关的词聚集在一起，如‘晚上’应该与‘上午’、‘中午’、‘下午’聚集在一起，这说明 skip-gram 模型并没有真的懂得词的语义，而是通过语料总结出的概率表示，或者从语料的角度看，由于语料不够丰富也可能导致这种情况的出现。

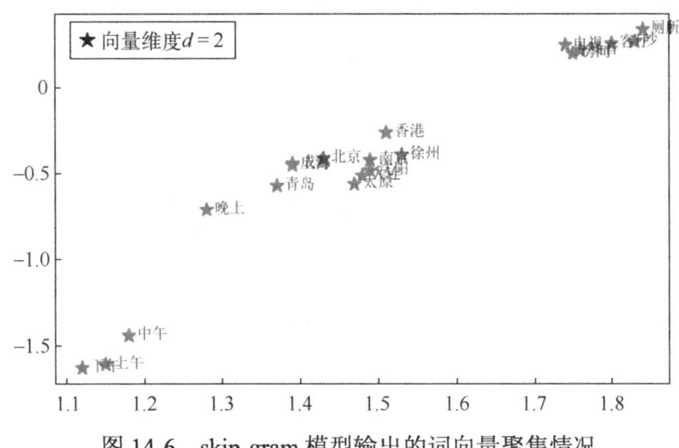

图 14-6　skip-gram 模型输出的词向量聚集情况

以 skip-gram 为代表的 word2vec 模型均结合上下文实现词的分布式表示，因此具有表达一定程度词汇语义的优点。同时，相比于 one-hot 等离散编码，word2vec 模型可以有效降低词向量的维度。但是，语料中未登录的词的向量则无法求得。另外，语义表达依赖上下文，容易导致近义词的表示形式出现误差。模型最终形式是中心词向量矩阵，当语料规模大时，会消耗大量的计算和存储资源。

14.4　神经网络语言模型

神经网络语言模型(Neural Network Language Model，NNLM)是一种用于上下文词预测的神经网络，在这个过程中也实现了词嵌入，可以生成分布式词向量。神经网络语言模型早于 skip-gram 模型，是约书亚•本吉奥等人在 2003 年提出的。由于神经网络语言模型将分布式词向量与神经网络相结合，所以具有标志性意义。

神经网络语言模型的目标是根据前 $n-1$ 个词预测第 n 个词，模型的基本思路是将一条语料的前 $n-1$ 个词作为输入，将第 n 个词作为标签，训练一个神经网络模型。

神经网络语言模型的结构如图 14-7 所示。模型的输入层为前 $n-1$ 个词在字典中的索引，即采用 one-hot 编码初始化一个维度为 $V\times d$ 的词向量矩阵 C，C 类似于中心词向量矩阵，其中，V 表示词表中词的数量，d 表示词向量维度。将 $n-1$ 个词的 one-hot 编码分别与 C 相乘，得到前 $n-1$ 个词的向量矩阵，然后将这些矩阵首尾相连拼接形成新的矩阵 x 作为网络的输入，x 矩阵的维度为 $1\times((n-1)\cdot d)$。因此，输入层也称为嵌入层。one-hot 向量与词向量矩阵 C 相乘，即可获得词向量。

隐含层是一个全连接层，激活函数为 $\tanh(d+Hx)$，其中，H 为隐藏层权重矩阵，维度为 $((n-1)\cdot d)\times h$，h 为隐含层的节点数量，d 为隐含层的偏置矩阵。

输出层一共有 V 个节点，输出为一个 $1\times V$ 的向量矩阵，计算公式为

$$y=b+Wx+U\tanh\left(Hx+d\right) \tag{14-19}$$

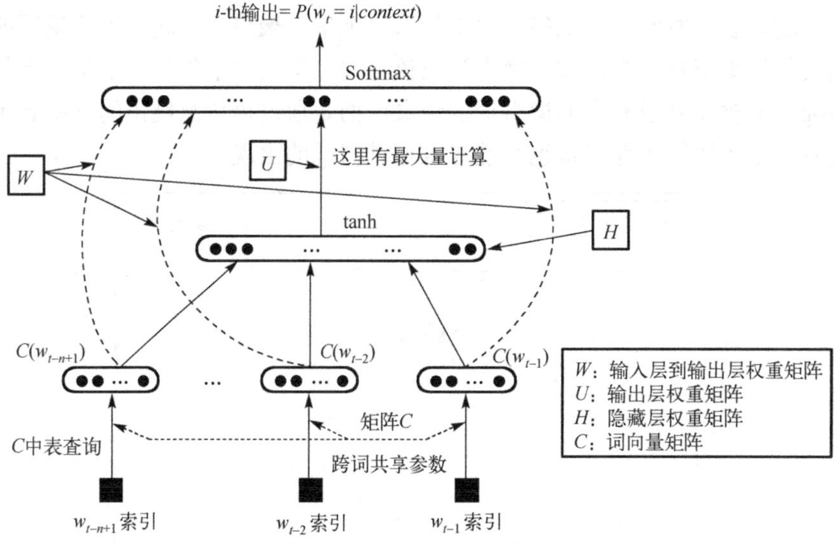

图 14-7　神经网络语言模型

其中，W 为输入层到输出层的权重矩阵，b 为输出层偏置矩阵。

隐含层可以是一层或多层，作用是生成输入层的中间表示，对前 $n-1$ 个词语的词向量的拼接组合进行非线性变换。

最后通过 Softmax 层将输出值 y(1 × V 的矩阵)进行归一化处理，生成每个词语的概率分布为

$$P\left(w(t)=i \mid context\right) \tag{14-20}$$

表示第 i 个词的概率。

通过最大化预测词的概率优化权重矩阵，处理方式与 skip-gram 模型相同。神经网络语言模型训练中的词向量矩阵 C 经过训练后可以得到每个词的嵌入向量，向量的维度需要设定。由于神经网络语言模型采用的是一般意义上的神经网络，因此优化过程采用反向传播算法计算各权重的梯度，用梯度下降算法优化每个权重。

例 14.7　假设有一个句子‘我喜欢自然’，分词后为：‘我’、‘喜欢’、‘自然’。现在用‘我’、‘喜欢’来训练神经网络语言模型并预测‘自然’。网络隐含层的节点数量 $h=2$。试给出模型的前向传播计算过程，矩阵按随机初始化处理。

(1) 构建词表：{0-我, 1-喜欢, 2-自然}，对应的 one-hot 编码为 $w(t-2)=w$(‘我’)= [1 0 0]、$w(t-1)=w$(‘喜欢’)= [0 1 0]、$w(t)=w$(‘自然’)= [0 0 1]。

(2) 初始化词向量矩阵 C，假设词嵌入向量维度 $d=2$，则有

$$C=\begin{bmatrix} 0.87 & -1.2 \\ 0.46 & 1.27 \\ 0.33 & -0.3 \end{bmatrix}$$

那么，$w(t-2)$、$w(t-1)$ 对应的向量分别为

$$C(w(t-2))=w(t-2)\cdot C=\begin{bmatrix} 1 & 0 & 0 \end{bmatrix}\begin{bmatrix} 0.87 & -1.2 \\ 0.46 & 1.27 \\ 0.33 & -0.3 \end{bmatrix}=\begin{bmatrix} 0.87 & -1.2 \end{bmatrix}$$

$$C(w(t-1)) = w(t-1)\cdot C = [0 \quad 1 \quad 0]\begin{bmatrix}0.87 & -1.2\\ 0.46 & 1.27\\ 0.33 & -0.3\end{bmatrix} = [0.46 \quad 1.27]$$

拼接后得

$$x = C(w(t-1)), C(w(t-2)) = [0.87 \quad -1.2 \quad 0.46 \quad 1.27]$$

(3) 输入层到输出层的权重矩阵 W 初始化为

$$W = \begin{bmatrix}-0.82 & -0.9 & -0.71\\ 0.34 & 0.56 & 0.64\\ -0.07 & 0.69 & 1.86\\ -0.59 & 1.98 & -0.59\end{bmatrix}$$

则

$$x\cdot W = [0.87 \quad -1.2 \quad 0.46 \quad 1.27]\begin{bmatrix}-0.82 & -0.9 & -0.71\\ 0.34 & 0.56 & 0.64\\ -0.07 & 0.69 & 1.86\\ -0.59 & 1.98 & -0.59\end{bmatrix} = [-1.90 \quad 1.38 \quad -1.28]$$

注意：原公式的矩阵相乘顺序与这里相反。

(4) 隐藏层权重矩阵 H 初始化为

$$H = \begin{bmatrix}2.4 & -0.2\\ -1 & -1\\ -0.57 & 0.79\\ -0.88 & 1.48\end{bmatrix}$$

则

$$x\cdot H = [0.87 \quad -1.2 \quad 0.46 \quad 1.27]\begin{bmatrix}2.4 & -0.2\\ -1 & -1\\ -0.57 & 0.79\\ -0.88 & 1.48\end{bmatrix} = [1.91 \quad 3.27]$$

注意：原公式的矩阵相乘顺序与这里相反。

(5) 输出层的权重矩阵 U

$$U = \begin{bmatrix}-1.15 & 1.13 & 0.18\\ 0.52 & -0.6 & -0.71\end{bmatrix}$$

(6) 隐藏层和输出层偏置矩阵初始化

$$d = [-1.35 \quad 0.32]$$

$$b = [0.53 \quad 0.76 \quad -0.13]$$

计算输出 y 为

$$y = b + xW + \tanh(xH + d)U$$

$$= [0.53\quad 0.76\quad -0.13] + [-1.90\quad 1.38\quad -1.28] + [0.51\quad 1]\begin{bmatrix} -1.15 & 1.13 & 0.18 \\ 0.52 & -0.6 & -0.71 \end{bmatrix}$$

$$= [-1.43\quad 2.11\quad -2.03]$$

注意：这个例子中的 x 采用了行向量，式(14-19)也做了相应变化，原理是一致的。

相比传统的语言模型，神经网络语言模型具有原理简单、良好的非线性等特点，因此可以获得更好的泛化能力。但是，也存在参数较多及计算复杂等缺点。

14.5　预训练模型

通过上述讨论可知，采用分布式表示方法获得的词向量，可以将其存储在一个固化的向量矩阵中，这里用 Q 表示。应用时，仍然输入一个词的 one-hot 编码，通过 one-hot 编码与 Q 相乘便可得到这个词对应的向量。Q 是一个事先训练好的词向量矩阵，其中一个词的向量融合了语料中这个词的多种语义，对于一个新句子中的一个多义词，Q 给出的向量却是唯一的，但是，实际中会根据上下文确定多义词的其中一个含义。例如，句子“这条路很宽”中的词“宽”是指距离大，而句子“听他这么一说，心宽了”中的‘宽’是指放松的意思。可见，如果 Q 是一个静态的向量矩阵，则无法解决多义词问题。

预训练模型可以解决多义词问题。自然语言处理中的预训练模型是根据语料采用词嵌入技术得到的一个基础模型，在应用中可根据上下文动态调整词向量，以符合这个词在特定句子中的意义。这个基础模型即为预训练模型，应用中的调整过程即为微调。所以，预训练结合微调可以实现词向量的动态表示，有效提升应用效果。但是，具有自动辨别一词多义能力的模型仍然是追求的目标。

常用的预训练语言模型如表 14-1 所示。

表 14-1　常用的预训练语言模型

模型名称	特点
ELMO	首次实践了预训练的思想
GPT 系列	预训练生成模型，是一种通用的语言模型，为 ChatGPT 的前身
Bert	语言表征能力和特征提取能力强，应用广泛
ALBert	精简版的 Bert 模型，保留了主要性能
GloVe	考虑全局向量关系获得词向量，有相对较好的性能

自然语言处理领域中的预训练模型的目标仍然是最大化模型复用。近年来涌现出很多预训练模型，应用效果不断提升，规模也越来越大。每个模型都有其擅长之处，应根据实际需求选择适合的模型。

14.6　小　　结

自然语言处理是人工智能中最具挑战性的一个领域，从早期的基于语法的语言模型过渡到当前的基于概率的语言模型，具有代表性的分布式词向量表示方法促进了自然语言处理技术的发展。

近年来，随着深度学习的不断推广，自然语言处理与深度学习不断融合，出现了很多具有特色的深度网络，比较有代表性的如循环神经网络、长短期记忆(Long Short-Term Memory，LSTM)网络、GRU(Gated Recurrent Unit)，以及基于自注意力(Self-Attention)机制的Transformer 模型等，推动自然语言处理技术不断向前发展。尽管如此，自然语言处理领域仍然有很多问题亟待解决。

习　题

14-1　什么是语言模型？为什么 NLP 需要语言模型？

14-2　简述 n-gram 模型的基本思路。

14-3　有一个语料库如下。

S1：中国是贸易大国

S2：中东欧国家计划从中国进口商品

S3：中国与中东欧国家经济互补

试结合 Bi-gram 模型计算：P(‘中国从中东欧国家进口商品’)。

14-4　为什么要将词向量化？简述词向量化的常见方法。

14-5　什么是 one-hot 编码？有什么优势和不足？

14-6　找一篇短文建立一个词库，然后给出每个词的 one-hot 编码。

14-7　计算两个词向量之间的距离有哪些方法？

14-8　count2vec 解决了 one-hot 编码存在的哪些问题？

14-9　举例说明 IDF 是如何增加文档集中不常用词的权重的。

14-10　在一个包含 N 个文档的语料库中，随机选择其中一个文档，该文档共包含 T 个词条，其中词条‘hello’出现 K 次。如果词条‘hello’出现在全部文档的数量接近 1/3，则 TF 和 IDF 的乘积的正确值是多少？

14-11　如果用一个神经网络对一个词进行分类，在输入神经网络之前，这个词必须转化为向量。这种说法正确吗？为什么？

14-12　什么是词嵌入？

14-13　简述 skip-gram 模型的基本原理和具体训练过程。

14-14　在 skip-gram 模型中采用梯度上升算法最大化目标函数，如果用梯度下降算法求解，该做如何改动？

14-15　简述神经网络语言模型的基本原理。

14-16　词嵌入向量是否有助于计算 2 个 token 之间的距离？

14-17　很多句子中包含‘的’‘是’‘和’‘这’‘在’等频率高但自身无意义的词，一般会作为停用词处理。为什么在 NLP 中会把这些停用词忽略掉？

14-18　举例说明如何在 NLP 中应用深度学习模型。

14-19　有哪些常见的预训练语言模型？

14-20　结合生成模型，思考如何生成一段文字，把方案写下来并进行实现。

14-21　查阅资料，归纳总结 NLP 的主要任务。

14-22　ChatGPT 是一种生成模型。查阅资料并结合所学知识分析 ChatGPT 的基本原理。

14-23　工程中有哪些应用 NLP 的场景？举例说明。

参 考 文 献

CATHERINE, LOVEDAY, 2020. 大脑运转的秘密[M]. 张远超, 译. 北京: 电子工业出版社.

DOWLING J E, 2020. 万千心理・理解大脑: 细胞、行为和认知[M]. 苏彦捷, 译. 北京: 中国轻工业出版社.

哈肯, 2000. 大脑工作原理[M]. 郭治安等, 译. 上海: 上海科技教育出版社.

维纳, 2009. 控制论——或关于在动物和机器中控制和通信的科学[M]. 郝季仁, 译. 北京: 科学出版社.

赵斌, 2013. 充分理解涌现性, 慎重对待转基因[J]. 科学家, (3): 53-55.

BAUM L E, et al., 1970. A maximization technique occurring in the statistical analysis of probabilistic functions of Markov chains[J]. The annals of mathematical statistics, 41 (1): 164-171.

BENGIO Y, et al., 2003. A neural probabilistic language model[J]. Journal of machine learning research, 3: 1137-1155.

BENGIO Y, et al., 2007. Greedy layer-wise training of deep networks[C]//The Twentieth annual conference on neural information processing systems. Vancouver, British Columbia, Canada, 153-160.

BENGIO Y, et al., 2013. Representation learning: A review and new perspectives[J]. IEEE transactions on pattern analysis & machine intelligence, 35 (8): 1798-1828.

BENI G, WANG J, 1989. Swarm intelligence in cellular robotic systems[C]//Robots and Biological Systems. Berlin, Germany: Springer, 703-712.

BENTLEY J L, 1975. Multidimensional binary search trees used for associative searching[J]. Communications of the ACM, 18 (9): 509-517.

BEZDEK J C, 1992. On the relationship between neural networks, pattern recognition and intelligence[J]. International journal of approximate reasoning, 6: 85-107.

BLEI D M, et al., 2003. Latent dirichlet allocation[J]. Journal of machine learning research, 3 (1): 993-1022.

BREIMAN L, 1996. Bagging predictors[J]. Machine learning, 24 (2): 123-140.

BREUNIG M M, et al., 2000. LOF: Identifying density-based local outliers[C]//The 2000 ACM SIGMOD international conference on management of data. Dallas: ACM, 93-104.

BROOKS R A, 1989. A robot that walks; Emergent behaviors from a carefully evolved network[J]. Neural computation, 1 (2): 253-262.

BROOKS R A, 1997. From earwigs to humans[J]. Robotics and autonomous systems, 20 (2/4): 291-304.

CHO K, et al., 2014. Learning phrase representations using RNN encoder–decoder for statistical machine translation[C]//The 2014 Conference on Empirical Methods in Natural Language Processing (EMNLP), Doha: ACL, 1724-1734.

CHOMSKY N, 1956. On certain formal properties of grammars[J]. Information and control, 2 (2): 137-167.

CORTES C, VAPNIK V, 1995. Support-vector networks[J]. Machine learning, 20 (3): 273-297.

DANTZIG G B, et al., 1954. Solution of a large-scale traveling-salesman problem[J]. Operations research, 2 (4): 393-410.

DORIGO M, 1992. Optimization, learning and natural algorithms[D]. Ph.D. thesis, Dipartimento di Elettronica,

Politecnico di Milano, Italy.

ESTER M, et al., 1996. A density-based algorithm for discovering clusters in large spatial databases with noise[C]//The 2nd International Conference on Knowledge Discovery and Data Mining (KDD-96). Portland, Oregon, USA: AAAI, 226-231.

FOGEL L J, et al., 1966. Artificial intelligence through simulated evolution[M]. New York: John Wiley & Sons.

FREUND Y, SCHAPIRE R E, 1997. A decision-theoretic generalization of on-line learning and an application to boosting[J]. Journal of computer and system sciences, 55 (1): 119-139.

FRIEDMAN J, ET al., 1977. An algorithm for finding best matches in logarithmic expected time[J]. ACM transactions on mathematical software (TOMS), 3 (3): 209-226.

GIGERENZER G, 2007. Gut feelings: The intelligence of the unconscious[M]. London: Penguin Books.

GIGERENZER G, TODD P M, GROUP A, 2000. Simple heuristics that make us smart[J]. OUP catalogue, 23 (5): 727-41.

GOLDSTEIN M, 2012. Fast LOF: An expectation-maximization based local outlier detection algorithm[C]//21st international conference on pattern recognition. Tsukuba, Japan: IAPR, 2282-2285.

GOODFELLOW I J, et al., 2014. Generative adversarial networks[R/OL]. arXiv preprint arXiv: 1406.2661 [2023-04-26]. https://arxiv.org/pdf/1406.2661.pdf.

GOODFELLOW I, et al., 2016. Deep learning[M]. Cambridge: MIT Press.

GRAY F M, 1953-03-17. Pulse code communication: US Patent 2,632,058[P]. [2023-6-20].

HART P E, NILSSON N J, RAPHAEL B, 1968. A formal basis for the heuristic determination of minimum cost paths[J]. IEEE Transactions on Systems Sciencc and Cybernetics, 4 (2): 100-107.

HEBB D O, 1949. The organization of behavior[M]. New York: John Wiley & Sons.

HEPPNER F, GRENANDER U, 1990. A stochastic non-linear model for coordinated bird flocks[M]. Washington: AAAS Publication.

HINTON G E, et al., 2006. Reducing the dimensionality of data with neural networks[J]. Science, 313 (5786): 504-507.

HOCHREITER S, SCHMIDHUBER J, 1997. Long short-term memory[J]. Neural computation, 9 (8): 1735-1780.

HOLLAND J H, 1975. Adaptation in natural and artificial systems: An introductory analysis with applications to biology, control, and artificial intelligence[M]. Ann Arbor: University of Michigan Press.

HOPFIELD J J, TANK D W, 1985. Neural computation of decisions in optimization problems[J]. Biological cybernetics, 52: 141-152.

HOPFIELD J J, 1982. Neural networks and physical systems with emergent collective computational abilities[J]. Proceedings of the National Academy of Sciences of the United States of America, 79 (8): 2554-2558.

HOPFIELD J J, 1984. Continuous computation with Hopfield-style neural networks[J]. Physical review A, 34 (6): 5091-5101.

INMON W H, 2005. Building the data warehouse (4th ed.) [M]. New York: John Wiley & Sons.

JIAWEI HAN, et al., 2011. Data Mining: Concepts and techniques (3rd ed.) [M]. Burlington: Morgan Kaufmann Publishers.

KENNEDY J, EBERHART R C, 1995. Particle swarm optimization[C]//IEEE International Conference on Neural Networks. Perth, 1942-1948.

LECUN Y, et al., 1989. Backpropagation applied to handwritten zip code recognition[J]. Neural Computation, 1(4): 541-551.

LECUN Y, et al., 1998. Gradient-based learning applied to document recognition[J]. Proceedings of the IEEE, 86(11): 2278-2324.

LENAT D B, FEIGENBAUM E A, 1991. On the thresholds of knowledge[J]. Artificial intelligence, 47(1-3): 185-250.

LIU F T, et al., 2008. Isolation forest[C]//The Eighth IEEE international conference on data mining. Pisa, 413-422.

LIU F T, et al., 2012. Isolation-based anomaly detection[J]. ACM transactions on knowledge discovery from data, 6(1): 1-39.

MANSFIELD S D, et al., 2007. Neural network prediction of bending strength and stiffness in western hemlock (Tsuga heterophylla Raf.) [J]. Holzforschung, 61(6): 707-716.

MCCARTHY J, 1959. Programs with common sense[C]//The Teddington Conference on the Mechanization of Thought Processes. Teddington: NPL, 77-84.

Mccarthy J, 1963. Situations, actions, and causal laws[J]. Journal of philosophy, 60(23): 767-780.

MCCULLOCH W S, PITTS W, 1943. A logical calculus of the ideas immanent in nervous activity[J]. The bulletin of mathematical biophysics, 5(4): 115-133.

MIKOLOV T, et al., 2013. Efficient estimation of word representations in vector space[J]. Advances in neural information processing systems, 26: 1-9.

MINSKY M L, 1975. A framework for representing knowledge[M]//P. H. Winston (Ed.). The psychology of computer vision. New York: McGraw-Hill， 211-277.

MOORE A W, 1991. Optimal binary search trees and k-dimensional trees with balanced search costs[J]. Information and computation, 96(2): 212-230.

NAIR V, HINTON G E, 2010. Rectified linear units improve restricted boltzmann machines[C]//The 27th international conference on machine learning (ICML-10), Haifa: Fraunhofer IAIS & Universität Bonn, 807-814.

NEWELL A, SIMON H A, 1972. Human problem solving[M]. Upper Saddle River: Prentice-Hall.

ORDIERES J B, et al., 2005. Neural network prediction model for fine particulate matter, PM2.5 on the US–Mexico border in El Paso (Texas) and Ciudad Juárez (Chihuahua) [J]. Environmental modelling & software, 20(5): 547-559.

OZKAYA B, et al., 2007. Neural network prediction model for the methane fraction in biogas from field-scale landfill bioreactors[J]. Environmental modelling & software, 22(6): 815-822.

POST E, 1943. Formal reductions of the general combinatorial decision problem[J]. American journal of mathematics, 65(2): 197-215.

QUILLIAN M R, 1968. Semantic memory[M]//Minsky, M. Ed, Semantic information processing. Cambridge: MIT Press: 227-270.

RABINER L R, 1986. An introduction to hidden markov models[J]. IEEE ASSP Magazine, 3(1): 4-16.

RAPHAEL B,1976. The thinking computer: Mind inside matter[M]. New York: W. H. Freeman & Co.

REYNOLDS C W, 1993. An Evolved, Vision-Based Behavioral Model of Coordinated Group Motion, in From Animals to Animats 2[C]//The Second international conference on simulation of adaptive behavior (SAB92).

Massachusetts, Cambridge: MIT Press, 384-392.

ROBBINS H, MONRO S, 1951. A stochastic approximation method[J]. The annals of mathematical statistics, 22(3): 400-407.

ROSENBLATT F, 1958. The perceptron: a probabilistic model for information storage and organization in the brain[J]. Psychological review, 65(6): 386-408.

RUMELHART D E, et al., 1986. Learning representations by back-propagating errors[J]. Nature, 323(6088): 533-536.

SAMUEL A L, 1959. Some studies in machine learning using the game of checkers[J]. IBM journal of research and development, 3(3): 210-229.

SCHANK R C, 1975. Conceptual information processing[M]. New York: Elsevier.

SHANNON C E, 1948. A mathematical theory of communication[J]. Bell systems technical journal, 27(4): 623-656.

SHI Y, 1998. A modified particle swarm optimizer[C]//IEEE International Conference on Evolutionary Computation. Anchorage, AK, USA: IEEE, 69-73.

SIMON H A, FEIGENBAUM E A, 1957. A theory of cognitive style[J]. Psychological review, 64(4): 242-267.

SRIVASTAVA N, et al., 2014. Dropout: a simple way to prevent neural networks from overfitting[J]. Journal of machine learning research, 15(1): 1929-1958.

STIGLITZ J E, SPENCE M A, 1976. Monopoly, non-linear pricing, and imperfect information: The insurance market[J]. The review of economic studies, 43(3): 429-450.

SWETS J A, 1973. The relative operating characteristic in psychology: a technique for evaluating diagnostic systems[J]. Psychological Bulletin, 80(2): 100-113.

VASWANI A, et al., 2017. Attention is all you need[C]//Advances in neural information processing systems. Long Beach, 5998-6008.

WIDROW, B, HOFF M E, 1960. Adaptive switching circuits[J]. WESCON Conv. Rec, 5(3): 96-104.

WOLPERT D H, 1992. Stacked generalization[J]. Neural networks, 5(2): 241-259.